마이크로파 유전체 세라믹 공진기 이론 및 설계

김종철 · 이기진 공저

서강대학교 출판부

마이크로파 유전체 세라믹 공진기 이론 및 설계

초판 1쇄 발행 2013년 2월 28일
2쇄 발행 2014년 8월 22일

지은이 김종철 · 이기진
발행인 유기풍
편집인 우찬제
발행처 서강대학교 출판부
121-742 서울시 마포구 백범로 35번지
등록 : 제313-2002-170호 (1978년 9월 28일)
전화 : (02)705-8212 / 팩스 : (02)705-8612

판매 • 유통 ㈜서강하우 / 홈페이지 http://www.hawoo.co.kr

ISBN 978-89-7273-230-3 93420
정가 22,000원

머리말

이 책은 마이크로파 이론과 기술에 관한 기초적인 내용을 소개하였다. 아울러 유전체 세라믹 재료를 사용하여 공진기 및 도파관 필터 설계과정을 다루었다. 마이크로파 기초이론과 응용에 대해 이과대학생 및 현장에 몸담고 있으면서 스스로 공부하고자 하는 엔지니어들의 수준에 적합하게 기술하였다. 주 목적은 독자들이 마이크로파에 관하여 이해하고 특정 부품들의 해석 및 설계 그리고 유전체 세라믹 재료를 사용하여 설계할 수 있는 기초지식을 제공하고자 하였다.

지난 10여 년간 이동통신 분야는 비약적인 발전을 이뤄왔으며 지금도 4세대를 비롯한 5세대 무선통신시대를 예고하고 있다. 이러한 정보통신의 빠른 성장은 혁신적인 시스템 및 부품을 필요로 하고 동시에 이를 뒷받침하는 마이크로파 기술의 발전을 요구하고 있다.

필자는 1990년 이후 마이크로파를 이용한 유전체 세라믹 산업에 종사하면서 이동통신 시장에서 원하는 여러 가지 제품을 연구개발하여 왔다. 그러나 이러한 과정에서 접하게 되는 많은 문헌이나 책들은 통신분야에 종사하는 전문 엔지니어를 위한 훈련기술서 이거나 대학원 수준의 엔지니어링 연구에 종사하는 학생들을 위한 것들이 대부분이었다. 기본적인 개념과 원리를 쉽게 설명하고 이를 어떻게 설계에 응용하는지를 상세히 알려주는 자료는 접하기 어려웠다. 더욱이 마이크로파를 새로운 재료인 유전체 세라믹 물질에 적용하는 설계과정 및 해석을 다룬 책은 없었다. 유전체 세라믹 재료에 기반하면서 대학생과정 수준의 포괄적이고 종합적인 내용을 담은 강의 노트의 개발이 무엇보다 필요함을 느꼈다.

필자는 대부분의 개념이 더 쉽게 이해되고 배울 수 있도록 적절한 예제를 제시하고 일반적인 내용을 다루려고 노력하였다. 추가적으로, 대학원 진학을 고려하는 학생들을 위하여 좀 더 복잡한 개념의 주제들을 일부 포함하였다.

이 책은 크게 2 주제로 나눠 마이크로파 기본이론을 다룬 처음 주제는 전자기와 파동의 기본이론, 전송선로, 임피던스 정합과 2-포트 네트웍, 그리고 공진기를 소개하였다. 두 번째 주제는 첫 주제를 기반으로 유전체 세라믹을 사용한 공진기와 필터의 기초이론 그리고 도파관 필터의 설계를 다루었다. 각각의 주제는 그 자체로 한 권의 교과서가 될 수 있을 정도의 내용이다. 그러나 앞서 설명한 목적과 같이 각각의 주제를 상호 통합하여 독자들이 향후 이동통신 분야에 종사하거나 현재 종사하고 있으면서 알아야 할 꼭 필요한 내용이 될 수 있도록 노력하였다. 결국, 독자들이 마이크로파와 유전체 세라믹 공진기에 관한 주제를 쉽게 이해하고 명확하게 응용할 수 있도록 제시하고 시도하였다.

이 책을 완성하는데 그 동안 도움을 주신 많은 분들께 다시 한번 감사의 마음을 전하고 싶다.

서강대학교 물리학과 마이크로파 연구실

김종철·이기진

차 례

I. 마이크로파 이론

II. 유전체 세라믹 공진기

I. 마이크로파 이론

1. 전자기 이론과 파동
2. 전송선로 이론
3. 임피던스 정합과 2-포트 네트웍
4. 마이크로파 공진기

1. 전자기 이론과 파동

저주파에서, 전기적현상은 항상 전하, 전압, 그리고 전류로 표현되고 측정되지만, 마이크로파에서는 장(field)과 파동(wave)이 많이 사용된다. 그러므로 마이크로파를 공부하는데 있어서 이들 개념을 인식하고 이해하는 것은 매우 중요하다. 본 장은 전자기장 (electric magnetic fields)과 파동의 몇몇 기본적인 원리를 다시 정리해 보고 마이크로파 관점에서 유도용량(L)와 정전용량(C)의 특성을 알아보도록한다.

1-1 전자기장

전기장과 자기장의 개념은 전하와 관련한 힘과 그것들의 운동을 분석하는데 매우 유용하다.

1-1a 전기장

전하들 사이의 힘은 Coulomb 법칙에 의하여 적용된다. 만일 전하들이 반대부호를 가지고 있으면, 힘은 서로 끌어당길 것이고, 반면에 부호가 같으면 서로 밀쳐낼 것이다. 이 힘은 양의 단위 전하당 힘으로 정의된 전기장밀도의 항으로 표현하는 것이 편리하다. 즉,

$$\overline{E} \equiv \frac{\overline{F}}{q} \tag{1-1}$$

여기서 SI 단위표시로 $\overline{E}$는 $\mathrm{V/m}$이다. 1개의 양전하 q_1 으로 인한 전기장은 그림1-1에 보여진다. 주변의 임의의 지점에서 전기장선들은 그 점에 놓여진 양의 단위전하에 존재하는 힘의방향을 가리킨다. q_1으로부터 거리 r 지점에서의 전기장의 크기는 아래와 같이 주어 진다.

$$E = \frac{q_1}{4\pi\varepsilon_0\varepsilon_R r^2} \tag{1-2}$$

여기서 ε_R 은 주변의 비유전율 또는 유전상수이다. 자유공간에서는 $\varepsilon_R = 1.00$ 이다.

E 선들의 밀도는 모든 방향에서 같기 때문에, 그 값은 r^2 에 반비례하고 $\overline{E}$ 의 크기를 가진다. 그러므로 선들의 밀도는 상대적으로 전기장 세기를 나타낸다고 말할 수 있다. 이 사항은 전하들의 결합에서도 적용된다. 이는 E 가 전하에 선형적으로 비례하고 중첩적용이 되기 때문이다.

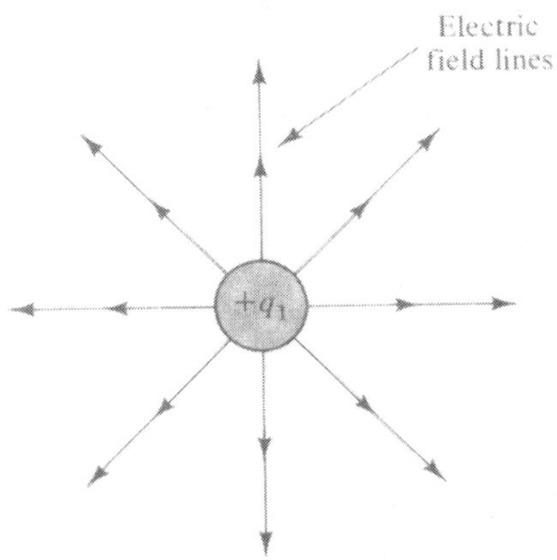

그림 1–1. 양의 전하로 인한 전기장

$\overline{E}$ 에 비례하는 전속밀도(flux density) $\overline{D}$ 의 개념은 유전체속에서 전기장을 다룰 때 유용하다. 이것은 아래와 같이 정의된다.

$$\overrightarrow{D} \equiv \varepsilon_R \varepsilon_0 \overrightarrow{E} \tag{1-3}$$

여기서 $\overline{D}$ 는 $\mathrm{C/m^2}$ 이다. 그러므로 $\overline{D}$ 는 $\overline{E}$ 를 가지고, r^2 에 반비례하면서, 전속밀도와 전하사이의 관계는 Gauss법칙으로 표현되어질 수 있다. 즉, 폐곡면(closed surface) S 를 통하는 전속의 순수전하는 닫혀진 곳의 순수전하와 같다. 수학적으로는 다음과 같다.

$$\oint \overrightarrow{D} \cdot d\overrightarrow{S} = \sum_1^m q_n \qquad \oint \vec{\mathrm{D}} \cdot \mathrm{d}\vec{\mathrm{S}} = \text{ 또는 } \int_v \rho_v dv \tag{1-4}$$

여기서 ρ_v 는 부피 v 내의 전하밀도이다. 위 방정식의 오른쪽항의 적분형은 전하분포가 전하점의 배열보다 오히려 더 연속적일 때 사용된다.

전기장의 또 다른 유용한 개념은 포텐셜(potential) 또는 포텐셜 차 이다. 한 점 P 에서의 포텐셜 V 는 무한한 곳으로부터 점 P 까지 양의단위 테스트전하를 가져오는데 요구되어지는 일로 정의된다. 이 일은 한 개 또는 그 이상의 고정된 전하에 의하여 발생한 전기장을 극복하기 위하여 필요하며 아래와 같이 표현된다.

$$V \equiv -\int_{\infty}^{P} \vec{E} \bullet d\vec{l} \tag{1-5}$$

벡터 $d\vec{l}$ 는 적분경로를 따르는 단위길이이다. 대부분의 경우, 양의단위 테스트전하를 A 지점부터 B 지점까지 움직이는데 요구되는일인 포텐셜 차 V_{AB} 에 관심을 가진다. 그러므로

$$V_{AB} \equiv -\int_{A}^{B} \vec{E} \bullet d\vec{l} \tag{1-6}$$

또한 전기장내에 저장된 에너지의 개념도 유용하다. 전기장을 포함하는 영역에 놓여진 자유전하는 그것에 의해 가속 또는 감속되어질 것이다. 움직이는 전하의 운동에너지 변화는 전기장을 포함하는 영역의 포텐셜 에너지로부터 온다고 말할 수 있다. 부피 v 속의 이 저장된 전기에너지는 아래와 같이 주어진다.

$$U_E = \frac{1}{2}\int_{v} \vec{D} \bullet \vec{E} dv \tag{1-7}$$

위식의 증명은 전자기에 관련한 대부분의 책이나 문헌에 주어진다. (참고문헌1-1과 1-3의 예제들을 참조)

1-1b 자기장

앞서 설명한 전기장과 유사한 방법이 자기장 밀도 $\vec{H}$ 를 정의하는데 사용되어질 것이다. 즉, $\vec{H}$ 는 단위북극(north pole)에 가해지는 힘을 나타낸다. 고립(isolated)된 자기극 (magnetic pole) m_1 이 주어지면, 그것에 의해 단위북극에 가해지는 힘은 그들 사이의 거리의 제곱에 반비례한다. 그 크기는 아래와 같이 주어진다.

$$H = \frac{m_1}{4\pi\mu_R\mu_0 r^2} \tag{1-8}$$

여기서 μ_R는 주변의 상대투자율이다. 자유공간과 비자기물질에서 $\mu_R = 1.00$ 이다. SI 단위표시로 m_1 은 webers 이고 H 는 A/m 이다.

다시, 거리 r 의 제곱에 반비례하기 때문에 선들의 밀도는 $\vec{H}$ 의 크기에 비례한다. 자속밀도 (magnetic flux density) $\vec{B}$는 자기물질내의 자기력들을 표현할 때 유용하다. 그것은 다음과 같이 정의된다.

$$\vec{B} \equiv \mu_R\mu_0\vec{H} \tag{1-9}$$

여기서 SI 단위표시로 tesla 이고, webers per square meter 와 동등하다. 또한 자기장을 위하여 Gauss의 법칙을 쓸 수 있다. 즉,

$$\oint \vec{B} \bullet d\vec{S} = 0 \tag{1-10}$$

여기서 오른쪽 항이 "0" 임을 주목하라. 이는 고립된 자기극의 존재는 결코 보여질 수 없기 때문이다. 결과적으로, 자속선들은 완전히 루프(loop)형태이다. 한편, 전속선들은 시간에 따라 변하는 전기장들을 제외하고 양전하로부터 나타나서 음전하로 종단(terminate)된다. 여기서 그들도 완전히 루프형태이다. 자기장은 전하의 움직임과 관련있다는 것은 실험적인 사실이다.

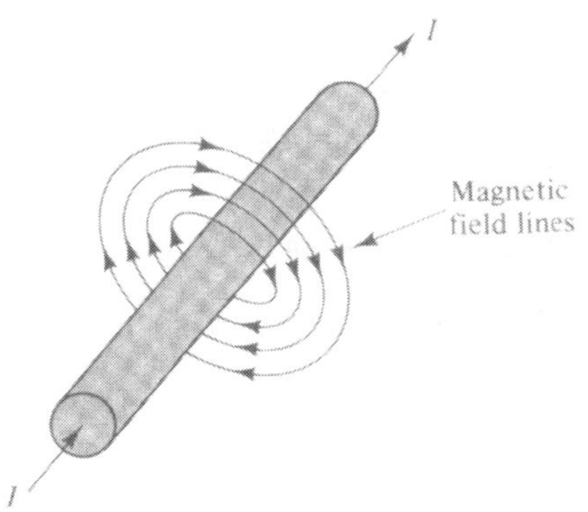

그림 1-2. 전류가 흐르는 무한한 길이의 도체에서 발생하는 자기장

예로서, 그림 1-2에 보여지는 긴 전선을 고려하자. 전류 I 를 가지고, 전선 주변의 자기장은 아래와 같이 주어진다.

$$H = \frac{I}{2\pi r} \tag{1-11}$$

여기서 r 은 전선의 중심으로부터 질문 지점까지 방사거리이다. 이 현상은 Amper의 법칙 으로 일반화되어질 수 있다. 즉, 폐경로(closed path) 주위에 $\vec{H}$ 의 선적분은 폐경로에 의해 정의된 표면적 $\vec{S}$ 를 통하여 흐르는 순수전류와 같다. 수학적인 상태는 다음과 같다.

$$\oint \vec{H} \bullet d\vec{l} = \sum_{1}^{m} I_n \quad \text{또는} \quad \int \vec{J} \bullet d\vec{S} \tag{1-12}$$

위 방정식 오른편의 적분형은 $\vec{S}$ 를 통하여 흐르는 전류가 균일하지않은 분포를 가질 때 유용하다. $\vec{S}$ 는 표면적의 한 지점에서 전류밀도(A/m^2)이다. 후에 이 방정식은 시간이 변하는 전기장의 효과를 포함하는 것으로 변경되어질 것이다.

실험적으로, 자기장은 움직이는 전하에 힘을 가하는 것으로 알려진다. 그러므로 우리는 $\vec{B}$ (또한 $\vec{H}$)의 또 다른 정의를 구할 수 있다. 그림 1-3을 기준으로 삼고, 자속밀도 $\vec{B}$ 에서 속도 υ 로 움직이는 전하 q 에 미치는힘은 아래와 같이 주어진다.

$$\vec{F} = q(\vec{\upsilon} \times \vec{B}) \tag{1-13}$$

여기서 곱의 표시는 힘이 $\vec{\upsilon}$ 와 $\vec{B}$ 양쪽에 수직하다는 사실을 반영하는 것이다. 힘의 크기는 $q\upsilon B \sin\theta$ 이다. 힘, 전하, 그리고 속도는 측정할 수 있는 기본적인 양으로, 식(1-13)은 $\vec{B}$ 의 정의로 고려되어질 것이다. 이는 사실, 대부분의 책이나 문헌에서 가장 기본적이고 중요한 정의로 나타낸다. 이는 움직이는 전하 입자들을 연구하는데 유용하다. 자기장은 자기극이나 움직이는 전하 중 한 곳에 힘을 가할수 있기 때문에, 그와 관련한 저장 에너지의 개념을 다시 활용할 수 있다. 부피 v 속의 저장된 자기에너지 U_M 은 아래와 같이 주어진다.

$$U_M = \frac{1}{2}\int_v \vec{B} \bullet \vec{H} dv \tag{1-14}$$

저장된 전기에너지를 표현한 식(1-7)와 유사함을 주목하라.

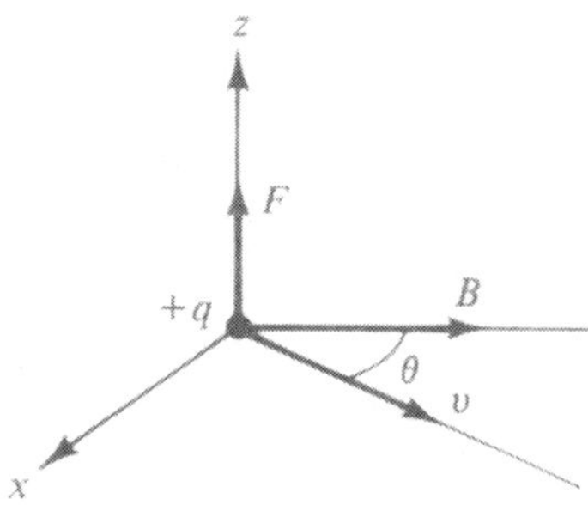

그림 1–3. 자기장내에서 움직이는 전하에 가해지는 힘

1-2 도체와 절연체내에서의 전자기장

전속밀도 또는 자속밀도의 개념은 물질과 전자기장 사이의 상호작용을 설명하는데 유용하다. 거시적인 기반에서는 σ, ε_R, 그리고 μ_R는 물질의 특성들을 묘사하는데 사용되어질 것이다. 전자기장 영역에서 정상적으로 접하는 많은 물질들은 선형(liner)적이고 균일(homogeneous)하고 등방성(isotropic)이다. 즉, 그들의 특성들은 적용되는 전자기의 크기, 위치, 그리고 방향에 무관하다. 이들 물질들에서, σ, ε_R, 그리고 μ_R는 스칼라(scalar)양들이다.

1-2a 도체에서의 전기장

그림 1-4의 도체(Conducting Materials)로 구성된 기본적인 실린더를 고려하자. 그림에서 처럼 전압 V가 가해지고, 전류 I가 Ohm의 법칙에 따라서 흐를 것이다. 즉, $I = V/R = GV$ 여기서 R과 G는 각각 저항(resistanc)과 전기전도도(conductance)이다. 만일 전류가 단면적 A에 균일하게 분포한다면,

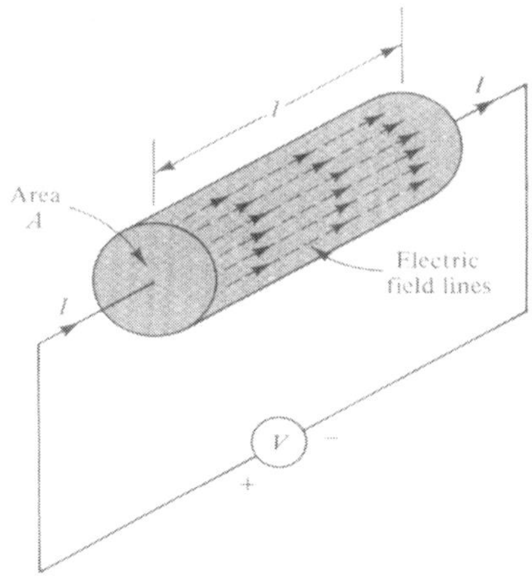

그림 1-4. 도전성 물질의 단위 부피

$$R = \rho \frac{l}{A} = \frac{l}{\sigma A} \tag{1-15}$$

여기서 ρ는 물질의 저항률(resistivity)(ohm-m) 이고 $\sigma \equiv 1/\rho$는 도전율(conductivity)(mho/m) 이다. 전기장과 전류분포가 단위부피를 걸쳐 균일하다고 가정되어지기 때문에, $\vec{E} = V/l$, $\vec{J} = I/A$ 그리고 따라서

$$\vec{J} = \sigma \vec{E} = \vec{E}/\rho \tag{1-16}$$

Ohm법칙의 이 형태는 특별히 균일하지 않은 장들과 전류들을 분석할 때 유용하다.

1-2b 유전체에서의 전기장

유전체(dielectric)에서 전기장은 그들 원자들이 분극(polarized) 되도록 한다. 거시적인 기반에서, 이 효과는 물질의 유전상수 ε_R에 의해 설명되어질 수 있다. 이를 설명하기위하여, 그림 1-5(a) 에 보여지는 평행판(conducting plates) 캐패시터를 고려하자. 만일 한쪽판이 $+q_f$로 전하되고, 다른쪽이 $-q_f$로 전하되면, 전기장이 생겨난다. 판들 사이에 유전물질이 없다면, $E = q_f/A\varepsilon_0$ 이다. 이 결과는 판들 중 한 면을 둘러싸는 폐곡면에 Gauss 법칙을 적용하여 얻어진다. 만일 캐패시터가 유전체를 포함한다면, 전기장의 표현은 원자의 분극을 설명하기위하여 변형되어져야한다. 그림의 (b)를 참고로, $E=(q_f/A\varepsilon_0)-(q_P/A\varepsilon_0)$ 이다. 여기서 q_f 는 외부전원(자유전하)으로 인한 전하이고 q_P 는 유전물질로 인한 유도분극전하(induced electric dipoles)이다. 대부분의 경우, 분극효과는 선형적으로 전기장에 비례한다. 즉, $q_P/A\varepsilon_0=\chi_e E$ 이다. 여기서 비례상수 χ_e 는 물질의 전기분극율 (electric susceptibility)로 알려진다. E 에 위의 표현을 대입하면

$$E=\frac{q_f}{A(1+\chi_e)\varepsilon_0}=\frac{q_f}{A\varepsilon_R\varepsilon_0} \tag{1-17}$$

여기서 $1+\chi_e\equiv\varepsilon_R$ 는 물질의 비유전율 또는 유전상수이다.

고정된 값의 자유전하에서, 유전체분극의 영향은 ε_R 에 의해 전기장이 줄어듬을 주목하라. 반대로, 평행판 사이의 고정된 전압에서, 전기장은 변하지 않고, 결국 유전체는 q_f 를 증가시킨다. 대부분의 유전체에서 ε_R 은 오직 주파수와 온도의 함수이다.

유전체분극의 다른 결론은 정전용량(capacitance)의 값을 증가시킨다. 정전용량은 아래와 같이 정의된다.

$$C\equiv\frac{q_f}{V} \tag{1-18}$$

여기서 V 는 평행판 사이의 전압이다. 평행판 캐패시터에서, 전기장은 균일하고 따라서 $E=V/d$ 이다. 식(1-17)에 대입하면 평행판 캐패시터의 정전용량은 아래와 같다.

$$C=\frac{A\varepsilon_R\varepsilon_0}{d} \tag{1-19}$$

여기서 A 와 d 는 그림 1-5에 정의된다. 그러므로 정전용량은 직접적으로 캐패시터판들 사이에 있는 물질의 유전상수에 비례한다. 이것은 어떠한 캐패시터에서도 사실이다.

다음의 예제는 Gauss 법칙의 사용과 정전용량의 정의를 설명한다.

예제 1-1:

그림 1-6에 보여진 동축형모양에서 정전용량을 위한 표현을 유도하라. 단, $l\gg b$ 의 가정에

의해 양끝에서 프린징(fringing)의 영향은 무시한다.

해: 중심도체가 $+q_f$ 로 전하되고, 바깥도체는 $-q_f$ 로 전하되었다고 가정하면, 양끝의 영향은 무시하므로, E 선들은 바깥쪽을 향하여 방사되어질 것이다. 길이 l 과 반지름 r (여기서 $a < r < b$) 의 실린더 표면에 Gauss 법칙을 적용하면,

$$\int_0^l \int_0^{2\pi} Drd\phi dz = q_f$$

여기서 표준 실린더 좌표계가 사용되었다. 대칭이므로, D 는 ϕ 와 z 에 무관하다. 따라서

$$D = \frac{q_f}{2\pi rl} \quad \text{과} \quad E = \frac{q_f}{2\pi\varepsilon_0\varepsilon_R rl} \tag{1-20}$$

식(1-6)으로부터 판들사이의 전압은 다음과 같다.

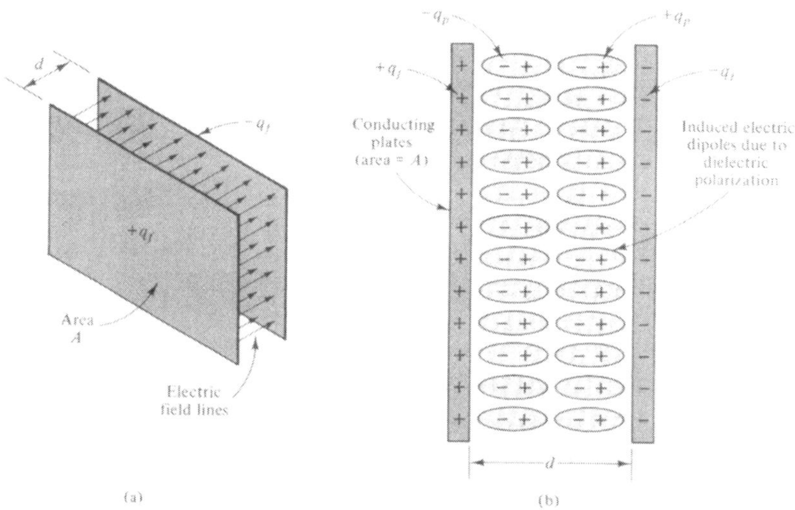

그림 1-5. 충전된 캐패시터내의 유전체 분극

$$V = -\int_a^b \vec{E} \bullet d\vec{r} = \frac{q_f}{2\pi\varepsilon_0\varepsilon_R l} \ln\frac{b}{a}$$

따라서 정전용량은 아래와 같다.

$$C \equiv \frac{q_f}{V} = \frac{2\pi\varepsilon_0\varepsilon_R l}{\ln(b/a)} \tag{1-21}$$

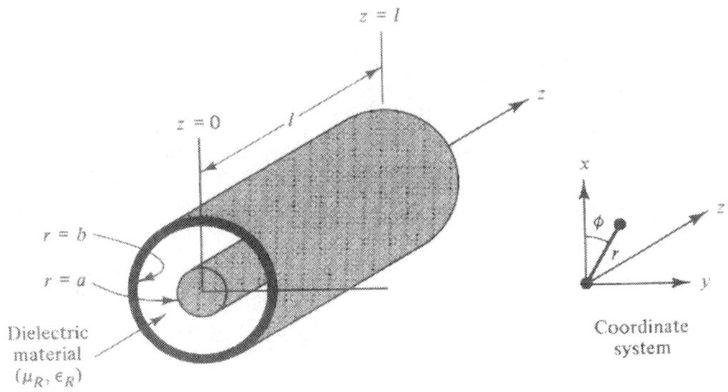

그림 1–6. 동축 전송선로

유전손실

모든 유전체는 유한한 양의 도전율(σ)를 가진다. 마이크로파에서, 분산(dissipative) 특성은 물질의 유전체 손실탄젠트(loss tangent) $\tan\delta$ 의 항으로 표현되어진다. 이것의 의미를 설명하기위하여, 그림1-5의 평행판 캐패시터를 다시 고려해보자. 그것의 정전용량 은 식(1-19)에 주어진다. 만일 유전물질이 손실이 있다면, C 와 함께 평행판속에 전기전도도 G 가 존재할 것이다. 그러므로, 손실이 있는 캐패시터의 교류 어드미턴스(admittance)는 $Y = G + j\omega C$ 이다. 여기서 $G = \sigma A/d$ 이다. 식(1-19)를 이용하여

$$Y = \omega C \tan\delta + j\omega C \tag{1-22}$$

여기서 $\tan\delta \equiv \dfrac{\sigma}{\omega\varepsilon_R\varepsilon_0}$

손실있는 유전체의 전기전도도는 간단히 용량성 서셉턴스(capacitive susceptance) (ωC)에 물질의 손실탄젠트를 곱한 것이다. 비록 식(1-22)가 평행판 캐패시터에서 유도되었을지라도 이것은 어떠한 형상에서도 성립한다. 예를들어, 그림 1-6의 동축형(coaxial) 캐패시터의 전기전도도는 아래와 같다.

$$G = \omega C \tan\delta = \frac{2\pi\varepsilon_0\varepsilon_R l}{\ln(b/a)}\omega\tan\delta \tag{1-23}$$

여기서 C 는 식(1-21)에 의해 주어진다.

대부분의 경우, $\tan\delta$ 의 값은 오직 주파수와 온도변화에 미세하게 영향을 받는다.

1-2c 자성체에서의 자기장

대부분의 물질들은 자기적특성을 보인다. 그 영향은 철, 니켈, 코발트, 그리고 페라이트 같은 물질에서는 꽤 크게 나타난다. 그러나 한편, 유전체같은 물질에서는 사실상 무시된다. 거시적인 기반에서, 물질의 자기적특성은 상대투자율(μ_R)에 의해 설명된다. 이를 위하여, 그림 1-7과 같은 긴 솔레노이드를 고려해보자. $l \gg r$ 이므로, 솔레노이드 내부의 자기장은 본질적으로 균일하고 아래와 같이 주어진다.

$$H = \frac{NI}{l} \tag{1-24}$$

여기서 I 는 코일내의 전류이다. 솔레노이드내의 물질이 자기성질을 가지지 않으면, 자속밀도는 $B = \mu_0 H$ 에 의해 주어진다. 그러나 물질이 상자성(paramagnetic) 또는 강자성(ferromagnetic)이면, 자속밀도는 $\mu_0 H$ 보다 더 클 것이다. 이 증가는 물질내 전자들의 스핀 운동과 관련한다. 전자가 전하를 보유하기 때문에 스핀은 작은 전류 운반 코일(tiny current-carryin coil)과 유사한 방법으로 자속을 생성한다. 물질의 상세한 자기적특성에 관한 논의는 참고문헌1-1, 1-2, 그리고 1-3에서 알 수 있을것이다. 코일에 흐르는 전류를 가지고, 전체 자속밀도는 다음과 같다.

$$B = \mu_0(H + M) \tag{1-25}$$

여기서 자화(magnetization) M 은 물질에 의해 영향을 받은 순수자기장이고 어떤 경우에는 자기장 H 에 선형적으로 비례한다. 즉,

$$M = \chi_m H \tag{1-26}$$

여기서 χ_m 은 물질의 자기분극율(magnetic susceptibility)이다. 식(1-25)에 대입하면 다음을

생성한다.

$$B = \mu_0(1+\chi_m)H = \mu_0\mu_R H \tag{1-27}$$

여기서 $1+\chi_m \equiv \mu_R$ 는 물질의 상대투자율이다. 물질의 영향은 인자 μ_R 에 의해 자속밀도를 증가시킨다. 자유공간과 비자성물질에서 $\chi_m = 0$ 이고 따라서 $\mu_R = 1.00$ 임을 주목하라.

솔레노이드의 유도용량(inductance) 또는 다른 인덕터는 자성의 성질을 가진 물질의 존재에 의하여 영향을 받게된다. 이를 설명하기위하여, 다시 그림 1-7의 긴 솔레노이드를 고려해보자. 유도용량(L)은 단위전류당 자기선속결합(flux linkage)으로 정의된다. 즉,

$$L \equiv \frac{N\Phi}{I} \tag{1-28}$$

여기서 N 은 감은횟수이고 Φ 는 전체자속이다. 주어진 자속밀도를 위하여, Φ 는 아래와 같이 결정될 것이다.

$$\Phi = \int_s \vec{B} \cdot d\vec{S} \tag{1-29}$$

여기서 S 는 자속이 통과하는 면적이다. 이 경우에 자기장이 균일하기 때문에 $\Phi = BA$ 이다. 여기서 $A = \pi r^2$ 이다. 식(1-24)와 (1-27)을 사용하여 긴 솔레노이드($l \gg r$)의 유도용량은 아래와 같이 표현된다.

$$L = \mu_0\mu_R \frac{N^2 A}{l} \tag{1-30}$$

이 방정식은 $l > 3r$ 일 경우 10% 이내에서 정확하다. 그러므로, M 과 H 사이의 선형적인 관계를 가정하면, 유도용량은 물질의 상대투자율에 직접적으로 비례한다.

다음의 예제는 Ampere 법칙의 사용과 식(1-28)의 유도용량의 정의를 설명한다.

예제 1-2:

동축형상(그림 1-6)의 유도용량에 대하여 유도하라. 전류는 도체내부의 표면을 따라 흐르고 도체바깥의 안쪽 표면을 따라 돌아온다고 가정한다. 이것은 마이크로파 적용의 경우이다.

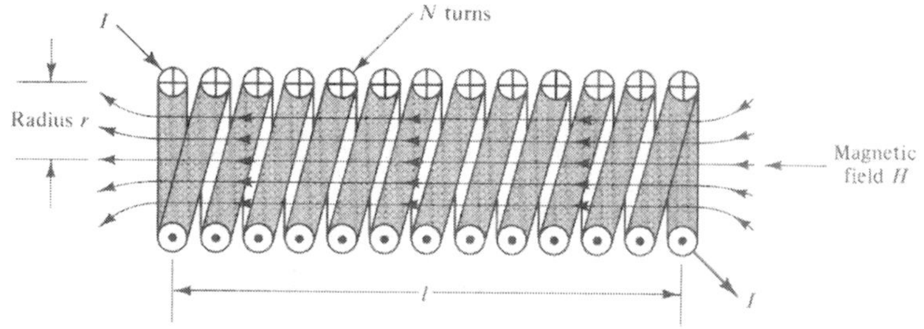

그림 1-7. 전류가 흐르는 솔레노이드내의 자기장

해: 중심도체를 따라 흐르는 전류 I 는 그것 주위로 자기장을 생성한다. 도체가 긴 실린더 모양이기 때문에 반지름 r $(a \le r \le b)$의 원형에 Ampere 법칙을 적용하면,

$$\int_0^{2\pi} Hrd\phi = 2\pi rH = I$$

그러므로 $H = I/2\pi r$ $(a \le r \le b)$ 이다. $r < a$ 경우, $H = 0$ 이다. 이는 둘러싼 전류가 "0" 이기 때문이다. $r > b$ 인 경우, 둘러싼 순수전류 또한 "0" 이다. 이는 되돌아온 전류 I 가 $r = b$ 표면을 따라 흐르기 때문이다. 그러므로 $r > b$ 인 경우, $H = 0$ 이다. 식(1-29)로부터 도체들 사이를 흐르는 전체자속은 다음과 같다.

$$\Phi = \int_0^l \int_a^b Bdrdz = \mu_R \mu_0 l \int_a^b \frac{I}{2\pi r} dr = \frac{\mu_0 \mu_R I l}{2\pi} \ln \frac{b}{a}$$

식(1-28)에 대입하고 $N = 1$ 인 경우,

$$L = \frac{\mu_0 \mu_R l}{2\pi} \ln \frac{b}{a} \qquad (1\text{-}31)$$

이는 높은 주파수에서 동축선로의 유도용량이다.

1-3 맥스웰 방정식과 경계조건

James Clerk Maxwell의 이론적인 연구들은 전자기학의 일반적인 이론을 공식화하는 결과를 낳았다. 그에 의해 유도된 4개의 관계식들은 그의 이름을 가졌으며 본 절에서는 이들 방정식을 이끄는 아이디어를 다시 살펴보도록 한다.

1-3a 맥스웰 방정식

Maxwell의 4개 방정식은 전자기장을 위한 Gauss 법칙, Faraday 법칙, 그리고 Ampere 법칙의 수학적인 표현이다.

페레데이의 법칙

Faraday 법칙의 유도는 시간에 따라 변하는 자속이 표면을 통하여 흐르면서 표면둘레에 기전력을 생산하는 상태를 설명한다. 기전력은 경로에 가해지는 전기적 힘이고 자속은 $\vec{\mathcal{B}}$의 표면적분이기 때문에, Faraday 법칙은 다음과 같이 쓰여진다.

$$\oint \vec{\mathcal{E}} \bullet d\vec{l} = -\int_s \frac{\partial \vec{\mathcal{B}}}{\partial t} \bullet d\vec{S} \tag{1-32}$$

"—" 표시는 변화하는 자속이 기전력을 생성하는것에 반대하는 경향으로 기전력이 생기는 것을 설명하는 Lenz's 원리이다.

암페아 법칙과 변위전류

전자기학에서 그의 이론을 발전하는데 있어, Maxwell은 시간에 따라 변하는 전기장은 자기장을 생성할 것이라고 제안하였다. 사실상, 그는 식(1-12)의 Ampere 법칙이 시간에 따라 변하는 전기장을 설명하기 위해서는 좀 변형되어야 한다고 주장하였다. Ampere 법칙의 완전한 표현은 아래와 같다.

$$\oint \vec{\mathcal{H}} \bullet d\vec{l} = \int_s \vec{\mathcal{J}} \bullet d\vec{S} + \int_s \frac{\partial \vec{\mathcal{D}}}{\partial t} \bullet d\vec{S} \tag{1-33}$$

방정식 오른쪽의 첫째항은 경로에 둘러싸인 표면적을 통하는 전체 전도전류(conduction current)이고, 반면에 두 번째항은 전체 변위전류(displacement current)이다. $\partial\vec{\mathfrak{D}}/\partial t$ 의 량은 변위전류밀도($\mathrm{A/m^2}$)이다. 양호한 도체들에서, 첫째항이 기본적인 반면, 두 번째항은 절연체 내의 시간에 따라 변하는 곳에서 존재한다.

변위전류의 개념을 이해하기위하여, 그림 1-8의 캐패시터를 고려하자. 직류(DC) 전압을 가지고 전원 V 가 캐패시터와 연결되고 판들은 충전된다. q_f 의 값이 CV 에 도달했을 때, 캐패시터는 완전히 충전되고 전류의 흐름은 중단된다. 판들사이의 전기장(E) 과 전속밀도 (D) 는 Gauss 법칙에 의하여 전하 q_f 와 연관된다. 평행판 캐패시터에서, $D = q_f/A$, 여기서 A 는 한판의 면적이다. 전원전압 V 가 일정하지 않고 시간에 따라 증가한다고 가정하자. 이는 $q_f = CV$ 가 또한 시간에 따라 증가함을 요구한다. 전하의 증가는 전류 $I = dq_f/dt$ 에 의하여 공급되어진다. 이러한 상황은 Kirchhoff's 전류법칙에 위반됨을 알 수 있다. 즉, 판으로 들어가는 전류 I 나, 절연공간을 통하여 떠나는 전류는 완변한 절연체 에서는 전도전류를 지원하지 않기 때문에 "0" 이다. 이러한 모순은 q_f 의 변화로 만든 전류흐름은 전속밀도의 변화를 일으키고, 단위가 $\mathrm{A/m^2}$ 인 $d\mathfrak{D}/dt$ 는 전류밀도임을 알아냄으로서 해결된다. 전류밀도로서 이 양을 고려함으로, Kirchhoff 전류 법칙은 시간에 따라 변하는 전기장에 적용되어질 것이다. 이 양 $d\mathfrak{D}/dt$ 는 변위전류밀도로

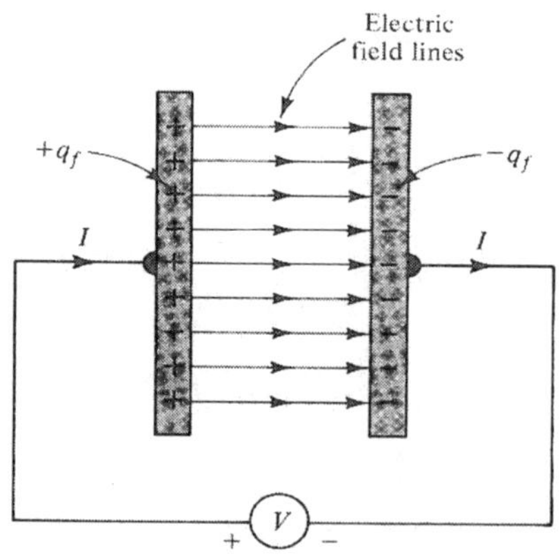

그림 1-8. 캐패시터내 변위전류 개념

알려지고 표면적 S 를 통하는 변위전류는 아래와 같다.

$$I_d = \int_s \frac{\partial \vec{\mathfrak{D}}}{\partial t} \cdot d\vec{S} \tag{1-34}$$

전류법칙이 적용되었는지를 확인하기위하여, 다시 평행판 캐패시터를 고려해보자. 이 경우에, $\mathfrak{D} = q_f / A$ 이고 변위전류 $A(d\mathfrak{D}/dt)$ 는 dq_f/dt 와 같다. 그러므로 절연범위를 통하여 떠나는 변위전류는 캐패시터판에 들어가는 전도전류와 같다. 변위전류는 오직 전기장이 시간이 따라 변해야만 존재한다. 이것도 전류이기 때문에, 자기장의 생성을 기대할 수 있다. 정말로 변위전류는 자기장을 만들고 Ampere 법칙은 이 실험적인 사실을 반영하여 다시 기술되어야한다. 이를 식(1-33)에 나타내었다. 1-4절에서 설명하겠지만, 변위전류의 가장 중요한 결과는 전자기파 진행에서 중요한 역할을 하는 것이다.

이제 변위전류의 영향을 포함하기위하여 Ampere 법칙을 수정하여 모두 4개의 Maxwell 방정식이 적분과 미분의 두 가지형태로 정리되어 기술되어질 것이다.

맥스웰 방정식의 적분식

$$\oint \vec{\mathfrak{D}} \cdot d\vec{S} = \int_v \rho_v dv \quad , \quad \oint \vec{\mathfrak{B}} \cdot d\vec{S} = 0 \tag{1-35}$$

$$\oint \vec{\mathcal{E}} \cdot d\vec{l} = -\int_s \frac{\partial \vec{\mathfrak{B}}}{\partial t} \cdot d\vec{S} \tag{1-36}$$

$$\oint \vec{\mathcal{H}} \cdot d\vec{l} = \int_s \vec{\mathfrak{J}} \cdot d\vec{S} + \int_s \frac{\partial \vec{\mathfrak{D}}}{\partial t} \cdot d\vec{S} \tag{1-37}$$

여기서 $\vec{\mathfrak{D}} = \varepsilon_R \varepsilon_0 \vec{\mathcal{E}}$, $\vec{\mathfrak{B}} = \mu_R \mu_0 \vec{\mathcal{H}}$ 그리고 $\vec{\mathfrak{J}} = \sigma \vec{\mathcal{E}}$

맥스웰 방정식의 미분식

벡터 계산의 규칙을 적용하여, Maxwell 방정식은 미분형태로 다시 쓰여진다. 즉,

$$\nabla \cdot \vec{\mathfrak{D}} = \rho_v \quad , \quad \nabla \cdot \vec{\mathfrak{B}} = 0 \tag{1-38}$$

$$\nabla \times \vec{\mathcal{E}} = -\frac{\partial \vec{\mathcal{B}}}{\partial t} \quad (1\text{-}39)$$

$$\nabla \times \vec{\mathcal{H}} = \vec{\mathcal{J}} + \frac{\partial \vec{\mathcal{D}}}{\partial t} \quad (1\text{-}40)$$

이들 관계는 전자기학의 기초적인 방정식들을 나타낸다.

1-3b 경계조건에서의 전자기장

대부분의 전자기학 문제는 다른 전기와 자기특성들을 가지는 영역들 사이에 경계를 가진다. 이들 경계에서 존재하는 조건들은 Maxwell 식으로부터 추론되어질 수 있다. 표 1-1은 전자기장의 접선(tangential) (T로 표기)과 법선(normal) (N으로 표기) 성분들을 위한 조건을 나타낸다.

표 1–1. 두 물질의 경계면에서 전자기장을 위한 경계조건

접선성분	법선성분
$\mathcal{E}_{T_1} = \mathcal{E}_{T_2}$ $\mathcal{H}_{T_1} = \mathcal{H}_{T_2} + \mathcal{K}$ 여기서 $\mathcal{K}$ 는 표면전류밀도(Surface current density($\mathrm{A/m}$)	$\mathcal{D}_{N_1} = \mathcal{D}_{N_2} - \rho_s$ $\mathcal{B}_{N_1} = \mathcal{B}_{N_2}$ 여기서 ρ_s 는 표면전하밀도(Surface charge density($\mathrm{C/m^2}$)

Note: 1. 만일 경계면에 자유전하가 없다면, $\rho_s = 0$
2. 도전성전류가 없으면, $\mathcal{K} = 0$

이들 조건들은 그림 1-9의 도움으로 확실해질 것이다. 그림의 (a)에서, 닫혀진 경로 a-b-c-d 에 Faraday 법칙을 적용하면 $\mathcal{E}_{T_1} l - \mathcal{E}_{T_2} l \approx -(\partial \mathcal{B}/\partial t)(l\Delta n)$ 의 결과를 낳는다. 여기서 $\Delta n = l$ 하고 결국 "0" 에 근접한다고 가정한다. $l\Delta n \to 0$ 이므로 $\mathcal{E}_{T_1} = \mathcal{E}_{T_2}$ 이고 이는 표 1-1의 첫 번째 접선조건을 증명한다. 두 번째조건은 $\mathcal{E}_{T_1}$ 과 $\mathcal{E}_{T_2}$ 가 각각 $\mathcal{H}_{T_1}$ 과 $\mathcal{H}_{T_2}$ 로 대체되어지는 것을 제외하고 같은 닫혀진 경로 a-b-c-d 에 Ampere 법칙을 적용하여 증명될 것이다. 결과

는 $\mathcal{H}_{T_1}l - \mathcal{H}_{T_2}l = \mathcal{H}l$ 이다. 여기서 $\mathcal{H}$ 는 경계면에서 전도전류밀도($\mathrm{A/m}$) 이다. $\mathcal{H}$ 의 양의 값은 표면전류가 본 지면의 안으로 향하는 것을 나타낸다.

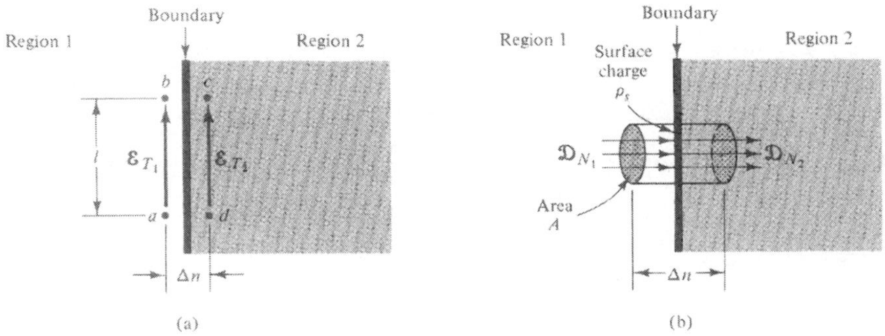

그림 1–9. 경계면에서 전자기장의 접선(T)과 법선(N)

법선성분들을 위한 조건은 그림 1-9(b)에서, 만일 A 와 Δn 모두 충분히 작다면, 닫혀진 실린더에서 Gauss 법칙의 적용은 $\mathcal{D}_{N_2}A - \mathcal{D}_{N_1}A \approx \rho_s A$ 를 낳는다. 여기서 ρ_s 는 표면전하 밀도(C/m^2)이다. A 와 Δn 이 "0"에 근접함으로서, $\mathcal{D}_{N_1} = \mathcal{D}_{N_2} - \rho_s$ 이다. $\mathcal{D}_{N_1}$ 과 $\mathcal{D}_{N_2}$ 를 $\mathcal{B}_{N_1}$ 과 $\mathcal{B}_{N_2}$ 로 대체하고 자기장에 Gauss 법칙을 적용하면 $\mathcal{B}_{N_1} = \mathcal{B}_{N_2}$ 의 결과를 얻는다. 이는 자속선들이 연속적임을 의미한다. 전속선들은 오직 경계면에 전하가 없을 경우($\rho_s = 0$) 에만 연속적이다.

특별한 조건들은 두 영역중의 하나가 완전한 도체(즉, $\sigma \to \infty$)인 경우에 존재한다. 이는 $\mathcal{D}$ 와 $\mathcal{E}$ 가 그 영역에서 동일하게 "0" 임을 요구한다. 예를들어 만일 영역2가 무한한 도전성을 가진다면,

$$\mathcal{E}_{T_1} = 0 \quad \text{과} \quad \mathcal{D}_{N_1} = -\rho_s \tag{1-41}$$

그러므로 완벽한 도체표면에서 종단되고 있는 $\mathcal{E}$ 선들의 방향은 그 표면에 수직해야만 한다.

전자기장이 시간에 따라 변할 때, $\mathcal{H}$ 와 $\mathcal{B}$ 는 완벽한 도체내에서 또한 "0" 이어야한다. 이는 Faraday 법칙, 식(1-36), 그리고 완벽한 도체내에서 $\mathcal{E} \equiv 0$ 인 사실의 직접적인 결과이다. 그러

므로 완벽한 도체의 경계면에서 전자기장들이 시간에 따라 변하기 위하여, 자기장의 조건들은 아래와 같아야 한다.

$$\mathcal{H}_{T_1} = \mathcal{H} \quad \text{과} \quad \mathcal{B}_{N_1} = 0 \tag{1-42}$$

여기서 다시 한번 영역2는 완벽한 도체임이 가정된다. 만일 μ_{R_1} 이 스칼라이면, $\mathcal{B}_{N_1} = 0$ 이고 이는 자기장은 완벽한 도체표면에 접선이 되어야함을 의미한다. 더구나, 만일 영역1이 완벽한 절연체($\tan\delta = 0$)이면, 아래의 경계조건은 또한 시간에 따라 변하는 장들에서 성립한다.

$$\frac{\partial \mathcal{H}_{T_1}}{\partial n} = 0 \tag{1-43}$$

여기서 n 은 경계면에 수직한 방향을 나타낸다.

마이크로파 전송선로와 부품들의 분석은 여기 유도되어진 경계조건들을 광범위하게 사용하도록 한다. 그들 의미의 진가는 또한 금속과 유전체 경계들에 의하여 제한된 구조에서 전자기장 패턴(pattern)을 예측하는데 유용하다.

1-4 절연체내에서의 전파전달

전자기파들의 존재는 Maxwell 방정식의 가장 중요한 결과이다. 이 전파(propagating)는 시간에 따라 변하는 자기장이 시간에 따라 변하는 전기장(Faraday 법칙)을 만들어내고 이는 또 차례로 시간에 따라 변하는 자기장(Ampere 법칙)을 만들고 이어서 전기장을 등등 의 사실로부터의 결과이다. 한 형태의 전자기장은 그것에 수직한 면에 다른 전자기장을 생성하기 때문에, 이들은 항상 서로에게 수직하고 같은 속력으로 움직인다. 본 절은 무한한 절연체내에서 전자기파의 중요한 경우를 다시 보도록 한다.

전자기장들이 오직 한 좌표의 함수인 상황은 Maxwell 방정식의 가장 간단한 응용을 나타낸다. 그림 1-10에 x, y 에 의존하지 않고 x 방향으로 시간에 따라 변하는 전기장을 가정하자. 즉, $\mathcal{E}_x = f(z,t)$ 이다. 또한 모든 공간은 자유전하들이 전혀 없는 완벽한 절연체로 구성되었다고 가정한다. 이는 식(1-35)부터 (1-40)까지에서 ρ_v 와 J 모두 “0” 임을 의미한다. $\vec{\mathcal{E}}$ 는

x와 y의 함수가 아니고 오직 x방향의 성분을 가지기 때문에 Maxwell 방정식은 아래와 같이 간략화된다.

$$\frac{\partial \mathcal{E}_x}{\partial z} = -\mu_R \mu_0 \frac{\partial \mathcal{H}_y}{\partial t} \quad 과 \quad \frac{\partial \mathcal{H}_y}{\partial z} = -\varepsilon_R \varepsilon_0 \frac{\partial \mathcal{E}_x}{\partial t} \tag{1-44}$$

z에 관하여 첫번째 방정식을 미분하고 t에 관하여 두 번째 방정식을 미분하면, $\mathcal{H}_y$가 제거되어질수 있다. 결과적으로

$$\frac{\partial^2 \mathcal{E}_x}{\partial z^2} = \mu_R \mu_0 \varepsilon_R \varepsilon_0 \frac{\partial^2 \mathcal{E}_x}{\partial t^2} \tag{1-45}$$

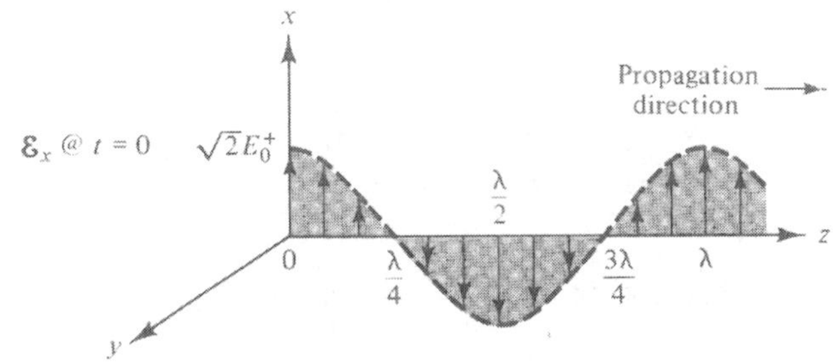

그림 1-10. 진행축을 따라 위치의 함수로서 $t = 0$에서 $\mathcal{E}_x$

위의 식은 잘 알려진 수리물리의 파동방정식이다. 지금 실효치-페이저(rms-phasor)방법을 사용하여 안정적인 정현파여기(steady-state sinusoidal excitation)에서 이 방정식의 해를 구하도록하자.

페이저형태로 식(1-44)와 (1-45)를 다시 쓰면,

$$\frac{d\mathbf{E}_x}{dz} = -j\omega\mu_R\mu_0\mathbf{H}_y \quad , \quad -\frac{d\mathbf{H}_y}{dz} = j\omega\varepsilon_R\varepsilon_0\mathbf{E}_x \tag{1-46}$$

그리고

$$\frac{d^2\mathbf{E}_x}{dz^2} = -\omega^2 \mu_R \mu_0 \varepsilon_R \varepsilon_0 \mathbf{E}_x \tag{1-47}$$

여기서 시간에 관련한 각 미분들은 $j\omega$항을 곱하면 되는 것으로 소개한다.

식(1-47)이 2차 미분방정식이기 때문에, 2개의 독립된 해를 가지며, 아래와 같이 쓰여진다.

$$\mathbf{E}_x = E_0^+ e^{-j\beta z} + E_0^- e^{+j\beta z} \tag{1-48}$$

여기서 $\beta \equiv \omega/\upsilon$, $\upsilon = 1/\sqrt{\mu_R \mu_0 \varepsilon_R \varepsilon_0}$ 그리고 $\omega = 2\pi f = 2\pi/T$ 이고 이를 식(1-46)의 처음항에 대입하면 $\mathbf{H}_y$ 와 관련한 2개의 해를 얻는다.

$$\mathbf{H}_y = H_0^+ e^{-j\beta z} - H_0^- e^{+j\beta z} \tag{1-49}$$

여기서

$$\frac{E_0^+}{H_0^+} = \frac{E_0^-}{H_0^-} \equiv \eta = \sqrt{\frac{\mu_R \mu_0}{\varepsilon_R \varepsilon_0}}$$

해의 순간적인 형태를 재구성하기위하여, 실효치-페이저 해에 $\sqrt{2}e^{j\omega t}$를 곱하고 실수부분을 취하면 아래와같다.

$$\mathcal{E}_x = \sqrt{2}E_0^+ \cos(\omega t - \beta z) + \sqrt{2}E_0^- \cos(\omega t + \beta z) \tag{1-50}$$

$$\mathcal{H}_y = \sqrt{2}H_0^+ \cos(\omega t - \beta z) - \sqrt{2}H_0^- \cos(\omega t + \beta z) \tag{1-51}$$

위 식들의 특성을 이해하기위하여, 식(1-50)의 첫째항을 고려하자. $\beta = \omega/\upsilon$ 이기 때문에, $\sqrt{2}E_0^+ \cos[\omega(t - z/\upsilon)]$로 다시 쓰여질 수 있다. $z = 0$ 에서 전기장은 $\sqrt{2}E_0^+ \cos\omega t$ 로 주어지고 그림 1-11에서 그래프로 나타내었다. 이 곡선은 파동을 나타내는 것이 아니고 단지 한 장소 ($z = 0$ 평면)에서 $\mathcal{E}_x$ 의 시간에 따른 변화를 보여준다. 이 파는 한 장소로부터 다른 장소까지 시간함수의 움직임을 포함한다. $\sqrt{2}E_0^+ \cos[\omega(t - z/\upsilon)]$항은 $z = 0$ 에서 정현파변화가 l/υ 의 시간지연을 가지고 $z = l$ 평면에서 반복되어지는것을 나타낸다. 그러므로 $\mathcal{E}_x$ 시간함수는 속도 υ로 거리 l을 움직이는 것을 보인다. 결국 식(1-50)의 첫째항은 속도 υ를 가지고 양의 z 방향으로 움직이는 전기파를 표현한 것이다. 유사하게 두번째항은 음의 z 방향으로 움직이는파를 나타낸 것이다. 교류이론으로부터 위상지연(phase delay)은 단지 2π rad (즉, $2\pi t_d/T$)에 의해 곱해진 정규화 (normalized) 된 시간지연이다. $\beta z = (2\pi/T)(z/\upsilon)$ 이기 때문에, 이것은 순방향 진행파 (forward traveling wave)($+z$ 방향)를 위한 위상지연을 나타낸다. β 의 양은 단위길이당 위상천이이고 파의 전파상수로 알려진다.

파장 λ 와 주기 T 는 파의 속도와 관련한다. 파장은 반복하는 주기함수로 고정된 시간에 한 공간에서 한번 진행하는 거리로 정의된다. 이 양은 $t=0$ 에서 식(1-50)의 첫 번째 항으로 그림 1-10에서 보여진다. 한편 주기는 시간내에서는 반복적이고 공간내에서는 한 지점인 함수로 그것 자체가 반복하기위하여 요구되어지는시간이다. 그림 1-11에서 보여진다. 만일 그림 1-10에 보여진 전기장의 패턴이 속도 υ 를 가지고 $+z$ 방향으로 움직인다면 파동을 가진다. 관찰자는 $z=\lambda$ 가 시간에 따라 $\mathcal{E}_x$ 의 정현파변화를 볼 것이라고 상황을 설명할 것이다.

$t=0$ 에서 그 값은 양의 최대가 될 것이고 다음의 양의 최대가 되기위하여 요구되어지는 시간, 현재 $z=0$ 의 위치에서 $z=\lambda$ 에 도달하기위하여 요구되어지는시간은 한 주기로 나타낸다. 그러므로 $T=\lambda/\upsilon$ 이다. $T=1/f$ 이기 때문에 이것은 모든 전파전달을 위하여 유사한 관계식을 이끌어낸다.

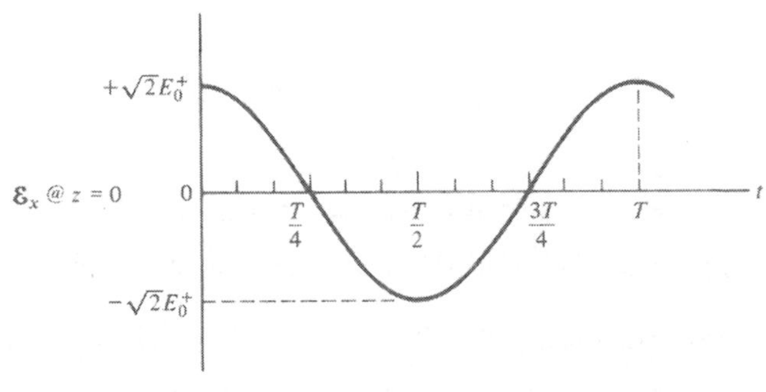

그림 1-11. 시간의 함수로서 $z=0$ 에서 $\mathcal{E}_x$

$$f\lambda = \upsilon \tag{1-52}$$

여기 묘사되어진 전자기파에서, υ 는 식(1-48)의 β 에서 표현되어졌다.

$\mu_0 = 4\pi \times 10^{-7}$ H/m 과 $\varepsilon_0 \approx \frac{1}{36\pi} \times 10^{-9}$ F/m 를 가지고,

$$v = \frac{c}{\sqrt{\mu_R \varepsilon_R}} \tag{1-53}$$

여기서 $c \approx 3 \times 10^8$ m/s 는 자유공간에서 빛의 속도이다. 만일 자유공간에서 파장이 λ_0 으로 표시된다면,

$$\lambda_0 = \frac{c}{f} \tag{1-54}$$

이고 다른 절연체에서는

$$\lambda = \frac{\lambda_0}{\sqrt{\mu_R \varepsilon_R}} \tag{1-55}$$

자기성질이 없는 절연체에서는 $\mu_R = 1.00$ 임을 명심하라. 식(1-53)과 (1-55)는 유전체내 에서 전기파의 속도와 파장 모두가 자유공간내의 값보다 더 작음을 보여준다. 이 효과는 마이크로파 부품들의 크기를 줄이는데 유용하다. 또한, 위상상수(phase constant)가 $\beta = \omega/v$ 이기 때문에,

$$\beta = \frac{2\pi}{\lambda} = \frac{2\pi}{\lambda_0}\sqrt{\mu_R \varepsilon_R} \ \text{rad/length} \tag{1-56}$$

식(1-51)은 진행파는 또한 전기장과 같은 속도를 가지는 자기장 성분들을 포함하는 것을 드러낸다. 이는 두 전기장과 자기장들이 서로를 생성하기 때문에 이해할 수 있다. 또한 이들 크기의 비율은 일정하다. 이 관계는 식(1-49)에서 보여준다. 비율 η는 매체의 고유임피던스(intrinsic impedance)로 불려지고 손실이 없는 절연체로 가정 되어졌기 때문에 실수값이다. 이는 진행하는 전자기파들은 같은 위상내에 있음을 의미한다. μ_0 와 ε_0 의 MKS 값속에 대입하면 방정식은 아래와같이 된다.

$$\eta = 120\pi\sqrt{\frac{\mu_R}{\varepsilon_R}} = 377\sqrt{\frac{\mu_R}{\varepsilon_R}} \tag{1-57}$$

자유공간에서, 고유임피던스는 377 ohms 임을 주목하라.

그림 1-12는 식(1-50)과 (1-51)의 첫째항에서 묘사되어진 순방향으로 진행하는 전자기파의 모습을 보여준다. 최대값들은 $\sqrt{2}E_0^+$ 와 $\sqrt{2}H_0^+$ 이고, E_0^+ 와 H_0^+ 는 실효치 값들이다. $\mathcal{E}_x$ 와 $\mathcal{H}_y$ 가 x 와 y 에 독립이기 때문에, 그림속에 보여진 $\mathcal{E}$-$\mathcal{H}$ 패턴은 z 축에 평행한 선로를 따라 같다. 이러한 이유 때문에 이 파를 균일한 평면파(uniform plane wave)로 불려진다.

그림 1-12는 2개의 정해진 시간에 대한 전자기파를 보여준다. 즉, $t=0$ 과 $t=T/4$, 이는 $+z$ 방향으로 진행하기 때문에, 두 번째 파는 단지 $t=0$ 에서 양의 z 방향으로 $\lambda/4$ 에 놓여진 파이다. 전자기장들은 서로에 대하여 수직하고 진행하는 방향의 횡단면에 모두 놓여짐을 주목하라. 이러한 이유 때문에 균일한 평면파는 transverse electromagnetic (TEM)파로 불려진다. 전자기장들이 서로에 대하여 수직하다는 사실은 Faraday와 Apmere법칙의 직접적인 결과이다. 이를 이해하기위하여, 그림 1-12속의 $z=\lambda/4$ 에서 전기장을 고려하자. 그 지점에서 $t=0$ 일 때 $\mathcal{E}_x=0$ 이다. 그러나 파가 오른쪽으로 진행하기 때문에 $\mathcal{E}_x$ 는 즉시 유한한 값까지 증가하기 시작한다. 이는 시간 비의 변화는 양의 값이고 변위전류는 $t=0$ 에서 양의 x 방향에 있음을 의미한다. 즉, 비록 $t=0$ 에서 $\mathcal{E}_x=0$ 일지라도, 그것의 시간 도함수(derivative)는 양의 최대값에 있다. 또한 Ampere법칙은 변위전류를 둘러싸는 $\mathcal{H}$ 의 선적분은 양의 값이어야 한다. 오른손 법칙을 적용하여, $t=0$ 에서 자기장은 z 를 위한 양의 y 방향 속에서 $\lambda/4$ 보다 조금 작아야하고 음의 y 방향 속에서는 $\lambda/4$ 보다 조금 커야한다. 이는 정말로 보여지는바와 같다. 만일 파가 음의 z 방향으로 움직인다면, 변위전류는 거꾸로 되돌려질 것이고 자기장의 방향도 되돌려질 것이다. Faraday법칙을 이용하는 유사한 논쟁으로, 자기파의 움직임은 $\mathcal{H}$ 에 수직한 평면에서 $\mathcal{E}_x$ 의 유한한 선적분을 이끌어낸다. 이 논쟁을 발전시키기 위하여, Faraday법칙은 "—" 를 가지는 반면, Apmere법칙은 그렇지 않음을 기억하라.

지금부터 우리가 묘사하고있는 전자기파 진행과 연관한 전력흐름을 고려해보도록 하자. $\mathcal{E}$ 와 $\mathcal{H}$ 는 전자기장에의한 힘과 저장에너지를 포함하기 때문에 전자기파들은 에너지의 진행을 포함한다. 전자기장내에서 에너지의 공식적인 유도는 아래와 같이 전력흐름을 위한 벡터 관계를 가진다.

$$\vec{\mathcal{P}} = \vec{\mathcal{E}} \times \vec{\mathcal{H}} \tag{1-58}$$

여기서 $\vec{\mathcal{P}}$는 순간적인 벡터 전력밀도($\mathrm{W/m^2}$)이고 포인팅(Poynting)벡터로 알려져있다. 그 크기는 순간적인 전력밀도의 값을 나타내고, 반면에 방향은 전력흐름의 방향을 가르킨다. 식 (1-58)이 벡터곱을 포함하기 때문에, $\vec{\mathcal{P}}$의 방향은 항상 $\vec{\mathcal{E}}$와 $\vec{\mathcal{H}}$ 모두에게 수직이다.

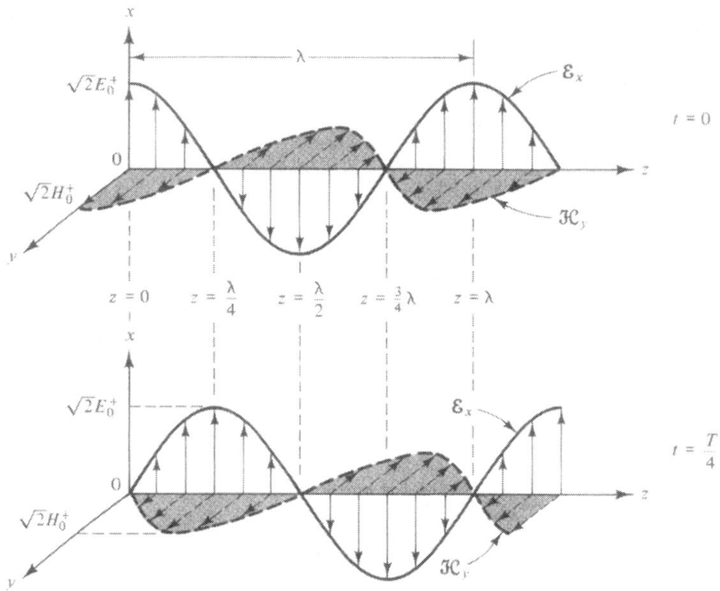

그림 1-12. $+z$ 방향으로 진행하는 전자기파 ($t=0$ 과 $t=T/4$)

우리의 예(그림 1-12)중에서, $\vec{\mathcal{E}}$ 벡터곱 $\vec{\mathcal{H}}$는 위치나 시간의 모든 값에서 양의 z 방향에 있다. 진행방향과 전력흐름을 거꾸로 되돌리기 위하여, $\vec{\mathcal{E}}$ 또는 $\vec{\mathcal{H}}$ 둘 다 거꾸로 되돌려야한다. 이는 Faraday법칙과 Apmere법칙을 결합한 변위전류 개념을 사용한 결과에 동의하는 것이다.

식(1-50)과 (1-51)에 의하여 묘사되어진 순방향과 역방향 진행파들을 위한 평균전력 밀도들은

$$p_z^+ = E_0^+ H_0^+ \quad \text{과} \quad p_z^- = E_0^- H_0^- \qquad (1\text{-}59)$$

여기서 E_0 과 H_0 는 실효치 값들을 나타낸다. 진행방향에 수직하는 표면적 S 를 통하여 흐르는 평균전력은 아래와 같이 주어진다.

$$P = \int_s p_z dS \quad \text{여기서} \quad p_z = p_z^+ - p_z^- \tag{1-60}$$

균일한 평면파에서 p_z 은 위치와는 무관하므로 $P = p_z S$ 이다.

아래에 설명하는 예는 본 절에서 논의되어진 여러가지 아이디어를 강화하기 위한 것이다.

예제 1-3:

500 MHz 전자기파가 $\varepsilon_R = 6$ 인 자기성질이 없는 완전한 유전체를 통과 진행한다.

a) 파장과 위상상수를 계산하라.

b) $+z$ 방향으로 진행하는 파를 가지고, $z = 80$ cm 에서 정현파 전기장이 $z = 65$ cm 에서의 전기장에 상대적으로 지연되어진다. 시간지연[nanoseconds] 과 위상지연[degree] 를 계산하라.

c) 만일 자기장의 피크치가 0.5 (A/m) 이면, 파의 평균 전력 밀도를 계산하라.

해:

a) $\lambda_0 = c/f = (3\times10^8)/(500\times10^6) = 0.6$ m

$\mu_R = 1$, $\lambda = 0.6/\sqrt{6} = 0.245$ m 이기때문에 $\beta = 2\pi/0.245 = 25.65$ rad/m 또는 1470°/m

b) $t_d = \Delta z/\upsilon$ 여기서 $\upsilon = 3\times10^8/\sqrt{6} = 1.22\times10^8$ m/s

그러므로 $t_d = (0.80-0.65)/\upsilon = 1.23\times10^{-9}$ s 또는 1.23 ns

위상지연은 $\beta\Delta z = 1470(0.15) = 220°$

c) $\mu_R = 1$, $\eta = 377/\sqrt{6} = 154$ ohms 가지고 $p_z^+ = E_0^+ H_0^+ = \eta(H_0^+)^2$

여기서 $H_0^+ = 0.5/\sqrt{2} = 0.354$ A/m 그러므로 $p_z^+ = 154(0.354)^2 = 19.3$ W/m^2

1-5 완벽하지 않은 재질내에서 전파 전달

이 절에서는 완벽하지 않은 재질내에서 진행하는 균일한 평면파를 다시 논의해보자. 먼저 완벽하지않은 유전체를 통하여 진행하는 경우이다. 물질의 매개변수 함수로서 파의 감쇄를위한 표현이 개발된다. 다음으로 금속과같이 양호한 도체들내에서 파의진행이 분석 된다. 즉, 표피두께(skin depth)와 표면저항의 개념이 설명되어질 것이다.

1-5a 평면파의 유전손실

모든 유전체들은 유한한 양의 도전성을 가진다. 만일 $\tan\delta < 0.10$ 이면, 전자기파 진행에 영향을 미치는것은 주로 파의감쇄이다. 이는 손실이 있는 유전체내에서 균일한 평면파들의 아래와 같은 분석에 의하여 명백해진다.

정현파 시간 변화에서 Faraday와 Apmere 법칙은 페이저 형태로 쓰여질 것이다. 즉,

$$\frac{d\mathbf{E}_x}{dz} = -j\omega\mu_R\mu_0\mathbf{H}_y \quad \text{과} \quad -\frac{d\mathbf{H}_y}{dz} = (\sigma + j\omega\varepsilon_R\varepsilon_0)\mathbf{E}_x \tag{1-61}$$

이들 표현들은 전도전류항 $\mathbf{J} = \sigma\mathbf{E}_x$ 가 Apmere 법칙에 추가되어진 것을 제외하고 식(1-46)의 것과 유사하다. $\mathbf{H}_y$ 를 제거하면, 아래의 2차 미분식의 결과를 가진다.

$$\frac{d^2\mathbf{E}_x}{dz^2} = -\omega^2\mu_R\mu_0\varepsilon_R\varepsilon_0(1 - j\tan\delta)\mathbf{E}_x \tag{1-62}$$

여기서 1-2절에 설명되어진 것처럼, $\tan\delta \equiv \sigma/\omega\varepsilon_R\varepsilon_0$ 는 물질의 손실탄젠트로 알려진다.

앞서처럼, 2개의 정현파는 + 와 $-z$ 방향속에서 진행하는파들을 나타낸다. 그것들의 실효치-페이저 형태로는 아래와 같다.

$$\mathbf{E}_x = E_0^+e^{-\gamma z} + E_0^-e^{+\gamma z}$$

여기서 $\gamma = (j\omega\sqrt{\mu_R\mu_0\varepsilon_R\varepsilon_0})(\sqrt{1 - j\tan\delta})$ 는 전파상수(propagation constant)로 알려진다.

작은 도전성($\tan\delta < 0.10$)을 가진 유전체 물질에서는 근사치인 $\sqrt{1 - j\tan\delta} \approx 1 - j1/2\tan\delta$ 가 사용되어질 것이다. 그러므로,

$$\gamma \approx \frac{1}{2}\omega\sqrt{\mu_R\mu_0\varepsilon_R\varepsilon_0}\tan\delta + j\omega\sqrt{\mu_R\mu_0\varepsilon_R\varepsilon_0}$$

γ 의 실수부는 감쇄상수 α 로 불려지고, 허수부는 앞서 정의된 위상상수 β 이다. 다음을 주목해라.

$$\alpha = \frac{1}{2}\beta \tan\delta = \frac{\pi}{\lambda}\tan\delta \ \text{ Np/length} \tag{1-63}$$

$\gamma = \alpha + j\beta$ 이므로, 실효치-페이저 해는 아래와 같이 쓰여질 것이다.

$$\mathbf{E}_x = E_0^+ e^{-\alpha z} e^{-j\beta z} + E_0^- e^{+\alpha z} e^{+j\beta z} \tag{1-64}$$

자기장 해들은 아래와 같다.

$$\mathbf{H}_y = H_0^+ e^{-\alpha z} e^{-j\beta z} - H_0^- e^{+\alpha z} e^{+j\beta z} \tag{1-65}$$

여기서 $H_0^+ = E_0^+/\eta$ 이고 $H_0^- = E_0^-/\eta$ 이다. 이 경우에 고유임피던스는 아래와 같다.

$$\eta = 377\sqrt{\frac{\mu_R}{\varepsilon_R}}\left(\frac{1}{\sqrt{1 - j\tan\delta}}\right) \approx 377\sqrt{\frac{\mu_R}{\varepsilon_R}}\left(1 + j\frac{1}{2}\tan\delta\right) \ \text{ ohms} \tag{1-66}$$

이 분석으로부터 무슨 결과를 이끌어낼 수 있는가? 첫째 $\beta = \omega/\upsilon$ 이므로, 파의 속도는 대략 손실이없는 경우와 같다. 즉, $\upsilon = c/\sqrt{\mu_R \varepsilon_R}$ 이다. 또한 η 가 복소수란 사실은 $\mathbf{H}_y$ 가 $\mathbf{E}_x$ 에 위상이 상대적으로 이동된다는 것을 의미한다. $\tan\delta < 0.10$ 인 경우, 위상천이는 3 degree 보다 작으므로 무시할 수 있는 값이다. 그러므로 양호한 절연체에서는 υ, β, λ, 그리고 η 가 물질의 유한한 도전성에 의하여 영향을 받지 않는다. 따라서 식(1-53), (1-55), (1-56), 그리고 (1-57) 들은 무시할 수 있는 에러를 가지고 사용되어진다. 오직 유한한 (그러나 작은)도전성의 뚜렷한 영향은 진행하는 파들의 크기가 z 방향으로 진행하면서 감쇄된다는 것이다. 순방향 진행파에서, 어느 두지점($z = l_1$ 과 $z = l_2$)에서 크기의 비는 다음과 같다.

$$\frac{E_0^+ e^{-\alpha l_1}}{E_0^+ e^{-\alpha l_2}} = \frac{H_0^+ e^{-\alpha l_1}}{H_0^+ e^{-\alpha l_2}} = e^{-\alpha(l_1 - l_2)}$$

α 의 단위가 Np/length 이기 때문에, 지수항 $\alpha(l_1 - l_2)$ 는 네이퍼단위를 가지는 전체 감쇄량이다. 아래의 예는 감쇄와 유전체특성 사이의 관계를 보여준다.

예제 1-4:

1,000 MHz 에서 균일한 평면파가 $\varepsilon_R = 4$ 와 $\tan\delta = 0.02$ 로 정의된 자기성질이 없

는 유전체를 통과 진행하고있다. $z=10$ cm 에서 순방향으로 진행하는파의 실효치가 100 V/m 이다. $z=10$ cm 와 $z=70$ cm 사이의 전력밀도내 손실을 계산하라.

해:

1,000 MHz 에서 $\lambda_0 = 0.3$ m 이고 $\mu_R = 1$ 이기 때문에, $\lambda = \lambda_0/\sqrt{4} = 0.15$ m 이다. 그러므로 $\beta = 2\pi/0.15$ rad/m 와 $\alpha \approx (\pi/0.15)\tan\delta = 0.42$ Np/m 이다.

실효치 값의 비는

$$\frac{E^+ \text{ at } z = 70 \text{ cm}}{E^+ \text{ at } z = 10 \text{ cm}} = e^{-0.42(0.70-0.10)} = e^{-0.252} = 0.78$$

그러므로 $z = 70$ cm 에서 E^+ 의 값은 78 V/m 이다.

$\mathbf{E}_x$ 와 $\mathbf{H}_y$ 모두는 같은 비율로 감쇄되므로, 진행파의 평균전력밀도 p_z 는 아래값에 의해 감쇄 되어진다.

$$\frac{p_z \text{ at } z = l_1}{p_z \text{ at } z = l_2} = e^{-2\alpha(l_1 - l_2)}$$

$l_1 = 0.70$ m 이고 $l_2 = 0.10$ m 이므로, 전력비는 $(0.78)^2 \approx 0.60$ 이다. 이는 0.252 Np 또는 2.19 dB 의 감쇄를 나타낸다. 60 cm (4λ)의 거리를 넘어서면, 균일한 평면파내 전력의 약 40 % 가 유전체내의 I^2R 손실들로 인해 잃게된다.

위 예제에서 선택된 물질은 손실이 많으므로 저손실 응용에는 적합하지 않음을 알 수 있다. 이러한 응용을 위하여, 마이크로파 종사자들은 항상 0.001 보다 작은 손실 탄젠트를 가진 물질들을 선택한다. 또한 여기서 묘사된 결론들은 "—" z 방향으로 진행하는 파에도 똑같이 적용된다. 이는 순방향으로 진행하는 파에서와 같은 비율로 감쇄되어질 것이기 때문이다.

1-5b 양호한 도체에서의 평면파

양호한 도체(금속과같은)내에서 균일한 평면파의 경우를 고려하도록 하자. 이들 물질들은 매우 높은 도전성에 의해 특성화되어지기 때문에, 전도전류 ($\sigma\mathbf{E}$) 가 변위전류 ($j\omega\varepsilon_R\varepsilon_0\mathbf{E}$) 보다 훨씬 크다. 그러므로 식(1-61)는 아래와 같이 간략화된다.

$$\frac{d\mathbf{E}_x}{dz} = -j\omega\mu_R\mu_0\mathbf{H}_y \quad \text{와} \quad -\frac{d\mathbf{H}_y}{dz} = \sigma\mathbf{E}_x \tag{1-67}$$

$\mathbf{H}_y$ 를 제거하면 아래의 2차 미분방정식의 결과를 낳는다.

$$\frac{d^2\mathbf{E}_x}{dz^2} = j\omega\mu_R\mu_0\sigma\mathbf{E}_x \tag{1-68}$$

비록 이 방정식이 2개의 해를 가질지라도, 오직 순방향 진행파와 관련한 것만이 고려될 것이다. 즉,

$$\mathbf{E}_x = E_0^+ e^{-\gamma z} \quad \text{여기서} \quad \gamma = \sqrt{j\omega\mu_R\mu_0\sigma}$$

$\omega = 2\pi f$ 이고 $\sqrt{j} = 1\angle 45° = (1+j1)/\sqrt{2}$ 이기 때문에,

$$\gamma = \alpha + j\beta = \sqrt{\pi f \mu_R\mu_0\sigma} + j\sqrt{\pi f \mu_R\mu_0\sigma}$$

그러므로,

$$\mathbf{E}_x = E_0^+ e^{-z/\delta_s} e^{-jz/\delta_s} \tag{1-69}$$

여기서

$$\delta_s \equiv \frac{1}{\sqrt{\pi f \mu_R\mu_0\sigma}} \tag{1-70}$$

는 물질의 표피두께로 알려진다.

식(1-69)와 (1-70)의 의미를 이해하기위하여, 그림1-13을 고려하자. 영역1의 교류 전원이 보여지는것과 같이 실효치 전기장 E_0^+ 의 결과를 가지는 $z = 0$ 면에서 도체와 연결된다고 가정하자. 접선 E 는 경계를 연속적으로 가로질러져야만 한다는 것을 다시 상기하면, 도체내의 전기장은 또한 E_0^+ 와 같다. 식(1-69)로부터, $\mathbf{E}_x$ 의 실효치값은 파가 도체에 침투함으로서 감소한다. 만일 δ_s 가 작다면, 거리에 따른 E_x 의 자연감소는 매우 급격하다. 그림에서 (b)는 도체내로 침투하는 함수로서 전류밀도의 실효치값을 그래프로 보인다.

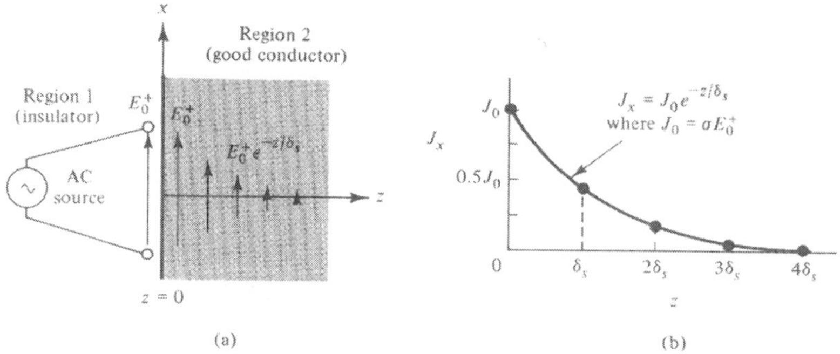

그림 1-13. 양호한 도체내에서 표피효과의 묘사

거리에 따른 감쇄의 비는 $J_x = \sigma E_x$ 이기 때문에 E_x 와 같다.

또한 자기장도 $\mathbf{H}_y = \mathbf{E}_x / \eta_s$ 이기 때문에 같은 비율로 감소한다. 여기서

$$\eta_S = \frac{1+j}{\sigma\delta_s} = (1+j)R_s = \sqrt{2}R_s\angle 45° \text{ ohms} \tag{1-71}$$

이고 R_s 는 식(1-75)에서 정의되어진다. 이 결과는 식(1-67)의 첫항에 $\mathbf{E}_x$ 를 대입하여 얻어진다. 여기서 나타내고자하는 것은 양호한 도체에서는 자기장은 전기장에 45° 뒤쳐진다는 사실이다.

$z = \delta_s$ 에서, E_x 는 e^{-1} 또는 표면값의 37% 이다. 사실, 이는 표피두께의 정의가 고려되어진 것이다. 도체내로 $3\delta_s$ 는 전기장의 크기가 e^{-3} 또는 표면값의 5% 까지 줄어든다. 이들 현상은 또한 J_x 와 H_y 까지 적용한다. 전력밀도는 E_x^2 에 비례하기 때문에 $3\delta_s$ 에서 이 값은 e^{-6} 또는 표면전력밀도의 0.25% 이다. 그러므로 실제적으로 말해서, 모든 전력은 표면 에서 몇 표피두께내에 위치한다.

구리의 경우, $\mu_R = 1$ 이고 $\sigma = 5.8\times10^7$ mho/m 이다. 그러므로 주파수 f (Hz) 에서, 표피두께를 위한 표현은 아래와 같이 줄어든다.

$$\delta_{cu} = \frac{0.066}{\sqrt{f}} \text{ meter} \tag{1-72}$$

예를들어 $10,000$ MHz 에서 구리의 표피두께는 6.6×10^{-7} m 또는 $0.66\ \mu$m 이다. 다른 말로하면, 마이크로파에서 금속내의 전력과 전류흐름은 본질적으로 표면현상이다. 마이크로파 종사자들은 이와같이 매우 뛰어난 도체(은 또는 금)의 수 표피두께를 이용하여 도체(동 또는 알루미늄)를 도금함으로서 이 사실의 잇점을 취한다. 이러한 방법으로 매우 뛰어난 도체의 전기적 특성들이 최소의 비용으로 얻어질 수 있는 것이다.

표면저항

그림 1-14a 는 도체에 연결된 교류전원을 보인다. 연결은 $x=0$ 과 $x=l$ 에 위치한 두 스트립(strip)을 통하고 $x-y$ 평면에서 균일한 장이라고 가정한다. 적용한 전압은 $z=0$ 에서 $\mathbf{E}_x = E_0^+\angle 0$ 이므로 $\mathbf{V} = E_0^+ l\angle 0$ 이다. 전류밀도는 $\mathbf{J}_x = \sigma\mathbf{E}_x = \sigma E_0^+ e^{-\gamma z}$ 이므로 z 의 함수이다. 그러므로 전체 전류 $\mathbf{I}_x$ 는

$$\mathrm{I}_x = \int_0^\infty \int_0^b \mathrm{J}_x dydz = \frac{\sigma E_0^+ b}{\gamma} = \frac{\delta_s \sigma b E_0^+}{\sqrt{2}} \angle -45°$$

이고 교류 임피던스는

$$Z = \frac{\mathbf{V}}{\mathbf{I}_x} = \frac{\sqrt{2}l}{\sigma b \delta_s}\angle +45° = \frac{l}{\sigma b\delta_s} + j\frac{l}{\sigma b \delta_s} \tag{1-73}$$

Z 의 허수부는 높은 주파수에서는 외부의 유도성 영향이 항상 기본이기 때문에 고려되지 않는다. 그러나 저항부분은 중요하다. 그것은 다음과 같이 주어진다.

$$R_{ac} = \frac{l}{\sigma b \delta_s} \quad \text{ohms} \tag{1-74}$$

이 표현을 식(1-15)과 비교하면 흥미롭고 유용한 결론을 우리에게 이끈다. 즉, 도체의 교류저항은 길이 l 과 가로지르는 면적 b 와 δ_s 의 직사각형의 직류저항과 같다. 다른 말로하면, 표피효과(skin-effect)저항은 전체전류가 1의 표피두께로 균일하게 분포되어진다는 가정하에 계산된다. 이 개념은 그림 1-14 의 (b)에 설명되어진다. 같은 결론은 도체내 분산된 전력을 분석함으로서 얻어질 것이다. (참고문헌1-3과 1-4)

사각단면(square section) ($l=b$)의 저항은 R_s 로 표시되고, 아래와 같이 주어진다.

$$R_s = \frac{1}{\sigma\delta_s} = \sqrt{\frac{\pi f \mu_R \mu_0}{\sigma}} \text{ ohms/square} \tag{1-75}$$

표피두께는 도체의 두께(즉, z 크기)에 비하여 작기 때문에 R_s는 표면저항으로 불려진다. 표피효과의 현상은 또한 회로개념을 사용하여 설명되어질 수 있다. 긴와이어(wire)의 표피효과 저항이 유도되어진다. 높은 주파수에서 (즉, $\delta_s \ll a$일 때, a는 와이어의 반지름), 식(1-74)과 관련한 개념은 교류저항을 계산하기 위하여 사용되어질 것이다. 즉,

$$R_{ac} \approx \frac{l}{\sigma(2\pi a)\delta_s} \text{ ohms} \tag{1-76}$$

여기서 l 은 와이어의 길이이다. 다르게 말하면, 높은 주파수에서 와이어는 길이 l, 반지름 a, 그리고 벽 두께 δ_s 를 가지는 속이 빈 얇은 튜브로 고려되어질 것이다.

예로서, 반지름 $a = 0.005$ m 를 가지는 100 m 길이의 구리와이어를 고려하자. 1,000 MHz 에서, $\delta_s = 2.09 \times 10^{-6}$ m 그러므로 $R_{ac} = 26.3$ ohms 이다.

식(1-15)로부터 직류저항은 오직 0.022 ohms 이고 이는 1,000 MHz 에서 저항은 1,000배 더 커질 수 있음을 의미한다. 그러므로 표피효과 때문에 I^2R 손실들은 명백하게 더 높은 주파수에서 더 커진다.

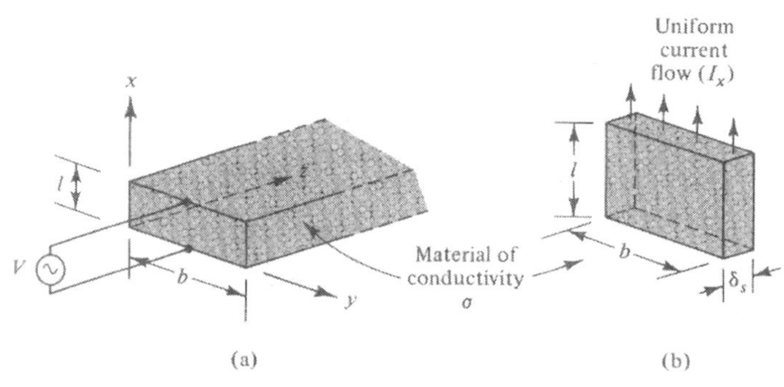

그림 1-14. 양호한 도체의 교류저항에서 표피효과의 영향

1-6 경계면에서의 반사

전자기파가 두 물질의 경계에서 나쁜 영향을 미칠 때 변함없이 반사가 일어난다. 이 반사의 크기와 형태는 파의 입사각뿐 만 아니라 두 물질의 특성함수이다. 이 절에서는 이후 도파관(waveguide) 논의에 유용할 경우들을 다시 보도록 한다.

1-6a 완전도체면에서의 반사

먼저 완벽한 절연체속에서 완벽한 도체표면(그림 1-15)을 향하여 진행하는 선형적으로 편광되어진 균일한 평면파의 경우를 고려하도록 하자. 진행방향은 도체표면에 수직하게 선택되어진다(수직입사). 포인팅벡터의 힘으로, 전기와 자기벡터 둘 모두는 경계면에 평행 하다. 보여진 좌표계에서, 전자기장들은 식(1-50)과 (1-51)에 의해 주어진다. 완벽한 절연물질로 가정되었기 때문에 영역1에서 감쇄는 "0"이다. 절연과 도체영역의 경계면을 $z=0$으로 선택하는 것이 편리하다. 이 좌표계의 선택이 그림 1-15에 나타내어진다. 완벽한 도체가 영역2에 가정되었기 때문에 전기장의 접선성분은 경계지점에서 "0" 이어야 하고 그러므로 $E_0^- = -E_0^+$ 이다. $E_0^+/H_0^+ = E_0^-/H_0^-$ 을 가지고 $H_0^- = -H_0^+$ 이고 그러므로 $z=0$에서 자기장은 $2\sqrt{2}H_0^+ \cos \omega t$ 이다. 결과적으로, 전기장은 도체표면에서 "0" 이고, 반면 자기장은 입사파와 관련하여 H 의 2배 값이다. 완벽한 도체에서, $\delta_s = 0$ 이고 그러므로 교류전류 흐름은 표면으로 제한되어진다. 식(1-42)에 힘입어, 표면전류밀도 $\mathcal{K}$는 x 방향속에 있고 $2\sqrt{2}H_0^+ \cos \omega t$ 와 같다.

다음의 논의는 위의 결론들을 이해하는데 도움이 될 것이다. E_0^+ 파가 도체에 나쁜 영향을 미치므로, 표면전류는 전기장과 같은 방향으로 흐른다. 결과적으로 전하의 분리는 E_0^+ 와 크기는 같고 방향이 반대인 E_0^- 을 생성한다. Ampere 법칙(오른손 법칙)에 의하여, 표면전류는 y 방향으로 자기장을 생성하고 입사파와 관련한 것을 추가한다. 그러므로 전기장은 반전되고 자기장은 변함이 없다. 이는 E_0^- 와 H_0^- 의 진행방향은 입사파와 정반대임을 의미한다. 더구나 E_0^- 와 H_0^- 의 크기가 E_0^+ 와 H_0^+ 와 같기 때문에, 반사파의 전력밀도는 입사파와 같다. 이 결과는 완전한 도체는 전력을 흡수할 수 없다는 사실이다.

경계면으로부터 거리 d 지점에서 $\mathcal{E}_x$와 $\mathcal{H}_y$를 위한 표현들을 고려해보자.

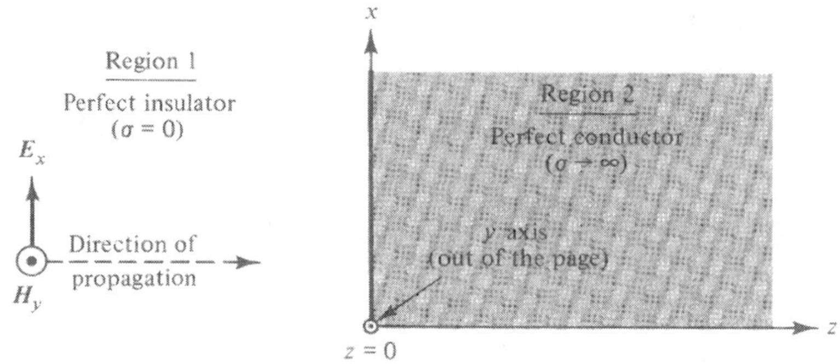

그림 1-15. 완벽한 절연체에서 완벽한 도체를 향하는 진행파(수직입사)

$z=-d$ (영역 1) 에서,

$$\begin{aligned}\mathcal{E}_x &= \sqrt{2}E_0^+\cos(\omega t+\beta d)-\sqrt{2}E_0^+\cos(\omega t-\beta d)\\ \mathcal{H}_y &= \sqrt{2}H_0^+\cos(\omega t+\beta d)+\sqrt{2}H_0^+\cos(\omega t-\beta d)\end{aligned} \tag{1-77}$$

trigonometric정의 $\cos(A\pm B)=\cos A\cos B\mp\sin A\sin B$ 를 사용하여, 위의 식들은 아래와 같이 된다.

$$\begin{aligned}\mathcal{E}_x &= -\left\{2\sqrt{2}E_0^+\sin\beta d\right\}\sin\omega t\\ \mathcal{H}_y &= \left\{2\sqrt{2}H_0^+\cos\beta d\right\}\cos\omega t\end{aligned} \tag{1-78}$$

이들 표현은 $\sin\omega t$ 와 $\cos\omega t$ 항들의 논쟁이 βd 항을 포함하지 않기 때문에 진행파들을 나타내지 않는다. 그것들이 나타내는 것은 정현파 시간함수로 그 크기(괄호안의 양)들은 z 축을 따르는 위치의 함수이다. 그것들은 정재파(standing wave)로 불려지고 z 방향으로 순수전력흐름이 없음을 포함한다. 이것은 이미 반사파내의 전력은 정확히 입사파의 전력과 같음을 보았기 때문에 이해할 수 있다. 식(1-77)과 (1-78)이 등가이기 때문에 둘은 서로 반대방향으로 진행하는 파들이고 정재파는 단지 같은현상을 다른 방향에서 보고 있는 것임을 주목하라.

정재파의 특성을 좀 더 이해하기위하여, 식(1-81)에서 $\mathcal{E}_x$ 를 위한 표현을 고려해보자.

$\beta = 2\pi/\lambda$ 이기 때문에, $d = 0,\ \lambda/2,\ \lambda,$ 등에서 $\mathcal{E}_x = 0$ 이다. 한편, $d = \lambda/4$, $3\lambda/4$, $5\lambda/4$ 등에서는 $\mathcal{E}_x = \pm 2\sqrt{2}E_0^+ \sin \omega t$ 이고 이는 $2E_0^+$ 의 실효치값을 가지는 교류 전기장 이다. z 축을 따라 다른 위치에서는 $\mathcal{E}_x$ 의 실효치값이 $2E_0^+$ 보다 작다. 그러므로 $\mathcal{E}_x$ 의 가장 크게 가능한 실효치값은 입사파 실효치값의 두배이다. 또한 식(1-81)에서 $\mathcal{H}_y$ 를 위한 표현은 정재파를 나타낸다. 임의 고정된 값 d 에서, $\mathcal{E}_x$ 와 $\mathcal{H}_y$ 는 $90°$ 의 위상차를 가진다. 이는 임의 공간의 한 지점에서 전자기장내의 평균전력은 "0" 를 의미함을 주목하라. 이는 또한 평균전력이 "0" 인 순수 리액턴스(reactance)내에서 전압과 전류사이의 $90°$ 의 위상 관계와 유사하다. 또한 $\mathcal{H}_y$ 의 영(null)점들이 $d = \lambda/4,\ 3\lambda/4,\ 5\lambda/4,$ 등에서 발생하고, 반면에 최대값은 $d = 0,\ \lambda/2,\ \lambda,$ 등에서 발생함을 주목하라. 그러므로 $\mathcal{H}_y$ 를 위한 정재파패턴은 $\mathcal{E}_x$ 정재파에 상대적으로 $\lambda/4$ 인 곳에 놓여진다. 거리 d 의 함수로서 E_x 와 H_y (실효치값들)의 그래프는 그림1-16에 보여진다. 순수하게 진행하는 파의 경우와 다르게, 정재파에서 H_y 에 대한 E_x 의 비는 진행하는 축에 따른 위치의 함수이고 재질의 고유임피던스인 η 와 동등하지 않다. 몇 개의 시간대에서 위치에 대한 $\mathcal{E}_x$ 와 $\mathcal{H}_y$ 의 그래프는 그림 1-17에 보여진다. 시간간격은 1/8주기로 떨어져있고 교류 사이클의 한 주기를 커버한다. 시간의 함수로서 $\mathcal{E}_x$ 곡선의 패턴은 $d = 0$ 에서 고정되어진 진동 string 의 것과 비슷하다. string's displacement가 $d = 0$ 에서 항상 "0" 인 조건과 도체표면에서 $\mathcal{E}_x = 0$ 인 경계조건은 유사하다. 임의의 고정된 d 에서, $\mathcal{E}_x$ 와 $\mathcal{H}_y$ 모두 주기 T 를 가지는 정현파 시간함수들이다. 정재파의 모든 정현파 시간함수들이 위상내에 있는 영들의 연속쌍 사이에서 관찰하자. 즉, 그들은 같은 시간에 그것의 최대(그리고 최소)값들을 모두 조사한다. 이는 위상은 위치의 함수이고 크기는 그렇지 않은 순수한 진행파($\alpha = 0$)와 대조를 이룬다.

여기서 묘사되어진 분석은 위상 표기를 사용하여 수행되어질 수 있었다. 유전체 경계에서 반사의 경우는 이 접근법을 사용하여 분석된다.

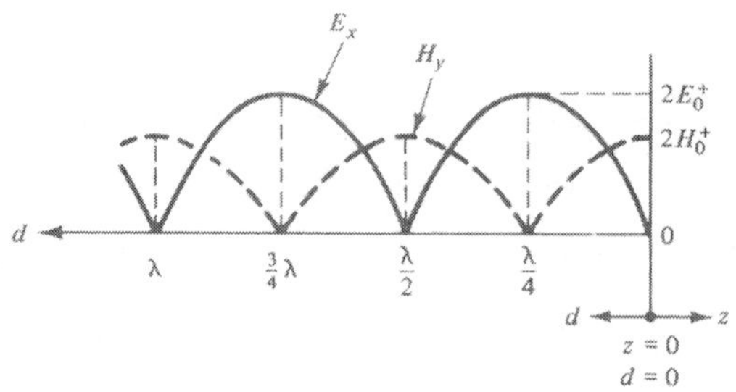

그림 1-16. $d=0$ 에 도체표면이 위치한 경우, 위치의 함수로서 $\mathcal{E}_x$ 와 $\mathcal{H}_y$ 의 실효치값

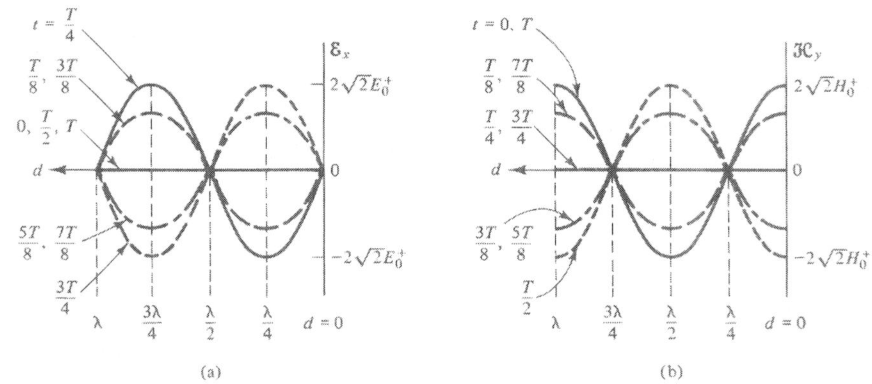

그림 1-17. $d=0$ 에 도체표면이 위치한 경우, 위치와 시간의 함수로서 $\mathcal{E}_x$ 와 $\mathcal{H}_y$ 의 값을 동시에 나타낸 모습

1-6b 유전체 경계면에서의 반사와 굴절

한 완전한 절연체에서 다른 곳으로 진행하는 균일한 평면파의 경우를 고려해보자. 수직하게 입사하는 경우의 상황을 그림 1-18에 보여진다. 영역1에서 입사파가 두 개의 유전체($z=0$ plane)사이의 경계에 도착했을 때, 그것의 일부는 반사되어지고 나머지 일부는 영역2로 진행하게 된다. 영역1에서 $\mathbf{E}$ 와 $\mathbf{H}$ 를 위한 표현은 식(1-48)과 (1-49) 에의해 주어진다. 영역2에서, 오직 순방향 진행파만이 물질의 양이 +방향으로 무한하게 확장하기 때문에 존재한다. 경계에서 $\mathbf{E}$ 와 $\mathbf{H}$ 의 접선성분을 위한 연속조건은 $\mathbf{E}_i+\mathbf{E}_r=\mathbf{E}_t$ 와 $\mathbf{H}_i-\mathbf{H}_r=\mathbf{H}_t$ 를 요구한다. 여기서 영역1의 입사와 반사파는 각각 첨자 i 와 r 로 표시한다. 영역2의 투과파(transmitted wave)는 첨자 t로 표시한다. $\mathbf{H}_i = \mathbf{E}_i/\eta_1$, $\mathbf{H}_r = \mathbf{E}_r/\eta_1$, 그리고 $\mathbf{H}_t = \mathbf{E}_t/\eta_2$ 를 가지고, $\mathbf{E}_t$ 와 $\mathbf{H}_t$ 를 위한 해는 아래의 결과를 가진다.

$$\frac{\mathbf{E}_t}{\mathbf{E}_i} = \frac{2\eta_2}{\eta_1 + \eta_2} \quad \text{그리고} \quad \frac{\mathbf{H}_t}{\mathbf{H}_i} = \frac{2\eta_1}{\eta_1 + \eta_2} \tag{1-79}$$

이 비는 영역2로 침투된 입사장들의 비율(faction)을 가르킨다. $\mathbf{E}_r = \mathbf{E}_t - \mathbf{E}_i$ 이므로,

$$\Gamma = \frac{\mathbf{E}_r}{\mathbf{E}_i} = \frac{\mathbf{H}_r}{\mathbf{H}_i} = \frac{\eta_2 - \eta_1}{\eta_2 + \eta_1} \tag{1-80}$$

경계에서 반사되는 입사파의 비율은 반사계수(reflection coefficient)(Γ)로 불러진다. 이것은 페이저양들의 비율이기 때문에 반사계수는 복소수가 될 것이다. 반사계수 $|\Gamma|$ 의 크기는 입사파에 대하여 반사되어진 진폭의 비이다. 반면에 반사계수의 각도는 입사파에 상대적으로 반사파의 위상천이를 가르킨다. η_2 와 η_1 이 실수일 때, Γ 는 실수이고 그 값은 $-1 \le \Gamma \le +1$ 로 제한되어진다.

두 유전체사이의 경계에서, 입사파의 일부분은 $\eta_2 \ne \eta_1$ 일 때 반사되어진다. 전력 밀도가 E^2 에 비례하면, 반사되어진 전력밀도(p_r)는 아래식에 의한 입사 전력 밀도(p_i)와 관련되어진다.

$$p_r = |\Gamma|^2 p_i \tag{1-81}$$

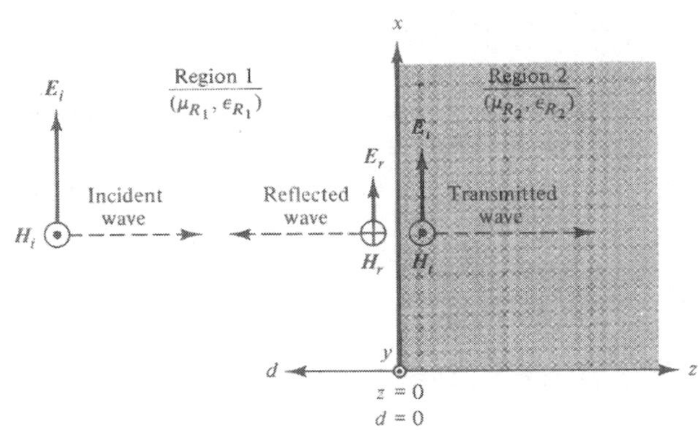

그림 1-18. 두 이상적인 유전체사이의 경계면에서 투과와 반사(수직입사)

식(1-79)와 (1-80)을 이용하면, 투과된 전력밀도를 위한 다음의 관계식이 얻어진다.

$$p_t = \left\{1 - |\Gamma|^2\right\} p_i \tag{1-82}$$

이식은 영역2까지 운반된 전력이 입사전력에서 반사전력을 뺀 것과 같다. 에너지보존 법칙에 근거하여, 이 결론은 그럴듯하다.

$\eta_2 \neq \eta_1$ 일 때 생성되어진 반사파는 영역1에서 정재파 패턴을 나타낸다. 경계면(그림 1-26)으로부터 왼쪽으로 거리 d 에서, 전자기장들은 식(1-48)과 (1-49) 의하여 주어진다. 여기서 $z = -d$ 이다. 즉,

$$\mathbf{E}_{x_1} = E_{0_1}^{+} \angle \beta d + E_{0_1}^{-} \angle -\beta d \quad \text{와} \quad \mathbf{H}_{y_1} = H_{0_1}^{+} \angle \beta d - H_{0_1}^{-} \angle -\beta d$$

여기서 첨자1은 영역1내의 장들을 나타낸다.

경계에서 반사계수가 $\Gamma = E_{0_1}^{-} / E_{0_1}^{+} = H_{0_1}^{-} / H_{0_1}^{+}$ 이기 때문에, 위의 방정식들은 아래와 같이 다시 기술된다.

$$\mathbf{E}_{x_1} = E_{0_1}^{+} \angle \beta d + \Gamma E_{0_1}^{+} \angle -\beta d \quad \text{와} \quad \mathbf{H}_{y_1} = H_{0_1}^{+} \angle \beta d - \Gamma H_{0_1}^{+} \angle -\beta d \tag{1-83}$$

이들 페이저 방정식들은 전자기장의 정재파를 나타낸다. 양의 Γ 를 위한 전기장 패턴 (실효치값들)은 그림 1-19에 보여진다. 만일 Γ 가 음의 값이면, 패턴은 $\lambda/4$ 만큼 이동 되어질 것이다. 두 경우 모두에서, E_{x_1} 의 최대와 최소값들은 아래에 의하여 주어진다.

$$E_{\max} = \left\{1 + |\Gamma|\right\} E_{0_1}^{+} \quad \text{과} \quad E_{\min} = \left\{1 - |\Gamma|\right\} E_{0_1}^{+} \tag{1-84}$$

영역1이 완전한 절연체를 가지면, $\alpha = 0$ 과 패턴내 모든 최대값이 모든 최소값들과 동등하다. 정재파패턴들은 입사와 반사파들의 페이저 추가로 진폭변화를 나타낸다. $d = 0,\ \lambda/8,$ 그리고 $\lambda/4$ 에서 $\mathbf{E}_{x_1}$ 을 위한 페이저 추가는 그림 1-20에 보여 준다.

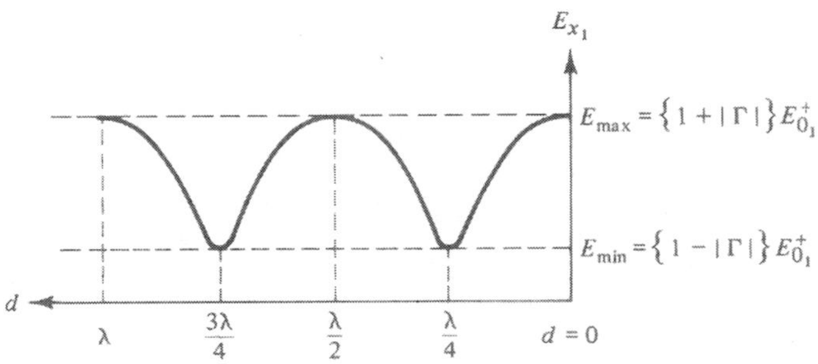

그림 1-19. 양의 Γ를 위한 $\mathbf{E}_{x_1}$ 정재파 패턴

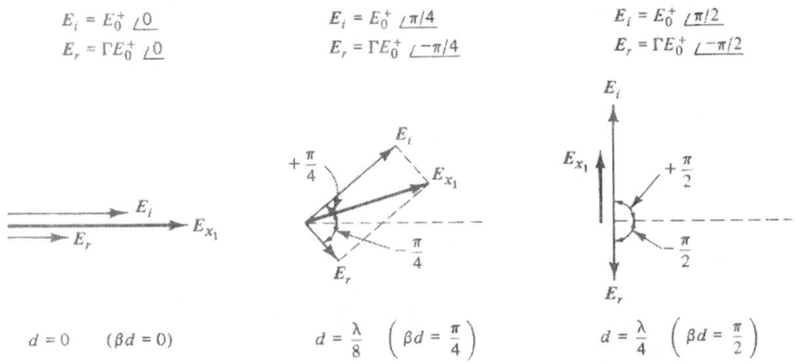

그림 1-20. Γ가 양인 경우에 $d = 0$, $\lambda/8$, 그리고 $\lambda/4$에서 $\mathbf{E}_{x_1}$의 페이저

거리 d가 증가할수록, 입사 페이저($\mathbf{E}_i$)은 반시계방향으로 회전하고 반사파 페이저($\mathbf{E}_r$)은 시계방향으로 회전함을 관찰하라. 결과적으로 페이저의 크기는 특별한 위치 d에서 $\mathbf{E}_{x_1}$의 실효치값이다. 그림1-16과 다르게 최소는 “0” 가 아니고 최대는 $2E_0^+$ 와 같지않다. 그림 1-16내의 패턴과 1-19 사이에는 약간의 유사성이 있다. 연속적인 최소값들은 $\lambda/2$ 떨어져있고 이웃한 최대와 최소값들은 $\lambda/4$ 만큼 떨어진다. 또한 만일 H_y 패턴이 그림 1-19에 그래프화 된다면, E_x 패턴에 상대적으로 $\lambda/4$ 만큼 떨어져 존재할 것이다. 반사계수의 크기는 경계에서 반사되어진 입사파의 비율을 나타낸다. 반사의 량을 나타내는데 종종 사용되어지는 다른 양은 정재파패턴에서 최소 장(실효치)에 대한 최대 장(실효치)의 비이다. 이 량은 SWR(standing wave ratio)로 불려지고 E_{max}/E_{min} 로 정의되어진다. 식(1-84)로부터

$$SWR = \frac{1+|\Gamma|}{1-|\Gamma|} \tag{1-85}$$

정의에 의하여, SWR은 항상 1보다 크거나 같은 실수값이다. 이는 일반적으로 높은 주파수대에서 작업할 때 측정되어지는양이다. $|\Gamma|$ 의 값이 "0"부터 "1"까지의 영역이기 때문에, SWR의 값은 "1"부터 무한대까지 이다. 위의 방정식은 $|\Gamma|$ 를 위하여 해결되어질 수 있다.

$$|\Gamma| = \frac{SWR-1}{SWR+1} \tag{1-86}$$

SWR이 "1" 임은 반사가 없고 순수한 진행파만을 나타내고 반면에 무한대는 전부 반사하고 순수한 정재파를 나타낸다. 일반적으로, 파의 패턴은 진행파와 정재파의 결합으로 구성한다. $|\Gamma| < 1$ 에서는 진행방향으로 순수전력흐름이 존재할 것이다. 그러므로 $\mathbf{E}_x$ 와 $\mathbf{H}_y$ 는 위상이 90° 차이가 되어질 수 없다. 다음의 예제는 이 사실을 확인하고 전자기 정재파 패턴을 계산하는 과정에서 페이저들의 사용을 설명한다.

예제 1-5:

10 V/m rms 의 전기장을 가지고 자유공간(영역1)을 진행하는 주파수 1,250 MHz 의 균일한 평면파가 수직으로 quartz(영역2)에 입사하였다. (그림 1-18)

a) 영역1에서 반사계수 와 SWR을 계산한다.

b) quartz영역으로 진행하는 입사전력의 비율은?

c) $d = 3$ cm 와 6 cm 에서 $\mathbf{E}_x$ 와 $\mathbf{H}_y$ 를 계산하라.

해:

a) quartz는 $\varepsilon_R = 3.8$ 과 $\mu_R = 1$ 이므로, 손실을 무시하면(즉, $\tan\delta \approx 0$), 고유임피던스 $\eta_2 = 377/\sqrt{3.8} = 193$ ohms 이다. 영역1이 자유공간이므로 $\eta_1 = 377$ ohms 이다. 따라서

$$\Gamma = \frac{193-377}{193+377} = 0.32\angle\pi \quad \text{와} \quad SWR = \frac{1+0.32}{1-0.32} = 1.94$$

b) $|\Gamma|^2 = (0.32)^2 = 0.10$ 이므로, 입사전력의 10% 는 반사되어진다. 그러므로, $1-|\Gamma|^2 = 0.90$ 이는 입사전력의 90% 는 영역2로 진행한다는 것을 의미한다.

c) 자유공간에서 $\eta_1 = 377$ ohms 과 1,250 MHz 에서 $\lambda = \lambda_0 = 24$ cm 이다.

$\beta = 2\pi/\lambda$, $E_{0_1}^+ = 10$ V/m, $H_{0_1}^+ = 10/377$ A/m 그리고 $\Gamma = -0.32$ 를 가지고, 식(1-86)은 아래와 같이 간략화된다.

$\mathbf{E}_{x_1} = 10\angle \pi d/12 - 3.2\angle -\pi d/12$ 와 $\mathbf{H}_{y_1} = 0.027\angle \pi d/12 + 0.009\angle -\pi d/12$

($d = 3$cm)

$\mathbf{E}_{x_1} = 10\angle \pi/4 - 3.2\angle -\pi/4 = 10.5\angle 1.09$ rad 또는 $10.5\angle 62.7°$ V/m

$\mathbf{H}_{y_1} = 0.027\angle \pi/4 + 0.009\angle -\pi/4 = 0.028\angle 27.5°$ A/m ($d = 6$ cm)

$\mathbf{E}_{x_1} = 10\angle \pi/2 - 3.2\angle -\pi/2 = 13.2\angle 90°$ V/m

$\mathbf{H}_{y_1} = 0.027\angle \pi/2 + 0.009\angle -\pi/2 = 0.018\angle 90°$ A/m

이 위치에서, $\mathbf{E}_x$ 은 최대이고 $\mathbf{H}_y$ 은 최소임을 주목하라.

앞서 논의한 것처럼, $\mathbf{E}_x$ 와 $\mathbf{H}_y$ 는 순수 진행파에서는 위상내에 있고 순수 정재파에서는 90° 의 위상차가 있다. 더 일반적인 상황에서, 위상차는 진행하는 축을 따르는 위치의 함수이다. 위 예제에서 $\mathbf{E}_x$ 와 $\mathbf{H}_y$ 는 $d = 6$ cm 에서 위상내에 있으나 $d = 3$ cm 에서는 35.2° 의 위상차가 있다. 그러나 두 지점에서 순수전력흐름은 영역이 무손실이기 때문에 같아야만 한다. 두 경우에 있어서, 순수전력밀도는 $\left\{1 - |\Gamma|^2\right\} p_i$ 와 같아야한다. 여기서 $p_i = (10)(0.027) = 0.27$ W/m^2 는 입사파의 전력밀도이다. $\Gamma = 0.32$ 이기 때문에 모든 지점에서 전력밀도는 0.24 W/m^2 가 되어야만 한다. $d = 3$ cm 에서 이를 확정하도록 하자. 순수전력밀도는 $E_x H_y \cos\theta_{pf}$ 로 주어진다. 여기서 θ_{pf} 는 $\mathbf{E}_x$ 와 $\mathbf{H}_y$ 사이의 전력 인자각(factor angle)이다. $d = 3$ cm 에서 이값은 $(10.5)(0.028) = \cos 35.2° = 0.24$ W/m^2 이다. d 의 다른 값에서 유사한 계산은 같은 결과를 얻는다.

1-7 마이크로파 관점에서의 L과 C

먼저, 유도용량과 정전용량은 서로 반대되는 현상을 말하므로 정반대의 특성과 현상을 보인다. 우선 관련 용어들의 고전적인 정의부터 정리해보자.

1-7a 유도용량

회로를 흐르고 있는 전류의 변화에 의해 전자기유도로 생기는 역기전력의 비율을 나타내는 양으로 단위는 H(헨리)이다. 이러한 유도용량 값을 간단히 *L* (그림1-21)이라 지칭하며, 마이크로파에선 nH단위가 주로 사용된다. 유도용량은 선로길이가 길 때 나타나는 현상이므로 선로를 스프링 모양으로 감으면 적은 면적상에 많은 유도용량을 구현할 수 있다. 또한 상호유도가 강해져서 선로길이보다 더 많은 유도용량을 구현할 수 있다. 주로 저주파에서 사용되는 용어로서, 고주파에서서는 이런 코일 구조뿐 아니라 다양한 구조가 응용되기 때문에 코일이란 용어는 별로 안 쓰고 인덕터라는 용어를 주로 사용한다.

그림1-21. 인덕터의 유도용량을 나타내는 상징적 기호

유도용량 L은, 도선에 전류가 흐를 때 그 전류의 변화를 막으려는 성질, 또는 그 정도를 말한다. 일종의 전기적 관성이라는 개념으로 볼 수있다. 즉 도선에 흐르는 전류가 직류라면 아무 변화없이 흐르지만, 그것이 변하려고 하면 그 반대의 기전력을 만들어서 그 변화를 막으려고한다. 그래서 직류는 잘 통과하지만 교류는 좀체 통과하기 힘들다. 아래 그림1-22을 보고 좀 더 상세히 묘사해보자.

선로는 그 길이방향으로 둥글게 자기장을 형성하게 되는데, 만약 이 선로를 따라 흐르던 전류가 변화하려면 그 주변에 생성된 자기장도 같이 바뀌어야 한다. (오른손 법칙) 바로 이렇게 선로주위에 생성된 자기장이 선로의 전류/전압 변화를 따라가려면 어느 정도 시간이 필요한데 결국 자기장이 한박자 늦게 변하려 하다 보니 도선의 전류변화를 방해하는 꼴이 되는 것이다. 그리고 이러한 주변의 자기장이 많이 생길수록 (즉 L값이 커질수록) 전류가 변화하기가 무척 힘들어진다. 그래서 L값이 높을수록 고주파는 통과하기 힘들어 하는 것이다. 그렇다면 유도용량을 유발시키는 인덕터는 어떻게 만드는 것일까? 아주 간단하다. 선로만 길면 주변의 자기장은 길이만큼 점점 더 늘어나니까 유도용량은 계속 커진다. 그런데 길게만 만들 수는 없으므로, 둘둘 감아서 스프링모양의 코일(coil)로 만들게 되었고 그래서 코일 = 인덕터처럼 공식화되었다. 여기서 한가지 짚고 넘어갈 것은, 이렇게 코일형태로 만들어 놓으면 실제 그 선로 길이만으로 구현한 것보다 L값을 증가시킬 수 있다. 왜냐하면, 유도용량은 자기유도(self inductance)와 상호유도(mutual inductance)가 존재하기 때문이다.

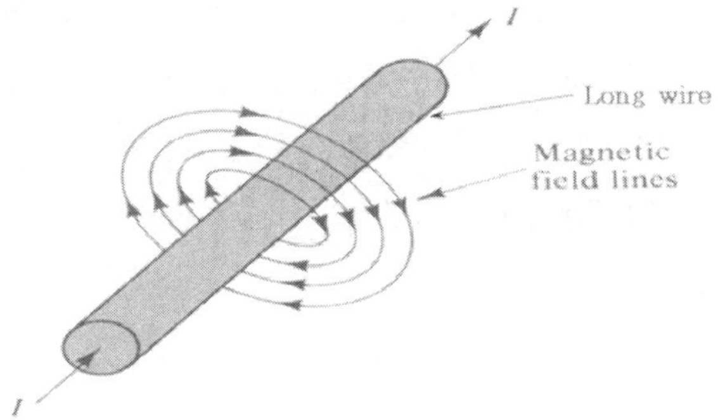

그림1-22. 전류가 흐르는 도선의 길이방향으로 둥글게 자기장을 형성하는 모습

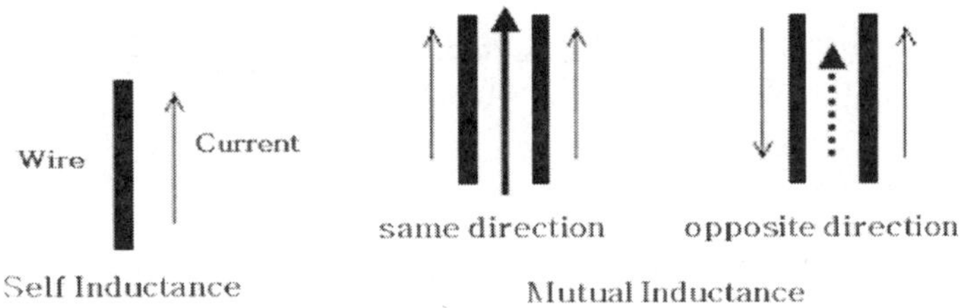

그림1-23. 도선을 흐르는 전류 방향에 따른 상호유도 현상의 모습

상호유도는 그림1-23과 같이 방향에 따라 다른데, 만약 전류가 같은 방향이라면 상호간의 주변 자기장이 서로 더해져서 L값은 더욱 세지고, 반대로 전류가 서로 다르게 흐르고 있다면 서로간의 자기장 방향이 달라서 상쇄가 되기 때문에 전체적인 L값이 작아지는 효과가 발생한다.

마이크로파에서 유도용량을 유발하는 인덕터는 일반 저주파에서처럼 집중정수소자(lumped element)를 사용하기도 한다. 만약 마이크로스트립 (microstrip)과 같이 패턴을 통해 구현하려면 역시 선로를 길게 만들어야 가능하다. 다만 공간적 제약이 있으므로 아래와 같은 세가지의 인덕터형태를 주로 이용하게 된다. 이중 Spiral 인덕터가 많이 애용되는데, 한방향으로 동심원을 그리기 때문에 상호유도에서 같은방향으로 자기장이 더해져서 작은 크기로 큰 L값을 만들 수 있는 장점이 있다. 다만 대체로 손실이 심해서 사용에 주의를 기울여야 한다. 그리고 중앙부에서 다른쪽으로 연결해야 하기 때문에 반드시 air bridge나 다층선로를 이용해야 한다는, 공정상의 치명적인 약점이 있다. 그 옆의 meander line은 air bridge가 필요 없도록 그냥 뱀처럼 꼬아놓은 것이다. 그런데 이것은 상호유도 현상이 반대로 일어나기 때문에 서로 상쇄되어 크기에 비해 그다지 높은 L값을 만들기가 힘들다는 단점이 있다. 그리고 마지막 루프 인덕터는 많이 사용하진 않지만, 필터특성이 있어서 종종 사용한다.

그림1-24. 패턴을 이용한 유도용량의 구현 방법

1-7b 정전용량

전압을 가했을 때 축적되는 전하량의 비율을 나타내는 양. 단위는 F(패럿)이다. 이러한 정전용량 값을 간단히 C (그림1-25) 라 지칭하며, 마이크로파에선 pF 단위가 주로 사용 된다 주로 저주파에서 사용되는 용어로서, nF ~ mF 수준 이상의 큰 정전용량값을 가지는 소자를 콘덴서라 부르는 경향이 있다. 같은 의미지만 작은 C값을 사용하는 마이크로파에서는 캐패시터란 용어를 주로 사용한다.

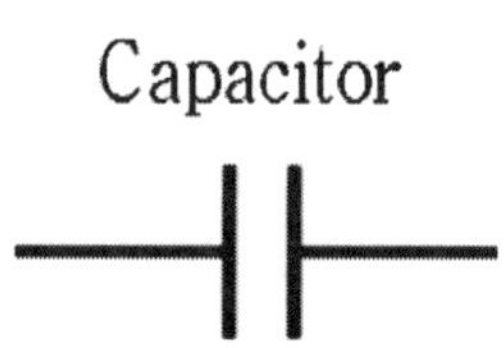

그림1-25. 캐패시터의 정전용량을 나타내는 상징적 기호

정전용량 C 는 단절된 금속 사이에서 전류/전압의 변화가 있을 때만 신호를 통과 시키려는 성질, 또는 그 정도를 말한다. 캐패시터의 아이콘을 잘 보면 선로가 끊어져 있는 것처럼 보인다. 실제로도 끊어져 있으며 신호가 통과할 수 있는건 끊어진 도체사이의 유전체에 그 열쇠가 있다.

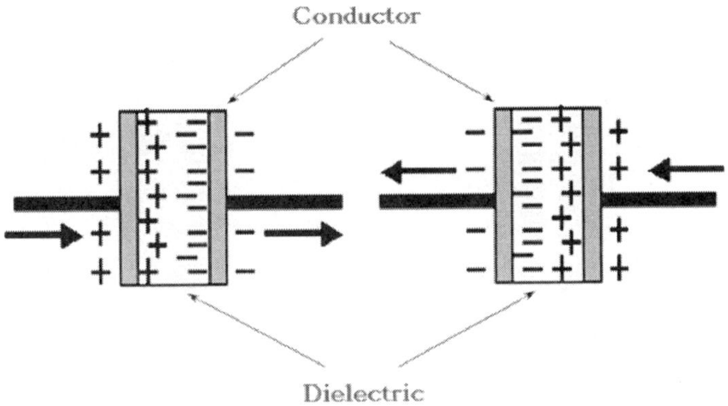

그림1-26. 캐패시터에 신호가 통과하는 모습

위의 그림은 캐패시터에서 신호가 통과되는 상황을 보여주는 그림이다. 끊어진 금속판 사이에 채워진 유전체는 전하를 직접 흘려주지는 않지만, 유전체 내부에서 전극이 배치되어 전기적 방향성을 띠게 된다. 결국 한쪽방향으로 전하가 흘러가기만 하는 직류는 통과할 수가 없으나(끊어져 있으므로), 주기적으로 전압전류가 변화하는 교류의 경우에는 한쪽에 전극이 형성되면 그림과 같이 유전체내에서도 전극이 쏠리면서 분극되고, 그 결과 상대쪽 금속판에도 반대의 전극을 형성시켜 줄 수 있게 된다. 그리고 그것이 주기적으로 변하면 건너편 금속의 전극이나 전압도 주기적으로 변화시켜 주게 되어 결국 끊어진 금속판 사이로 교류파형의 변화형상, 즉 신호가 전달되게 되는 것이다. 캐패시터에 직류를 흐르게 하면, 직류를 인가한 그 순간에는 잠시 전기가 흐르는 듯 하다가 뚝 끊어진다. 캐패시터는 전압/전류에 변화가 있을 때만 동작하기 때문에 직류가 새로 인가되는 그 순간에만 변화를 감지하고 잠시나마 전기가 흐르는 것이다. 다시말해 직류에 있어서는 처음 전압이 인가된 순간에만 유전체가 분극을 일으키고는 이내 사라지기 때문에 전기적 신호전달이 불가능하게 된다. 반면 쉴새없이 변화하는 교류는, 이러한 유전체의 분극현상이 사라지기 전에 극성이 바뀌어 버려서 결국 그 변화하는 신호파형이 건너편으로 잘 전달되게 되는 것이다. 그리고 얼마나 빠른변화의 양상을 잘 전달할 수 있느냐를 나타내는 지표가 정전용량이 되는 것이다. 캐패시터의 내부구조는 실제로 금속판 사이에 유전체를 삽입하게 된다. 그 면적과 금속판간의 거리에 의해 정전용량값이 결정되고, 단순히 금속판을 사용하지 않고 여러 가지 형태의 금속을 사용하여 품질이 좋은 캐패시터를 만들려고 노력하게 된다.

참고문헌

1-1. Kip, A.F., Fundamentals of Electricity and Magnetism, 2nd ed., McGraw-Hill Book Co., New York, 1969.

1-2. Hayt, W. H., Jr., Engineering Electromagnetics, 4th ed., McGraw-Hill Book Co., New York, 1981.

1-3. Rao, N. N., Basic Electromagnetics with Applications, Prentice-Hall, Inc., Englewood Cliffs, NJ, 1972.

1-4. Skilling, H. H., Electric Transmission Lines, McGraw-Hill Book Co., New York, 1951.

1-5. Peter A. Rizzi., Microwave Engineering Passive Circuits, Prentice-Hall, Inc., Englewood Cliffs, NJ, 1988.

1-6. RF Design House www.rf.com

2. 전송선로 이론

본 장은 균일한 전송선로(transmission line)를 따라 움직이는 전파이론에 대하여 알아보고자 한다. 균일한 선로란 일차원이며 진행하는 방향에 수직한 모든 면에서 동일한 전기적특성을 가진다. 마이크로파에서 전송선로의 해석은 교류회로의 개념을 적용하지만 동작하는 파장에 비하여 그 길이를 무시할 수 없다. 즉 회로의 임피던스가 전송선로의 미소한 변화에 따라 매우 크게 변화는 것이다. 이러한 선로에 따른 임피던스변화는 마이크로파 해석에 있어 매우 유용한 설계도구이다. 즉, 많은 방면에서 전자기장에 대한 해석과 기본적인 회로이론 사이의 매개체 역할을 해주는 매우 중요한 회로해석이다.

2-1 전송선로의 회로모델

전송선로는 공간의 두 지점 또는 안테나들 사이에서 전기에너지를 전달하는 한가지 수단이다. 아래 그림2-1 은 마이크로파에서 사용되고 있는 4가지 형태의 전송선로의 모습 이다. Open two-wire 선로는 상대적으로 낮은 주파수대역(예로 TV twin-lead) 에서 가장 널리 이용되고 있다. UHF와 케이블 TV 시스템은 전송선로로 손실이 적은 동축선로(coaxial line)를 이용한다. 현재 실질적으로 마이크로파는 30 GHz 까지는 동축선로를, 3 GHz ~ 300 GHz 는 금속 도파관을 사용한다.

전송선로이론은 Maxwell 방정식과 근접경계조건을 적용하여 해석할 수 있다.

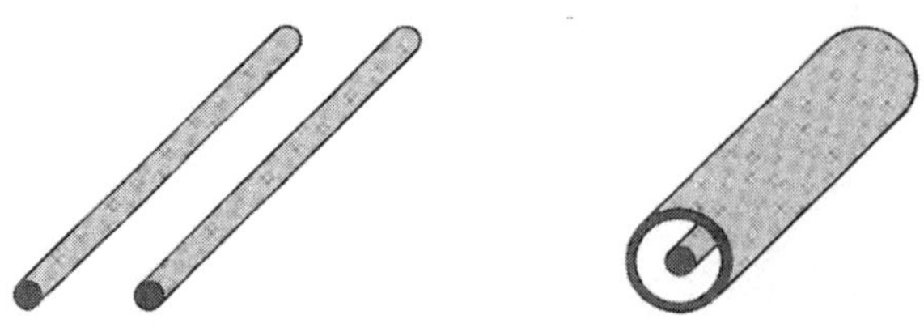

(a) Open two-wire line (b) Coaxial line

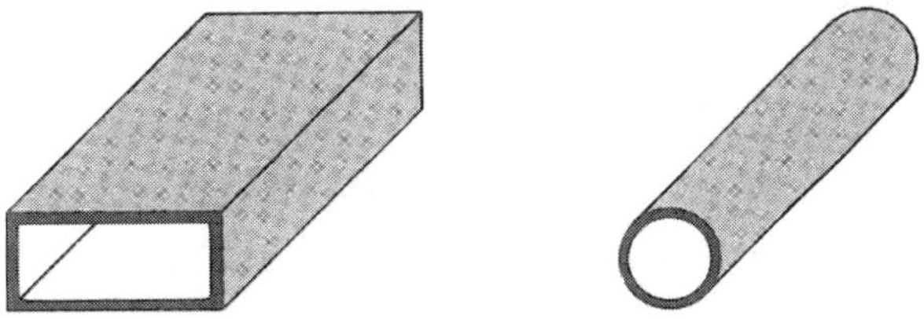

그림2-1. 전형적인 마이크로파 전송선로

먼저 교류회로를 이용한 간단한 해석을 보도록 하자. 이 방법은 Lord Kelvin에 의해 소개되었고 Oliver Heaviside에 의해 발전하였다. 특히 이 모델은 교류회로이론을 분산 회로소자(distributed circuit elements)를 가지는 선까지 확장하였다. 단점은 전자기장 패턴이나 다른 가능한 진행모드에 관하여 조금밖에 나타내지 못하는 것이다. 전송선로의 기본모드를 위한 임피던스와 전파특성이 묘사되어지고 설계값들이 고려되어졌다.

다음은 균일한 전송선로를 나타내기 위한 정의값들이다.

$R' \equiv$ 선로의 단위길이당 직렬 저항 값 (ohm/m)
$G' \equiv$ 선로의 단위길이당 병렬 컨덕턴스 (mho/m)
$L' \equiv$ 선로의 단위길이당 직렬 유도용량 (H/m)
$C' \equiv$ 선로의 단위길이당 병렬 정전용량 (F/m)

여기서 R'은 금속도체의 크기 및 도전율과 관련하며 표피효과로 인한 주파수의 함수이다. G'은 도체들 사이의 절연물질 손실탄젠트와 관련한다. G'은 단순히 R'의 역수가 아니다. 그들은 서로 무관한 값들이고 R'은 두 도체의 특성과 관계하고 G'은 그것들 사이의 절연물질의 특성과 관련한다. L'은 도체들을 결합하는 자속과 관련한다. C'은 도체에 존재하는 전하(charge)와 관련한다.

균일한 전송선로는 아래 그림2-2와 같이 분산소자의 개념을 가지고 회로망으로 모델화 될 수 있다. 선로는 동일한 단(section) 즉, 각각의 Δz 으로 묘사된다. 각 단은 직렬 유도용량과 직렬 저항($L'\Delta z$ 과 $R'\Delta z$) 그리고 병렬 정전용량과 병렬 컨덕턴스($C'\Delta z$ 과 $G'\Delta z$)로 구성된다. 여기서 Δz 은 항시 동작파장에 비하여 작기때문에 선로의 각 단은 일반적인 교류회로이론으로 해석 가능하다. 만일 $\Delta z \to 0$ 으로 근접한다면, 본 결과는 모든 주파수에서 유효하다.

그림2-2 에서 $\mathcal{V}$와 $\mathcal{I}$는 각 선로에서 시간에 의존하는 전압과 전류를 나타낸다. $+z$ 방향은 수평의 오른쪽이다. 즉, 그림에서 전원으로부터 부하를 향하는 방향이다. 또한 전류와 전압은 +방향을 가르킨다.

Kirchhoff의 전압과 전류법칙을 적용하면, 선로단은 아래식으로 표현된다.

$$\mathcal{V} = (R'\Delta z)\mathcal{I} + (L'\Delta z)\frac{\partial \mathcal{I}}{\partial t} + (\mathcal{V} + \Delta\mathcal{V})$$

그리고

$$\mathcal{I} = (G'\Delta z)(\mathcal{V} + \Delta\mathcal{V}) + (C'\Delta z)\frac{\partial}{\partial t}(\mathcal{V} + \Delta\mathcal{V}) + (\mathcal{I} + \Delta\mathcal{I})$$

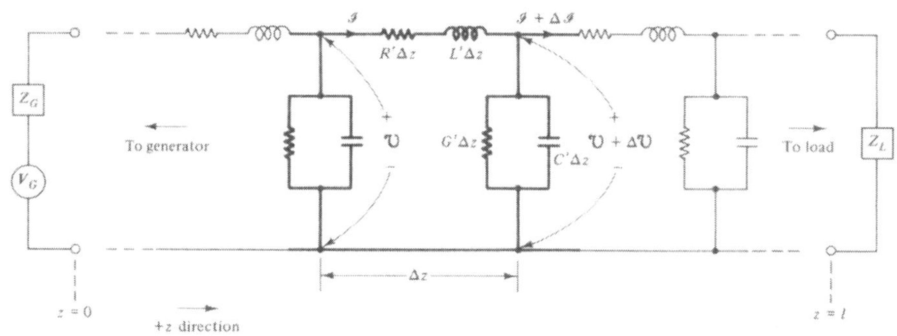

그림2-2. 균일한 전송선로 회로

간략화하기위하여, 위의 수식을 $\Delta z \to 0$ 으로함으로서 $\mathcal{V} + \Delta\mathcal{V} \to \mathcal{V}$가 되고 결국 부분미분방정식을 이용하여 아래와 같은 2차방정식을 얻을 수 있다.

$$-\frac{\partial \mathcal{V}}{\partial z} = R'\mathcal{I} + L'\frac{\partial \mathcal{I}}{\partial t} \quad \text{그리고} \quad -\frac{\partial \mathcal{I}}{\partial z} = G'\mathcal{V} + C'\frac{\partial \mathcal{V}}{\partial t} \tag{2-1}$$

첫번째 방정식에 $\frac{\partial}{\partial z}$ 를 취하고 두번째 방정식에는 $\frac{\partial}{\partial t}$를 취한 후 $\frac{\partial \mathcal{I}}{\partial z}$와 $\frac{\partial^2 \mathcal{I}}{\partial z \partial t}$를 제거하면, 전압을 위한 2차 미분방정식이 얻어진다.

$$\frac{\partial^2 \mathcal{V}}{\partial z^2} = L'C'\frac{\partial^2 \mathcal{V}}{\partial t^2} + (R'C' + G'L')\frac{\partial \mathcal{V}}{\partial t} + R'G'\mathcal{V} \tag{2-2}$$

유사한 방법으로 전류를 위한 해는 다음과 같다.

$$\frac{\partial^2 \mathcal{I}}{\partial z^2} = L'C'\frac{\partial^2 \mathcal{I}}{\partial t^2} + (R'C' + G'L')\frac{\partial \mathcal{I}}{\partial t} + R'G'\mathcal{I} \tag{2-3}$$

이들 2차 방정식과 식(2-1)의 해는 전원과 부하의 전기적특성과 함께, 임의의 시간 t와 임의의 장소 z 에서 균일한 전송선로상의 전압과 전류의 해를 동시에 얻을 수 있도록한다.

또한 완벽한 도체($R' = 0$) 와 절연체($G' = 0$)의 경우에, 위의 방정식은 아래와 같이 나타낼 수 있다.

$$\frac{\partial^2 \mathcal{V}}{\partial z^2} = L'C'\frac{\partial^2 \mathcal{V}}{\partial t^2} \quad \text{과} \quad \frac{\partial^2 \mathcal{I}}{\partial z^2} = L'C'\frac{\partial^2 \mathcal{I}}{\partial t^2} \tag{2-4}$$

반면에 식(2-1)은 아래와같이 간략화된다.

$$-\frac{\partial \mathcal{V}}{\partial z} = L'\frac{\partial \mathcal{I}}{\partial t} \quad \text{과} \quad -\frac{\partial \mathcal{I}}{\partial z} = C'\frac{\partial \mathcal{V}}{\partial t} \tag{2-5}$$

위의 방정식 (2-4)와 (2-5)은 선로가 무손실일 경우를 나타낸다. 실제로 선로의 경우 손실이 존재하나 매우 작은 경우가 많아 위의 가정을 적용하는데 무리는 없다.

위의 식(2-4)는 수리물리의 파동방정식으로 잘 알려진 형태이다. 우리는 이미 식(1-45)에서 접하였다. 즉, 이 해는 식(1-53)으로 주어진 속도를 가지고 "+"와 "—" z 축 방향으로 진행하는 전자기파로 나타난다. 또한 식(2-4)의 해는 진행파이다. 이 경우에, 그것들은 아래의 같이 주어진 속도를 가지고 진행하는 전압과 전류파들이다.

$$\upsilon = \frac{1}{\sqrt{L'C'}} \tag{2-6}$$

일반적으로, 식(2-4)는 single-valued function의 형태 $f(t \pm \sqrt{L'C'}z)$ 로 만족되어진다. 여기서 "+"부호는 음의 z 방향으로 진행하고 "-"부호는 양의 z 방향으로 진행함을 나타낸다. 이들 해의 의미를 이해하기위하여, $\mathcal{V} = f(t - \sqrt{L'C'}z)$ 를 가정하자. $z = 0$ 지점에서, 시간함수에대한 전압은 $\mathcal{V} = f(t)$ 로 주어진다. 이후 $z = z_1$ 지점에서 z 축 아래는, $\mathcal{V} = f(t - \sqrt{L'C'}z_1)$ 이고 이는 $t_d = \sqrt{L'C'}z_1$ 에 의한 시간지연을 제외하고 $f(t)$ 의 함수와 정확하게 같다. 그러므로, $z = 0$ 지점에서 시간함수에 대한 전압은 정확히 식(2-6)의 속도 $\upsilon = z_1/t_d = 1/\sqrt{L'C'}$ 를 가지고 $z = z_1$ 까지 움직임을 보인다. 유사하게, $f(t + \sqrt{L'C'}z)$ 해는 음의 z 방향으로 진행하는 전압함수를 나타낸다. 같은 방법으로, 전류방정식의 해가 전압과 같은 속도를 가지고 순방향과 역방향으로 진행하는 전류함수로 해석되어질것이다. $\mathcal{E}$가 $\mathcal{H}$를 생성하고 또 그 역이됨을 설명하는 1-4절에 논의된 $\mathcal{E}$와 $\mathcal{H}$파로 여겨지는 유사한 결론에 도달한다. 또한 전압과 전류파들은 서로가 $\mathcal{V}$와 $\mathcal{I}$를 생성하기 때문에 같은 속도를 가지고 진행한다. 이러한 결론의 타당성을 보여주기위하여 물리적인 설명은 다음절에서 설명한다.

1-4절에 주어진 다른 결과는 진행파에서 $\mathcal{E}$와 $\mathcal{H}$의 비율은 매질의 전자기특성의 함수인 상수 η 이다. 유사하게, 전송선로상의 전압($\mathcal{V}$)과 전류($\mathcal{I}$)의 비율은 항상 상수이며, 이를 선로의 특성임피던스(characteristic impedance)(Z_0) 라 한다. 무손실 선로에서, 이것은 아래와같이 주어진다.

$$Z_0 = \sqrt{\frac{L'}{C'}} \text{ ohms} \tag{2-7}$$

2-2 전송선로의 과도현상

그림 2-3(a) 는 내부저항 100 Ω과 20 V 전원이 특성임피던스 $Z_0 = 100$ ohms 을 가진 무한히 긴 전송선로와 스윗치로 연결된 모습을 보여준다. 그림에서 (b)는 (a)의 등가회로를 나타내었다. 스윗치가 연결되는 순간 배터리의 전압은 전송선로에 전달된다. 그러나 동시에 선로의 다른지점에 나타날 수 는 없다. 왜냐하면 모든 정전용량에 전압이 갑자기 변화할 수 는 없기 때문이다. 더욱이 전류는 정전용량에 전하를 운반해야하고 유도용량을 통하여 전류의 급격한 증가가 필요하기 때문이다. 유도용량은 전류의 변화를 반대하고, 정전용량은 전압의 변화를 반대하기 때문에 전압과 전류는 전송선로를 진행하는데 일정한 시간이 요구된다.

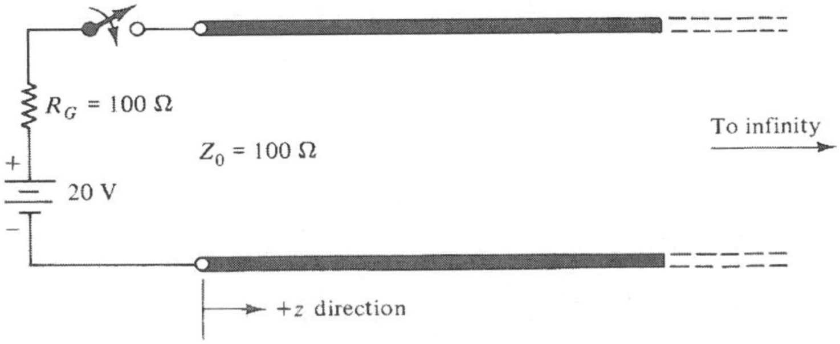

(a) Transmission-line circuit

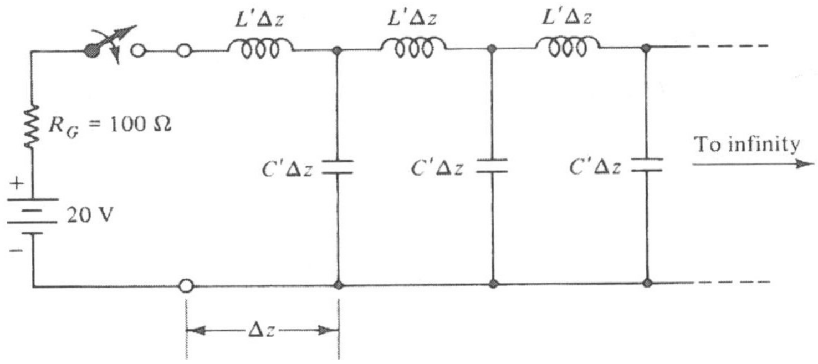

(b) Equivalent circuit representation

그림 2-3. 무한한 길이의 무손실 전송선로와 연결된 직류 전원

이를 좀 더 상세히 표현하면, 스윗치가 연결되었을 때 처음의 유도용량은 Lenz 법칙에 따라 전류의 증가를 반대하는 방향으로 다시 기전력을 생성한다. 그러나 결국 전류는 $L'\Delta z$ 를 따라 흐르고 전압 V 인 첫 병렬 정전용량 $C'\Delta z$ 에 충전된다. 충전된 첫 캐패시터는 다시 전압전원처럼 행동하고 다음의 인덕터에 전류를 보낸다. 이는 다음 캐패시터에 충전되고 이러한 동작은 선로를 따라 연속적으로 진행된다. 이 사실로부터 전압은 전류를 생성하고 전류는 전압을 생성하면서 전송선로를 따라 함께 진행함을 알 수 있다. 선로는 무한하기 때문에 오직 전압과 전류의 순방향 진행파만 존재하고 그들의 비율은 Z_0 (여기서는 100 ohms)이다. 시간이 지나면서 배터리는 병렬 정전용량의 무한한 마지막 선로에 까지 충전을 하기 위하여 전류의 공급을 계속한다. 그러므로 어느 안정된 상태의 무한한 선로에서는 전원을 임피던스 Z_0 로 표

현할 수 있다. 전원에의해 공급된 전류는 $20/(R_G + Z_0) = 0.10$ A 이다. 이는 20 A 의 절반이 내부저항 R_G 에 의해 강하되고 실제 선로에 공급되는 전압은 10 V 이다. 이 10 V 전압파동과 그 동반 0.1 A 전류파동은 방정식(2-6)에 주어진 속도를 가지고 $+z$ 방향으로 진행한다.

2-2a 종단선로의 부하저항

끝이 순수한 저항으로 연결된 유한한 전송선로를 고려해 보자. 그림2-4에 나타내었고 여기서 R_L 은 선로의 끝에 연결된 부하저항이다. 앞서 예를 든 것과 같이 스윗치가 연결될 경우 초기 10 V, 0.1 A 의 파동이 $+z$ 방향으로 진행한다. $t = 20$ ns 의 경우, 파동이 선로 끝의 부하에 도달했다고 가정하자. $R_L \neq Z_0$ 이므로 Ohm의 법칙은 단지 반사파를 가정하므로서 만족될 수 있다. $z = 4$ m 에서 $V_L = V^+ + V^-$ 과 $I_L = I^+ - I^- = (V^+ - V^-)/Z_0$ 이다. Ohm의 법칙은 $V_L/I_L = R_L$ 이므로,

$$R_L = Z_0 \frac{V^+ + V^-}{V^+ - V^-} = Z_0 \frac{1+\Gamma_L}{1-\Gamma_L} \tag{2-8}$$

부하 반사계수로 다시 풀면

$$\Gamma_L = \frac{R_L - Z_0}{R_L + Z_0} \tag{2-9}$$

이는 전자기파의 반사계수와 유사하다. 만일 단락회로(short circuit)인 경우 $R_L = 0$ 이므로 $\Gamma_L = -1$ 이고 개방회로(open circuit)인 경우 $R_L = \infty$ 이므로 $\Gamma_L = +1$ 이다. 또한 특별한 경우로 $R_L = Z_0$ 이면 $\Gamma_L = 0$ 이므로 반사파는 발생하지 않는다. 이는 순방향으로 진행한 전압과 전류파동이 부하지점에 도착하였을 때 Ohm의 법칙이 자동적으로 만족되고 반사는 더 이상 존재하지 않는다. 예를 들어 $R_L = 100$ ohms 을 가지는 그림2-4를 보자.

20 ns 후에 안정된상태에 도달한다. 즉, $V = 10$ V, $I = 0.10$ A 가 선로를 따라 모든 장소에 존재한다. 이 경우 전압과 전류의 정상상태는 회로상의 직류로 여겨질 수 있다. 이번엔 $R_L = 150$ ohms 인 경우를 보자. 식(2-9)로부터 $\Gamma_L = 0.20$ 이고 순방향 파동은 다시

10 V , 0.10 A 이므로 반사된 전압과 전류는 각각 2 V , 0.02 A 이다. 그림2-4의 (a)와 (b)는 $t = 10$ ns , 30 ns 일 경우 선로에서의 전압과 전류를 보여준다. $t = 10$ ns 의 경우 오직 순방향 진행파가 존재하고 4 m 선로의 중간지점에 도달한다. $t = 30$ ns 의 경우 반사파가 발생하여 선로의 끝지점에서 전원을 향해 반대방향으로 진행하여 중간지점에 도달한다. 여기서는 보여주지 않지만 $t = 40$ ns 의 경우 반사파는 처음 시작지점에 도달하고 선로에 존재하는 모든 전압과 전류는 12 V 와 0.08 A 가 된다. 즉, $R_L = Z_0$ 이므로 전원 지점에서 반사가 존재하지 않고 40 ns 이후에는 정상상태에 도달한다. 다시 말해 최종값은 회로상에서 직류로 여겨질 수 있다.

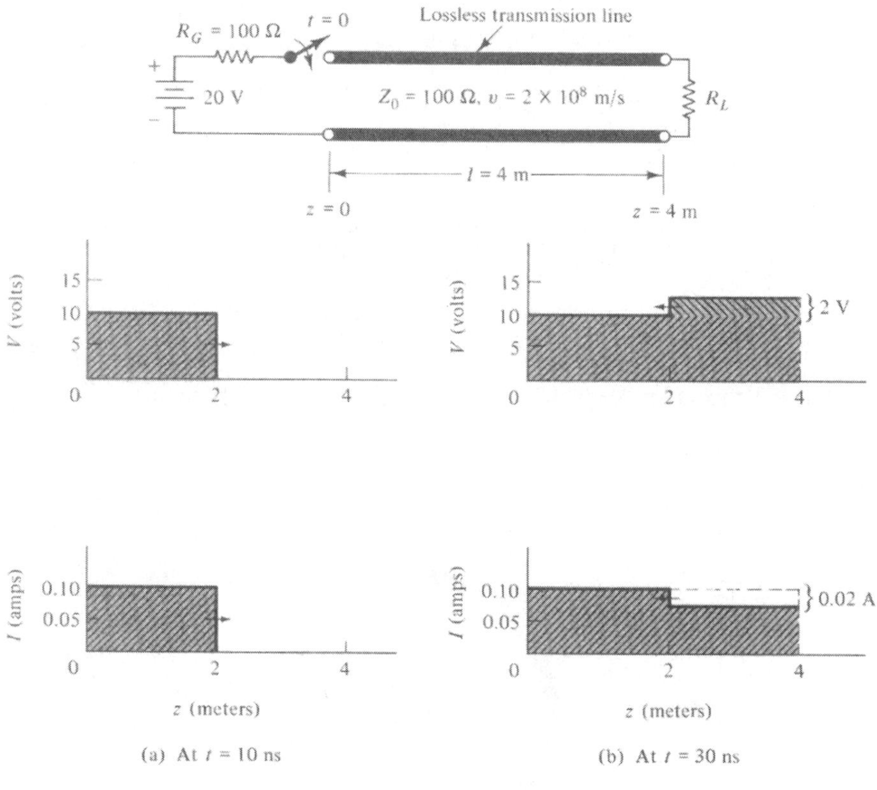

그림 2-4. $R_L = 150$ ohms 회로에서 전압과 전류파 패턴 (스윗치는 $t = 0$ 일때 닫힌다)

2-3 전송선로에서 정현파신호의 여기

그림 2-5의 단면을 가진 동축선로를 고려해 보자. 도체내부의 반지름은 a 이고 도체바깥의 반지름은 b 이다. 또한 그림과 같이 전자기장의 선로는 진행방향에 모두 수직인 TEM 모드를 보여준다. 표피효과로 인해, 실질적으로 높은 주파수에서 전류는 도체의 표면근처에서 흐른다. 전자기장은 아래와 같이 나타낸다.

$$E = \frac{V}{r\ln(b/a)} \quad \text{과} \quad H = \frac{I}{2\pi r} \quad \therefore\ a \le r \le b \tag{2-10}$$

여기서 V 는 도체사이의 전압이고 I 는 전류이다.

전자기장 이론식과 정현파장임을 가정하면 동축선로를 진행하는 전자기파의 평균 전력흐름은 도체사이의 전압과 전류로 표현될 수 있다. 실린더 좌표계에서 횡측면 (transverse plane)의 표면요소가 $rd\phi dr$ 이면

$$P = \int_a^b \int_0^{2\pi} \frac{VI}{2\pi r^2 \ln(b/a)} rd\phi dr = VI$$

이 결과는 전압과 전류파동으로 표현하는 전력흐름은 단지 도체사이의 임의의 영역에서 전자기의 진행을 표현하는 다른 방법임을 의미한다. 이는 마이크로파전송의 여러가지 개념을 묘사하는데 유용하게 사용된다.

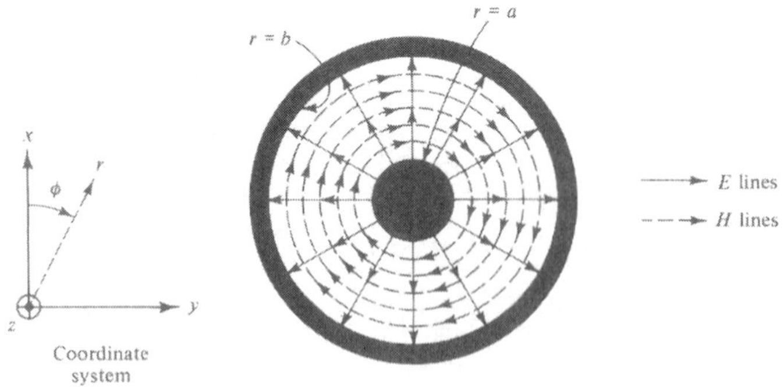

그림 2–5 높은 주파수에서 동축선로를 위한 TEM 모드

여기서 독자는 식 (2-6)과 식(1-53) 사이의 관계를 의심해 볼 수 있다.

높은 주파수에서 동축선로는 $C = C'l$ 과 $L = L'l$ 으로 식(1-21) 과 (1-31)로 주어진다. L' 과 C' 을 식 (2-6)에 대입한 후 결과를 보면 다음과 같이 동축선로에 따른 전압과 전류의 파동속도를 표현할 수 있다.

$$\upsilon = \frac{1}{\sqrt{\mu_0 \mu_R \varepsilon_0 \varepsilon_R}} = \frac{c}{\sqrt{\mu_R \varepsilon_R}} \tag{2-11}$$

이는 구속되지 않은 절연물질내의 전자기파의 속도를 나타내는 식과 일치한다. 여기서 μ_R 과 ε_R 는 각각 두 도체사이에 존재하는 절연물질의 비투자율(relative permeability)과 유전율을 나타낸다. 또한 $f\lambda = \upsilon$ 이므로 동축선로의 파장은 다음과 같다.

$$\lambda = \frac{c}{f\sqrt{\mu_R \varepsilon_R}} = \frac{\lambda_0}{\sqrt{\mu_R \varepsilon_R}} \tag{2-12}$$

식(1-55)와 같으며, 위상상수 $\beta = \omega/\upsilon$ 는

$$\beta = \frac{\omega}{c}\sqrt{\mu_R \varepsilon_R} = \frac{2\pi}{\lambda} \quad \text{rad/length} \tag{2-13}$$

만일 동축선로의 특성임피던스와 두 도체사이의 절연물질의 특성간에 관계가 존재한다면, 식(2-7)과 위에 언급되어진 L' 과 C' 을 사용하여 높은 주파수에서 동축선로의 특성임피던스를 다음과 같이 쓸 수 있다.

$$Z_0 = 60\sqrt{\frac{\mu_R}{\varepsilon_R}} \ln\frac{b}{a} = 138\sqrt{\frac{\mu_R}{\varepsilon_R}} \log\frac{b}{a} \quad \text{ohms} \tag{2-14}$$

여기서 a 와 b 는 그림2-5에 나타내었다. 예상했던바와 같이, 특성임피던스는 절연물질의 특성과 관련이 있다.

2-4 종단되어진 전송선로

그림2-6a는 개방회로 전압 $\mathbf{V}_G$ 와 내부임피던스 Z_G 를 가지고 교류전원에 의해 구동되는 무한한 선로를 보여준다. 무한한 선로에서, 오직 순방향 진행파들이 존재하고 그러므로 $z=0$ 에서, $\mathbf{V}=\mathbf{V}_0^+$ 와 $\mathbf{I}=\mathbf{I}_0^+=\mathbf{V}_0^+/Z_0$ 이다. 따라서 입력임피던스는 선로의 특성 임피던스인 Z_0과 같다. 같은 결과가 2-2절의 DC과도현상(transient)의 분석으로부터 얻어졌다.

이제 무한한 선로가 $z=1$ 에서 끊어졌다고 가정하자. $z=1$의 오른쪽에 있는 선로는 여전히 무한하기 때문에, 입력임피던스는 Z_0 이고 그것이 같은값의 부하임피던스에의해 대체되어도 $z=1$ 왼쪽의 어떤 조건도 변하지 않는다. 이는 특성임피던스로 종단되어진 한정된 길이의 선로는 무한하게 긴 선로와 동등하다는 것을 의미한다. 무한한 선로처럼, Z_0으로 종단된 유한한 선로는 반사를 포함하지 않는다. 또한, 입력임피던스는 Z_0과 같고 선로의 길이 l과는 무관하다. 그러나 다음절에서 보여줄 것처럼, 임의의 다른값을가지는 부하임피던스에는 선로의 길이 l 과 관련한다.

그림2-9(b)를 참조하면, 입력임피던스는 Z_0 이고 그러므로

$$\mathbf{V}_{in}=\frac{Z_0}{Z_G+Z_0}\mathbf{V}_G \quad \text{과} \quad \mathbf{I}_{in}=\frac{\mathbf{V}_G}{Z_G+Z_0} \tag{2-15}$$

여기서 $\mathbf{V}_{in}$ 과 $\mathbf{I}_{in}$ 은 $z=0$ 의 지점에서 전압과 전류의 페이저다. 반사가 없는 선로에서, $\mathbf{V}_{in}=\mathbf{V}_0^+$, $\mathbf{I}_{in}=\mathbf{I}_0^+$ 이고 전원과 선로의 특성이 알려지므로 $\mathbf{V}_0^+$ 과 $\mathbf{I}_0^+$ 이 결정되어질 것이다. 선로위의 임의의 지점에서 전압과 전류는 $\mathbf{V}=\mathbf{V}_0^+e^{-\gamma z}$ 와 $\mathbf{I}=\mathbf{I}_0^+e^{-\gamma z}$ 때문에 손쉽게 계산되어진다. 예를들어, $z=1$ 지점에서, 부하끝은 아래와 같다.

$$\mathbf{V}_L=\frac{Z_0}{Z_G+Z_0}\mathbf{V}_G e^{-\alpha l}\angle-\beta l \quad \text{과} \quad \mathbf{I}_L=\frac{\mathbf{V}_G}{Z_G+Z_0}e^{-\alpha l}\angle-\beta l \tag{2-16}$$

부하에 의하여 흡수된 전력은 Z_0 실수값을 가지고 전력인자가 “1”이기 때문에 $V_L I_L$ 로 주어진다. 실효치값들의 곱은 다음을 가진다.

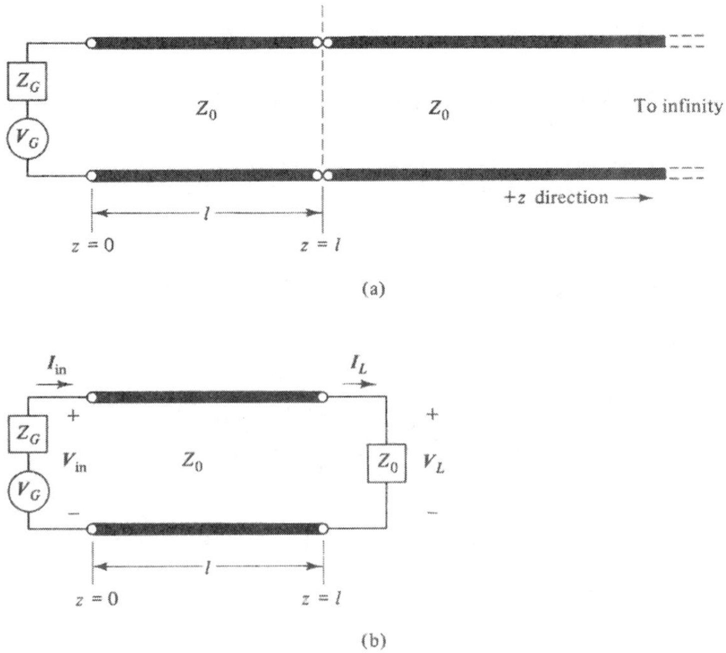

그림 2–6. 무한한 전송선로와 등가회로

$$P_L = Z_0 \left| \frac{V_G}{Z_G + Z_0} \right|^2 e^{-2\alpha l} \tag{2-17}$$

여기서 절대값의 크기는 Z_G 가 복소수이기 때문에 요구되어진것이다. 물론, 선로가 무손실 ($\alpha = 0$)이면, P_L 은 정확히 P_{in} 과 같다.

2-4a 일반적인 종단선로에서의 부하저항

그림2-7은 임의의 부하임피던스 Z_L 로 종단된 전송선로를 보인다. 2-2절에서 설명 되어진 것처럼, 반사는 $Z_L \neq Z_0$ 일 때 발생한다. 선로위의 임의의 지점에서 전압과 전류를 위한 일반적인 표현은 아래와 같이 표현된다.

$$\mathbf{V} = \mathbf{V}_0^+ e^{-\gamma z} + \mathbf{V}_0^- e^{+\gamma z} = \mathbf{V}^+ + \mathbf{V}^- \tag{2-18}$$

$$\mathbf{I} = \mathbf{I}_0^+ e^{-\gamma z} - \mathbf{I}_0^- e^{+\gamma z} = \mathbf{I}^+ - \mathbf{I}^- \tag{2-19}$$

순방향 전압(또는 전류)의 반사되는 비율은 반사계수 Γ 로 아래와 같이 정의된다. 즉,

$$\Gamma \equiv \frac{\text{Re flected Voltage (or current) at pt. z}}{\text{Forward Voltage (or current) at pt. z}} = \frac{\mathbf{V}^-}{\mathbf{V}^+} = \frac{\mathbf{I}^-}{\mathbf{I}^+} \tag{2-20}$$

전압과 전류 페이저가 위치의 함수이기 때문에, Γ 는 z 의 함수이다. 예를들어, 부하의 끝지점에서, $z = 1$ 은 아래와 같다.

$$\Gamma_L = \frac{\mathbf{V}_0^- e^{+\gamma l}}{\mathbf{V}_0^+ e^{-\gamma l}} = \frac{\mathbf{V}_0^-}{\mathbf{V}_0^+} e^{2\gamma l} \tag{2-21}$$

일반적으로 부하의 끝으로부터 거리의 항으로 선로위의 특정한 지점를 정의하는 것이 편리하다. 그림 2-7로 부터, $d = l - z$ 과 그러므로 식(2-18)과 (2-19)는 다음과 같이 다시 쓰여진다.

$$\mathbf{V} = \mathbf{V}_0^+ e^{-\gamma l}[e^{\gamma d} + \Gamma_L e^{-\gamma d}] \tag{2-22}$$

$$\mathbf{I} = \mathbf{I}_0^+ e^{-\gamma l}[e^{\gamma d} - \Gamma_L e^{-\gamma d}] \tag{2-23}$$

$\mathbf{V}^+ = \mathbf{V}_0^+ e^{-\gamma l} e^{\gamma d}$ 와 $\mathbf{V}^- = \Gamma_L \mathbf{V}_0^+ e^{-\gamma l} e^{-\gamma d}$ 때문에, 선로위 임의의 지점 d 에서 반사계수는 아래와같다.

$$\Gamma = \Gamma_L e^{-2\gamma d} \tag{2-24}$$

$\gamma = \alpha + j\beta$ 이기 때문에, 또한 다음과 같이 다시 쓰여진다.

$$\Gamma = \Gamma_L e^{-2\alpha d} \angle -2\beta d \tag{2-25}$$

반사계수는 극좌표 형태로 아래와같이 쓰여질 것이다.

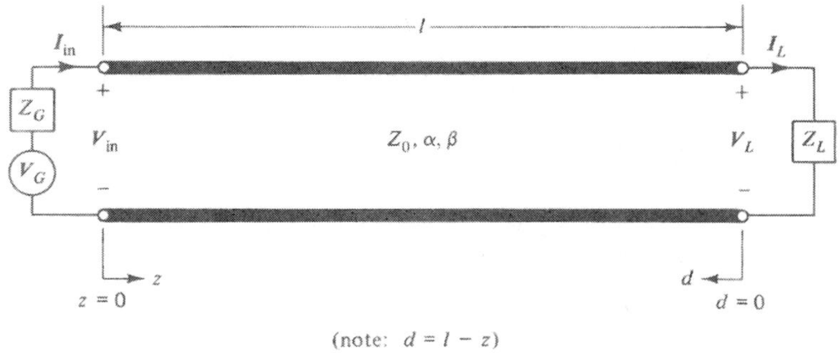

그림 2-7. 교류전원에 의해 구동되고 부하임피던스 Z_L 로 종단되어진 균일한 전송선로

$$\Gamma = |\Gamma| \angle \phi = |\Gamma_L| e^{-2\alpha d} \angle \phi_L - 2\beta d \tag{2-26}$$

여기서 $|\Gamma_L|$ 과 ϕ_L 은 부하 반사계수의 크기와 각도이다. 이 방정식은 부하 반사계수에대한 선로위의 임의의 지점에서 반사계수와 관련한다. 예를들어, 입력단에서 $d = l$ 로 종단되어 지면 아래와같다.

$$\Gamma_{in} = |\Gamma_L| e^{-2\alpha l} \angle \phi_L - 2\beta l \tag{2-27}$$

전송선로 길이에의한 Γ_L 의 이 변환은 다음의 방법으로 해석되어질 것이다. 입력단에서 입사(순방향)파의 진폭(amplitude)은 부하를 향하여 거리 l 만큼 진행할 때 $e^{-\alpha l}$ 에 의하여 감쇄되어진다. 이 표식($|\Gamma_L|$)의 일부는 반사되어 입력단으로 다시 되돌아 올 때 다른 $e^{-\alpha l}$ 에의해 감쇄되어진다. 그러므로 입력단에서 순방향전압(또는 전류)에 대하여 반사되어진 진폭의 크기는 $|\Gamma_L| e^{-2\alpha l}$ 이다. 유사하게, 입사파의 위상은 부하지점을 향하여 움직일 때 βl 만큼 지연되고 또 부하에의하여 ϕ_L 만큼 위상천이되고 입력단으로 다시 되돌아 올 때 다른 βl 로 지연된다. 그러므로, $\phi_{in} = \phi_L - 2\beta l$ 이다. 만일 선로가 무손실이면, $\alpha = 0$ 이고 반사계수의 크기는 전송선로의 모든지점에서 같다. 그러나 반사계수의 각 ϕ 는 위치의 함수로 남는다. 식(2-26)는 임피던스변환과 Smith 도표 (2-7절)를 논의하는데 필수적이다.

Γ_L 의값이 알려질 때, 식(2-26)은 선로위의 임의의 지점에서 반사계수를 계산하는데 사용되어질 것이다. 다음의 분석은 Γ_L 이 Z_L 과 Z_0 의 정보로부터 결정되어질 수 있음을 보인다.

$d=0$ 을 가지고 식(2-22)와 (2-23)으로부터 우리는 다음을 알 수 있다.

$$\mathbf{V}_L = \mathbf{V}_0^+ e^{-\gamma l}\left[1+\Gamma_L\right] \quad \text{과} \quad \mathbf{I}_L = \mathbf{I}_0^+ e^{-\gamma l}\left[1-\Gamma_L\right]$$

$\mathbf{V}_0^+ = \mathbf{I}_0^+ Z_0$ 이기 때문에, 부하임피던스($\mathbf{V}_L/\mathbf{I}_L$)은 다음과같다.

$$Z_L = Z_0 \frac{1+\Gamma_L}{1-\Gamma_L} \quad \text{또는} \quad \overline{Z}_L = \frac{1+\Gamma_L}{1-\Gamma_L} \tag{2-28}$$

여기서 임피던스위의 바(-)표시는 선로의 특성임피던스에 관련하여 정규화되었음을 나타낸다. 위의 방정식에서 Γ_L 의 해는 아래와같다.

$$\Gamma_L = \frac{Z_L - Z_0}{Z_L + Z_0} = \frac{\overline{Z}_L - 1}{\overline{Z}_L + 1} \tag{2-29}$$

여기서 $Y_L \equiv 1/Z_L$, $Y_0 \equiv 1/Z_0$ 그리고 $\overline{Y}_L \equiv Y_L/Y_0$ 이므로

$$\Gamma_L = \frac{Y_0 - Y_L}{Y_0 + Y_L} = \frac{1-\overline{Y}_L}{1+\overline{Y}_L} \tag{2-30}$$

이들 방정식은 식(2-8), (2-9)와 꽤 유사하다. 이 경우에. 그것들은 정상상태의 교류 분석에 기초하고있고 임의의 복소수 임피던스에 적용한다. 이는 반사계수가 복소수일 수 있다는 것을 의미한다. 위의 방정식들은 교류회로이론의 임피던스개념과 파동이론의 반사개념 사이의 관계를 보여준다.

만일 선로위의 임의의 지점에서 임피던스가 $Z \equiv \mathbf{V}/\mathbf{I}$ 로 정의된다면, 위의 방정식들은 아래와같이 일반화되어질 것이다.

$$Z = Z_0 \frac{1+\Gamma}{1-\Gamma} \quad \text{과} \quad Y = Y_0 \frac{1-\Gamma}{1+\Gamma} \tag{2-31}$$

여기서 $Y \equiv 1/Z$ 이고 반사계수를 위한 해는

$$\Gamma = \frac{Z - Z_0}{Z + Z_0} = \frac{Y_0 - Y}{Y_0 + Y} \tag{2-32}$$

식(2-31)은 식(2-24)을 식(2-22)과 (2-23)에 대입하여 유도된다.

1-6절에서, 반사가 정재파를 생성하는것을 보았다. 그러므로 만일 $Z_L \neq Z_0$ 이면, Γ_L 은 유한하고 전압과 전류의 정재파가 전송선로를 따라 존재한다. 단락회로로 종단된 무손실선로에서, 패턴들은 그림1-16과 1-17의 것과같다. 여기서는 V 가 E_x 를 대체하고 I 가 H_y 를 대체하였다. 설명한바와같이, 연속적인 최소치는 $\lambda/2$ 떨어져있고, 반면에 최대치와 이웃한 최소치 사이의 거리는 $\lambda/4$ 이다. 게다가, 전류패턴은 전압패턴에 상대적으로 $\lambda/4$ 만큼 이동되어진다. 즉, 실효치전압이 최대치가되는 어디든간에 실효치전류 는 최소치가된다. (그 역도 가능)

일반적으로, 선로의 임의의 지점에서 전압은 순방향과 반사된 전압들($\mathbf{V}^+ + \mathbf{V}^-$)의 페이저합이다. 무손실의 경우, 위치에따른 $\mathbf{V}^+$과 $\mathbf{V}^-$의 변화는 고정된 크기의 두개 역회전 벡터로 표현되어질 수 있다. 그림1-20은 두개의 그런 페이저들($\mathbf{E}_i$와 $\mathbf{E}_r$가 $\mathbf{V}^+$와 $\mathbf{V}^-$로 대체)을 묘사한다. 어떤지점 d 에서, $\mathbf{V}^+$와 $\mathbf{V}^- = \mathbf{\Gamma V}^+$는 최대전압치를 가지는 위상속에있다. 그것의 실효치값은 아래와같이 주어진다.

$$V_{\max} = V^+ + |\Gamma| V^+ = \{1 + |\Gamma|\} V^+ \tag{2-33}$$

최대치로부터 $\lambda/4$ 에서, 두개의 신호는 최소치의 전압을 가지는 180°의 위상차를 가진다. 그것의 실효치값은

$$V_{\min} = \{1 - |\Gamma|\} V^+ \tag{2-34}$$

무손실선로에서, $|\Gamma|$는 d 의 모든값들에서 같다. 1-6절에서 설명되었듯이, SWR는 정재파패턴으로 정의되어질 수 있다. 즉,

$$\mathrm{SWR} \equiv \frac{V_{\max}}{V_{\min}} \tag{2-35}$$

위의 표현으로부터, 다음의 유용한 방정식이 얻어진다.

$$\mathrm{SWR} \equiv \frac{1+|\Gamma|}{1-|\Gamma|} \tag{2-36}$$

정의에 의하여, SWR은 항상 "1"보다 크거나 같다. 만일 $|\Gamma| = 0$ 이면, 반사가 존재하지않고 SWR은 "1"이다. 반면에 완전반사는 $|\Gamma| = 1.00$ 이고 SWR은 무한대이다. 식(2-36)를 $|\Gamma|$ 에 대하여 풀면,

$$|\Gamma| = \frac{\text{SWR} - 1}{\text{SWR} + 1} \tag{2-37}$$

위 두 방정식의 경우에, 우리는 Z_0 이 실수일 때 항상 "0"와 "1"사이에 존재하는 Γ 의 크기에 대하여 이야기하고 있음을 주목하라. 무손실선로에서, 모든 최대치는 동일하고 모든 최소치도 마찬가지로 같다. 그러므로 SWR은 선로를 따라 모든곳에서 같다. 그러나 손실선로에서는, 그렇지않고 결과적으로 SWR의 의미와 값이 의심스럽게된다. (참고문헌1-1의 그림5-7 참조)

따라서 실제예가 되는 아래의 문제를 고려해보자.

예제 2-1:

그림2-7을 참고로, $V_G = 10\text{V}$ 와 $Z_G = 0$ 을 가진 600 MHz 전원이 공기로 채워진 동축선로를 통하여 부하임피던스 $Z_L = 150 + j90$ ohms 과 연결된다. 선로는 75 ohms 의 특성임피던스 와 15 cm 의 길이를 가진다.

a) $\alpha = 0$ 이라고 가정하고 선로상의 Γ_L, Γ_{in}, 그리고 SWR을 계산하라.

b) 선로상에서 최대 실효치 전압은?

c) 만일 $\alpha = 2.0$ dB/m 이고 선로가 정확히 1 λ 의 길이를 가진다면, $|\Gamma_{in}|$ 을 결정하라.

해:

a) $\overline{Z}_L = \dfrac{150 + j90}{75} = 2 + j1.2$ 이고 식(2-29)로부터,

$$\Gamma_L = \frac{1 + j1.2}{3 + j1.2} = 0.48\angle 28.4^\circ$$

600 MHz 에서, $\lambda_0 = 50$ cm 이고 μ_R 과 ε_R 모두 "1" 이기 때문에, $\lambda = 50$ cm 이다. 그러므로, $\beta l = (2\pi/50)15 = 0.6\pi$ rad 또는 108° 이다.

그리고 $\alpha = 0$ 을 가지고 식(2-27)으로부터,

$$\Gamma_{in} = o.48\angle 28.4 - 2(108) = 0.48\angle -187.6°$$

식(2-36)로부터,

$$\text{SWR} \equiv \frac{1+0.48}{1-0.48} = 2.85$$

b) 입력단($d = l$)에서, 식(2-22)은 $\mathbf{V}_{in} = \mathbf{V}_0^+(1+\mathbf{\Gamma}_{in})$ 로 간략화된다. $Z_G = 0$ 을 가지고, $\mathbf{V}_{in} = \mathbf{V}_G$, $\mathbf{V}_0^+ = \mathbf{V}_G/(1+\mathbf{\Gamma}_{in})$ 이므로

$$\mathbf{V}_0^+ = \frac{10\angle 0}{0.524 + j0.06} = 19\angle -6.5° \quad \text{V}$$

최대 실효치 전압은 아래와같이 주어진다.

$$V_{\max} = \{1 + |\Gamma|\} V^+$$

여기서 무손실 선로는 $V^+ = V_0^+$ 이고 $|\Gamma| = |\Gamma_{in}| = |\Gamma_L|$ 이다. 그러므로,

$$V_{\max} = (1.48)(19) = 28.12 \quad \text{V}$$

$\alpha = 2.0$ dB/m = 0.23 Np/m 와 $l = \lambda = 0.5$ m 에서, $\alpha l = 0.115$ Np 이다.
식(2-27)으로부터,

$$|\Gamma_{in}| = |\Gamma_L| e^{-2\alpha l} = 0.48 e^{-0.23} = 0.381$$

이 예제에서, $Z_G = 0$ 이기 때문에, $\mathbf{V}_G = \mathbf{V}_{in}$ 이다.

2-4b 반사손실

일반적으로 반사신호와 함께 사용되는 두 용어는 리턴손실(return loss)과 반사손실(reflection loss)이다. L_R 로 표현하는 리턴손실은 다음과 같이 나타낸다.

$$L_R \equiv 10\log\frac{P^+}{P^-} \text{ dB} \tag{2-38}$$

$P^- = |\Gamma|^2 P^+$ 이므로 위식은

$$L_R = 10\log\frac{1}{|\Gamma|^2} \text{ dB} \tag{2-39}$$

만일 선로에 손실이 없다면, 리턴손실은 $|\Gamma|$가 위치에 독립적이기 때문에 선로의 어디에서나 같다. 그러나 손실을 가지는 선로라면, L_R는 식(2-26)로부터 $|\Gamma| = |\Gamma_L| e^{-2\alpha d}$ 이고 위치의 함수이다. 여기서 αd 는 nepers 이다.

반사손실의 개념은 일반적으로 $Z_G = Z_0$ 일 경우 사용한다. 그것은 Z_0 이외의 다른 값을 가지는 부하임피던스로 인해 부하전력이 줄어드는 것을 측정하는 방법이다. 즉,

$$\text{REF. LOSS} \equiv 10\log\frac{P_L \text{ if } Z_L = Z_0}{P_L \text{ in } Z_L} \text{ dB} \tag{2-40}$$

$Z_G = Z_0$ 일 경우,

$$\text{REF. LOSS} \equiv 10\log\frac{1}{1-|\Gamma|^2} = 10\log\frac{(\text{SWR}+1)^2}{4(\text{SWR})} \tag{2-41}$$

예를들어 만일 $|\Gamma_L| = 0.707$ (SWR=5.83)이면, 반사손실은 3 dB 이고 무손실선로에서 P_L은 이용가능한 전원전력의 절반을 가진다. 따라서 반사손실은 때때로 부정합 손실 (mismatch loss)로 불려진다.

2-5 임피던스 변환

단락회로의 선로를 논의하면서, 임피던스는 단락지점으로부터 $\lambda/4$ 의 거리마다 무한대가 됨을 알았다. 이는 전송선로의 길이를 가감함으로서 임피던스를 변화할 수 있는 것으로 마이크로파 엔지니어들에게 매우 중요한 발견이다. 이번 절에서는 일반적인 임피던스 변환 방정식을 유도하고자 한다. 지난절에서 우리는 반사계수가 전송선로의 위치에 의존함을 알았다(2-24). 반사계수는 임피던스와 관계하기 때문에 식(2-31), 임피던스 또한 위치에 의존한다. 이러

한 관계를 임피던스 변환(transformation)방정식이라 하고 그 식을 유도하고자 한다.

식 (2-24, 29, 31)로부터

$$Z = Z_0 \frac{Z_L + Z_0 \tanh \gamma d}{Z_0 + Z_L \tanh \gamma d} \quad \text{또는} \quad \overline{Z} = \frac{\overline{Z}_L + \tanh \gamma d}{1 + \overline{Z}_L \tanh \gamma d} \tag{2-42}$$

여기서 $\gamma = \alpha + j\beta$, $\overline{Z} \equiv Z/Z_0$ 그리고 $\overline{Z}_L \equiv Z_L/Z_0$

많은 실제상황에서, 선로에 의한 감쇄는 무시될 수 있고 무손실의 경우로 위의 수식을 유용하게 쓸 수 있다.

$\alpha = 0$, $\gamma d = j\beta d$ 일 경우 $\tanh \gamma d$ 은 $j \tan \beta d$ 이므로 무손실 선로일 경우

$$Z = Z_0 \frac{Z_L + jZ_0 \tan \beta d}{Z_0 + jZ_L \tan \beta d} \quad \text{또는} \quad \overline{Z} = \frac{\overline{Z}_L + j \tan \beta d}{1 + j\overline{Z}_L \tan \beta d} \tag{2-43}$$

$$Y = Y_0 \frac{Y_L + jY_0 \tan \beta d}{Y_0 + jY_L \tan \beta d} \quad \text{또는} \quad \overline{Y} = \frac{\overline{Y}_L + j \tan \beta d}{1 + j\overline{Y}_L \tan \beta d} \tag{2-44}$$

이들 변환방정식은 꽤 유용하다. 아래의 예는 작은 손실의 선로가 조금만 가감되어도 매우 큰 임피던스의 변화 값을 얻을 수 있음을 보여준다.

예제 2-2:

길이 15 cm 의 공기로 채워진 동축선로가 단락회로에 종단된다. 선로의 특성은 $Z_0 = 75$ ohms 과 $\alpha = 0.4$ dB/m 이다. 1500 MHz 와 2000 MHz 에서 입력 임피던스를 계산하자.

해:

공기로 채워진 선로에서, $\mu_R = \varepsilon_R = 1$ 이므로 $\lambda = \lambda_0$ 이다. 1500 MHz 에서 $\lambda_0 = 20$ cm 이고 그러므로 $\beta l = (2\pi/20)15 = 3\pi/2$ rad 이다. 또한, $\alpha l = (0.4)(0.15)$ $= 0.06$ dB 또는 0.007 Np 이다. $Z_L = 0$ 과 $d = l$ 을 식(2-42)에 대입하면 $Z_{in} =$ $75 \tanh(\alpha l + j\beta l)$ 을 얻는다.

관계식 $\tanh(x + jy) = \tanh x + j \tan y / 1 + j \tanh x \tan y$ 과 $\tanh \alpha l \approx \alpha l$ 의 사실을

이용하면,

$$Z_{in} = 75\frac{0.007 + j\tan(3\pi/2)}{1 + j0.007\tan(3\pi/2)}$$

$\tan(3\pi/2) = -\infty$ 이기 때문에, 입력 임피던스는 $75/0.007 = 10,714$ ohms 이다. 2000 MHz ($\lambda_0 = 15$ cm)에서 계산을 반복하면, $\beta l = 2\pi$ rad 이고 그러므로 $Z_{in} = 0.0525$ ohms 이다.

위 예는 단락회로에서 15 cm 저손실선로가 1500 MHz 에서는 10,714 ohms 로 변환됨을 보여준다. 더군다나, 주파수 1/3 배 증가가 입력 임피던스를 한낱 0.0525 ohms 까지 크게 줄였다. 이 결과를 어떻게 설명할 수 있는가? 회로의 관점으로부터, 회로에 이들의 추가는 분산소자의 유도용량과 정전용량 (그림2-2)을 포함하는 전송선로 부하 임피던스 Z_L 로부터 급진적으로 다른 임피던스값의 결과를 가지게 하는 것이 가능함을 보였다. 사실, 직렬(series) 인덕터와 접지된병렬(shunt) 캐패시터로 구성된 임피던스 변환은 흔히 무선통신(radio) 설계에 사용된다.

임피던스 변환효과를 설명하는 다른방법은 정재파에 관한것이다. $Z_L \neq Z_0$ 에서, 전압과 전류의 정재파들은 선로에 존재한다. 상대적으로 전류패턴이 전압패턴에 대해 이동되어지기 때문에, **I** 에대한 **V** 의 비율은 위치 d 의 강한 함수이다. 그러므로, 선로에대한 임피던스 (예, 입력단)는 부하임피던스와 크게 달라질 수 있다. 역으로, 정재파가 없으면, 임피던스 변환은 생길 수 없다. 이를 확인하기위하여, $Z_L = Z_0$ 라고하자. 이 경우에, $\Gamma_L = 0$, SWR=1.00 그러므로 정재파는 존재하지 않는다. 식(2-42)로부터, $Z_L = Z_0$ 이면 d 에 독립적인 $Z = Z_0$ 이고 이는 임피던스변환이 없음을 의미하는 것이 명백하다. 이 변환효과가 낮은 주파수에서 관찰되지않는 이유는 $l = \lambda$ 이므로 $\tan\beta l \approx 0$ 이고 식(2-42)은 저손실선로에서 $Z = Z_L$ 로 간략화되기 때문이다.

주어진 예제의 설명에서, 주파수증가는 입력임피던스의 큰 변화를 가지게한다. 이유는 고정된 선로길이에서, $\beta = \omega/\upsilon$ 로 $\tan\beta l$ 이 주파수의 함수이기 때문이다. 입력임피던스가 주파수에 의존한다는 사실은 양날의 칼이다. 그것은 광대역회로를 설계하는데있어 장애물 이지만, 마이크로파 공진기 및 필터의 설계에 있어서는 매우 유용하기 때문이다.

2-6 임피던스 변환의 예

이번절에서는 임피던스변환에 관한 몇 개의 예를 살펴보기로 한다. 얻어진 모든 결과들은 직접적으로 다양한 마이크로파 설계 문제들에 적용할 수 있다. 전송선로가 무손실이라는 상황을 먼저 고려해 보도록하자. $\alpha = 0$ 인 경우, 임피던스와 어드미턴스변환은 위 식 (2-43)과 (2-44)에의해 주어진다. 이들 방정식의 몇가지 특별한 경우를 지금 분석해 보도록 하자.

2-6a 반파장 선로

부하임피던스가 Z_L 로 연결된 전송선로를 생각해 보자. 만일 선로의 길이가 반파장의 배수 즉, $l = n\lambda/2$ (n은 임의의 양의 정수) 이라면, 입력임피던스는 Z_L 과 같다. 이는 식 (2-43)에 $\beta l = n\pi$ 를 대입하여 알 수 있다. 일반적으로 반파장의 배수로 떨어진 임의의 두 지점에서 결과를 볼 수 있으며, $\tan(\beta d + n\pi) = \tan\beta d$ 이므로 임피던스는 무손실선로를 따라 모든 곳에서 반파장을 반복한다.

반파장 선로의 흥미있는 예로는 $Z_G = Z_L$ 이다. 만일 $Z_G = Z_L = 20$ ohms 이고 $Z_0 = 100$ ohms 이면 SWR는 5대 1이 된다. 반파장의 배수가 $l = n\lambda/2$ 이므로 식(2-43)으로부터 $Z_{in} = Z_L = 20$ ohms 이고 이는 이용 가능한 전원전력은 부하 임피던스까지 무손실 선로를 따라 아래로 전달된다. 그러므로 정재파가 선로에 존재함에도 불구하고 최대전력이 부하까지 전달될 수 있는 것이다. 이럴 경우 정재파는 L-C 회로의 저장된 전자기 에너지와 같은 경우이다.

2-6b $\lambda/4$ 선로

지금 무부하선로의 길이가 $\lambda/4$ 의 홀수배라고 하자. 즉, $l = (2n-1)\lambda/4$ (n은 임의의 양의 정수)이므로 $\tan\beta l \to \infty$ 일 경우 식(2-43)은 아래와 같이 간략화된다.

$$Z_{in} = \frac{Z_0^2}{Z_L} \quad 또는 \quad \overline{Z}_{in} = \frac{1}{\overline{Z}_L} \tag{2-45}$$

위식은 $\lambda/4$ 선로는 입력단에서의 작은(큰)값이 부하임피던스에서는 큰(작은) 값으로 변환됨을 보여준다. 또한 인덕터(캐패시터) 부하는 입력임피던스에서 캐패시터(인덕터)로 변환되어진다. 더욱이 Z_L 이 직렬 공진회로라면 Z_{in} 은 병렬 공진회로처럼 작동할 것이다. 물론 이 역도 성립한다. 따라서 $\lambda/4$ 선로는 정규화된 부하임피던스를 변환하기 때문에 종종 임피던스 인버터(inverter)라고 불려지고, Z_L 이 실수값일 경우 이상적인 변환기의 모든 특성을 가지고 있기 때문에 $\lambda/4$ 변환기(quarter-wave transformer)라고 언급된다.

$Z_0 = 100\ \text{ohms}$, $Z_L = 20\ \text{ohms}$ 인 무손실 전송선로의 예를 들어보자. (그림 2-8) 선로의 $\text{SWR} = 5(100/20)$ 이고 $Z_L < Z_0$ 이므로 최소전압과 최대전류가 부하지점에서 존재하고 입력지점에서는 최대전압과 최소전류가 존재한다. 식(2-45)로부터 입력임피던스는 $500\ \text{ohms}$ 이다. 그러므로 무손실 $\lambda/4$ 선로는 5배 권선비($n_t = 5$, SWR 의 값)를 가지는 이상적인 변환기같이 행동하다. $Z_L > Z_0$ 일 경우 선로는 $n_t < 1$ 또는 $N_1 < N_2$ 를 가지는 변환기 같이 행동한다.

$\lambda/4$ 변환기는 모든 전원전력을 부하까지 전달하는데 꼭 필요한 조건인 전원과 부하의 저항을 정합(matching)하는데 매우 유용하다. 만일 전원의 임피던스가 실수값이라면, 전력의 최대 변환을 위하여 $Z_{in} = R_G$ 이어야 한다. 부하가 식(2-45) 로부터 $Z_L = R_L$ 이라면 $\lambda/4$ 선로에선 특성임피던스의 값은 다음과 같이 나타난다.

$$Z_0 = \sqrt{R_G R_L} \tag{2-46}$$

예를들어 부하 200 ohm ($R_L = 200\ \text{ohm}$)을 가지는 선로는 100 ohm 의 $\lambda/4$ 선로 ($Z_0 = 100\ \text{ohm}$)를 추가하여 50 ohm 의 전원 ($R_G = 50\ \text{ohm}$)와 정합할 수 있다. 이때 선로가 무손실일 경우 $P_{in} = P_L$ 이므로 사용한 전원전력(P_A)은 부하까지 모두 전달된다. 또한 선로는 오직 임의의 정해진 주파수에서 $\lambda/4$ 의 길이를 가지므로 변환기는 주파수에 매우 민감하다.

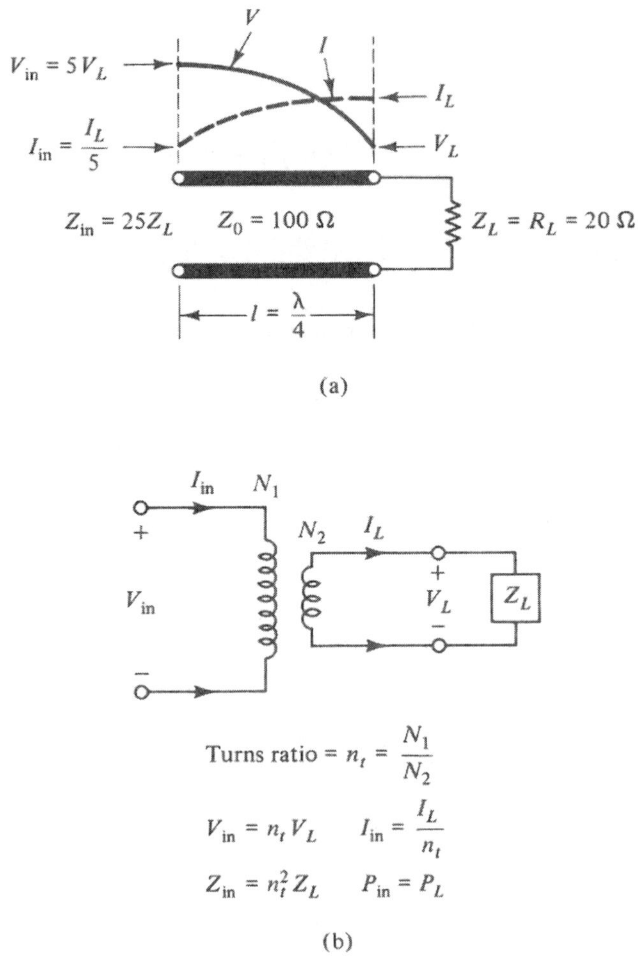

그림 2-8. $Z_L = R_L$ 일 때 $\lambda/4$ 변환기와 등가회로

2-6c 단락회로

무손실선로에서 부하가 연결된 끝지점이 단락되면, $Z_L = 0$ 이고 식(2-43)으로부터 입력 임피던스는

$$Z_{in} = jX_{in} = jZ_0 \tan \beta l \quad \text{또는} \quad \overline{Z}_{in} = j\overline{X}_{in} = j \tan \beta l \tag{2-47}$$

βl 에 대한 정규화된 입력 리액턴스의 그래프는 그림 2-9에 나타내었다. 그래프의 모양은

간단한 tangent의 함수이다. $\beta l < \pi/2$ $(l < \lambda/4)$일 경우, X_{in} 이 양의 값이므로 입력임피던스는 유도용량이 된다. 그러므로 $X_{in} = \omega L_{eq}$ 이고

$$L_{eq} = \frac{X_{in}}{\omega} = \frac{Z_0}{\omega} \tan \beta l \ \ \text{henries} \tag{2-48}$$

여기서 L_{eq} 는 $l < \lambda/4$ 의 조건을 가지는 단락된 선로의 등가 유도용량이다.

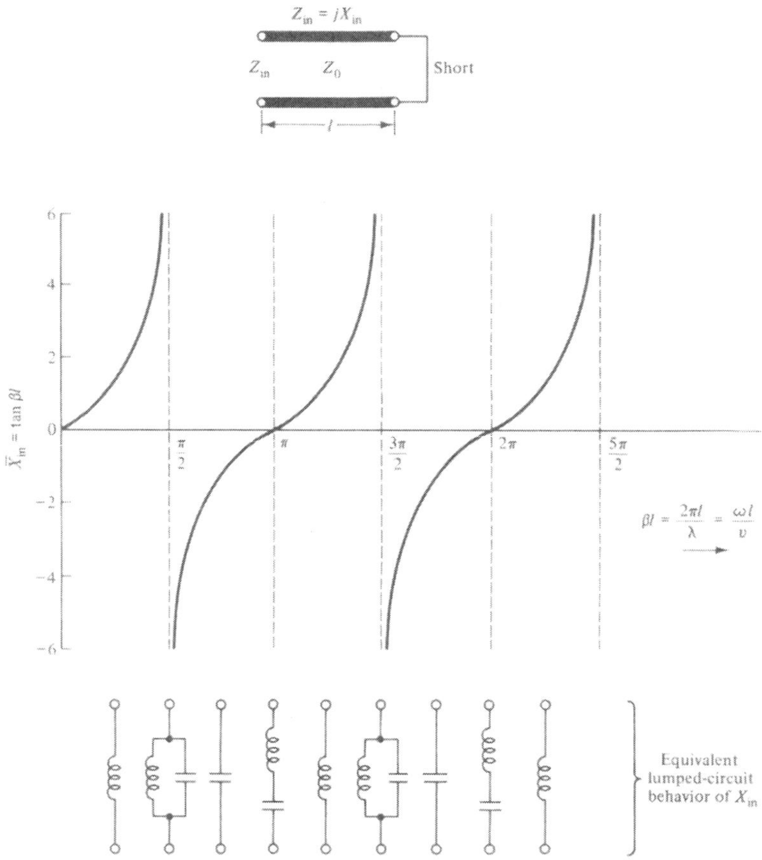

그림2–9. 단락회로의 무손실 전송선로에서 정규화된 입력 리액턴스 대 βl 그래프

$\beta l < 0.5$ rad $(l < 0.08\lambda)$ 일 경우 $\tan \beta l \approx \beta l$ 이 되며 위식은 아래와 같이 간략화된다.

$$L_{eq} \approx \frac{Z_0 l}{v} = L'l \text{ henries} \tag{2-49}$$

유도용량은 그림2-9에서 보는 것과 같이 단락선로의 배열구성이 1회 권선비 루프나 코일과 같음을 논리적으로 보이도록 결과를 유도한다. 그러나 $\beta l \geq \pi/2$ 일 경우, 우리의 직관력은 틀림을 알 수 있다. 예를들어 $\pi/2 < \beta l < \pi$ 일 경우, X_{in} 은 음의 수가 되고 입력 임피던스는 용량성이 된다. 더구나 $l = \lambda/4 \ (\beta l = \pi/2)$ 일 경우 입력임피던스는 무한대 (개방회로)이고, $l = \lambda/2 \ (\beta l = \pi)$ 일 경우 입력임피던스 는 "0" (단락회로)이다. 앞서 논의 했지만 임피던스 특성은 모든 반파장에서 반복된다.

고정된 길이 l 에서, 그림 2-9의 특성은 주파수에 의존하는 리액턴스의 변화 즉 $\beta l = \omega l/v$ 을 나타낸다. $\beta l = \pi/2$ 와 π 근처에서는 단락선로는 공진 L-C 회로와 유사한 동작을 한다. 집중정수소자 L-C회로의 주파수특성과 리액턴스를(그림 2-10(a)) 비교하면 다음의 등가성을 이끌어낸다.

1. $\beta l = (2n-1)\pi/2$ 근처의 주파수($\lambda/4$ 의 홀수배)에서, 단락선로는 병렬 공진회로처럼 작동한다.
2. $\beta l = n\pi$ 근처의 주파수($\lambda/2$ 의 정수배)에서, 단락선로는 직렬 공진회로처럼 작동한다.

이러한 특성들은 마이크로파에서 대역통과나 대역저지필터를 설계하는데 유용하게 이용된다. 이상적인 L-C 공진회로와 달리, 단락선로는 무한한 수의 공진을 가지고 있기에 필터 설계자들에게 문제를 야기시킬 수 있다.

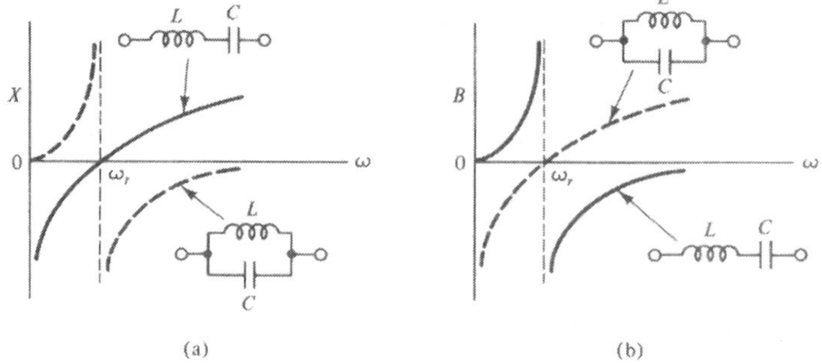

그림2-10. 직렬과 병렬 공진회로에서 리액턴스와 서셉턴스의 주파수변화 (공진주파수 $\omega_r = 1/\sqrt{LC}$)

2-6d 개방회로

무손실선로가 부하끝에서 개방회로가 되었을 때, 식(2-44)으로부터 $Y_L = 0$ 이 되므로 입력 어드미턴스는

$$Y_{in} = jB_{in} = jY_0 \tan \beta l \quad \text{또는} \quad \overline{Y}_{in} = j\overline{B}_{in} = j \tan \beta l \tag{2-50}$$

입력임피던스는 Y_{in} 의 역수이므로

$$Z_{in} = -jZ_0 \cot \beta l \tag{2-51}$$

βl 에 대한 정규화된 입력서셉턴스의 그래프는 tangent의 함수이고 그림 2-11에 나타내었다. $\beta l < \pi/2$ ($l < \lambda/4$)일 경우, B_{in} 이 양의 값이므로 입력임피던스는 용량성이 된다. 그러므로 $B_{in} = \omega C_{eq}$ 이고

$$C_{eq} = \frac{Y_0}{\omega} \tan \beta l \quad \text{farads} \tag{2-52}$$

여기서 C_{eq} 는 $l < \lambda/4$ 의 조건을 가지는 개방회로선로의 등가 정전용량이다. $\beta l < 0.5$ rad ($l < 0.08\lambda$) 일 경우 위식은 아래와 같이 간략화된다.

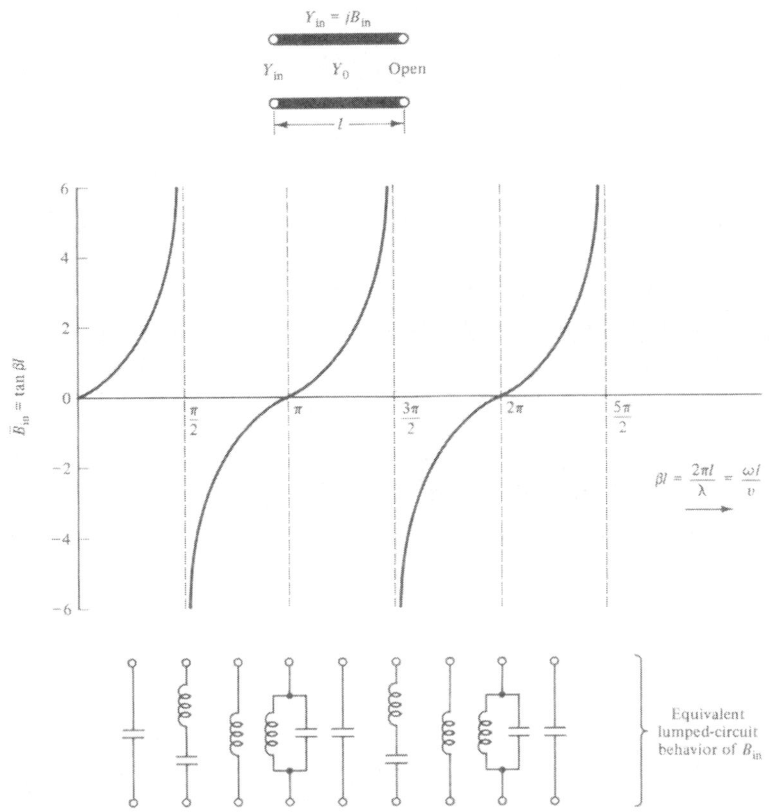

그림2-11. 무손실 전송선로를 가지는 개방회로에서 βl 에 대한 정규화된 입력 서셉턴스

$$C_{eq} \approx \frac{Y_0 l}{v} = \frac{l}{Z_0 v} = C' l \quad \text{farads} \tag{2-53}$$

여기서 주목해야할 점은 C_{eq} 는 $\beta l < 0.5$ rad 일 경우 주파수에 무관하고, 유사한 조언이 단락된선로의 L_{eq} 에 적용된다.

용량성은 그림2-11에서 보는 것과 같이 그것의 구성 때문에 개방회로 선로가 캐패시터 (절연체에 의해 서로 떨어진 두 도체)처럼 보이도록 그럴싸하게 결과를 유도한다. 그러나 앞서와 같이 우리의 직관력은 $\beta l \geq \pi/2$ 일 경우 실패한다. $\pi/2 < \beta l < \pi$ 일 경우, B_{in} 은 음의 수가 되기 때문에 입력은 유도용량이된다. 또한 l 이 반파장의 배수일 경우 $Y_{in} = 0$ (개방회로)이고

l이 $\lambda/4$ 의 홀수배일 경우 $Y_{in} = \infty$ (단락회로)이다. $\pi/2$ 와 π 근방에서 βl 에 대한 B_{in} 과 간단한 L-C회로 (그림 2-15(a))의 주파수특성에 대한 서셉턴스의 비교는 다음의 등가성을 이 끌어낸다.

1. $\beta l = (2n-1)\pi/2$ 근처의 주파수($\lambda/4$ 의 홀수배)에서, 개방회로선로는 직렬 공진회로처럼 작동한다.
2. $\beta l = n\pi$ 근처의 주파수($\lambda/2$ 의 정수배)에서, 개방회로선로는 병렬 공진회로처럼 작동한다.

이러한 특성들은 마이크로파 필터를 설계하는데 유용하게 이용된다. 두 개방과 단락선로는 무한한 수의 L-C 공진회로로 모델화될 수 있다.

2-7 Smith 도표

임피던스변환 문제를 풀기위하여 그래프를 활용하는 과정을 이 절에서 소개한다. 이 기술은 P. H. Smith (참고문헌2-2 에서 2-4) 에 의해 발전된 것으로 특별히 고안한 임피던스 /어드미턴스 도표를 사용한다. 잘 설계된 그래프 방법으로, 장점으로는 전산노력을 줄일 수 있고 또한 개별 변수가 원하는 최종결과에 어떻게 영향을 미치는지를 직관적으로 이해하는데 도움이된다. 여기서 첫번째 이유는 분석에 있어 중요하고, 두번째 이유는 좋은 합성과 설계에 필수적인 요소들이다. 실질적으로, 높은 주파수 회로에서 종종 직렬과 병렬요소로 배치된 둘 또는 그 이상의 전송선로를 포함한다. Smith 도표 기술은 명백하게 그런 문제들을 풀기위하여 요구되는 숫자와 대수 조작들을 크게 줄여 줄 수 있다. 물론, 전송선로 회로를 풀기위하여 컴퓨터 프로그램을 개발할 수있다. 이런 경우에, Smith 도표 분석은 컴퓨터 해답의 정당성을 뒤받침하는데 유용하다.

지금부터 본격적으로 Smith 도표를 이용한 임피던스 정합에 대해 공부해 보도록하자. 크게 RLC 집중정수소자를 이용한 정합과, 마이크로스트립과 같은 전송선로를 이용한 정합으로 나누어지는데 우선 기초가 되는 RLC를 이용한 정합법을 먼저 보도록 하자.

2-7a 임피던스 정합단

정합을 시작하기 전에, 임피던스 정합을 왜하는지에 대해서 생각해보자 (그림2-12). 일반적으로, 두 단간의 임피던스차이를 완충시켜서 최대한의 신호전력을 전달하기 위함이다.

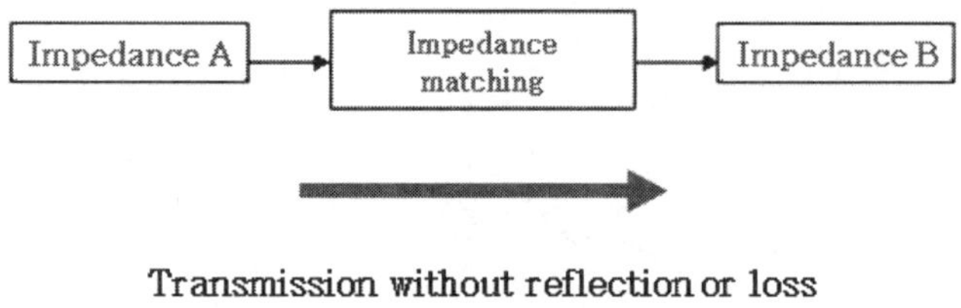

그림2-12. 임피던스 정합

그런데 많은 독자들이 의외로 최대 전력전달과 최대 전력출력의 의미를 혼동하고 있다. 최대 전력전달이란, 최대의 이득을 내는 것을 의미한다. 말 그대로 입력에 들어간 것이 출력으로 최대한 나올 수 있어야 한다는, '전달'의 의미이다. 반면 전력 증폭기(Amplifier) 에서 말하는 최대출력은 입력이 얼마가 들어왔건 간에 출력단에서 흘릴 수 있는 최대 전류/전력을 의미하는 '용량'의 개념이다. 그러므로 최대 전력전달이라는 개념은 손실없이 신호를 흐르게 하겠다는 의미로 증폭기 이외의 경우에 주로 사용되는 개념이고, 증폭기에서의 임피던스 정합단은 아래의 그림2-13에서 처럼 임피던스 변환기의 의미가 강하다. 그렇다면 우리가 임피던스 정합을 한다는 것은 무엇을 의미하는 것일까? 그것은 바로 서로 다른 임피던스단 간에 들어갈 소자값을 결정하고 찾는 과정을 의미하는 것이다.

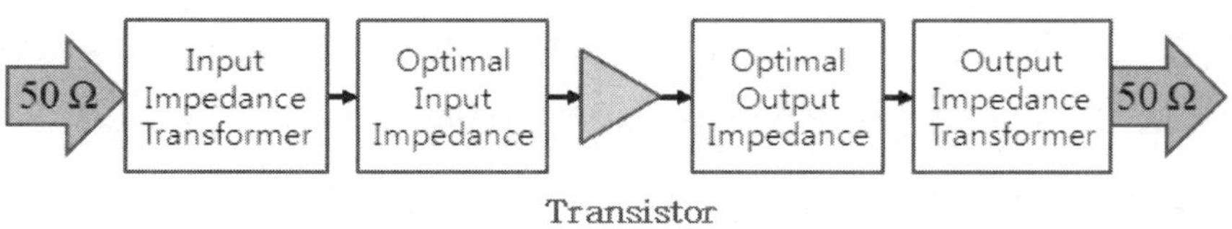

그림2-13. 임피던스 변환기

2-7b Smith도표 궤적 이동

Smith도표를 이용한 임피던스 정합에서 정합소자값은, 부하임피던스가 정합점을 목표로 이동할 때의 궤적(trace)에 따라 결정되는 것이다. 각각의 직병렬 소자에 따라 어떤 궤적을 움직이는지를 차근차근 알아보도록 하자. 우선 Smith도표 상단이 양의 허수부분 유도용량, 하단이 음의 허수부분 정전용량을 의미하기 때문에 아래와 같은 단순한 법칙이 성립된다. (그림 2-14)

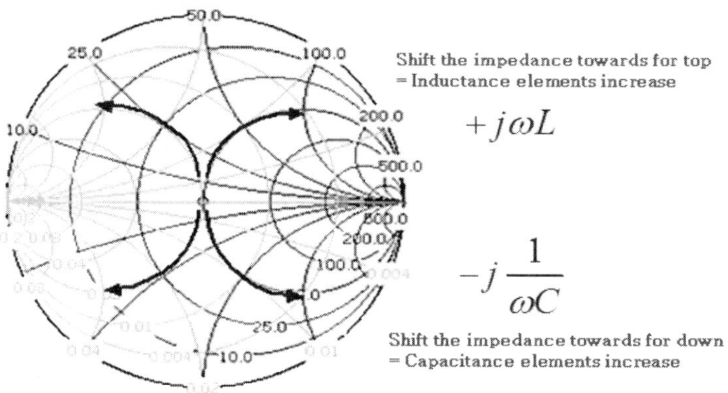

그림2-14. Smith도표의 궤적 이동

여기서 위/아래 방향의 의미는 실제로는 하나의 원상에서 시계방향이냐 반시계방향이냐를 나타내는 것이다. 왜냐하면 원을 타고 위로 올라가는 것처럼 보이다가도 한참 원을 돌다 보면 도로 내려오기도 하기때문이다. 이것은 Smith도표 자체가 극좌표 구조라 그런 것이므로, 위(유도용량), 아래(정전용량)라는 개념을 명확히 하기 위해 본 절에서는 시계/반시계방향이란 용어보다 위 아래라는 용어를 사용하고자 한다. 다만 어디까지나 같은 원주상을 움직임을 명심하시기 바란다.

부하임피던스를 이동시킬 때 그 궤적이 원을 따라 위로 올라가면 정합단에 인덕터 L 소자를 추가하라는 의미이고, 궤적이 원을 따라 아래로 내려가면 C소자를 추가하라는 의미가 된다. 그럼 왜 부하임피던스 궤적은 특정원을 따라 움직일까? Smith도표 좌표계를 이해하면 쉽게 답이 나온다. Smith도표상의 각각의 원들은 그 자체가 실수 임피던스, 즉 저항 R의 좌표계를 의미한다. 하나의 같은 원주상에서는 R값이 동일하다는 의미이다. Smith도표는 어디까지나 좌표계일 뿐이다. 그러므로 L이나 C소자만 추가하는 LC 정합에서는, 하나의 인덕터나 캐패시터를 추가할 때 L이나 C값만 변화할 뿐, R값은 변화하지 않으므로 항상 시작점과 같은 동일한 상수 저항(constant resistance)원을 따라 돌게 된다. 여기까지는 직렬 연결에 대한 것이다. Smith도표 중 임피던스 도표만 이용했기 때문이다. 접지된 병렬소자를 추가할 때는 아래와 같이 임피던스 도표가 아닌, Y축 대칭된 어드미턴스 도표가 사용된다. 대부분 의 Smith도표에는 임피던스 도표와 어드미턴스 도표가 다른 색상으로 함께 인쇄되어 있다. 어드미턴스 도표에서의 소자추가 역시 임피던스 도표일 때와 똑같다. 다만 어드미턴스 도표의 실수 저항 원들은 오른쪽이 아닌 왼쪽을 시작점으로 한다는 것이 다를 뿐이다. 그리고 어드미턴스 역시 LC가 추가되면서 실수원상에서 허수부만 변화게된다.

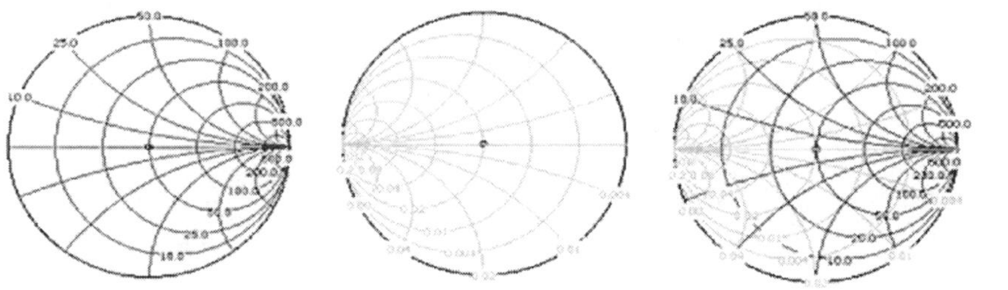

Impedance　　Admittance　　Impedance + Admittance

그림2-15. Smith도표 좌표계

Smith도표 상의 4가지 기본적인 궤적을 종합하면 아래와 같이 정리된다. (그림2-16)

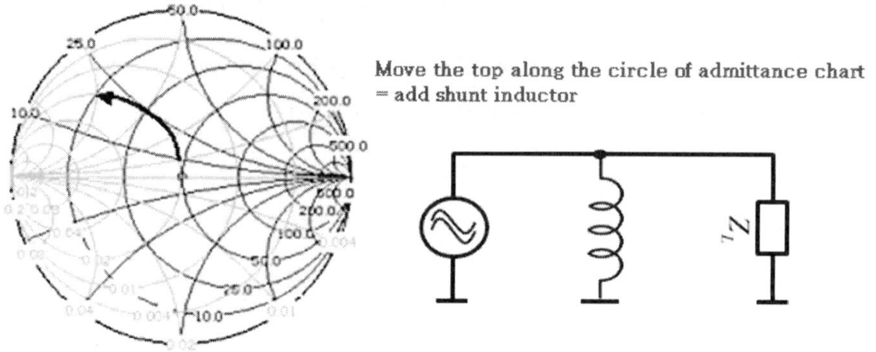
Move the top along the circle of admittance chart
= add shunt inductor

(a)

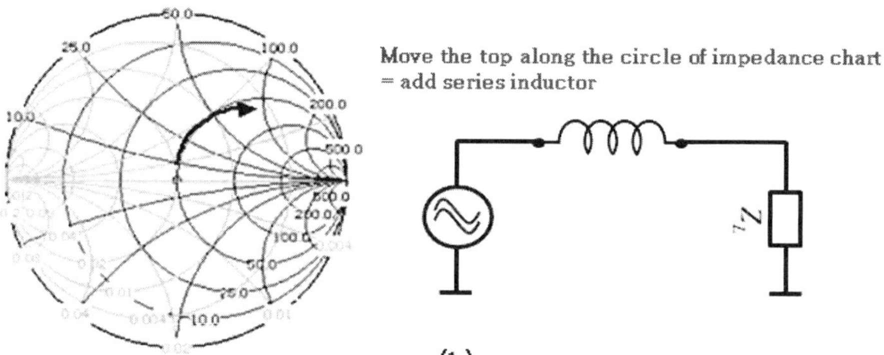
Move the top along the circle of impedance chart
= add series inductor

(b)

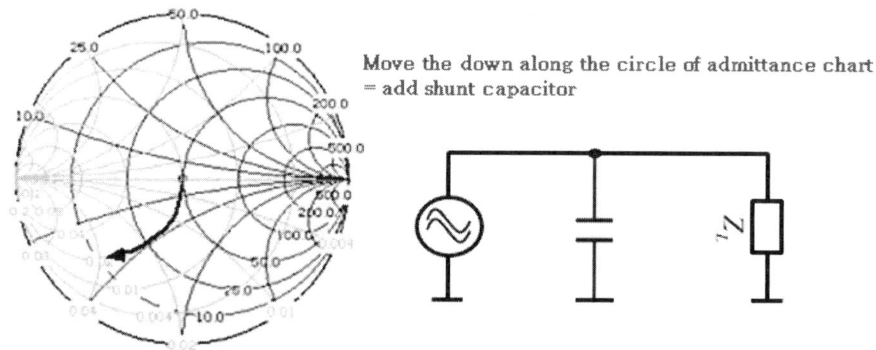
Move the down along the circle of admittance chart
= add shunt capacitor

(c)

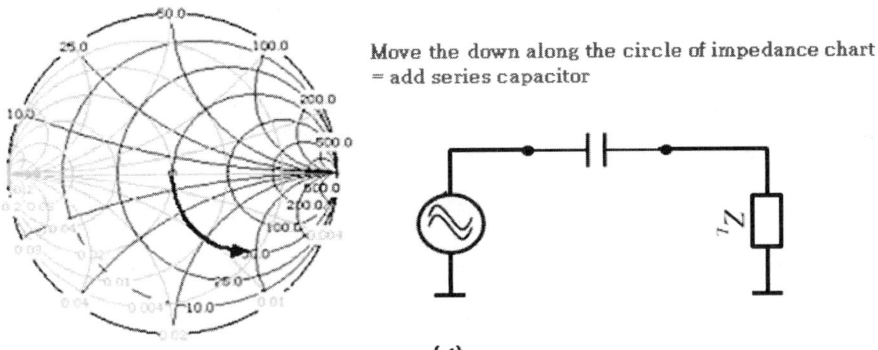

(d)

그림2-16. 4가지 기본적인 Smith도표 상의 궤적

위의 4가지 궤적을 통해 우리는 어떠한 점에 존재한 부하임피던스라도 중심의 특성 임피던스점으로 갖다놓을 수 있으며, 상황에 따라 어떤 궤적을 선택하느냐는, 설계자의 자유임을 알 수 있다. 즉, 소자의 수와 배열을 늘려가면 끝도 없이 많은 방법이 나온다. 그렇다면 대체 어떤 형태의 정합을 골라야 하는것일까? 이 질문에 대한 정답은 없다. 상황에 따라 어떤특성을 가진 정합구조를 쓸 것인지는 사용자가 선택해야 할 문제이다. 대신에 어떤 기준을 적용할 수 있는지 기준을 한번 정리해 보도록하자.

단수는 가능하면 적게

소자를 많이 붙이면 가격이 올라가고 나중에 이상한 변수들이 발생할 확률이 높으므로 간결하게 정합하는 것이 유리하다. 일반적으로 L하나, C하나씩 두 개의 직병렬 소자로 2 단 정합하는 경우가 가장 일반적인 경우이다. 만약 임피던스점이 아주 낮거나 이상한 곳에 있다면, 어쩔 수 없이 3단을 써야 할 수도 있겠지만, 또한 3단 정합 (Pi 혹은 Ti 형태)은 일정한 Q값을 유지해야할 때 용이해서 쓰기도 한다. 그리고 후에 언급하겠지만, 대역폭 문제로 4단 소자 이상으로 정합할 수도 있다.

저역통과필터 형태, 고역통과필터 형태

가장 일반적으로 많이 사용하는 형태는 위와같이 저역통과필터와 고역통과필터의 형태이다. 그 중에서도 저역통과필터형태가 가장 널리 사용되는 편인데, 마이크로파신호를 처리하면서 발생하는 각종 고조파(harmonic)성분들을 제거할 수 있기 때문이다. 고역통과필터구조의 경우는 저주파 발진신호를 좀 더 잘 잡을 수 있다는 장점과 함께, 저역통과필터와 함께 사용되어 신호처리 주파수대역을 좀 더 명확하게 조절할 수 있다. 우리가 임피던스 정합을 할 때 한가지 알 수 있는 것은, 정합을 시키는 특정주파수가 존재한다는 것이다. 모든 주파수에서 정합시킨다는 것은 매우 어려운 일이고, 보통 어떤 중심주파수를 놓고 정합을 하게 되는 것이다. 그래서 임피던스 정합은 어떤 면에서 본다면, 특정주파수만 잘 통과시키는 효과적인 필터를 구현하는 것과 매우 유사하다. 임피던스 정합단은 위와같이 필요한 대역의 통과특성을 가지고 불필요한 주파수 대역의 에너지를 정합 주파수대역으로 몰아주는 역할을 하는 것처럼 보이게 되는 것이다. (그림2-17)

대역폭을 고려

대역폭을 늘이기 위해서는 궤적을 작게 움직이고, 대역폭을 좁혀야 한다면 궤적을 많이 움직일 수 있는 정합을 하는 것이 유리하다. 임피던스 정합은 특정한 중심주파수에서 이루어지며, 그 주파수에서 멀어질수록 정합이 깨진다. 그렇다면 이러한 정합 대역폭은 무엇과 관련할까? 그것은 바로 회로의 Q값이다. Q는 크게 두가지 의미가 있다. 첫째는 소자의 손실을 알려주는 Q이고 다음은 대역폭을 의미하는 Q이다. Smith 도표에서의 Q는 둘 다 의미가 있지만, 그 중에서 대역폭이란 개념에 중점을 두고있다. 우선 대역폭을 의미하는 Q는 아래와 같은 수식적 구조를 가진다.

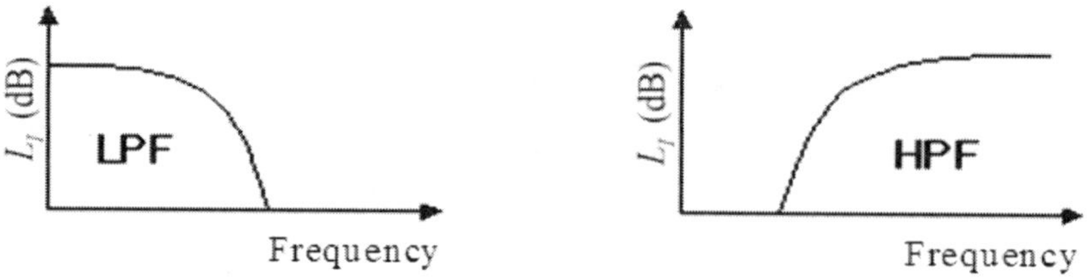

그림2-17. 저역통과필터와 고역통과필터의 주파수특성 및 등가회로

$$Q = \frac{\text{Center Frequency}}{\text{3dB Bandwidth}}$$

중심주파수와 그 중심주파수 크기에서 양쪽으로 절반씩 떨어진 주파수 지점간의 간격(3dB 대역폭)의 비를 의미한다. 그러므로 Q가 낮을수록 정합이 이루어지는 대역폭이 넓다는 뜻이다. 소자의 품질을 따지는 Q와 달리 이런 회로의 대역폭 Q는 높은 게 좋은지 낮은 게 좋은지에 대한 기준은 없다. 상황에 따라 광대역을 구현해야 하는지 협대역을 구현해야 하는지에 따라 다르게 된다. Smith도표에서 표현되는 Q는 그림2-18 과 같다.

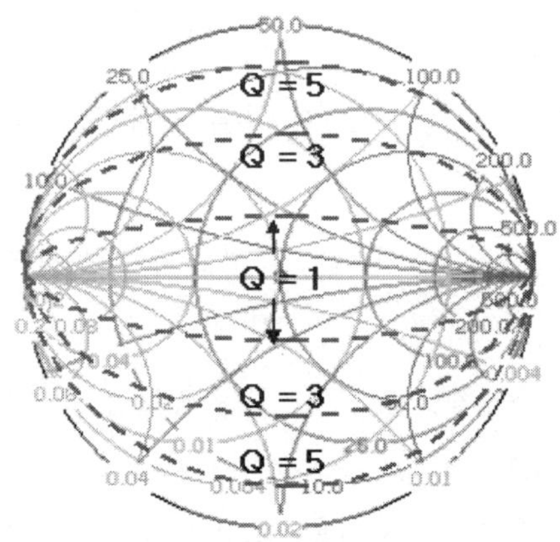

그림2-18. Q값 변화에 따른 Smith도표상의 궤적

좀 더 실제적으로 아래의 그림를 보면,

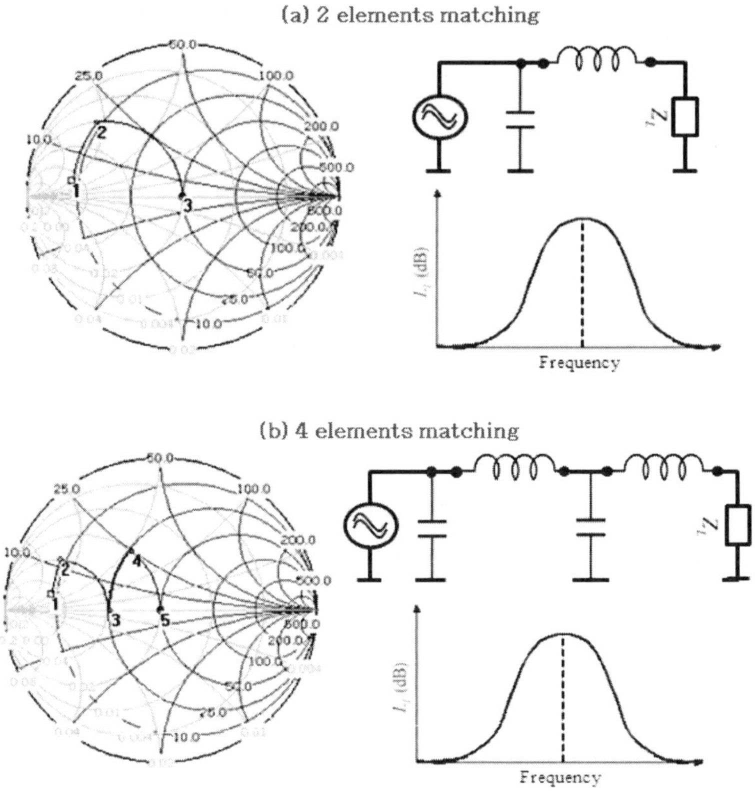

그림2-19. 소자의 사용량 따른 Smith도표상의 궤적

소자를 여러개 쓰면, Smith도표가 움직이는 궤적을 수평축에 가깝게 할 수 있다. 즉 Q값 이 낮아지면서 대역폭은 넓어지는 것이다. 언뜻 보면 높이 차이가 그리 크지 않은 것 같아 보여도, 실제로 정합이 가능한 주파수폭을 넓힐 수 있는 중요한 방법이다.

그림2-20의 S파라미터 그래프는 Q값을 낮게 가져가는 다단정합의 실제 사례로써, 정합소자를 많이 사용하여 궤적을 낮게 할수록 대역폭이 늘어나고 있는 것을 보여주고있다. 1GHz를 중심주파수로 하고 VSWR이 1.5:1 정도 되는 경우를 정정합으로 가정하고, VSWR이 1.5:1일 때의 S11값인 -13.8dB를 기준으로 한 정합 대역폭을 계산하였다. 보다시피 소자수를 늘려가며 Q를 낮춘 정합의 경우 S11의 정합폭이 점점 더 넓어짐을 알 수 있다. 즉, 더 넓은 주파수에서 반사를 최소화하면서 신호를 전송한다는 의미로써, 정합이 광대역화 되었다는 의미가

된다.

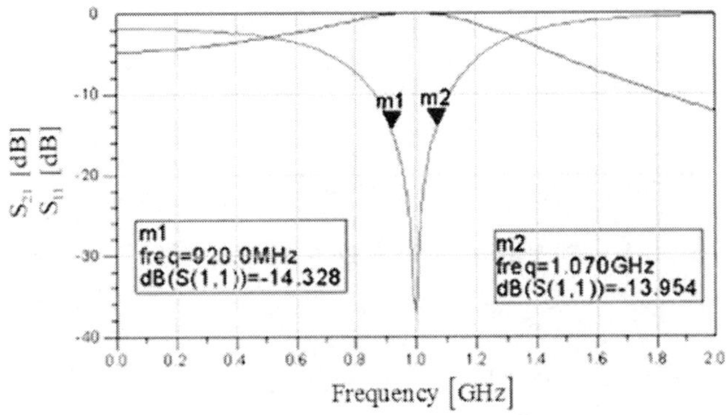

(a) 2 elements matching - Matching BW:150 MHz

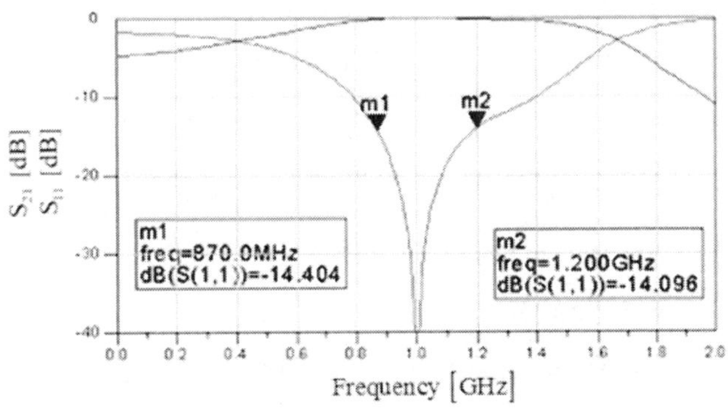

(b) 4 elements matching - Matching BW:330 MHz

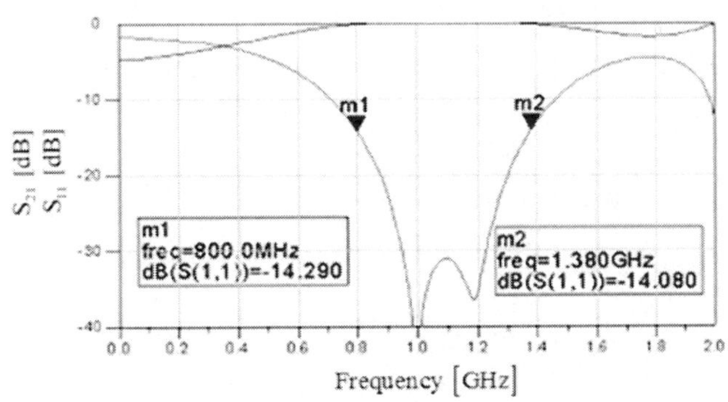

(c) 6 elements matching - Matching BW:580 MHz

그림2-20. 정합소자의 사용량에 따른 주파수특성

소자값을 고려

궤적이 된다고 해서 무조건 그 소자값을 쓸 수 있다고 장담할 수 없다. 따라서 소자값도 고려해가며 궤적을 진행해야 한다. 지금까지 우리가 둘러본 정합과정은, 사용자 맘대로 소자수와 궤적의 형태만 정하면 되는 것처럼 보였다. 하지만, 현실은 그렇지 않다. 예를 들어 정합을 해서 11.3 pF의 캐패시터가 필요하다고 가정하자. 하지만 그런 애매모호한 소자값이 시중에 판매되지 않으면, 또한 73nH의 인덕터처럼 딱 떨어지는 인덕터를 구할 수 없으면. 실제로 제품을 제작해본 경험이 있으면 알겠지만, 캐패시터와 인덕터는 어느 정도 정해진 값의 소자들을 써야한다. 일반적이고 뻔한 1.5, 2.2, 4.7, 5.6, 10, …, 100 ... 와 같은 식의 소자값들이 많다. 물론 그 이외에 있는 소자값들도 있지만, 수중에 사용 가능 또는 계획된 소자들의 값들이 얼마인지 미리 알아놓을 필요가 있다. 따라서 LC 정합시에는 반드시 위 소자값들과 딱딱 떨어지는 궤적을 그릴 수 있도록 만들어야 유리하다. 중요한 문제이다. 아무리 최적의 정합을 설계했다 하더라도 소자값이 없다면 아무 의미가 없기 때문이다. 또 이런 제한된 소자값들 때문에 완벽하게 중심에 갖다놓는 정합이 쉽지가 않다. 원하는 궤적을 그리기 보다는 소자값에 맞춘 정합을 해야 한다는 것이 LC 집중정수소자 정합의 큰 약점중의 하나이다.

2-7c 궤적 이동에 따른 소자값들

위에서처럼 어떤 소자를 추가할지 결정되었다면, 과연 어떤 값을 가지는 소자를 달아야 할지 결정해야한다. 그러기 위해서는 궤적이 움직인 상대적인 좌표값을 읽어야 한다. 각각의 L, C 소자가 움직인 궤적의 이동거리를 읽은 후 그것을 아래와 같은 임피던스 수식을 통해 역으로 환산해야 한다. 아래는 궤적에 따른 직렬 L값을 계산하는 방법의 례이다.

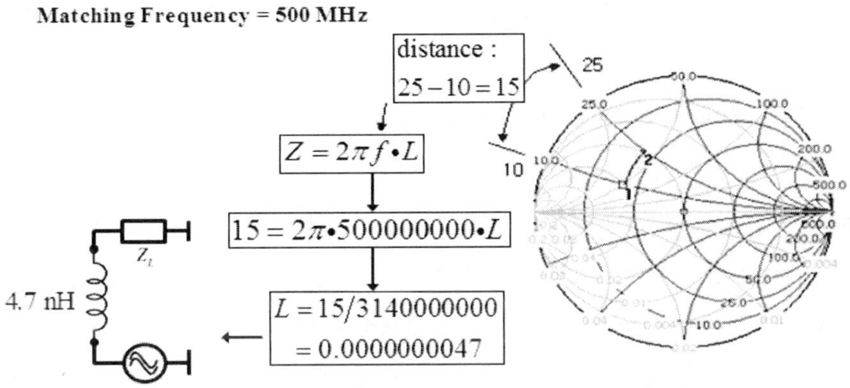

그림2-21. Smith도표를 사용한 정합소자의 계산

2-7d 전송선로를 이용한 Smith도표의 이해

본 절에서는 마이크로스트립과 같은 전송선로를 이용한 정합에 Smith도표를 유용하게 사용하는 경우를 논의해 보자. 앞서 설명한 RLC 집중정수소자를 이용한 정합에서 Smith 도표의 기본적인 내용을 소개했으나, 여기서는 좀 더 자세히 수학적인 내용을 사용하여 진행하고자 한다. Smith도표는 전송선로 문제들을 푸는데 활용될 수 있도록 임피던스 /어드미턴스 형태로 구성되어있다. 즉, 임피던스와 어드미턴스의 복소수 값들을 도식화하기 위하여 한쌍의 좌표계를 가진다. 이 도표는 몇 개의 유용한 특징들을 가지는데, 첫째, 임피던스와 어드미턴스의 모든 가능한 값들이 도표에서 도식화되어질 수 있다. 둘째, 임피던스를 어드미턴스로(그리고 그 역으로) 변환하는 방법이 가능하다. 셋째, 가장 중요한 것으로, Smith도표는 전송선로의 길이로 임피던스 변환을 결정할 수 있는 간단한 그래픽 방법을 제공한다. 수평축으로는 저항을 수직축으로는 리액턴스를 도식화한 기본적인 직각좌표계는 이러한 장점을 가지지 못한다. 따라서 그림 2-22에 보여 주는것과 같이 극좌표를 고려하고 있다. 관습적으로, 양의 각은 반시계방향으로 그려진다. 임피던스와 (즉, $\mathrm{Re}\ Z \geq 0$) 실수 Z_0 에서, 반사계수의 크기는 1 보다 작거나 같다. 그러므로 Γ 의 모든 가능한값은 최대 반지름이 "1" 인 극좌표에서 그려질 수 있다. 반사계수값이 단락 ($\Gamma = 1\angle 180°$)에서부터 개방($\Gamma = 1\angle 0$)까지 모든 임피던스에서 수용되어질 수 있다. 더구나 전송선로의 길이(식 2-43)로 인한 반사계수의 변화는 극좌표 특히 선로가 무손실이라면 쉽게 결정되어진다.

길이가 $l=\lambda/6$ 인 무손실 50 ohm 의 선로와 연결된 부하임피던스 $Z_L=17.7+j11.8$ ohms을 고려하자. 식(2-45)로부터, $\Gamma_L=0.5\angle 150°$ 이 그림 2-22에 그려진다. 입력 반사계수는 식(2-43)로부터 결정되어질 것이다. $\alpha=0$ 에서, $2\beta l=2\pi/3$ rad 또는 120° 이기 때문에 $\Gamma_{in}=0.5\angle 150°-120°$ 이다. 이와 똑같은 결과가 그래픽적으로 극좌표를 사용하여 얻어질 수 있다. 무손실에서 $|\Gamma_{in}|=|\Gamma_L|$ 이기 때문에, 단지 0.5 반지름원에서 120° (즉, $2\beta l$)의 각 거리로 Γ_L 지점으로부터 시계방향으로 회전한다. 이는 그림 2-22에서 나타난다. 선로의 다른지점에서 반사계수는 $2\beta d$ 만큼 시계방향으로 회전하여 얻어진다. 여기서 d 는 부하부터 지점까지의 거리이다. 반대로, 만일 Γ 가 알려지면, Γ_L 는 시계반대방향으로 $2\beta d$ 회전하여 얻어진다. 위의 예는 반사계수 변환식의 그래프를 사용한 해답이 꽤 간단함을 보여준다. 필요한 모든 것은 캠퍼스와 직선자이다. 예를들어, Z_L 과 Z_0 이 주어졌고 식(2-29)가 Γ_L 를 얻기위하여 사용되었다. 그래프적으로 결정된 어느 다른 지점에서 Γ 를 가지고, 임피던스와 관련한 것은 식(2-31)의 도움으로 계산되어질 수 있다. 설계자는 자연스럽게 "어떻게 이들 계산을 피할 수 있는 방법이 있는지?" 다른말로, 어떻게 임피던스 변환이 완전히 그래프적으로 해결될 수 있는지? 질문을 할 것이다. 대답은 놀랍게도 간단하다! 단지 등가의 정규화된 임피던스로 반사계수의 극좌표에 모든 점을 대체한다. 이는 식(2-31)로 완성되어지고 아래와 같이 다시 쓰여질 수 있다..

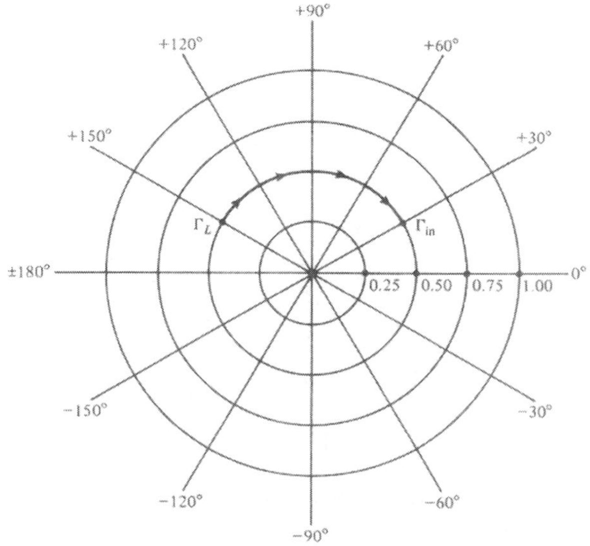

그림 2-22. 복소수 반사계수($|\Gamma|\angle\phi$)를 나타내기 위한 극좌표 도표

$$\frac{Z}{Z_L}=\overline{Z}=\frac{1+\Gamma}{1-\Gamma} \quad 과 \quad \frac{Y}{Y_0}=\overline{Y}=\frac{1-\Gamma}{1+\Gamma} \tag{2-54}$$

예를들어 $\Gamma=1\angle180°$ 는 $\overline{Z}=0$ 과 등가이고, 반면에 $\Gamma=1\angle0$ 는 $\overline{Z}=\infty$ 과 등가인 개방회로이다. 또한 $\Gamma=0.5\angle180°$ 는 $\overline{Z}=1/3$ 로 변환되고, 반면에 $\Gamma=0.5\angle0$ 는 $\overline{Z}=3$ 과 등가이다. Γ 의 확실한 값들과 관련한 다른 정규화된 임피던스값은 그림 2-23에 보여준다. $\overline{Z}$ 의 더 많은 값들은 식(2-54)을 사용하여 계산되어질 것이다. 만일 같은 실수부 ($\mathrm{Re}\,\overline{Z}$) 를 가지는 모든 $\overline{Z}$ 점들이 함께 결합된다면, 그 결과는 그림 2-24의 (a) 부분처럼 보일 것이다. 이 원은 상수저항원으로 불려진다. 그것들은 모두 무한한 임피던스점을 통과함을 주목하라. 가장 바깥의 것은 $\overline{R}=0$ 원이고 그위의 모든 임피던스 값은 순수하게 리액턴스 (0 부터 $\pm j\infty$ 까지 범위) 이다. 이는 순수한 리액턴스에서는 도표의 가장 바깥원인 $|\Gamma|=1$ 인 사실과 일치한다.

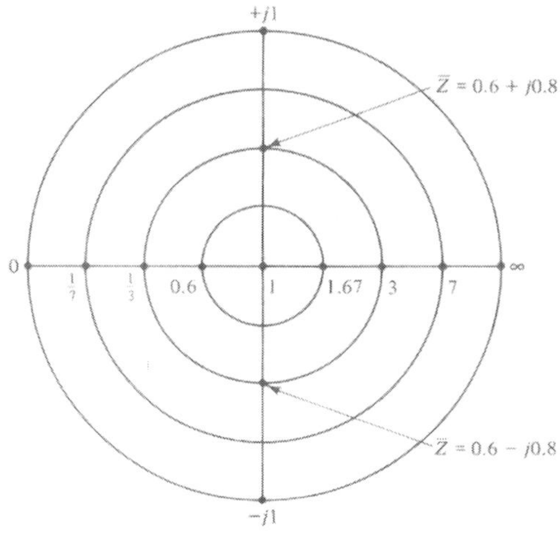

그림 2-23. 등가의 정규화된 임피던스로 대체된 반사계수를 가진 그림 2-22의 극좌표 도표

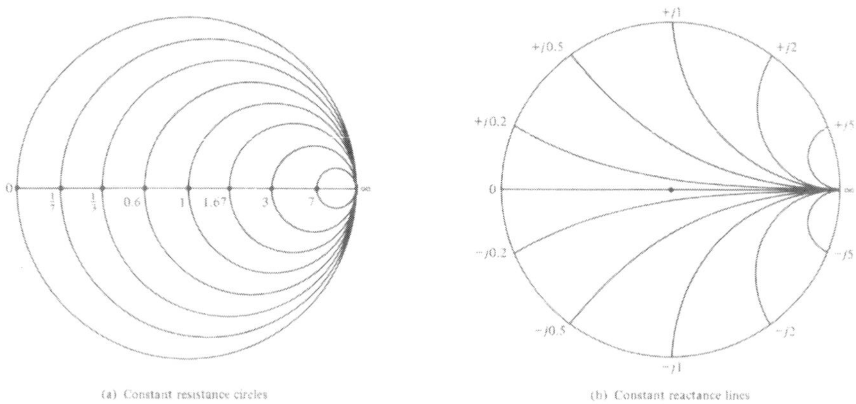

그림 2-24. 상수 저항원과 상수 리액턴스 선로

같은 허수값 ($\mathrm{Im}\,\overline{Z}$)을 가지는 모든 점들의 결합은 그림(b) 부분에서 보여주는 곡선의 결과를 준다. 이는 상수 리액턴스 (constant reactance)선들이라고 불려지고 실제로 원형의 일부이다. $\overline{X}=0$ 선은 "0" 에서 무한한 점들사이의 수평선이다. 그것은 $\overline{R}=0$ 에서 $\overline{R}=1$(도표의 중심)을 통과하여 $\overline{R}=\infty$ 까지 영역의 값을 가지는 임피던스 좌표의 저항축이다. Smith도표는 상수 저항원들과 상수 리액턴스선들의 결합으로 형성된 임피던스 격자이다. 그림2-25는

많은 마이크로파 연구실에서 사용되는 통상적인 이용 가능한 버전을 보여준다. 이 도표는 최초에 P.H.Smith(참고문헌2-2 부터 2-4)에의해 개발되었다. 기본적으로, 이것은 정규화된 임피던스 격자가 중첩된 반사계수의 극좌표 도표다. 방정식 (2-54)은 Γ 좌표 부터 $\overline{Z}$ 좌표까지 변환관계를 제공한다. 보다 명확히하기 위하여, $|\Gamma|$의 constant 값을 나타내는 원들은 제거되었음을 주목하라. 그러나 반사계수 스케일의 각도는 유지되었다. 그것은 도표 주변에있는 세 개 스케일의 가장 안쪽이다. 두 개의 가장 바깥스케일은 우리가 $2\beta d$를 계산하지 않고 Γ 변환(그리고 Z 변환)을 형성하도록 한다. 스케일은 직접적으로 파장의 일부로 주어진다. 도표를 완전히 한바퀴 회전하면 $d = \lambda/2$, $2\beta d = 2\pi$ rad 또는 $360°$ 이기 때문에 반파장이다. 이는 임피던스가 모든 반파장을 반복한다고 2-6절에서 이미 보여주고있기 때문에 성립한다. 그림 2-25의 도표를 참조하면, 윗면의 반은 임피던스값이 유도용량 성분을 가지는 것을 의미하는 양의 리액턴스 영역이고 아랫면의 반(음의 리액턴스)은 용량성 성분을 가지는 임피던스를 나타낸다.

도표의 맨위에는 "Impedance and Admittance Coordinate" 라는 단어가 있다. 그 이유는 Smith도표는 또한 정규화된 어드미턴스 좌표로도 사용될 수 있기 때문이다. 임의의 $\overline{Z}$ 값에서, 등가의 정규화된 어드미턴스($\overline{Y} \equiv Y/Y_0$)는 같은 $|\Gamma|$원상에서 $180°$ 떨어져 있다. 왜냐하면 Γ에 $180°$를 추가하면(즉, 부호의 변화) $\overline{Z}$를 $\overline{Y}$로 변환하기 때문이다. 이는 식(2-54)의 $\overline{Z}$와 $\overline{Y}$를 위한 표현을 비교함으로서 보여질 수 있다. 어드미턴스좌표를 사용할 때, 다음을 주목하기 바란다.

1. $\overline{Y} = 0$ 지점은 개방회로와 관련하고, 반면에 $\overline{Y} = \infty$ 지점은 단락회로와 관련한다.
2. 저항 좌표계는 전기전도도 좌표이고 리액턴스 좌표계는 서셉턴스 좌표계이다. 양의 서셉턴스값(도표의 위쪽 반)은 정전용량 성분을 나타내고, 반면에 음의 값은 유도용량 성분을 나타낸다.
3. 어드미턴스 좌표를 사용할 때, 반사계수 스케일의 각도는 $180°$ 회전 되어야한다. 이는 스케일의 위쪽 반에서 $180°$를 빼고 아래쪽 반에서 $180°$를 더 함으로서 완성되어질 수 있다.

도표 주변에는 두 개 파장스케일이 있다. 하나는 "Wavelengths toward Generator"이고 다른 하나는 "Wavelength toward Load" 이다. 처음의 것은 알려진 임피던스보다 입력단에 더 가까운 지점에서 임피던스를 결정할 때 사용된다. 이 시계방향의 회전은 전원이 입력단과 연결되어졌다는 가정하에 전원을 향하여 움직이는 것으로 언급되어진다. 두번째 스케일은 알려진 임피던스보다 부하단에 더 가까운 지점에서 임피던스를 결정하는데 사용된다. 이 반시계방향의 회전은 부하단을 향하여 움직이는것으로 언급된다.

다음의 예는 Smith도표의 다른 유용한 특성들뿐만아니라 전송선로의 길이로 인해 임피던스와 어드미턴스 변환이 결정되는 그래픽 과정을 설명한다.

예제 2-3:

5.2 cm 길이의 무손실 100 ohm 선로가 부하임피던스 $Z_L = 30 + j50$ ohms 와 종단으로 연결된다.

a) 선로를 따라 $|\Gamma_L|$, ϕ_L, 그리고 SWR을 계산하라.

b) 부하 끝단으로부터 2.0 cm 지점과 입력단 지점에서의 임피던스와 어드미턴스를 결정하라. 신호주파수는 750 MHz 이고 $\lambda = \lambda_0$ 이다.

해:

a) 그림 2-25의 Smith도표에서 정규화된 부하임피던스 $\overline{Z} \equiv Z_L/Z_0 = 0.30 + j0.50$ 를 나타내라. 먼저 저항축 위의 0.30 지점부터 출발하여 상수 저항원을 따라 0.50 리액턴스 단위까지 움직인다. 다음, $\overline{Z} = 1$(도표의 중심)에 중심을 가지고 원을 그린다. 반지름은 $\overline{Z} = 1$과 $\overline{Z}_L$ 사이의 거리와 같다. 이는 그림에서 보여주고 있고 이후에 SWR 원으로 언급되어질 것이다. 사실, 부하임피던스의 주어진값은 상수 $|\Gamma|$ 원이다. Smith도표상의 $\overline{Z}_L$ 점은 극좌표 도표상의 Γ_L 과 관련한다. 반사계수 스케일의 각도가 유지되기 때문에, ϕ_L(이 경우엔 124°)의 값은 그림속에 보여지는 것과 같이 도표로부터 얻을 수 있다. $|\Gamma_L|$ 의 값은 도표의 아래면에 놓여진 "Reflection Coefficient-Vol." 위의 SWR원의 반지름을 측정하여 얻어진다. 여기에서는 $|\Gamma_L| = 0.62$ 이다.

상수 $|\Gamma|$ 원이 SWR원으로 불려지는 이유는 저항축(즉, 1 과 ∞ 사이)의 오른쪽 절반을 가로질러 $\overline{Z}_L$ 로 인한 SWR을 나타내기 때문이다. 이 경우에 SWR은 4.2 이다. SWR이 너무

쉽게 얻어지기 때문에, 많은 엔지니어들은 "Reflection Coefficient-Vol." 스케일을 사용하는 것보다 식(2-37)으로부터 $|\Gamma|$을 계산하기를 선호한다. 1 과 ∞사이의 저항축이 SWR 스케일 역할을 하는 이유는 Γ의 양의 실수값과 관련하기 때문이다. 이는 SWR원상의 모든 정규화된 임피던스에서 Γ의 크기를 나타낸다. 식(2-54)은 Γ의 이들값들을 정확히 SWR(식 2-36)을 위한 방정식 $\overline{R} = (1+|\Gamma|)/(1-|\Gamma|)$ 로 변환한다. "1"의 SWR원은 간단히 도표의 중심에 있고, 반면에 무한대 SWR원은 도표의 주변에 있고 $|\Gamma| = 1.0$ 과 동등하다.

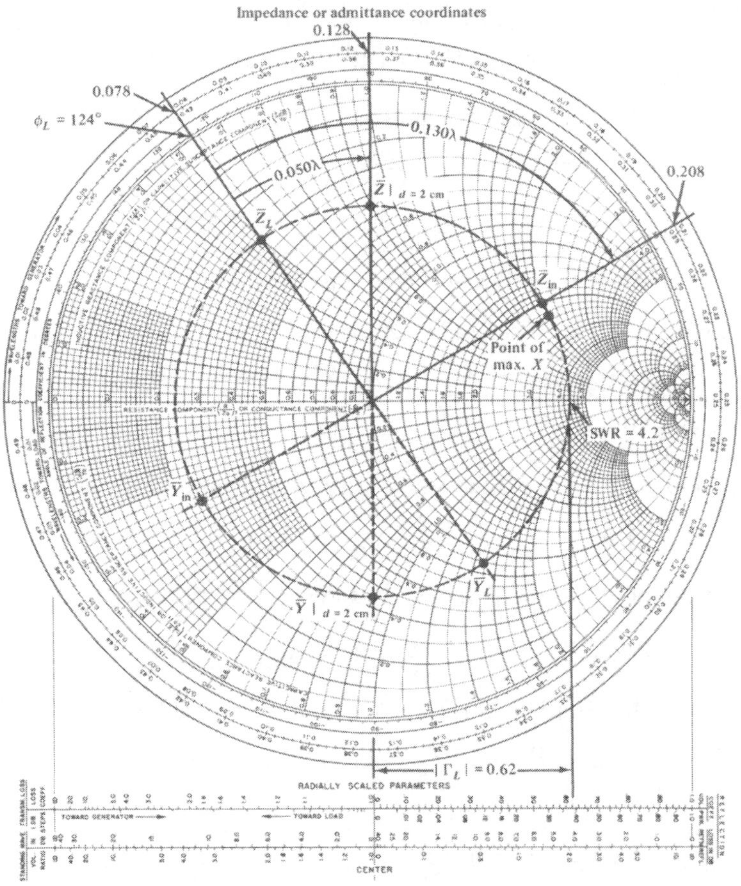

그림 2-25. 통상적으로 널리 사용되는 Smith도표

b) Γ_L과 βl이 알려줬을 때 Γ_{in}을 얻기위한 그래픽방법이 설명된다. 무손실 선로에서, 그

것은 상수 $|\Gamma|$ 원상에서 시계방향으로 $2\beta l$ 회전하여 구성된다. $\overline{Z}_L$ 로부터 $\overline{Z}_{in}$ 을 얻기 위한 과정은 정확하게 Smith도표의 임피던스 좌표계가 사용되는 것을 제외하고는 똑같다. 진행단계는 아래와 같다.

1. $\overline{Z}_L$(이 경우에 $0.30 + j0.50$)를 나타내고 그것의 SWR원(여기서는 4.20)을 그려라.
2. 도표의 중심으로부터 $\overline{Z}_L$ 을 통과하여 주변까지 반지름 선로를 그려라. "Wavelengths toward Generator" 스케일(이 경우는 0.078)상의 값을 읽어라. 이 값 자체는 물리적인 의미를 가지지 않는다. 단지 다음 단계에서 시계방향 회전의 시작점이다.
3. 750 MHz 에서 $\lambda_0 = 40$ cm 이고 입력단은 부하로부터 5.2 cm 이기 때문에, 0.078 로부터 $l/\lambda = 5.2/40 = 0.130$ 거리만큼 시계방향으로 회전하라. 도표의 중심으로부터 그림 2-25에 보여지는 것처럼 바깥스케일위의 0.208 지점을 통하여 반지름 선로를 그려라. 반지름 선로가 SWR원을 가로지르는 것은 $\overline{Z}_{in}$ 을 나타낸다. 왜냐하면 극좌표 반사계수 도표위의 Γ_{in} 점과 연관하기 때문이다. 이 경우에는 $\overline{Z}_{in} = 2 + j2$ 또는 $Z_{in} = 200 + j200$ ohms 이다.

$d = 2$ cm 에서 임피던스를 얻기위하여, $\overline{Z}_L$ 로부터 시작하고 $2/40 = 0.050$ 만큼 시계방향으로 회전한다. 그리고 보여진 것처럼 0.128 점을 통과하여 반지름선로를 그려라. 그것의 SWR원을 가로지른 결과는 $\overline{Z} = 0.47 + j0.93$ 또는 $Z = 47 + j93$ ohms 이다.
무손실선로의 길이로 인하여 임피던스변환을 결정하는 이와 같은 간단한 그래픽 방법은 Smith 도표의 가장 유용한 특성이다. 어드미턴스변환을 결정하기위한 과정은 모든 어드미턴스점들이 SWR원상에서 그것과 관련한 임피던스점들과 직접적으로 반대편에 있기 때문에 정확하게 같다. 그러므로 그림으로부터, $\overline{Y}_L = 0.88 - j1.47$, $\overline{Y}_{in} = 0.25 - j0.25$, 그리고 $d = 2.0$ cm, $\overline{Y} = 0.43 - j0.87$ 이다. 이들값에 $Y_0 = 0.01$ mho 을 곱하면 정규화되지 않은 어드미턴스값을 얻을 수 있다..

이번 예제의 (a)는 Z_L 과 Z_0 이 알려졌을 때 어떻게 $|\Gamma_L|$, ϕ_L, 그리고 SWR을 결정하는 지를 설명한다. 선로가 무손실이기 때문에, SWR과 $|\Gamma|$는 선로의 모든 다른지점에서 같다. 그러나 반사계수의 각도는 위치의 함수이고 도표의 주변부에서 읽혀질 수 있다. 이번 예제의 경우는 $\phi_{in} = 30°$ 인 반면에 $d = 2.0$ cm 에서 ϕ는 $88°$ 와 같다. (b)는 무손실선로 에서 임피

던스/어드미턴스 변환에 관한 그래픽 해를 묘사한다. 주어진 $\overline{Z}_L$ 에서, 선로위 임의의 다른 점에서 정규화된 임피던스는 고정된 SWR원 위에서 적절한 거리 d/λ 를 시계 방향으로 회전하여 얻어진다. 그러므로 주어진 부하임피던스에서, SWR원은 무손실선로위의 모든 이용가능한 임피던스와 어드미턴스값들의 장소를 나타낸다. 다른방법으로 설명하면, 이것은 주어진 $\overline{Z}_L$ 에서 선로길이 l 을 변화하면서 얻을 수 있는 $\overline{Z}_{in}$ 과 $\overline{Y}_{in}$ 의 모든 가능한 값들의 장소이다. 다음은 어떻게 그래픽과정을 통하여 원하는 결과(Z_{in})상에서 변수(l)의 영향을 볼 수 있는지의 예이다. 예를들어, 그림 2-25로부터 만일 $\overline{Z}_L = 0.30 + j0.50$ 이면, 선로의 길이를 변화하여도 SWR원상에서 $\overline{Z}_L$ 을 포함하지 못하기 때문에 결코 $Z_{in} = 0.70 + j0.40$ 의 결과를 낳지 못하는 것은 명백하다. 예제 2-3의 주어진 임피던스에서, 입력단 임피던스의 리액턴스 부분을 최대로 하기위하여 선로의 길이를 얼마로 해야하는가? 그림 2-25에 나타낸 $\overline{Z}_L = 0.30 + j0.50$ 을 가지고, SWR원은 l 을 변화하면서 얻을 수 있는 $\overline{Z}_{in}$ 의 모든 가능한 값들을 나타낸다. 도표에서 간단히 보면 리액턴스 부분은 SWR원이 리액턴스선로에서 접선이되는 지점에서 최대가 되는 것을 볼 수 있다. 양의 최대 리액턴스는 $\overline{Z}_{in} \approx 2.3 + j2.0$ 일 때 일어난다. 이 지점을 통과하는 반지름 선로는 0.216 에서 “Wavelengths toward Generator” 스케일을 가로지른다. 그러므로, 100 ohm 선로는 (0.216 − 0.078) 또는 0.138λ 길이 이어야만 한다.

2-7e Smith 도표의 활용법

실제로, 높은 주파수대의 회로는 종종 집중정수소자 회로성분과 전송선로 부분을 모두 포함한다. 아래의 예제는 이 경우에 Smith도표의 사용을 설명한다.

예제 2-4:

무손실 50 ohm 선로가 부하임피던스 $Z_L = 100 + j75$ ohms 와 종단으로 연결된 모습이 그림2-26의 위쪽에 보여진다. 선로는 0.18λ 길이 이다. 만일 보여진 L-C회로가 부하끝으로부터 0.12λ 지점에 삽입되었다면 입력단 임피던스를 계산하라.

해:

그림 2-26의 아래면 절반이 문제의 Smith도표 해답을 보인다. 첨자 A, B, 그리고 C 는 선

로를 따라 여러점들에서 임피던스와 어드미턴스를 나타내는데 사용된다. 예를들어, Z_B (Y_B)는 B면의 오른쪽 회로의 임피던스(어드미턴스)를 나타낸다. 보통 말하는 그것은 Z_L, 0.12λ 선로, 그리고 30 ohm 인덕터를 포함한다.

A면에서 임피던스를 얻기위하여, 먼저 $\overline{Z}_L \equiv Z_L/50 = 2 + j1.5$ 을 나타내었다. 그리고 그것의 SWR원(SWR = 3.3)을 그린다. A면에서의 임피던스는 3.3 SWR원상에서 전원을 향하여 0.12λ 를 회전하여 얻어진다. 즉, $\overline{Z}_A = 1 - j1.3$ 을 나타낸다. B면에서의 임피던스는 $\overline{Z}_A$ 에 직렬 유도용량의 정규화된 임피던스($+j30/50$)를 더한다. 그러므로 $\overline{Z}_B = 1 - j1.3 + j0.6 = 1 - j0.7$ 이다. 직렬로 더해진 유도성 리액턴스 는 상수 저항원상에서 위쪽으로 움직이는것과 동등하다. Smith도표상에서 가르키는것처럼, $\overline{Z}_B$ 는 $\overline{R} = 1$ 원상에서 $\overline{Z}_A$ 점위로 +0.6 단위이다. 다음단계에서, $-j200$ ohm 의 단락된 병렬 정전용량의 효과를 고려하고 C면에서 임피던스가 결정되어진다. 병렬에서 임피던스는 직접 추가되지 않기 때문에, 등가의 어드미턴스값들이 그래픽 과정을 연속적으로 하는데 필요하다. $\overline{Y}_B$ 점은 그것의 SWR원(SWR = 2.0)상에서 직접적으로 $\overline{Z}_B$ 점과 정반대에 있다. 도표로부터, $\overline{Y}_B = 0.67 + j0.47$ 이다. C면에서 어드미턴스는 $\overline{Y}_B$ 의 합과 단락된 병렬 정전용량의 정규화된 어드미턴스이다. 캐패시터의 어드미턴스가 $-j200$ 의 역수이고 $Y_0 = 0.02$ mho 이므로, $\overline{Y}_C = 0.67 + j0.47 + j0.25 = 0.67 + j0.72$ 이다. Smith 도표에서, 이것은 $\overline{G} = 0.67$ 원상에서 0.25 서셉턴스 단위로 위 방향(용량성 서셉턴스가 양의 값이기 때문에)으로 움직이는 것과 등가이다.

알려진 $\overline{Y}_C$ 를 가지고, 입력단 어드미턴스는 임피던스 변환에서 사용된 같은 그래픽 과정으로 부터 얻어진다. $\overline{Y}_C$ (SWR = 2.6)를 위하여 SWR원을 그려라. 그리고 $\overline{Y}_C$ 지점으로부터 Generator를 향하여 0.06λ 의 거리만큼 움직인다. 도표로부터의 결과는 $\overline{Y}_{in} = 1.3 + j1.1$ 이다.

정규화된 입력단 임피던스는 2.6 SWR원상에서 $\overline{Y}_{in}$ 지점과 정반대이다. 그러므로, $Z_{in} = 0.45 - j0.38$ 이다. $Z_0 = 50$ ohms 를 가지면, $Z_{in} = 22.5 - j19$ ohms 이다.

Smith도표의 해는 회로에 대하여 부가적인 유용한 정보를 제공한다. 예를들어, 0.12λ 선로면을 따라 SWR이 3.30 이면, 0.06λ 면에서의 값은 2.6 이다. 종종 마이크로파회로는 2개 또는 그 이상의 다른 특성의 임피던스를 가지는 전송선로를 포함한다. 이것은 항상 Z_0 의 값보다 더 많이 도표를 정규화하기를 바란다. 아래의 예가 그러한 상황을 설명하고 있다.

예제2-5:

50 ohm 선로와 90 ohm 선로가 그림2-27의 맨위에 보여지는 것처럼 나란이 연결되어진다. 50 ohm 선로는 20 ohm 저항과 연결되어 종단되어진다. 두 선로는 무손실이고 그들의 길이는 그림에서 나타내어진다. 만일 두 선로 모두 $\lambda = 20 \text{ cm}$ 이면, 입력단 임피던스와 반사계수를 구하라.

해:

$Z_{01} = 50 \text{ ohms}$ 에 대한 부하임피던스를 정규화하고 Smith도표를 그려라. 이것은 $\overline{Z}_L = 20/50 = 0.4$ 로 그림 2-27에 나타난다. 여기서 "-"표시는 Z_{01} 에 대한 정규화를 나타낸다. 다음으로, Z_A 를 결정하기 위하여 임피던스 변환과정을 사용한다. 즉, $\overline{Z}_L$ ($\text{SWR} = 2.5$)를 위한 SWR원을 그리고 $\overline{Z}_L$ 로부터 전원을 향하여 0.25λ 만큼 회전한다. 결과는 $\overline{Z}_A = 2.5$ 또는 $Z_A = 125 \text{ ohms}$ 이다. 입력단 임피던스를 계산하기위하여, 90 ohm 선로로 인한 변환이 결정되어야한다. 이는 Z_A 가 50 ohm 보다는 90 ohm 으로 정규화됨을 요구한다. 또한 90 ohm 선로에서 SWR의 결정은 데이터가 정규화되어짐을 요구한다. "=" 표시에 의한 Z_{02} 과 관련한 정규화의 표시는, $\overline{\overline{Z}}_A = 125/90 = 1.39$ 이다. $\overline{\overline{Z}}_A$ ($\text{SWR} = 1.39$)를 위한 SWR원을 그리고 전원을 향하여 $12.8/20 = 0.64\lambda$ 만큼 회전하여 정규화된 입력단 임피던스 $\overline{\overline{Z}}_{in}$ 을 얻는다. 일단 도표 둘레가 0.5λ 들이기 때문에, 0.14 의 회전은 0.64 의 회전과 같음을 주목하라. 그림 2-27의 Smith도표로부터, $\overline{\overline{Z}}_{in} = 0.9 - j0.3$ 또는 $Z_{in} = 81 - j27 \text{ ohms}$ 이다.

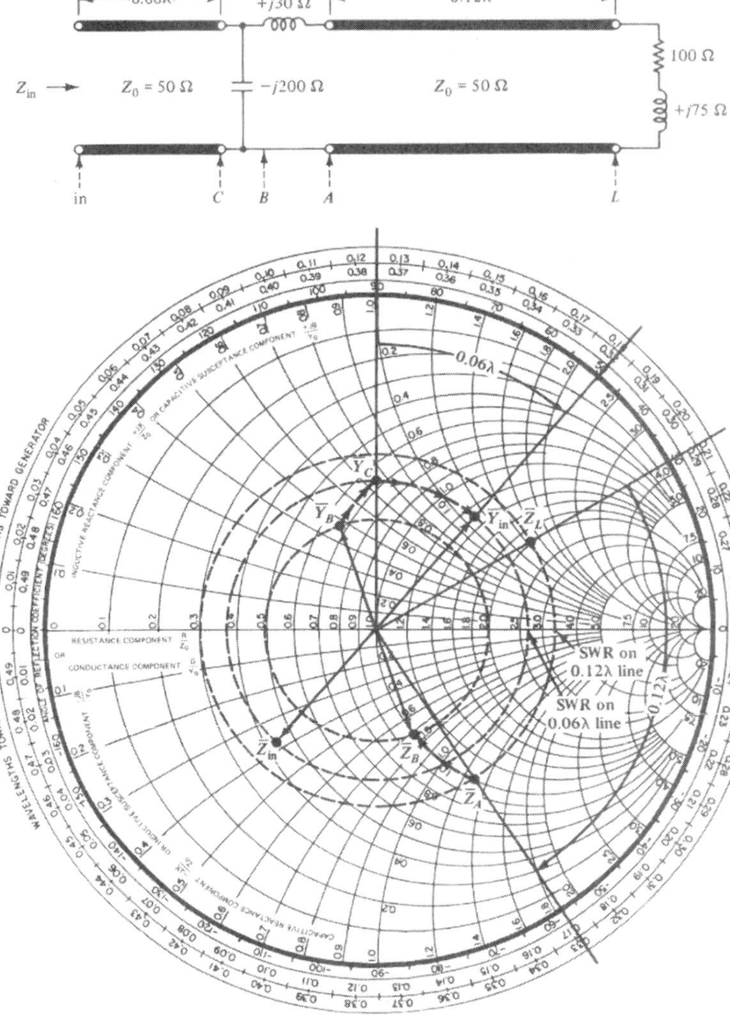

그림 2-26. 2-7e절의 예제2-4을 위한 전송선로와 Smith도표 해

입력선로의 SWR이 1.39이므로 식2-53은 $|\Gamma_{in}| = 0.163$을 가진다. 입력 반사계수의 각은 도표 주변에 $\overline{\overline{Z}}_{in}$를 통과하는 반지름을 그려서 얻을 수 있다. 그러므로 $\phi_{in} = -100°$ 와 $|\Gamma_{in}| = 0.163\angle -100°$ 이다.

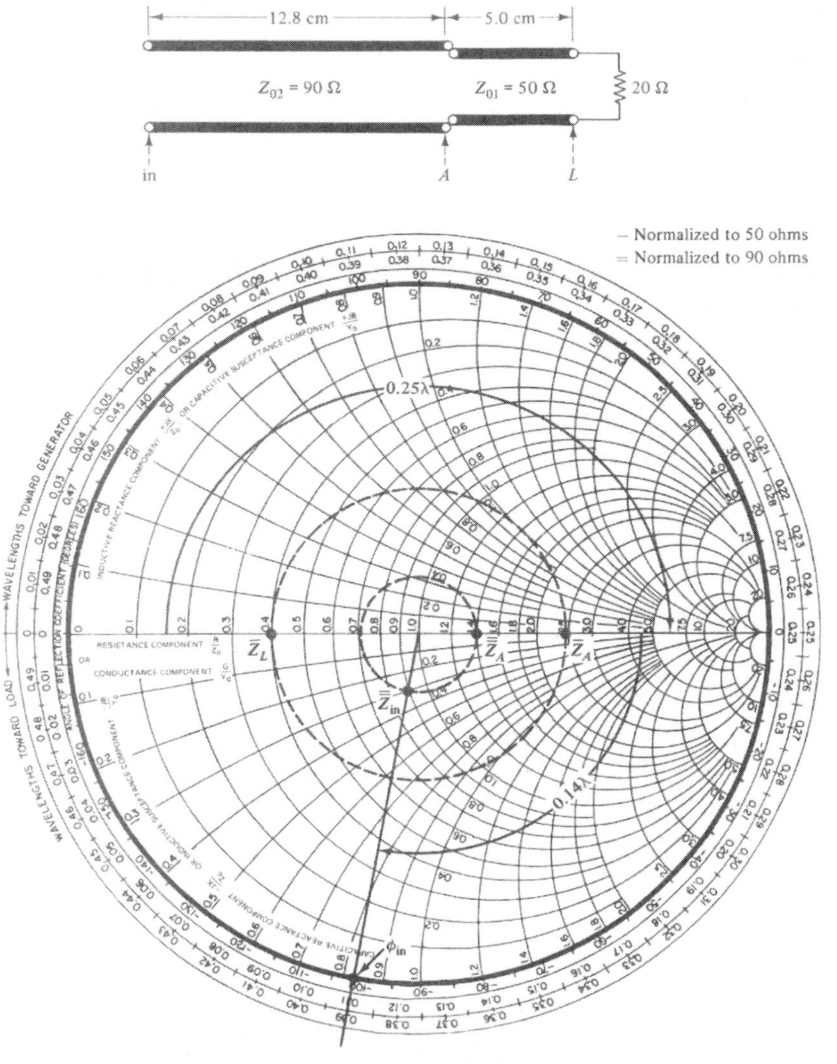

그림 2-27 2-7e절의 예제2-5을 위한 전송선로와 Smith 도표 해

이번과 이전의 두가지 예제를 진행하면서, 독자는 이제 다음과 같은 작업을 수행할 수 있어야한다.

1. 정규화된 임피던스 또는 어드미턴스를 나타낸다.

2. 정규화된 임피던스 또는 어드미턴스의 임의의 값을 위하여 SWR과 반사계수 각도 ϕ를 얻는다.
3. 전송선로의 길이로 인한 임피던스 또는 어드미턴스 변환을 결정한다.
4. 정규화된 임피던스를 정규화된 어드미턴스로, 정규화된 어드미턴스를 정규화된 임피던스로 변환한다.
5. 전송선로를 따라 임의의 지점에서 추가되는 직렬 또는 병렬로 연결된 회로성분의 영향을 결정한다.

참고문헌

2-1. Skilling, H. H., Electric Transmission Lines, McGraw-Hill Book Co., New York, 1951.

2-2. Smith, P. H., Electronic Applications of the Smith chart, McGraw-Hill Book Co., New York, 1983.

2-3. Smith, P. H., Transmittion Line Calculator. Electronics, 12, January 1939, pp. 29-31.

2-4. Smith, P. H., An Improved Transmittion Line Calculator. Electronics, 17, January 1944, pp. 130-133 and 318-325.

2-5. Peter A. Rizzi., Microwave Engineering Passive Circuits, Prentice-Hall, Inc., Englewood Cliffs, NJ, 1988.

2-6. RF Design House www.rf.com

3. 임피던스 정합과 2-포트 네트워크

임피던스 정합네트워크의 설계는 마이크로파에서 매우 중요하다. 폭넓게 사용되는 기술은 본 장의 2, 3 절에서 다루고 나머지 절에서는 매트릭스(matrix)방법의 사용과 포트(port) 개념을 가지는 2포트 네트워크을 분석하기 위한 과정을 그래프로 다루도록 한다.

3-1 임피던스의 의미와 역활

임피던스는 매우 기초적이고 간단한 개념임에도 불구하고 의외로 혼동하는 사람들이 많다. 임피던스의 원래 정의는 특정구조 또는 회로개념에서의 전압과 전류의 비($Z = V/I$)로 언뜻 보면 회로의 저항과 매우 유사하며 실제로도 그러하다. 그래서인지 임피던스를 단순히 저항의 개념으로 착각하는 사람들도 많다. 그리고 원래 저항소자가 전력소모(dissipation)의 개념보다 부하의 개념이 더 널리 사용되듯이, 임피던스 역시 부하와 관련된 개념으로 더욱 활용된다. 한 가지 중요한 차이점은, 임피던스는 철저히 주파수를 가진 교류회로에서 응용 되는 개념이라는 점이다. 즉 임피던스는 주파수와 무관한 저항 R에, 주파수 개념이 포함된 L 과 C 에 대한 교류개념의 저항이다. 개념적인 수식으로 정리한다면 아래와 같다.

$$Z = R + j\omega L + \frac{1}{j\omega C}$$

전송선로의 특성임피던스는 아래와 같은 수식으로 표현되기도 한다.

$$Z_0 = \sqrt{\frac{R + j\omega L}{G + j\omega C}}$$

크게 보면 저항과 마찬가지로 소모, 저장, 그리고 부하의 3가지 역할로 나눌 수 있다. 도선을 따라 전류가 흐를 때, 주파수와 구조에따라 자기장으로 에너지가 축적되는 유도 용량(L)이나 전기장으로 에너지가 축적되는 정전용량(C)으로 에너지가 축적되면 외부에서 보기에 에너지가 사라져서 마치 소모된 것처럼 보인다. 물론 실제 소모되는 경우도 있지만, 대체로 축적 후에 교류상황에 맞게 에너지가 재활용되게 된다. 바로 이렇게 교류저항성 소자들로 인해 주파수에 따라 임피던스가 다르고, 이러한 것을 이용하여 부하를 걸수 도 있다. 소모나 축적이라는 의미는 어느정도 이해가 가능한 부분이지만, 부하라는 부분은 좀 더 설명이 필요할 것으로 본다. 자동차를 예로들면, 목적지에 도달하기 위해서 A라는 도로와 B라는 도로가 있다고 가정해보자. 만약 당신이 의도적으로 A와 B의 도로중에, A도로에 80%, B도로에 20%의 차량이 분산해서 통행하기를 원하다면 어떻게 해야할까? 간단하다! A 도로를 B 도로보다 4배정도 넓게 만들어놓으면 자동차들은 알아서 적당히 분산해갈 것이다. 바로 이것이 부하의 원리이고, 도로의 폭이 바로 임피던스이다.

전자회로 설계를 잘 들여다보면, 결국 여러 부위에 원하는 전압이나 전류를 분산배치하여 특정한 목적을 가진 회로로서 동작하게 만드는 것이다. 그러려면 특정부위, 특정지점에 일정한 전압 또는 전류가 흐르도록 제어해야 되는데, 대부분 전압이나 전류중 한 가지는 고정되어 있기 때문에 임피던스(전압과 전류의 비)를 조절하면 나머지 한가지 요소를 조절할 수 있게 된다.

3-1a 특성 임피던스

모든 마이크로파 회로에서는 특성임피던스가 주어진다. 이것은 하나의 회로 혹은 시스템을 기준잡는 임피던스로서, 일반적으로 회로에서는 50 ohm, 안테나에서는 75 ohm을 많이 사용한다. 이 임피던스값 자체가 어떤 특성을 가지는 것은 아니고, 기준 임피던스를 잡음으로써 각각의 부품들이나 회로가 서로 입출력단에서 호환성을 가지게 하려는 의미가 더 강하다. 모든 마이크로파 구성요소의 입력단과 출력단을 50 ohm으로 통일한다면 특별한 임피던스 정합을 하지 않아도 바로 연결할 수 있기 때문이다.

3-2 임피던스 정합 기술

Beatty(참고문헌3-2)는 두 종류의 임피던스 정합 방법을 정리하였다.

1. 공액정합(Conjugate Matching): 전력의 최대변환을 위하여 부하임피던스와 전원을 정합하는 것
2. Z_0 정합: 부하지점에서 파의 반사를 제거하기 위하여 부하임피던스와 전송선로를 정합하는 것

공액정합은 그림 3-1에 나타내었다. 교류회로 이론으로부터 최대전력은 부하 Z_L 이 전원 임피던스의 복소수 공액과 같을 때 부하에 전달된다. 즉, $Z_L = Z_G^* = R_G - jX_G$ 이다. 이러한 조건에서 부하에 흡수된 전력은 전원(P_A)의 이용 가능한 전력과 정확히 같다.

$$P_A = \frac{V_G^2}{4R_G} \tag{3-1}$$

이 상황에서 부하임피던스는 가변되지 않기에, 정합네트워원은 전원과 고정된 부하 사이에 놓여진다(그림 3-1(b)). 정합네트워은 입력 임피던스(Z_{in})가 정합조건의 결합을 만족하고 출력에 Z_L 이 연결되도록 설계된다. $Z_{in} = R_G - jX_G$ 을 가지면 네트웍의 전력은 P_A 와 같다. 만일 정합네트웍이 손실이 없다면 모든 사용가능한 전원전력은 부하 Z_L 까지 전달된다. 정합네트웍이 손실이 있을 경우 부하전력은 P_A 보다 작다. 그리고 Z_G 가 실수일 경우 (즉, $Z_G = R_G$) 공액정합 조건은 간단히 $Z_{in} = R_G$ 가 된다.

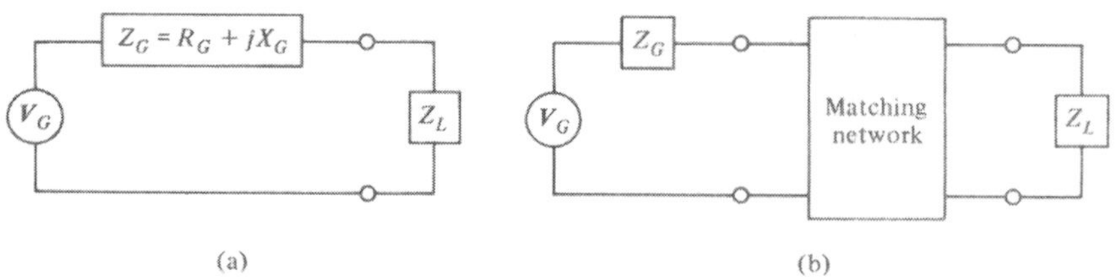

그림 3-1. 내부 임피던스 Z_G 를 가지는 전원에 부하 임피던스 Z_L 의 공액정합

Z_0 정합은 전송선로의 특성임피던스와 부하임피던스가 정합하는데 사용된다(즉, $Z_L = Z_0$). 이 경우 $\Gamma_L = 0$ 이고 따라서 선로를 따라 SWR 은 "1" 이 된다. 만일 $Z_L \neq Z_0$ 일 경우 정합네트웍은 선로위의 정재파를 제거하기 위하여 사용된다. 이러한 상황은 그림3-2에 보여진다. 여기서 대부분의 경우 네트웍은 기본적으로 무손실의 경우이다. 그림에서와 같이 Z_L 이 연결된 경우 Z_0 정합은 네트웍의 입력임피던스가 Z_0 또는 $Z_{in}/Z_0 = 1 + j0$ 와 같음을 요구한다. 이는 Z_0 을 정규화한 Smith도표에서 $\overline{Z}_{in} \equiv Z_{in}/Z_0$ 이 도표의 정중앙에 있어야 함을 의미한다. Z_0 이 실수인 경우, 부하와 선로의 정합 ($Z_L = Z_0$)은 전원과 부하사이의 공액정합의 결과를 낳는다. ($Z_G = Z_0 = Z_L$) 만일 $Z_G \neq Z_0$ 이면, 정합네트웍은 선로에 전원을 정합하기 위하여 전원 끝에 놓여질 것 이다. 이것과 부하 정합네트웍은 그림 3-3에 나타난다.

적절하게 설계된 네트웍에선, $Z_L = Z_0$ 과 $Z_G = Z_0$ 이다. 여기서 Z_L 은 B면의 오른쪽 임피던스이고, Z_G 은 A면의 왼쪽 Thevenin 임피던스이다. 정합네트웍이 무손실일 경우, Thevenin 등가로부터 이용할 수 있는 전력은 전원전력과 같아야만 한다. 그러므로 실효치 전압은 다음과 연관된다.

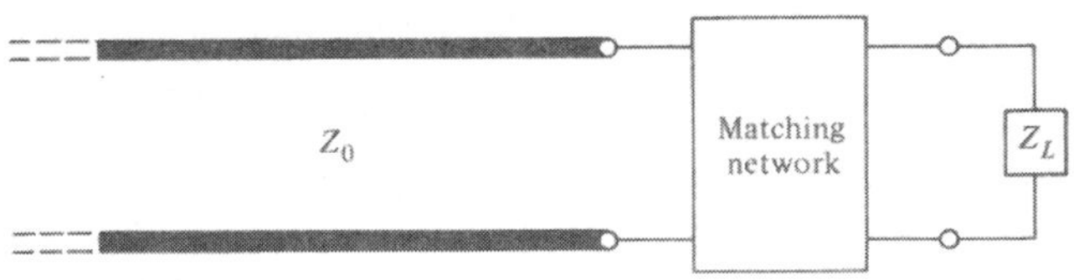

그림 3-2. 특성 임피던스 Z_0 의 전송선로에 부하 임피던스 Z_L 의 정합

$$V_G' = V_G \sqrt{\frac{Z_0}{R_G}} \tag{3-2}$$

만일 전원 정합네트웍이 전원내에 내장되어있지 않으면, 그것은 출력 종단에 가능한 가까이 배치해야한다. 유사하게, 실제적으로 부하 정합네트웍은 부하에 가능한 가까이 배치하는 것이 좋은 설계다. 그림 3-3에 보여지는 배열구성은 몇가지의 장점을 가지고 있다.

1. 무손실 정합네트웍에서 최대전력이 전원으로부터 부하까지 전달된다. 만일 전송선로가 무손실이면 $P_L = P_A$ 이거나 그렇지 않으면 $P_L = P_A e^{-2\alpha l}$ 이다. 여기서 α 는 선로의 감쇄상수이다.
2. 선로가 유한한 감쇄를 가지고 있다면, 전력의 전송은 선로위에 정재파가 없을 때 가장 효율적이다. $\text{SWR} = 1.00$ 이면 $P_L = P_{in} e^{-2\alpha l}$ 이고 $\text{SWR} \neq 1.00$ 이면 부하전력이 소요된다(참고문헌3-1).
3. 특별히 손실이 작은 선로에서는 부하전력은 βl 과 무관하다. $\beta l = \omega l / \upsilon$ 이기 때문에 이 값은 선로의 길이뿐만 아니라 주파수의 함수이다. 또한 온도의변화는 υ 에 영향을 미치는 ε_R 의 변화를 야기시키고 결국 βl 을 변화한다.
4. 주어진 전송전력 수준에서 SWR 이 "1" 일 때 선로를 따르는 최대전압은 작다. 이것은 corona손실과 유전체 breakdown 문제가 종종 이슈화되는 고전력 시스템에서 중요하다.
5. 만일 부하 또는 전원이 선로에 정합되지 않았다면, 전송선로는 주파수특성에 대한 출력위상이 비선형을 일으키므로 이는 신호의 정보량을 줄이는 변조변형을 낳는다.
6. 만일 SWR 이 "1" 이 아니라면, 전원에서 보여지는 임피던스는 βl 의 함수이다. 긴 선로와 확실한 유형의 전원을 가지고 전원은 간헐적으로 주파수이동 심지어 두 개의 주파수에서 동시에 발진한다.

이상 종합 정리한 바와같이 많은 시스템과 부품들은 유용한 주파수 영역에서 낮은 SWR (일반적으로 1.25 또는 그 이하)를 가지도록 설계되어야 한다.

임피던스 정합의 중요성을 다시한번 인식하면서, 높은 주파수에서 그것을 얻을 수 있는 여러가지 방법을 고려해보자.

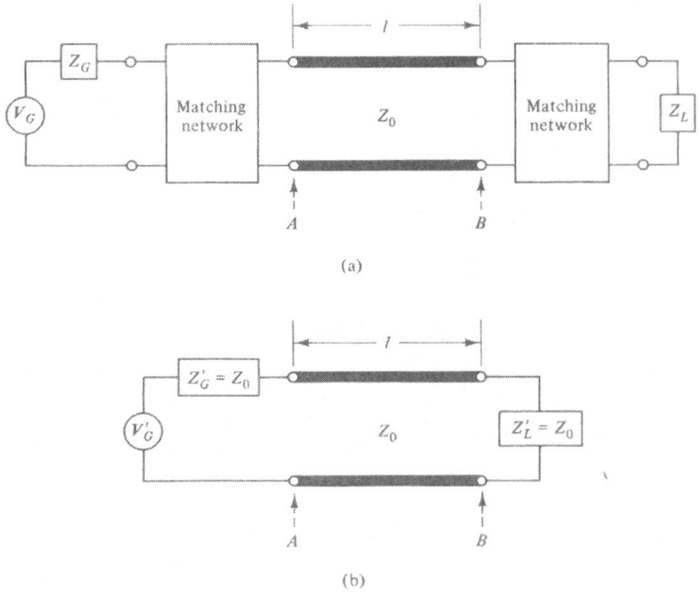

그림 3-3. 정합된 전송선로 시스템과 등가회로

3-2a 정합네트웍

가장 널리 사용되는 정합네트웍중의 하나는 리액턴스 요소를 가지는 저손실의 작은 길이의 선로를 직렬 또는 병렬로 구성하는 것이다. 두 경우의 설계와 분석이 Smith도표의 도움으로 지금 설명되어질 것이다.

직렬 정합회로

그림 3-4 는 부하 Z_L 이 전송선로와 정합하는 직렬 리액턴스 기술을 설명한다. 특별한 값을 가지는 Z_L 과 Z_0 은 그림에 주어졌다. 첨자 L, A, 그리고 in은 각각 부하, A 면 그리고 입력지점에서의 임피던스를 나타낸다. 여기서 선로단(Z_{01})의 특성임피던스는 입력 선로(Z_0)의 특성임피던스와 같도록 선택했음을 주목해야한다. 이러한 선택은 Smith 도표의 해를 더 쉽게 하고 항상 간단한 공액정합의 결과를 보여준다.

$Z_{01} = Z_0 = 50$ ohms 이고 $\overline{Z}_L \equiv Z_L/50 = 0.50 + j0.60$ 의 경우, 정합조건을 위해 $\overline{Z}_{in} \equiv Z_{in}/50 = 1 + j0$ 를 요구한다. 이를 얻기위해 두가지 과정이 요구된다. 먼저, 선로의 길

이는 $\overline{Z}_A$ 의 실수부분이 "1" 이 되도록 선택해야 한다. 다음으로 리액턴스 X 가 $\overline{Z}_{in}$ 의 허수부분이 "0" 이 되도록 Z_A 와 직렬로 연결 삽입되어야 한다. Smith도표의 해가 그림 3-5에서 정규화된 부하 임피던스 $\overline{Z}_L$ 과 SWR원으로 보여준다. SWR 원은 선로길이 l 을 변화함으로서 인식할 수 있는 모든 가능한 임피던스(이 경우는 $\overline{Z}_A$)의 궤적을 나타내고 있음을 상기하자. 게다가 $\overline{R}=1$ 원은 실수부가 "1"과 동등한 모든 정규화 임피던스를 나타낸다. 그러므로 이들 두 원의 교차점은 $\overline{Z}_A$ 의 실수부가 "1"과 동등하도록 하는 l 의 가능한 값들을 가르킨다. 점 E 의 교차점은 $\overline{Z}_A=1+j1.1$ 을 생성하고, 반면에 점 F 에서는 $\overline{Z}_A=1-j1.1$ 의 결과를 가진다. $\overline{Z}_L$ 에서 $\overline{Z}_A=1+j1.1$ 로의 변환을 요구하는 선로길이는 $\overline{Z}_L$ 로부터 점 E 지점까지 시계방향으로 회전하여 얻어진다. 결국 Smith도표로부터 $l=0.065\lambda$ 의 결과를 얻을 수 있다. $\overline{Z}_A=1-j1.1$ 에서 요구되는 선로길이도 도표로부터 얻어지고 $l=0.235\lambda$ 의 결과를 가진다. 또 다른 경우로, Z_A 와 직렬로 적정한 량의 리액턴스를 추가하면 정합조건으로 $\overline{Z}_{in}=1.0$ 의 결과를 가진다. 점 E 에서 임피던스가 유도성이므로, 직렬 정전용량이 필요하고, 반면에 F (용량성)에서는 직렬 유도용량이 요구된다. 여기서는 인덕터를 사용하여 정합네트웍을 설계해 보도록하자. $l=0.235\lambda$ 과 정규화된 직렬 리액턴스값 $\omega L/Z_0=1.1$ 또는 $\omega L=5.5$ ohms 가 요구된다. 설계과정은 아래와 같이 정리될 것이다.

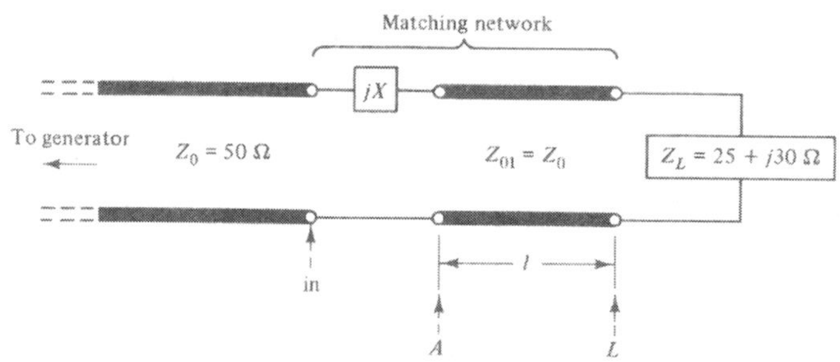

그림 3-4. 직렬 리액턴스 정합 네트웍

1. SWR 원에서 $\overline{Z}_L$ 로부터 toward generator 방향으로 $\overline{R}=1$ 원의 교차점까지 회전하라. 얻어진 임피던스는 $\overline{Z}_A=1+j\overline{X}$ 또는 $\overline{Z}_A=1-j\overline{X}$ 이다.
2. $\overline{Z}_A$ 의 허수부를 상쇄하기 위하여 적절한 직렬 리액턴스를 추가한다. $\overline{Z}_A=1-j\overline{X}$ 의

경우에, 직렬성분은 유도성이어야만 한다. 여기 예에서는 $\overline{R}=1$ 원에서 1.1 리액턴스까지 움직이는 것을 요구한다(그림 3-5). 한편, $\overline{Z}_A=1+j\overline{X}$ 경우엔 용량성성분이어야 하므로, $\overline{R}=1$ 원에서 아래로 움직이는 것을 요구한다.

3. 확정된 설계주파수에서 선로길이 l 과 유도용량 또는 정전용량을 계산한다.

위의 예를 실례로 들어보면, 설계주파수 2,000 MHz 에 공기로 채워진 전송선로를 가정하면 $\lambda=\lambda_0$ 이므로 2,000 MHz 에서 $\lambda_0=15$ cm 이고 $l=(0.235)(15)=3.53$ cm 이다. $\omega L=55$ ohms 이므로, $L=55/2\pi f=4.38$ nH 이다. 우리는 정합네트워이 설계주파수보다 좀 더 떨어진 곳에서 사용된다면, 선로는 완벽히 정합되지않고 SWR은 "1"보다 클 것이라고 의심할 것이다. 이러한 의심은 타당하다. 왜냐하면 l/λ_0 과 $\omega L/Z_0$ 은 모두 주파수의 함수이기 때문이다. 표3-1은 설계주파수뿐만 아니라 1,800 MHz 와 2,200 MHz 에서 그들의 값들을 나타내고있다. Smith 도표는 주파수의 함수로서 정합네트워의 성능을 분석하는데 사용될 수 있다. $\overline{Z}_L$ 이 주파수에 의존하지 않는다고 가정하자. 1,800 MHz 에서, $\overline{Z}_A$ 는 SWR 원에서 toward generator 방향으로 $\overline{Z}_L$ 로부터 0.212λ 만큼 회전하여 얻어진다. Smith도표(그림3-5)로부터 $\overline{Z}_A=1.4-j1.25$ 이다. 직렬 유도용량으로 인해 $+j0.99$ 를 추가하면 $\overline{Z}_A=1.4-j0.26$ 의 결과를 얻는다. $\overline{Z}_{in}$ 의 실수부분이 "1" 이 아니고 허수부분이 유한하기 때문에 선로는 더 이상 정합되지 않는다. 결과적으로 SWR은 저항축의 오른쪽 절반인 $\overline{Z}_{in}$ 지점까지 회전하여 얻어진다. 도표로부터 1,800 MHz 에서는 SWR=1.50 이다. 2,200 MHz 에서도 같은 과정을 거쳐 SWR=1.65 을 얻을 수 있다. 임피던스와 SWR데이터는 표3-1에 보여준다. 주파수에 대한 $\overline{Z}_{in}$ 의 모양은 Smith 도표에서 보여진다.

표3-1. 그림3-4의 정합네트워을 위한 임피던스와 SWR 데이터

Freq. (MHz)	λ_0 (cm)	l/λ_0	$\frac{\omega L}{Z_0}$	$\overline{Z}_A$	$\overline{Z}_{in}$	SWR
1800	16.67	0.212	0.99	$1.4-j1.25$	$1.4-j0.26$	1.50
2000	15.00	0.235	1.10	$1.0-j1.10$	1.00	1.00
2200	13.64	0.259	1.21	$0.7-j0.95$	$0.7+j0.26$	1.65

Note: l = 3.53 cm, L = 4.38 nH, and $\overline{Z}_L = 0.50 + j0.60$.

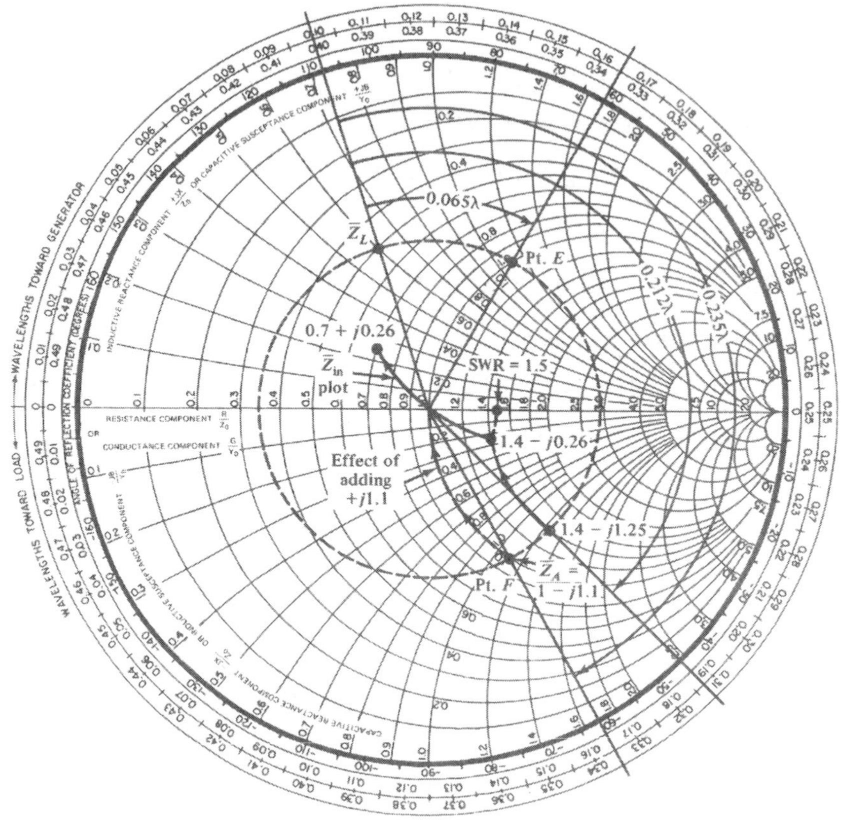

그림 3-5. 그림 3-4의 회로를 위한 Smith도표

l/λ_0 의 주파수감도는 $\overline{X}_L$ 의 주파수감도와 함께 $1{,}800\ \mathrm{MHz}$ 와 $2{,}200\ \mathrm{MHz}$ 에서 SWR 을 악화시키는 원인중의 하나이다. 이는 선로의 고정된 길이($3.53\ \mathrm{cm}$)가 $\overline{Z}_A$ 임피던스 모양을 분산시키기 때문이다. 그러므로 직렬 리액턴스의 추가는 모든 주파수에서 $\overline{Z}_{in}=1.0$ 을 얻을 수 없다. 특별한 예로서, 용량성 정합의 선택은 좀 더 짧은 선로길이 ($l=0.065\lambda$) 의 결과를 가지게 한다. 그러므로 결과적으로 정합네트웍은 낮은 주파수감도를 기대할 것이다.

마이크로파 대역에서는 집중소자 인덕터와 캐패시터를 구성하기가 쉽지않다. 결과적으로, 단락선로와 개방회로선로(소위 스터브(stub)로 불림)가 종종 정합을 위한 리액턴스로 필요 한 곳에 사용되어진다. 스터브를 가지고 직렬정합을 하는 2가지 예를 그림 3-6에 나타낸다. 여기서 l_s 와 Z_{0_s} 는 각각 스터브선로의 길이와 특성임피던스이다. 정합 과정으로부터 얻은 리액턴스 값을 사용하여 식(2-48) 과 (2-52)로부터 길이 l_s 를 결정할 수 있다. Z_{0_s} 는 임의로 선택이 가능하지만, 유도성 리액턴스를 위해서는 높은 임피던스의 단락선로를 사용하고 용량성 리액턴스를 위해서는 낮은 임피던스의 개방회로선로를 사용하는 것이 가장 좋다. 이는 l_s 의 값을 최소화함으로써 주파수에 대한 리액턴스 또는 서셉턴스의 변화를 줄이도록 한다. 단락선로의 리액턴스 변화량은 관심있는 모든 주파수대역에서 l_s 가 0.10λ (즉, $\beta l < \pi/5$) 보다 작을 때 집중정수소자인 인덕터로 근사된다(그림 2-9). 반대로 개방회로 스터브는 l_s 가 0.10λ 보다 작을 때 집중정수소자인 캐패시터로 근사된다.

지금 정합네트웍이 4.38 nH 를 가지는 인덕터가 주파수 2,000 MHz 에서 SWR 이 "1" 이 되도록 설계되었고, 100 ohm 의 단락선로가 필요한 유도용량을 생성하기 위해 사용되어졌다고 가정하자. 식(2-48) 로부터

$$(4\pi \times 10^{9})(4.38 \times 10^{-9}) = 100 \tan \frac{2\pi l_s}{\lambda}$$

그러므로 $l_s = 0.08\lambda$ 이고 스터브선로에서 $\lambda = \lambda_0$ 로 가정하면 $l_s = (0.08)(15) =$ 12 mm 이다. 또한 l_s 는 Z_{0_s} 로 정규화된 Smith도표로부터 해를 얻을 수 있다. 파장 스케일에서 $Z = 0$ (단락회로)에서 $+j55/100 = +j0.55$ 지점까지를 움직인 거리로 $l_s = 0.08\lambda$ 의 결과를 얻는다.

파반사의 관점에서 정합과정을 바라보는 것도 흥미있는 일이다. 정합네트웍이 없는 경우, 부하임피던스 $\overline{Z}_L = 0.50 + j0.60$ 은 SWR=2.8 을 발생시키고 식(2-37)으로부터 $|\Gamma| = 0.48$ 이다. 만일 한편으로 정합네트웍이 반사가 없는 부하($Z_L = Z_0$)로 종단되었다면, 단지 반사는 직렬 유도용량 때문이다. 즉, 2000 MHz 에서 $\overline{Z}_{in} = 1 + j1.1$ 은 또한 SWR=2.8 을 발생시킨다. 그러므로 유도용량으로 인한 반사는 Γ_L 로서 같은 크기를 가진다. 정합은 입력단 지점에서 2개의 반사가 $\Gamma_{in} = 0$ 이고 입력단 SWR 이 "1" 이 되어 서로 상쇄되었을 때 일어난다. 선로 길이 l 은 2개의 반사하는 위상의 함수이고 이들 위상은 입력단에서 서로 상쇄된다.

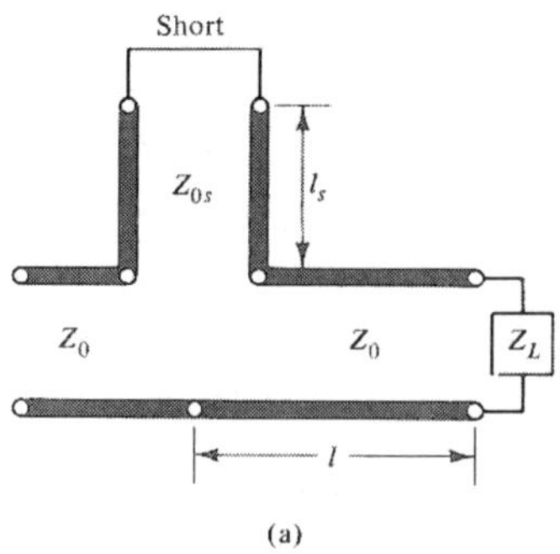

그림 3-6. 단락과 개방회로 스터브를 가지는 직렬 리액턴스 정합

접지된 병렬 정합회로

이 방법은 리액턴스성분이 선로에 접지된 병렬로 놓여진 것을 제외하고 직렬 정합과 유사하다. 마이크로파에서는 일반적으로 전송선로구조에 병렬로 구성하는 것이 더 쉽다. 예를들어 도파관에서 접지된 병렬 리액턴스는 항시 얇은 금속 개구면(septum)(Ⅱ-2 장 참조) 형태를 취한다.

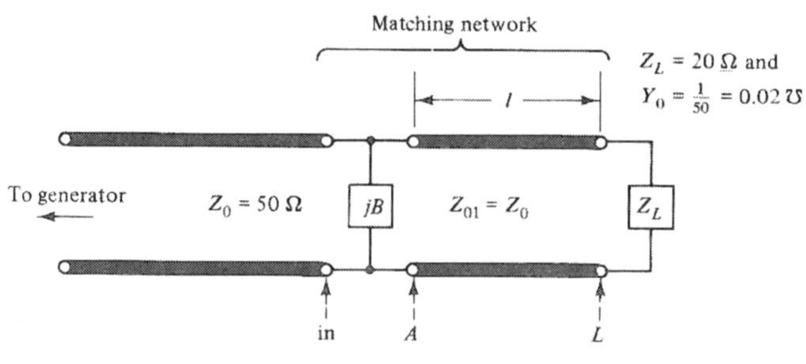

그림 3-7. 접지된 병렬 리액턴스 정합네트웍

접지된 병렬 리액턴스 정합네트웍은 그림 3-7에 보여주고 있으며, 여기서 선로단 (Z_{01}) 은 특성임피던스(Z_0) 같다. $Z_0 = 50$ ohm , $Z_L = 20$ ohm 의 저항을 가진다고 하자. 본 방법은 임의의 복소수 부하임피던스를 적용하므로, 먼저 $\overline{Z}_L = 20/50 = 0.40$ 을 Smith 도표에 그려보자(그림 3-8). 병렬에서의 정합소자는 Smith도표의 해가 어드미턴스의 항으로 나타나야 한다. 그러므로 첫단계는 도표상의 SWR 원 주변의 $\overline{Z}_L$ 지점으로부터 절반을 회전

하여 $\overline{Z}_L$ 에서 $\overline{Y}_L$ $(=Y_L/Y_0)$로 변환하는 것이다. 도표상에서 $\overline{Y}_L = 2.50$ 이다. 정합은 $\overline{Y}_L = 1$ 을 요구하므로, 선로길이 l 은 $\overline{Y}_A$ 의 실수부분이 "1" 과 같도록 선택된다. 앞서와 같이 SWR 원은 $\overline{G} = 1$ 원의 두 지점에서 교차하므로 (즉, $\overline{Y}_A = 1 + j0.95$ 과 $\overline{Y}_A = 1 - j0.95$) 2가지 가능성이 존재한다. $l = 0.09\lambda$, $\overline{Y}_A = 1 - j0.95$ 그리고 $Y_0 = 0.02$ mho, $Y_A = 0.02 - j0.019$ mho 이다. 이는 $+j0.019$ mho 의 어드미턴스 값의 접지된 병렬 정전용량이 Y_A 의 유도용량 효과를 상쇄하기 위하여 요구됨을 의미한다. 그러므로 A 면에서 정합을 위하여 용량성 서셉턴스 $B = \omega C = 0.019$ mho 의 추가는 $Y_A = 0.02$ mho 또는 $\overline{Y}_{in} = 0.1$ 의 결과를 나타낸다.

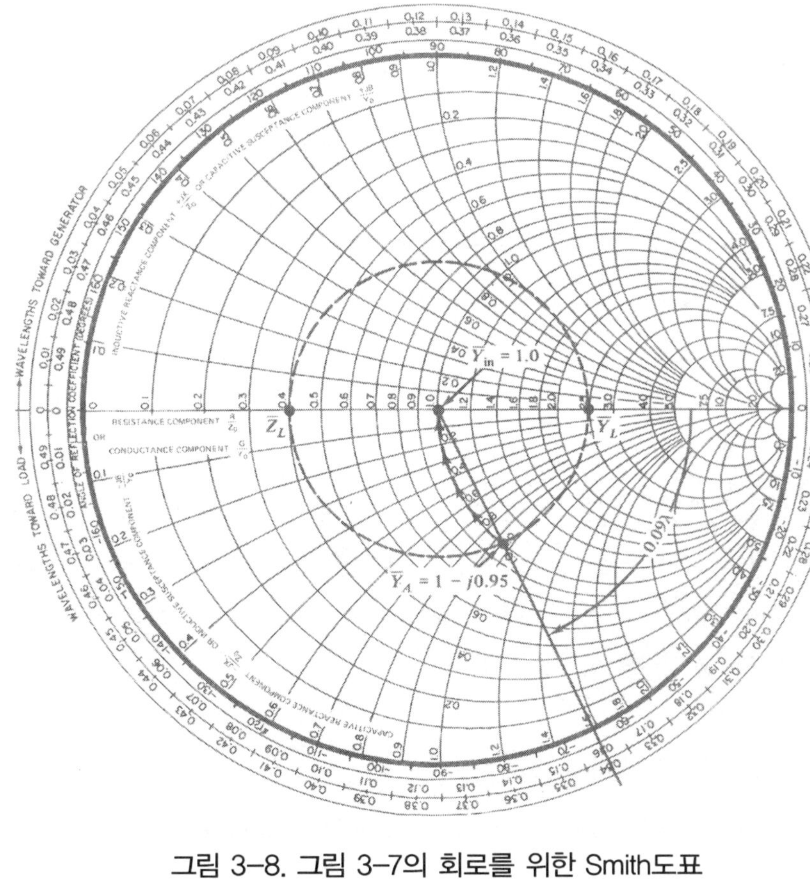

그림 3–8. 그림 3–7의 회로를 위한 Smith도표

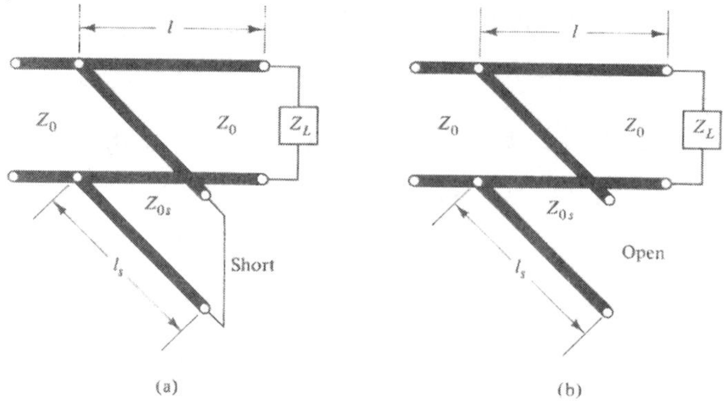

그림 3-9. 단락과 개방회로 스터브를 가지는 접지된 병렬 리액턴스 정합

그림 3-7의 도표상에서 $\overline{Y}_A$ 로 부터 $\overline{Y}_{in}$ 까지 점선의 화살표는 추가한 용량성 서셉턴스의 효과를 나타낸다. 앞서 설명한 바와 같이, 단락 또는 개방회로 스터브는 요구되는 서셉턴스를 얻기 위하여 사용되어진다. 2개의 병렬 스터브 구성은 그림 3-9에 나타내었다. 유도성 서셉턴스를 위해서는 높은 임피던스의 단락선로를 사용하고 용량성 서셉턴스를 위해서는 낮은 임피던스의 개방회로선로를 사용하는 것이 가장 좋다. 그림 3-6과 3-9에 묘사되어진 정합구성은 1단 스터브 튜너로 잘 알려줘있다. 동축선로나 스트립(strip) 선로 시스템에서 병렬연결은 훨씬 더 일반적인 배열이다.

넓은 주파수 영역의 정합네트웍

항상 직렬과 병렬 리액턴스 정합기술은 좁은 주파수영역(전형적으로 20% 이하)에서 낮은 SWR 값을 가진다. 그러나 종종 더욱 넓어진 주파수영역에서 직렬과 병렬 공진회로를 이용하여 향상된 기술을 선보일 수 있다. 이들 회로는 집중소자 인덕터와 캐패시터들 또는 $\lambda/4$ 개방과 단락 스터브들로 구성된다.

3-2b 임피던스 정합을 위한 전송선로단

널리 사용되는 임피던스 정합기술은 부하임피던스에 종속(cascade) 형태로 1개 이상의 전송선로단을 이용하는 것이다.

단락선로 변환기

복소수 부하임피던스 Z_L 을 전송선로 Z_0 과 정합하는 한 방법은 무손실 전송선로의 짧은 길이를 사용하는 것이다. 정합구성은 그림 3-10에 보여진다. 여기서 Z_{01} 과 l은 각각 선로 단의 특성임피던스와 길이이다. 파반사의 관점에서 입력단과 부하단으로부터 반사가 같도록 선택된 Z_{01} 을 상상할 수 있기 때문에 이 방법은 그럴싸해 보인다. 이렇게 선택된 Z_{01} 을 가지고 l은 두 반사가 상쇄되도록 조절할 수 있다. 결과적으로 입력단 SWR 이 "1" 이 된다.

변환기의 입력임피던스는 임피던스변환 방정식인 식(2-43)으로부터 얻어진다. 완벽한 정합을 위하여 $Z_{in} = Z_0$ 으로 놓으면

$$Z_{in} = Z_{01} \frac{Z_L + jZ_{01} \tan \beta l}{Z_{01} + jZ_L \tan \beta l} = Z_0$$

일반적으로, $Z_L = R + jX$ 이므로

$$RZ_{01} + jZ_{01}(X + Z_{01} \tan \beta l) = Z_0 Z_{01} - Z_0 X \tan \beta l + jZ_0 R \tan \beta l$$

위식을 실수와 허수의 2부분으로 분류하면 아래와 같다.

$$Z_{01} = \sqrt{RZ_0 - \frac{X^2 Z_0}{Z_0 - R}} \quad \text{과} \quad \tan \beta l = Z_{01} \frac{Z_0 - R}{XZ_0} \tag{3-3}$$

해가 존재하기 위하여 Z_{01} 은 실수이어야 한다. 이는 다음과 같은 조건을 발생시킨다.

$$R > Z_0 \quad \text{또는} \quad R < Z_0 \quad \text{그리고} \quad X^2 < R(Z_0 - R) \tag{3-4}$$

예를들어 만일 $R = 20$ ohm 이고 $Z_0 = 100$ ohm 이면, 부하는 $|X|$가 40 ohm 보다 클 경우 정합이 될 수 가 없다. 동축선로나 스트립형태의 전송선로인 경우 특성임피던스는 항상 10 에서 150 ohm 정도로 제한된다. 간략화한 본 정합기술은 협대역(narrowband) 영역에 잘 적용된다. 즉, 선로의 길이 l 이 $\lambda/4$ 보다 작은 경우이다.

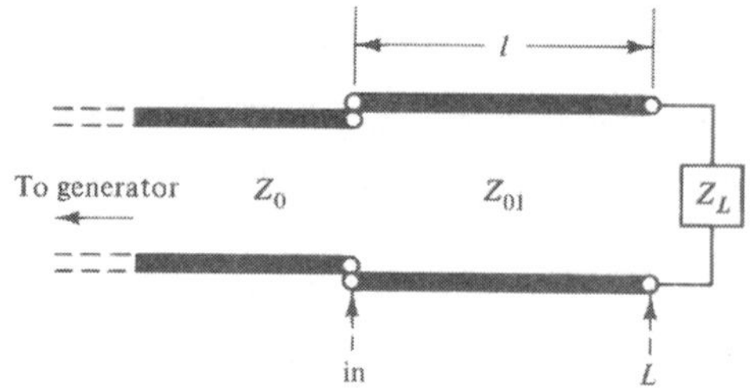

그림 3-10. 단락 변환기 ($Z_L = R + jX$)

L-C 임피던스 변환기

마이크로파에서 요구되는 유도성 리액턴스와 용량성 서셉턴스는 단락과 개방 스터브로 실현가능하다. 항상 높은 임피던스를 가지는 단락선로는 유도용량을 제공(식 2-48)하고, 반면 낮은 임피던스를 가지는 정전용량은 개방회로 선로를 필요(식 2-52)로 한다. 종종 전송선로에서 직렬의 단락된 스터브는 실제적으로 구현하기가 어렵다. 이는 특히 동축선로나 스트립형태의 전송시스템에서 많다. 이들 어려움은 그림 3-11에서와 같이 2개의 전송선로단 (Z_{01} , l_1 과 Z_{02} , l_2) 을 종속함으로 극복할 수 있다. 이 회로와 L-C 변환기 사이의 관계는 다음의 근사치에 기반한다.

1. 높은 임피던스 선로의 작은 선로단은 직렬 유도용량과 동등한 관계이다.
2. 낮은 임피던스 선로의 작은 선로단은 병렬 정전용량과 동등한 관계이다.

여기서 작고, 높고 그리고 낮음의 의미는 다음의 유도에 의해 명확히 할 수 있다.

길이 l 과 종단에 부하임피던스 Z_L 을 가지는 무손실 전송선로의 입력임피던스는 식(2-43)의 임피던스 변환 방정식에 의하여 주어진다. 즉,

$$Z_{in} = Z_0 \frac{Z_L + jZ_0 \tan \beta l}{Z_0 + jZ_L \tan \beta l} \approx Z_0 \frac{Z_L + jZ_0 \beta l}{Z_0 + jZ_L \beta l}$$

여기서 근사식은 $\beta l < \pi/6$ ($l < \lambda/12$) 일 때 성립된다. 이러한 조건하에 10 % 내에서 $\tan \beta l \approx \beta l$ 이다. 또한 $Z_0 \rangle\rangle |Z_L|$ (다시말해 $Z_0 > 3|Z_L|$) 의 조건하에서 위 식은 근사치

로 간략화 된다.

$$Z_{in} \approx Z_L + jZ_0\beta l = Z_L + j\omega\frac{Z_0 l}{v} \tag{3-5}$$

그러므로 높은 임피던스 선로의 작은 선로단은 $Z_0 l/v$ henries 값을 가지는 직렬 유도용량처럼 행동한다. 식(2-44)의 어드미턴스 변환 방정식에 의하여, 우리는 $l < \lambda/12$ 그리고 $Y_0 > 3|Y_L|$의 조건에서 입력 어드미턴스가 아래와 같이 근사적으로 됨을 알 수 있다.

$$Y_{in} \approx Y_L + jY_0\beta l = Y_L + j\omega\frac{Y_0 l}{v} \tag{3-6}$$

낮은 임피던스 선로의 작은 선로단은 $Y_0 l/v$ farads 값을 가지는 병렬 캐패시터처럼 행동한다. 대부분의 마이크로파에서는 이러한 근사치의 사용을 마이크로파 회로설계와 개념을 잡기위하여 유용하게 사용한다.

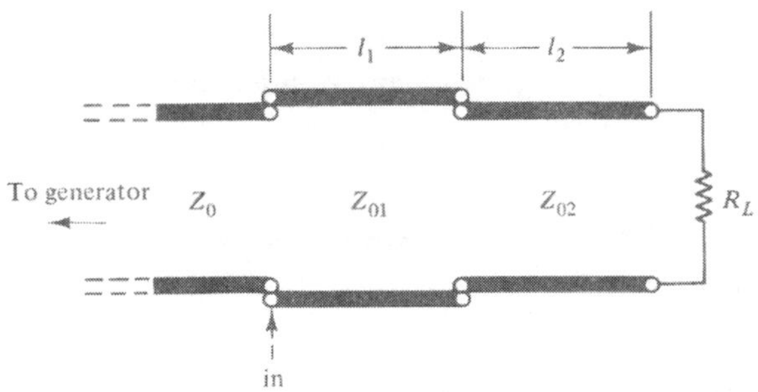

그림 3–11. L–C 변환기의 전송선로 등가회로

3-3 $\lambda/4$ 변환기와 테이퍼형 선로 변환기

$\lambda/4$ 와 테이퍼형 선로(tapered-line) 변환들은 저항부하와 입력 전송선로(Z_0 정합)의 정합에 사용된다. 전원이 입력선로와 정합되었을 때(즉, $Z_G = Z_0$), 이는 부하까지 최대 전력을 전달하는 결과를 낳는다. 이들 변환기들은 또한 다른 특성임피던스를 가지는 전송선로사이의 네트웍들을 정합하는데 사용되어진다. 많은 협대역 적용에는 1단 $\lambda/4$ 변환기가 적합하다. 다

단과 테이퍼형 선로 변환기들은 넓은 주파수 영역에서 매우 좋은 정합 결과를 보여준다.

3-3a 1단 $\lambda/4$ 변환기

2-6절과 그림 2-8에서, 우리는 저항으로 종단된 $\lambda/4$ 선로단은 이상적인 변환기의 특성 을 가진다고 설명하였다. 부하저항 R_L 과 입력선로 Z_0 이 완벽히 정합하기 위하여, $\lambda/4$ 선로의 특성임피던스는

$$Z_{01} = \sqrt{Z_0 R_L} \tag{3-7}$$

이어야 한다. 여기서 고정된 선로길이는 정해진 한 주파수에서 오직 $\lambda/4$ 의 길이 이어야 하기 때문에, 설계된 주파수 이외의 곳에서는 정합이 되지않는다. Smith도표는 입력 SWR 속에서 이들의 변화를 분석하는데 유용하다. 예를들어 그림3-12의 상황을 고려해 보자.

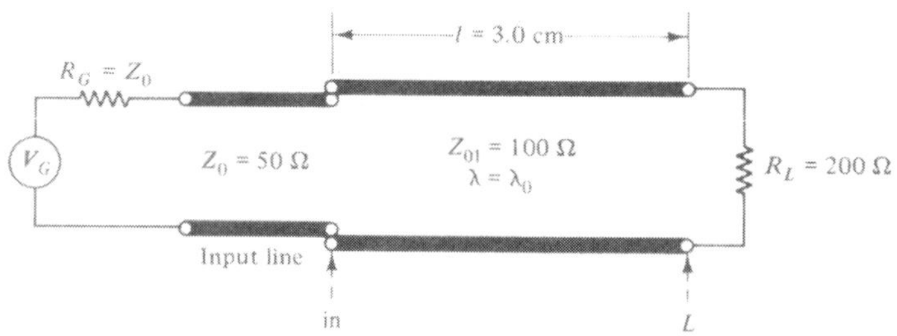

그림 3–12. $R_L = 200$ ohms, $R_G = Z_0 = 50$ ohms, 그리고 설계주파수 2500 MHz 에서 $\lambda/4$ 변환

$R_L = 200$ ohms 과 $Z_0 = 50$ ohms 을 가지고 완벽한 정합을 얻기 위해서는 $\lambda/4$ 선로단 에서 $Z_{01} = \sqrt{(50)(200)} = 100$ ohms 이 선택되어진다. 설계주파수 2500 MHz 와 공기로 채워진 선로를 가정하면 그림에서 나타낸 것과 같이 $l = \lambda_0/4 = 30$ mm 이다. $Z_{in} = 50$ ohms 과 입력선로의 SWR 이 2500 MHz 에서 unity 하기 위하여, Smith 도표의 분석을 고려해보자. 도표 위에서 $\overline{R_L} \equiv R_L/Z_{01} = 2.0$ 여기서 임피던스 표식 위에 (-)는 Z_{01} 에 대한 정규화를 나타낸다. 반면에 (=)는 Z_0 에 대한 정규화를 나타낸다. 선

로가 2500 MHz 에서 $\lambda/4$ 의 길이이기 때문에 Z_{in} 은 2.0 SWR 원에서 전원을 향하여 0.25λ 회전함으로 얻어진다. 이것은 $\overline{Z}_{in} = 0.50$ 또는 $Z_{in} = 50$ ohms 을 얻는다. 선로위의 SWR 은 Z_0 에 대한 Z_{in} 을 정규화함으로서 얻어진다. $Z_0 = 50$ ohms 에 $\overline{\overline{Z}}_{in} \equiv Z_{in}/Z_0 = 1.0$ 로 도표의 중심에 있므로 입력 SWR 는 요구되어진 설계주파수에서 unity 하다.

3-4 전송 매트릭스의 2-포트

매트릭스 방법은 복잡한 마이크로파 네트워을 분석하는데 매우 가치가 있다. 그 이유는 쉽게 컴퓨터 또는 프로그램 가능한 계산기로 수행이 가능하기 때문이다. 마이크로파 주파수에서 가장 널리 사용되는 것은 ABCD 매트릭스, 파전송(wave-transmission) 매트릭스 그리고 산란(scattering) 매트릭스 이다. 여기서는 가장 기본이되는 $ABCD$ 매트리스만을 논하도록 하자. 본 절에서는 2-포트 네트웍의 특성들이 어떻게 매트릭스의 요소들과 연결되는지 알아보고자한다. 부가적으로 감쇄, 삽입손실, 위상, 변환손실 그리고 부정합 손실의 의미가 설명되어진다.

3-4a포트의 정확한 의미

마이크로파에서 포트단은 신호가 들어오고 나오는 곳을 말한다. 그런데 실제로 저주파에서 전자회로 입출력단을 포트라 부르는 경우는 별로 없다. 보통 단자 혹은 터미널(terminal)로 부르는게 더 일반적이다. 그렇다면 단자와 포트의 차이는 무엇인가? 보통 TV뒤에 보면 비디오와 주변기기를 연결하는 단자가 있다. 실제 오디오나 비디오 연결잭은 모양도 비슷한데 왜 단자라 부르고 '포트'라고 부르지 않을까? 단자나 포트는 일반적으로 구분할 수 있는 말은 아니다. 공학적으로 구분해야 한다. 오실로스코프를 가정해보자. 저주파회로는 오실로스코프의 프루브(측정용 탐침)을 그냥 갖다 대면 전압 파형이 측정된다. 하지만 초고주파인 마이크로파에서는 그런 측정방법이 통하지 않는다. 일반적으로 고주파에서는 교류전류 측정이 매우 어려운 일이다. 그렇다면, 이렇게 단순히 프루브(probe)를 갖다 대는 것만으로 측정이 어려운 단자를 '포트'라고 부르는 것인가? 어느 정도 맞는말이다. 일반적으로 '포트'라 불리우는 것은, 신호선과 GND(접지)가 일정한 조건으로 유지되는 교류단자의 한 종류를 말하는 것이다. 동축선의 예를 든다면, 동축선은 중심도체와 외곽도체 사이에 일정한 유전체를 삽입하여, 단면에서 보았을 때 하나의 신호가 완전하게 전송될 수 있게 되어있다. 마이크로파에서 신호를 전송하기에는 그림3-13과 같은 동축선구조가 적합하고 무난하기 때문에 가장 많이 쓰인다. 일반적인 단자라고 부르는 것은, 그냥 금속선의 끝 또는 중간부위를 말하는것으로 그것은 보통 GND가 아닌 신호선 만을 지칭하며, 그런 이유로 직류와 저주파에서 통용되는 말이다. 고주파에서는 신호와 GND간의 조건이 명확해야 한다. 따라서 마이크로파에서는 신호선에 프루브를 갖다 댄다고 해서 신호파형 측정이 잘 되지않는다. 그렇기 때문에 입출력단 역시 신호선과 GND가 한꺼번에 연결되어야만 정확한 신호전달 및 측정이 가능하다. 바로 이렇게 신호선과 GND가 개념적으로 하나로 통일된 고주파용 입출력단을 우리는 '포트'라고 부른다. 마이크로스트립, 스트립선로, 그리고 도파관 등 마이크로파에서는 포트의 개념을 통해 완전한 하나의 신호를 보내거나 받게 되는것이다.

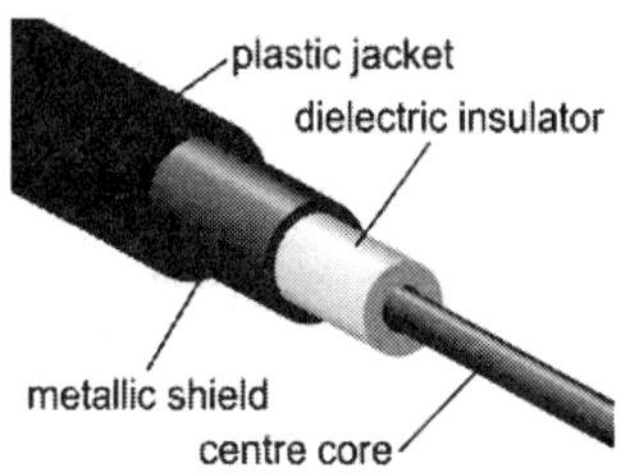

그림 3-13. 동축선로의 모습

3-4b 2-포트 네트웍의 ABCD 매트릭스 분석

2-포트의 전압과 전류가 그림 3-14에 보여진다. 이들 페이저량은 아래의 식들과 관련한다.

$$\begin{aligned} \mathbf{V}_1 &= A\mathbf{V}_2 + B\mathbf{I}_2 \\ \mathbf{I}_1 &= C\mathbf{V}_2 + D\mathbf{I}_2 \end{aligned} \qquad (3\text{-}8)$$

여기서 A, B, C 그리고 D는 복소수량이고 완전히 2-포트 네트웍을 나타낸다.

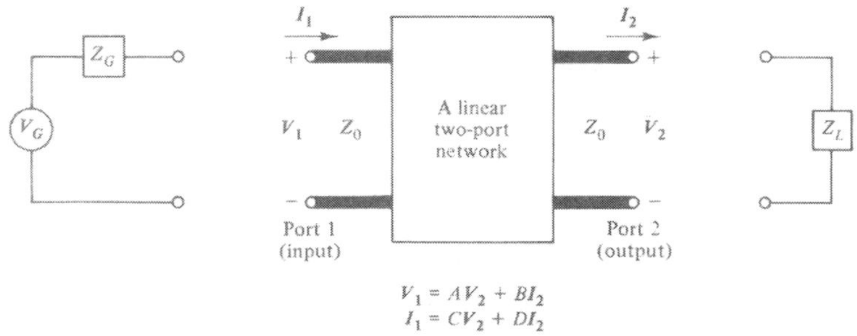

그림 3-14. 선형적인 2-포트 네트워과 $ABCD$ 표현

선형 네트웍이 수동적이고 가역적 일 때,

$$AD - BC = 1 \tag{3-9}$$

더욱이 네트웍이 대칭이라면, $A = D$

식 (3-8) 은 아래의 매트릭스 형태로 쓰여 질 수 있다.

$$\begin{Bmatrix} \mathbf{V}_1 \\ \mathbf{I}_1 \end{Bmatrix} = \begin{bmatrix} A & B \\ C & D \end{bmatrix} \begin{Bmatrix} \mathbf{V}_2 \\ \mathbf{I}_2 \end{Bmatrix} \tag{3-10}$$

이것이 2-포트 네트웍의 $ABCD$ 매트릭스로 알려진 표현이다.

2개 또는 그 이상의 네트웍들의 종속형태를 위하여 모든 $ABCD$ 매트릭스는 각각의 $ABCD$ 매트릭스를 곱하므로 얻어진다. 예를들어 그림3-15에 보여지는 종속연결을 위하여 $\mathbf{V}_1$, $\mathbf{I}_1$ 과 $\mathbf{V}_3$, $\mathbf{I}_3$ 의 관계는

$$\begin{Bmatrix} \mathbf{V}_1 \\ \mathbf{I}_1 \end{Bmatrix} = \begin{bmatrix} A & B \\ C & D \end{bmatrix} \begin{Bmatrix} \mathbf{V}_3 \\ \mathbf{I}_3 \end{Bmatrix} \tag{3-11}$$

이다. 여기서

$$\begin{bmatrix} A & B \\ C & D \end{bmatrix} = \begin{bmatrix} A_1 & B_1 \\ C_1 & D_1 \end{bmatrix} \times \begin{bmatrix} A_2 & B_2 \\ C_2 & D_2 \end{bmatrix} = \begin{bmatrix} A_1A_2 + B_1C_2 & A_1B_2 + B_1D_2 \\ C_1A_2 + D_1C_2 & C_1B_2 + D_1D_2 \end{bmatrix}$$

많이 문제들이 위에 묘사되어진 매트릭스의 곱을 사용한다.

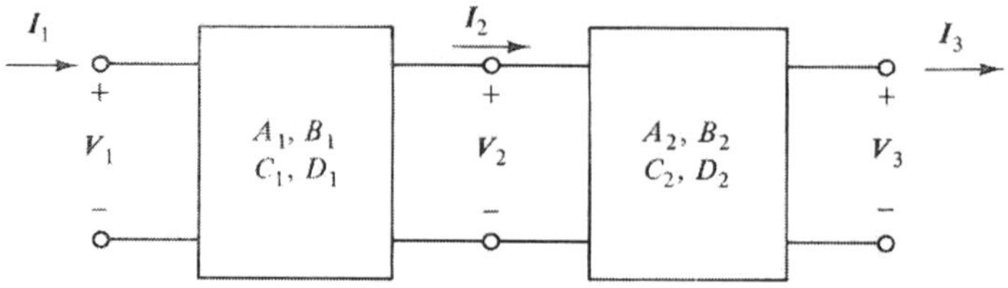

그림 3-15. 2-포트 네트웍의 종속 연결

편리를 위하여 2-포트 네트웍의 몇몇 요소의 $ABCD$ 매트릭스 값이 표3-2에 나타내었다.

모든 경우에 A와 D는 단위가 없는량이고, B는 임피던스(ohms) 그리고 C는 어드미턴스(mhos) 이다.

표3-2의 모든 요소들은 특별한 네트웍에서 전압과 전류의 표현으로 유도되어질 수 있다. 예를들어 직렬요소의 경우에

$$\mathbf{V}_1 = \mathbf{V}_2 + Z\mathbf{I}_2 \quad \text{그리고} \quad \mathbf{I}_1 = \mathbf{I}_2$$

그러므로 $A = D = 1$, $B = Z$ 그리고 $C = 0$ 이다.

그림3-16 에 보여지는 네트웍의 $ABCD$ 매트릭스는 직렬요소 Z_s 와 병렬요소 Z_p 의 종속형태로 얻어진다.

$$\begin{bmatrix} A & B \\ C & D \end{bmatrix} = \begin{bmatrix} 1 & Z_s \\ 0 & 1 \end{bmatrix} \times \begin{bmatrix} 1 & 0 \\ 1/Z_p & 1 \end{bmatrix} = \begin{bmatrix} 1 + Z_s/Z_p & Z_s \\ 1/Z_p & 1 \end{bmatrix}$$

$ABCD$ 요소의 항으로 2-포트의 입력임피던스를 표현하는 것은 임피던스정합 문제를 해결하는데 유용하다. 부하임피던스 Z_L 에 의하여 종단된 네트웍의 출력포트(그림3-14)를 가지고, 식(3-8)은 아래와 같이 나타난다.

$$\mathbf{V}_1 = (AZ_L + B)\mathbf{I}_2 \quad \text{그리고} \quad \mathbf{I}_1 = (CZ_L + D)\mathbf{I}_2$$

여기서 $\mathbf{V}_2 = Z_L \mathbf{I}_2$ 이고, 입력임피던스는

$$Z_{in} = \frac{\mathbf{V}_1}{\mathbf{I}_1} = \frac{AZ_L + B}{CZ_L + D} \tag{3-12}$$

$ABCD$ 매트릭스 형태는 2-포트 네트워의 삽입손실과 위상특성들을 결정하기 위한 편리한 방법을 제공한다. 이들 량뿐만 아니라 감쇄, 변환손실 그리고 부정합 손실도 여기서 정의한다.

표 3-2. 몇가지 기본적인 2-포트 네트워을 위한 $ABCD$ 매트릭스 요소

Description	Two-port Network Port 1 (Input) Port 2 (Output)	A	B	C	D
Series Element	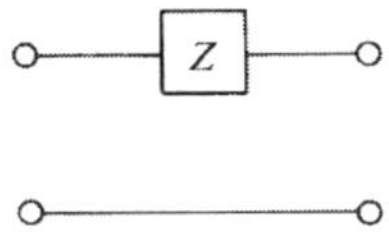	1	Z	0	1
Shunt Element	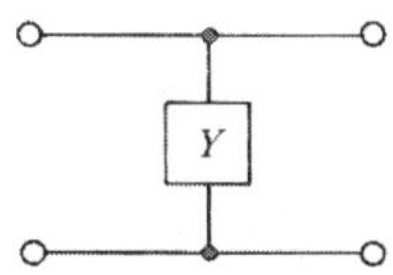	1	0	Y	1
Ideal Transformer	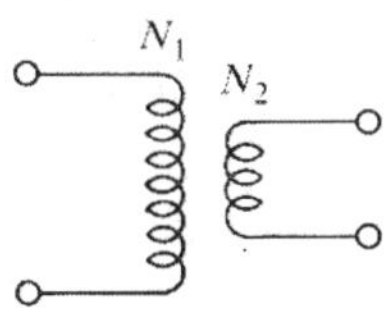 $n_t \equiv$ Turns ratio $= N_1/N_2$	n_t	0	0	$\frac{1}{n_t}$
Lossless Transmission Line	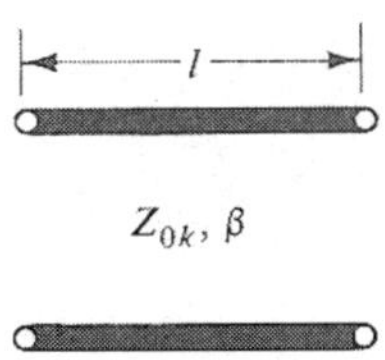 Z_{0k}, β; $\alpha = 0$	$\cos \beta l$	$jZ_{0k} \sin \beta l$	$j\frac{\sin \beta l}{Z_{0k}}$	$\cos \beta l$
Lossy Transmission Line	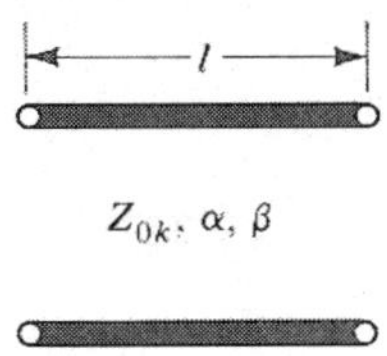 Z_{0k}, α, β; $\gamma \equiv \alpha + j\beta$	$\cosh \gamma l$	$Z_{0k} \sinh \gamma l$	$\frac{\sinh \gamma l}{Z_{0k}}$	$\cosh \gamma l$

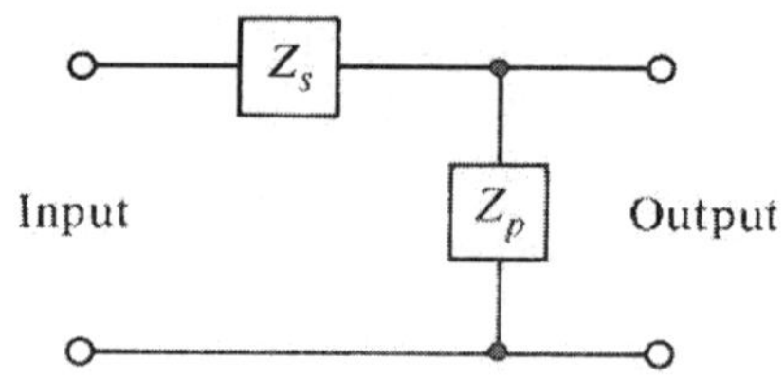

그림 3-16. 직렬성분과 병렬성분의 종속연결로 형성된 2-포트 네트워

감쇄 (Attenuation)

그림 2-6(a)에 언급했듯이 감쇄비는 무한한 선로의 임의의 2지점에서 전압 (또는 전류)의 진폭 비율이라고 정의할 수 있다. 만일 V_1 과 V_2 가 $z=l_1$과 $z=l_2$ ($l_2 \ge l_1$) 지점의 실효치 전압 이라면, $V_0^-=0$을 가지고

$$\frac{V_2}{V_1}=e^{-\alpha(l_2-l_1)}=e^{-A_t} \tag{3-13}$$

여기서 V_0^- 는 $z=0$ 지점에서 선로를 움직이는 전압의 페이저량이다.

α는 선로의 감쇄상수(neper/length) 이고, A_t 는 전체 감쇄값(neper) 이다.

A_t 의 해는

$$A_t=\ln\frac{V_1}{V_2}=\ln\frac{I_1}{I_2} \quad \text{Np} \tag{3-14}$$

여기서 1 Np = 8.686 dB 이고 $\ln x = 2.303 \ \log x$ 이므로

$$A_t \equiv 20\log\frac{V_1}{V_2}=20\log\frac{I_1}{I_2} \quad \text{dB} \tag{3-15}$$

이들 표현들은 또한 특성임피던스로 종단된 선로에 적용한다. 왜냐하면 그것은 무한선로 와 동등하기 때문이다. 더구나 방정식은 Z_0 이 실수, 허수 그리고 복소수에도 모두 정당하다. Z_0의 실수부분이 유한할 때, 순수전력흐름은 V^2 (또는 I^2) 에 비례한다. 그러므로 전체 감쇄값은 전력비와 연관한다.

$$A_t = \frac{1}{2}\ln\frac{P_1}{P_2} \quad \text{Np} \quad \text{또는} \quad A_t = 10\log\frac{P_1}{P_2} \quad \text{dB} \tag{3-16}$$

여기서 P_1 과 P_2 는 각각 l_1과 l_2 에서의 실제 전력흐름을 나타낸다.

유한한 선로길이는 단지 2-포트 네트웍의 한 예이다. 감쇄의 개념은 V_1과 I_1가 입력 포트에서 실효치 전압과 전류를 나타내고, V_2과 I_2는 출력포트가 네트웍의 특성 임피던스에 의해 종단되었을 때 출력값을 나타내는 임의의 2-포트 네트웍으로 확장 될 수 있다. 대칭한 네트웍에서 특성임피던스는 종단된 임피던스값이 입력임피던스의 값과 같다고 정의한다.

삽입손실 (Insertion loss)

2-포트 네트웍의 삽입손실은 아래와 같이 정의된다.

$$L_t \equiv 10\log\frac{P_{L_b}}{P_{L_a}} \quad \text{dB} \tag{3-17}$$

여기서 그림 3-17로부터 P_{L_b} 는 2-포트 네트웍이 삽입되기 전 정해진 부하(Z_L)까지 운반되는 전력이고 P_{L_a} 는 2-포트 네트웍이 삽입된 후 같은 부하(Z_L)까지 운반되어지는 전력이다. 여기서 주목해야 할 점은 감쇄와 다르게 삽입손실은 전력비가 같은 종단(이름하여 Z_L)에서 정의된다. 그러므로 식 (3-17)은 실효치 전압과 전류항으로 다시 쓸 수 있다.

$$L_t = 20\log\frac{V_{L_b}}{V_{L_a}} = 20\log\frac{I_{L_b}}{I_{L_a}} \quad \text{dB} \tag{3-18}$$

삽입손실은 네트웍이 삽입되기 전 후의 실효치 부하전압을 결정함으로서 네트웍의 $ABCD$ 매트릭스 항으로 표현되어진다.

$$L_t = 10\log\left|\frac{AZ_L + B + CZ_G Z_L + DZ_G}{Z_G + Z_L}\right|^2 \tag{3-19}$$

마이크로파에서 Z_G 와 Z_L 이 전송선로에서 서로 정합되는 상황은 꽤 일반적이다. 이 경우에 $Z_G = Z_L = Z_0$ (실수) 이고 전송선로를 따라 임의의 위치에 삽입된 네트웍의 삽입손실은 다음과 같이 된다.

$$L_t = 10\log\left|\frac{A + B/Z_0 + CZ_0 + D}{2}\right|^2 \tag{3-20}$$

몇몇 2-포트 네트웍을 위한 ABCD 매트릭스 요소들의 내용이 표3-2에 주어진다. 방정식 (3-20)은 정규화된 $ABCD$ 요소들의 항으로 다시 쓰여진다.

$$L_t = 10\log\left|\frac{\overline{A} + \overline{B} + \overline{C} + \overline{D}}{2}\right|^2 \tag{3-21}$$

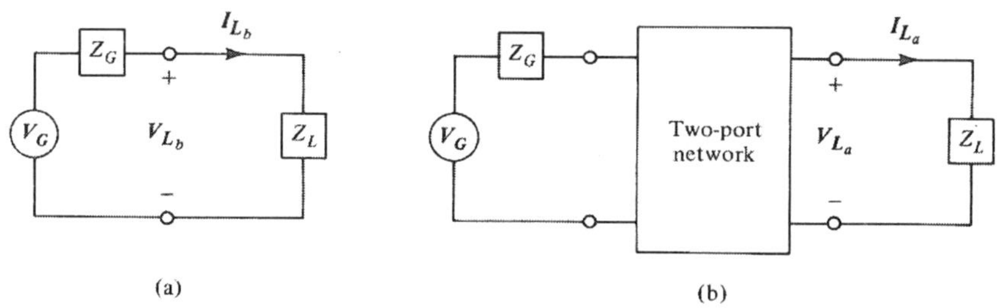

그림 3-17. 식(3-17)에 주어진 삽입손실과 위상의 묘사

부정합 손실 (Mismatch loss)

삽입손실 방정식은 분산에의한 손실효과뿐만 아니라 부정합도 포함한다. 이는 $Z_G = Z_0$ (실수)일 때 쉽게 보여진다(그림 3-18). $Z_G = Z_0$ 이므로 입사파(P_{in}^{+})와 관련한 전력은 정확히 P_A 이고 전력은 $\Gamma_G = 0$ 을 가진 전원으로부터 이용가능하다. 그러므로 입력 포트에서 반사된 전력은 $|\Gamma_{in}|^2 P_A$ 이고 네트웍의 순수전력은

$$P_{in} = \left\{1 - |\Gamma|^2\right\} P_A \tag{3-22}$$

이다. 일반적으로, 이 전력의 일부는 네트웍내에서 분산소모될 것이다(P_d 로 표시).

그러므로 부하까지 전달되는 전력은

$$P_L = \left\{1-\left|\Gamma_{in}\right|^2\right\} P_A - P_d \tag{3-23}$$

변환손실 정의식으로부터

$$L_T = 10\log\left\{\frac{1}{1-\left|\Gamma_{in}\right|^2 - P_d/P_A}\right\} \tag{3-24}$$

이고, P_{in} 의 항으로 다시 쓰면

$$L_T = 10\log(\frac{P_{in}}{P_{in}-P_d})(\frac{1}{1-\left|\Gamma_{in}\right|^2}) \quad \text{또는} \quad L_T = 10\log(\frac{1}{1-P_d/P_{in}}) + 10\log(\frac{1}{1-\left|\Gamma_{in}\right|^2}) \tag{3-25}$$

첫번째 항은 분산소모 손실(dB)이고 두 번째 항은 부정합 손실(dB) 이다. 전력소모가 없는 네트웍, 즉 $P_d = 0$ 의 경우 변환손실은 단지 네트웍의 부정합 손실이다. 이때 부정합 손실과 반사손실(식 2-41) 수식은 매우 유사함을 주목해야 한다. 이는 본질적으로 같음을 의미한다. 반사손실은 항시 $Z_L \neq Z_0$ 인 부하임피던스에 적용한다. 여기 사용되어진 것처럼 부정합 손실은 $Z_G = Z_0$ (실수)일 경우 Z_L 로 종단된 2-포트 네트웍의 반사손실이다. 이는 Γ_{in} 이 "0" 이 아닌 것으로부터의 결과이고 $Z_{in} \neq Z_0$ 을 의미한다. Γ_{in} 이 "0" 이면 오직 전력소모항만이 식 (3-25)에 남는다.

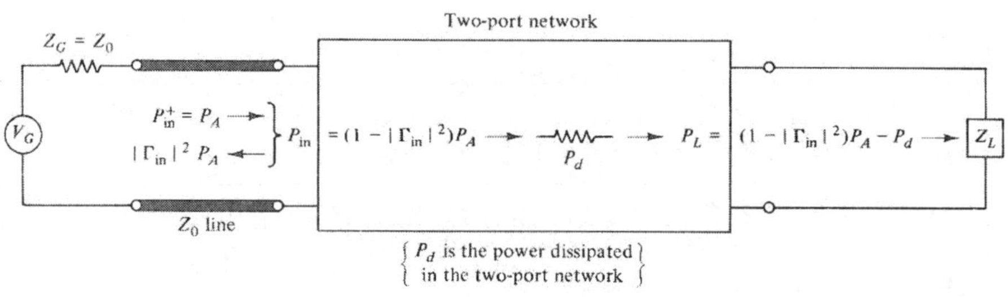

그림 3-18. $Z_G = Z_0$ (실수)일 때 수동 2포트 네트웍을 위한 변환과 부정합 손실의 묘사

3-5 S 파라미터란?

S (산란) 파라미터는 마이크로파에서 가장 널리 사용되는 회로결과값이다. *S* 파라미터의 정의는 극히 간단한데, 주파수 분포상에서 입력전압대 출력전압의 비를 의미한다. 예를 들어 S_{21} 이라하면, 1번 포트에서 입력한 전압과 2번 포트에서 출력된 전압의 비율을 의미 한다. 즉 1번으로 입력된 전력이 2번 포트로는 얼마나 출력되는가를 나타내는 수치이다.

$$S_{ab} = \frac{V_a^-}{V_b^+} \qquad S_{matrix} = \begin{bmatrix} S_{11} & S_{12} \\ S_{21} & S_{22} \end{bmatrix}$$

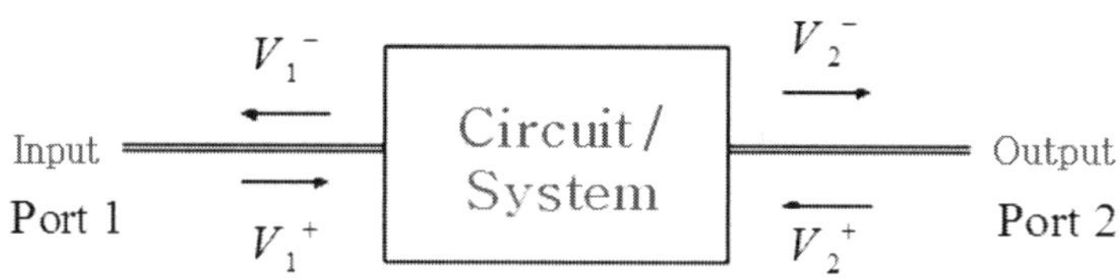

3-5a S 파라미터의 분류와 판독

S 파라미터의 각 요소들을 분류하자면 크게 4가지 특성파라미터로 분류할 수 있다. 이것은 절대적인 분류가 아니며, 사용자가 설계하려는 구조의 목적에 따라 설계자 본인이 판단하는 것이다.

분류	설명
전송	입력 포트대 출력포트의 비. 입력신호를 전송하고자하는 포트까지 얼마나 도달하느냐를 평가한다. 2포트 소자라면 S21이 그에 해당한다.
반사	각각의 입/출력력포트의 자체 반사값. S11, S22, S33과 같이 입력과 출력포트가 같은 경우이며, 자기가 입력하고 출력하여 돌려받은 값이므로 결국 반사된 값을 의미한다.
결합	전송하고자 하는 포트 이외의 포트로 유출된 전력. coupling 자체를 이용하는 경우도 있으므로 가장 애매한 용어임. 일반적으로 연결되어 있지 않은 선로로의 간섭이나 원하지 않아도 유출되는 전력을 의미한다.

분류	설명
고립	전력을 종단시키는 포트로 유출된 전력. 4포트 하이브리드 커플러에서 S41의 경우.

마이크로파에서 S 파라미터는 가장 중요한 결과라고 해도 과언이 아니다. 거의 모든 마이크로파 장비나 부품의 사양은 S 파라미터를 기준으로 만들어져 있기 때문에, 특성을 잘 이해하고 그래프를 잘 판독할 수 있어야 한다. 대부분의 S 파라미터는 dB 스케일로 나타 낸다. dB 스케일에서 0 dB 란 입력된 기준전력을 의미하며, 비선형소자가 추가되어 전력 증폭이 되지 않는 한 출력된 전력은 0 보다 낮은 "–" 값으로 내려가는 것이 정상이다.

3-5b L과 C의 주파수 특성

마이크로파적인 관점에서 L 과 C 의 S_{21} 투과특성을 살펴보도록 하자. 수동소자이므로 S_{21} 이 0 dB 에 가까울수록 신호가 손실없이 통과된다는 뜻이다.

인덕터의 S파라미터

그림3-19는 인덕터(L)의 주파수 특성 중 S_{21}, 즉 주파수통과 특성을 보여준 그래프이다. 자세히보면, 주파수가 높아질수록 잘 통과하지 못하고, L값이 높아질수록 더 더욱 통과하지 못하고 있다. 결국 인덕터는 (L값에 따라) 고주파 신호의 통과를 억제한다고 볼 수 있다.

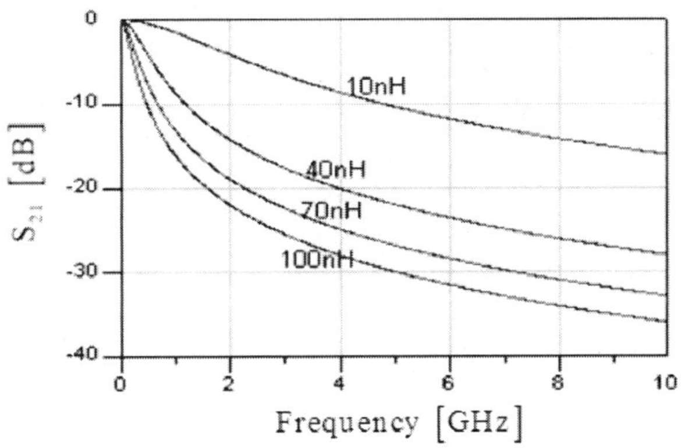

그림 3–19. 인덕터(L)의 S_{21} 주파수 특성

캐패시터의 S파라미터

그림3-20은 캐패시터(C)의 주파수 특성 중 S_{21}, 즉 주파수통과 특성을 보여준 그래프이다. 인덕터와는 정반대로 주파수가 낮을수록 잘 통과하지 못하고 있다. 그리고 C값이 높아질 수록 저주파는 물론 고주파 성분이 더 많이 통과하고 있다. 캐패시터는 (C값에 따라) 고주파 신호를 더 잘 통과해내고 있다.

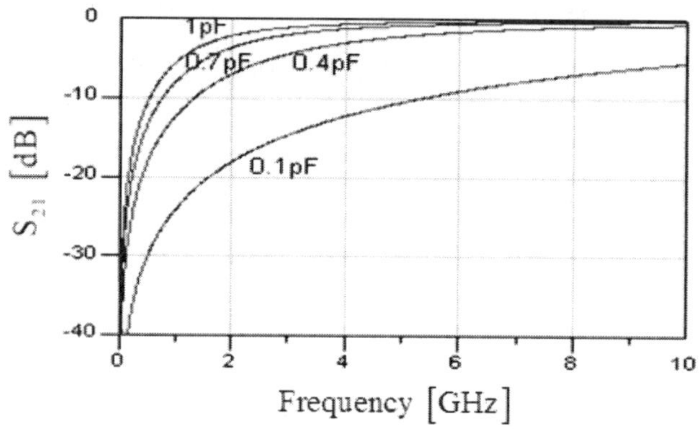

그림 3-20. 캐패시터(C)의 S_{21} 주파수 특성

고주파인 마이크로파 관점에서 L과 C라는 지표의 특성을 간결하게 정의해보았다. 유도용량이 존재하느니 정전용량이 존재하느니 하는 기준은 바로 위의 특성을 통해 판단한다. 바로 이 특성에 기반하여 인덕터와 캐패시터는 상황에 따라 적절한 용도로 사용되고 있는 것이다. 주파수를 가진 신호를 다룰 때 이 L과 C라는 요소를 적절히 사용하여 원하는 마이크로파 회로와 시스템이 구현되도록 하는 것이다.

참고문헌

3-1. Karakash, J. J., Transmission Lines and Filter Networks, The Macmillan Co., New York, 1950.

3-2. Beatty, R. W., Insertion Loss Concepts. Proc. IEEE, 52, June 1964, pp. 663-671

3-3. Peter A. Rizzi., Microwave Engineering Passive Circuits, Prentice-Hall, Inc., Englewood Cliffs, NJ, 1988.

4. 마이크로파 공진기

공진회로는 광범위하게 많은 네트웍과 시스템에서 사용되고있다. 그들은 대역통과필터, 대역저지필터뿐만 아니라 오실레이터, 주파수 미터기 그리고 phase equalizer 등의 주요 요소로서 제공되어 진다. 대략 300 MHz 이하에서, 공진회로는 일반적으로 집중정수소자 인덕터와 캐패시터 들로 구성된다. 그러나 마이크로파에서는 이들 집중정수소자 회로는 확실한 단점을 가지고있다. 무엇보다도 먼저 소자의 크기가 동작하는 주파수대의 파장보다 훨씬 작아야 한다는 요구가 그것들의 전압과 전류 능력의 한계를 가지게 한다. 둘째 더 높은 주파수에서 요구되는 유도용량과 정전용량의 값은 때때로 실현하기가 어렵다. 특히 높은 Q를 원하고자 할때는 더욱 어렵다. 높은 주파수의경우 회로는 공진주파수에서 상당한 손실을 가지는 경향이 있다. 이들 한계를 극복하기 위하여, 높은 Q를 가지는 마이크로파 공진회로인 전송선로 기술이 널리 사용되고 있다. 일반적으로 분산형회로가 더 낮은 분산손실과 더 높은 Q를 가지도록 만들 수 있기 때문이다. 한 예가 공동(cavity)공진기 이다.

마이크로파 공진기와 필터들에 관하여 논의하기에 앞서 집중정수소자 공진회로의 특성을 다시 보기로 하자.

4-1. 공진의 이해

마이크로파에서 공진(resonance)현상은 자주 접하게 되는 단어 중 하나이다. 특정주파수에 에너지가 집중되는 현상이라고 간단히 이해할 수 있다. 일반적으로 소리 진동에서 사용하는 개념으로 공명(共鳴: 같이울림)은 많이 접했을 것이다. 원래 공명도 어떤 주파수를 가진 성분이다. 같은 주파수의 소리가 만나면, 서로 공명하면서 더 커지기 마련이다. 광범위하게 공진의 의미를 정의하면 주파수 선택적 특성을 가지는 현상을 의미한다. 모든 마이크로파 시스템은 각자 사용하는 주파수대역이 정해져 있다. 이렇게 주파수를 선택해야 하는 모든 경우에 공진의 개념이 적용될 수 있는 것이다. 주파수 선택이라는 관점에서, 마이크로파에서의 공진은 매우 중요한 기능을 하는 현상이다. 공진의 주파수선택 특성은, 입력되는 신호의 주기와 공진구조물이 가진 고유의 주기성이 일치됨으로써 발생한다. 이러한 공진의 발생은 크게 전기적 공진과 구조적 공진으로 나눌 수 있는데 여기서는 주로 구조적 공진보다는 전기적인 공진현상을 이해하고자 한다.

4-1a 전기적 공진

전기적 공진은 소위 말하는 LC 공진을 말하는것으로 인덕터와 캐패시터는 전자기 에너지 축적소자이다. 그러한 순간적인 전자기 에너지 축적과 방출 특성때문에, 캐패시터와 인덕터는 정반대의 주파수 특성을 보인다. 인덕터는 주파수가 낮을수록 통과를 잘 시키는 특성이 있고, 캐패시터는 반대로 주파수가 높을수록 잘 통과시키게 된다. 그러한 두 특성의 소자가 한꺼번에 직병렬로 연결되면 어떻게 될까?

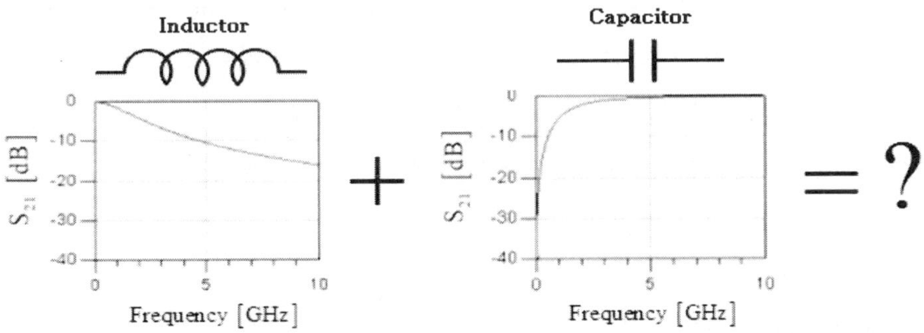

그림 4-1. 인덕터(L)와 캐패시터(C)의 S_{21} 주파수 특성

같은 주파수상에서 인덕터는 통과하지 못하도록 하고, 캐패시터는 통과할 수 있도록 하여 둘 중에 더 강한것에 따라 특정주파수에서의 통과특성이 결정될 것이다. 그러나 평형을 이루게되면 결과는 바로 그림4-2와 같은 형상이 된다. (병렬공진의 사례)

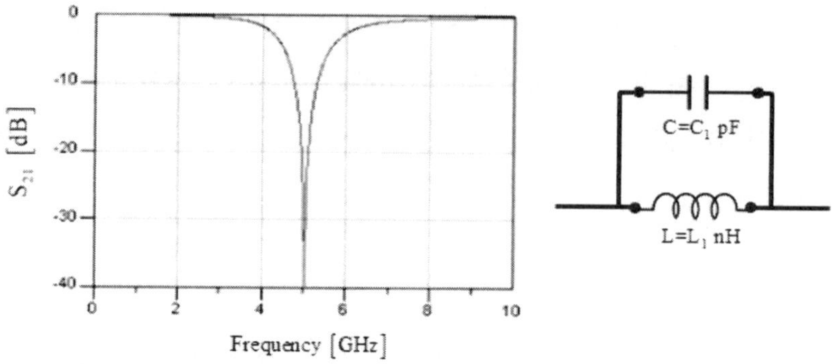

그림 4-2. 인덕터(L)와 캐패시터(C) 병렬공진회로의 S_{21} 주파수특성

위의 예와 같은 병렬공진의 경우는 5GHz에서 S21이 -40dB로 매우 작다. 즉 5GHz의 신호를 통과하지 못하게 막고 있는 대역저지(notch) 특성이 나타나고 있는 것이다. 이런 식으로 주파수를 선택적으로 막거나 통하게 할 때 우리는 공진이 일어났다고 표현하게 된다.

인덕터와 캐패시터의 특성만 잘 파악하면, 두 개의 특성그래프가 섞였을 때 위와 같은 공진그래프가 나오는 것은 쉽게 이해할 수 있을 것이다. 마이크로파에서 인덕터와 캐패시터는 많은 유용한 특성을 갖고 있는데, 이처럼 L, C값의 조절에 의해 특정 주파수에 대해 선택적 특성을 만들 수 있다는 점, 즉 공진을 쉽게 유발해낼 수 있다는 점이 가장 중요하다고도 볼 수 있다.

4-1b LC 공진의 메커니즘

LC에 의한 전기적 공진의 원리가 무엇일까? 조금은 어렵게 느껴질 수 있는 부분이다. 이것을 이해하고 싶다면 아래의 설명을 천천히 읽어보면 결코 어렵지만은 않다는 것을 알 수 있을 것이다.

L, C는 리액턴스 소자이다

우선 인덕터와 캐패시터를 에너지 축적의 개념에서 다시 생각해 보도록 하자. 그림4-3과 같이 긴 선로 주변에 자기장을 형성하고 신호의 흐름을 그 주변에 자기장으로 저장하는 인덕터와 끊어진 금속 사이에 존재하는 유전체가 분극하면서 전기장으로 신호의 흐름을 저장하는 캐패시터를 우리는 무손실 에너지 저장성 소자로 소위 리액턴스 소자라고 부른다. 임피던스의 허수부로 표현되어 순간적으로 사라져 보이지만, 소모된 것이 아니라 잠시 어딘가에 저장되어 있는 것이다. 복소수에서 허수는 존재하지 않는다는 의미가 아니라, 잠시 저장된 에너지 성분을 지칭하는 것이다. 그래서 L과 C의 임피던스는 허수로 표현 된다. 이러한 리액턴스 소자가 손실없이 에너지를 저장한다고 하지만, 정말 저장한 그대로 손실이 없는것일까? 복소수 이론을 생각하면서 재미있는 비유를 들어 설명해보자. 여러분의 재산을 예로 상기해보면 실수부는 현재 여러분 수중에 있는 돈이고, 허수부는 다른사람에게 빌려준돈, 그리고 주식투자금 등으로 표현할 수 있다. 수중에 있는 돈은 진짜 여러분의 돈이지만, 나머지돈은 사기를 당하거나 손실이 발생하면 더 이상 내 돈이 아닌 그냥 손해가 발생해 버릴 수 있는 것이다. 이와같이 아무리 인덕터가 자기장으로, 캐패시터가 전기장으로 잠시 에너지를 축적할 수는 있다고 해도, 그것을 어떻게 사용하느냐에 따라 그 저장된 에너지가 재활용될지 버려질지 결정된다. 다시말해서 L과 C로 인해 전자기장으로 에너지 가 축적된다 해도 그걸 효율적으로 사용하지 못하면 그냥 사라져서 손실이 되 버릴 수도 있는 것이다. 바로 이것이 공진을 이해하는 핵심이다.

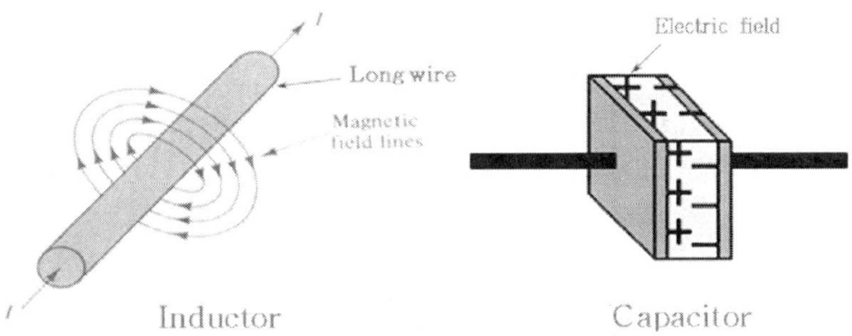

그림 4-3. 인덕터(L)와 캐패시터(C)의 리액턴스 소자

공진회로에서는 주파수별로 손실/무손실 여부가 다르다!

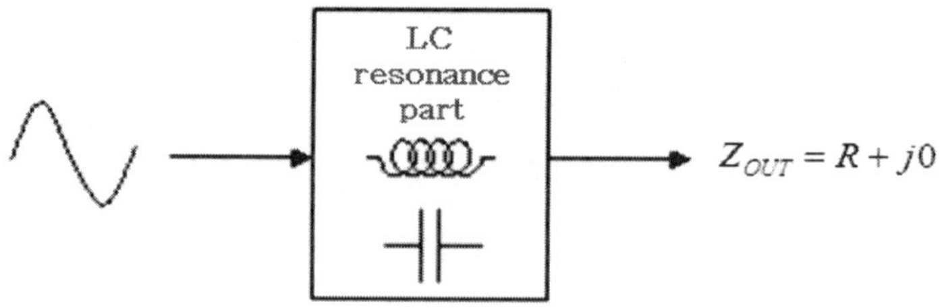

$$Z = j\omega L,\ \frac{1}{j\omega C}$$

그림 4-4. 인덕터(L)와 캐패시터(C) 공진회로의 임피던스특성

초기 이런 리액턴스니 손실이니 하는 얘기가 왜 나오는지 그림4-4를 보자. 분명히 인덕터와 캐패시터가 존재하는 회로를 거쳤는데도 불구하고, 출력단에서는 허수의 임피던스가 없는 것처럼 보이는 주파수가 존재한다. 그래서 공진부를 통과하는 주파수의 임피던스 특성은 아래와 같은 그림을 그린다(대역통과 특성을 가진 직렬공진의 경우). 양의 허수 인덕터와 음의 허수 캐패시터가 서로 밀고 당기다가 허수 임피던스가 가장 낮아지는 바로 그지점, 공진점이 된다.

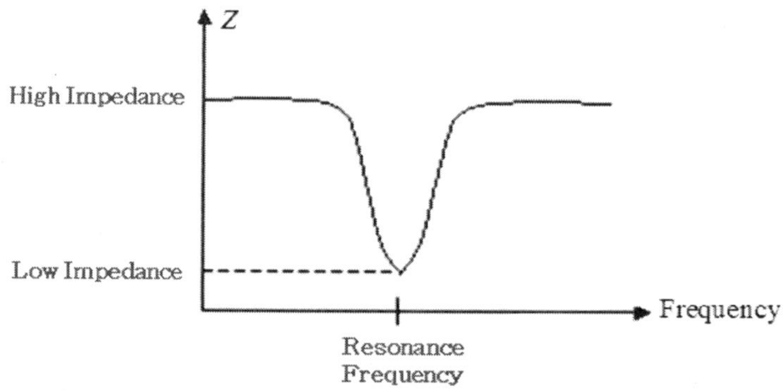

그림 4-5. 공진회로의 임피던스 특성

공진주파수에서는 임피던스가 매우 낮아진다. 즉, 출력임피던스가 낮은 주파수는 방해 성분이 적어서 신호가 더 잘 흐를 수 있고, 나머지 주파수는 허수임피던스값이 사라지지 않고 커져서 손실로 작용하여 신호의 통과가 어려워진다. 즉 선택된 주파수 이외의 주파수 신호는

인덕터와 캐패시터에 의해 감쇄되어 버리는 것이다.

인덕터와 캐패시터간의 에너지 교환

LC 회로에 특정주파수 신호가 인가되면 인덕터의 자기장으로 저장되었다가 캐패시터의 전기장으로 저장되었다가 하면서 왔다 갔다 하게된다. 이 과정에서 인덕터와 캐패시터는 주파수별로 특성이 정반대로 같은 주파수에서 인덕터는 그 흐름을 방해하고 싶어하고, 캐패시터는 흐름이 정지하는 것을 막고 싶어한다. 결국 어느 한쪽이 강해져서 전기장이나 자기장 중 한쪽으로 에너지저장이 몰리게 되면, 손실이 발생해버린다. 그냥 저장만 되고 사용하지 못하게 되기 때문이다. 그런데 어떤 경우에는 양쪽의 에너지가 절묘하게 똑같아져서 캐패시터와 인덕터 어느 한쪽으로도 에너지저장이 몰리지 않는 경우가 발생한다. 즉 힘이 평형을 이루게 되는 상황이다. 이렇게 되는 주파수에서는 LC 소자가 손실없이 통과한다. 그리고 나머지 주파수에서는 그 평형이 깨지기 때문에 손실이 쌓여서 신호의 통과가 어렵게 된다. 이 부분이 LC 공진의 두 번째 핵심이다.

공진주파수

공진이 되려면 L, C가 존재하면서도 임피던스의 허수부가 0이 되어야 한다. 허수부가 0이 되는 공진주파수를 찾는 수식의 증명은 매우 쉽다. 우선 복소 임피던스의 수식은 아래와 같다.

$$Z = R + jX = R + j\omega L + \frac{1}{j\omega C} \tag{4-1}$$

이중에서 허수임피던스가 0이 되어 없어지는 주파수가 공진주파수이다.

$$X = \omega L - \frac{1}{\omega C} = 2\pi f L - \frac{1}{2\pi f C} = 0 \tag{4-2}$$

이 식을 뒤집어서 f를 구하면 아래와 같이 공진주파수가 정해진다.

$$resonance\ \ frequency = \frac{1}{2\pi\sqrt{LC}} \tag{4-3}$$

직/병렬로 조합된 LC회로에서 인덕터와 캐패시터가 전기장과 자기장으로 에너지를 축적하고 방출하면서 에너지를 주거니 받거니 하는 과정이 정확히 평형을 이룬 상태, 우리는 그것을 공진이라 부른다. 위의 수식에서 보시다시피 공진주파수는 L과 C가 곱해진 수치에 의해 결정된다. 즉 L과 C가 조합될 때마다 분명히 어떤 주파수에서 공진특성이 발생하게 되는 것이다. 한가지 관심있게 보아야 할 부분은, 같은 공진주파수라 하더라도 LC의 곱만 일정하면 된다는 점이다. 즉 동일한 공진주파수상에서 L과 C의 조합은 많이 존재한다는 사실이다.

4-1c LC 공진의 종류

공진회로에는 크게 직렬공진과 병렬공진 두가지가 있다. 우선 1.5GHz에서 공진하는 두 LC 소자의 직/병렬 소자 특성곡선을 보도록하자.

직렬 공진 (그림4-6)

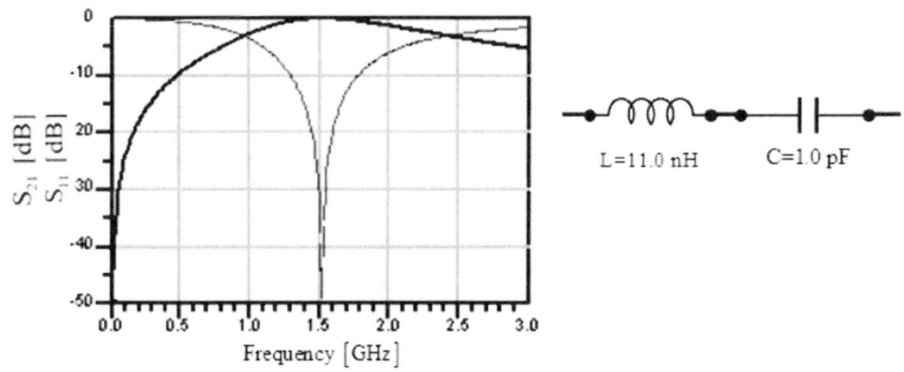

그림 4-6. 직렬 공진회로의 주파수특성 및 등가회로

병렬 공진 (그림4-7)

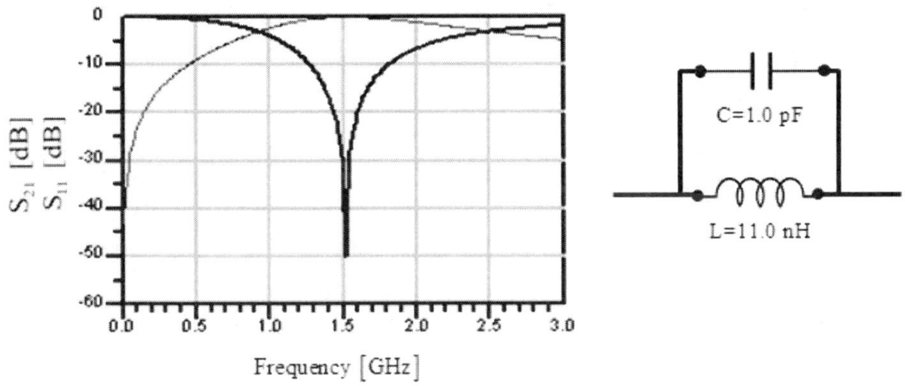

그림 4-7. 병렬 공진회로의 주파수특성 및 등가회로

같은 LC값의 경우에는 공진주파수가 동일하다. 그런데 S파라미터는 정반대로 동작하고 있는 것을 볼 수 있다. LC 직렬공진은 대역통과(Bandpass) 형태의 공진이 발생하고, LC 병렬공진은 대역저지(Bandstop) 형태의 공진이 발생한다. 이렇듯 LC공진은 어떻게 연결하느냐에 따라 정반대의 특성이 나타날 수 있다. 위의 내용들을 통하여 공진의 개념에 접근하다 보면, 자연스럽게 필터에 대한 생각이 떠오를 수 있다. 필터는 원하는 주파수대역만 통과시키려는 회로이고, 결국 철저하게 공진현상을 이용하는 것이다. 경우에 따라 직렬과 병렬 LC 조합을 잘 이용하면 필터와 각종 주파수 선택적 기능을 할 수 있는 공진부를 만들 수 있다.

4-1d 자기공진주파수 (Self Resonating Frequency)

사실 지금까지 언급한 L과 C에 대한 내용은 모두 이상적인 경우이다. 그러나 실제로 인덕터와 캐패시터를 사용할 때 꼭 알아두어야 할 것이, 바로 SRF(자기공진주파수)이다. 그림4-8은 실제 인덕터의 S21을 나타낸 것이다. 인덕터건 캐패시터건 특정주파수를 넘어 버리면 자신의 역할이 반대로 뒤집어진다는 것이다. 인덕터가 캐패시터로 동작해 버리고, 캐패시터가 인덕터로 동작해 버리는 예상치못한 상황이 발생한다. 그래서 이렇게 역할이 깨져버리는 주파수점이 마치 공진점과 같기 때문에 자기공진주파수(Self Resonating Frequency)라 불린다.

따라서 모든 인덕터, 캐패시터를 사용할 때는 반드시 SRF보다 어느 정도 낮은 주파수에서 사용해야 하며, 특히 인덕터 쪽에서 더 주의를 요한다. 그림4-9는 실제 소자의 인덕터와 캐패시터의 SRF 그래프를 보여준 것이다. 둘 다 특정주파수 이후로 본연의 기능을 잃고 반대의 소자로 동작하고 있다.

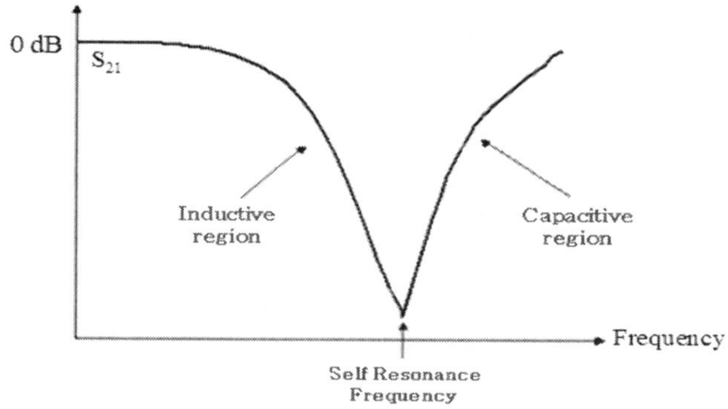

그림 4-8. 자기공진회로의 주파수특성

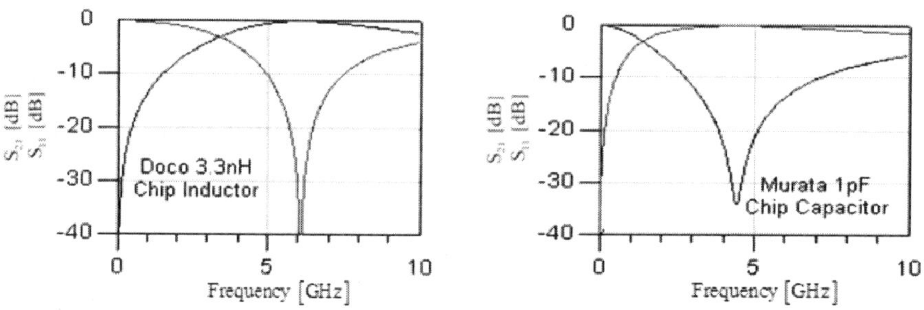

(a) Lumped element(chip inductor) (b) Lumped element(chip capacitor)

그림 4-9. 실제 인덕터 소자와 캐패시터 소자의 SRF 특성

그렇다면 왜 실제상에서 이런 일이 발생하는가? 아래 그림4-10의 Sprial 인덕터의 예를 보도록하자.

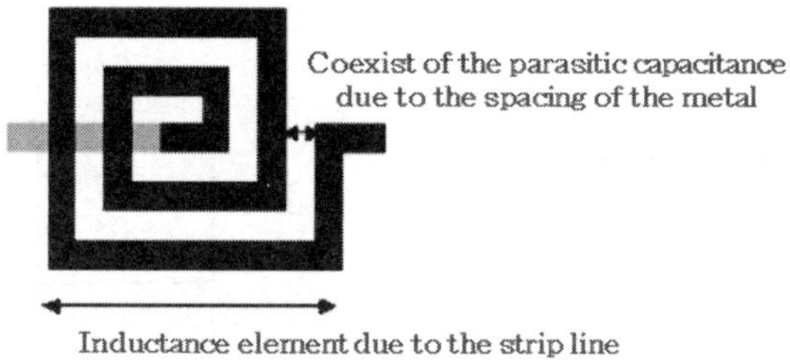

그림 4-10. Sprial 인덕터

Spiral 인덕터를 자세히보니, 금속길이와 상호유도용량의 증가로 인해 각 금속간의 간격이 존재하고 그 간격에 의해 정전용량이 존재한다. 그리고 L과 C는 주파수가 올라갈수록 반대의 증가/감소 특성을 갖고 있기 때문에, 주파수가 올라가다 보면 두 역할이 바뀌어 버리는 것이다. 다시 말해서 실제로 소자를 만들고 나면 인덕터에는 기생 정전용량이, 캐패시터에는 기생 유도용량이 생기기 때문이다. 위의 spiral 구조뿐만 아니라 모든 인덕터/캐패시터에서 위와 같은 문제가 발생한다. 그래서 어느 주파수가 넘어서면 기생성분들의 특성을 무시할 수 없는 그 지점이 SRF가 된다. 소자값이 커질수록 실제 소자의 물리적 구조도 커지기 때문에, 더불어 기생성분도 더 커져서 결국 SRF는 점점 작아진다. 즉, 쓸 수 있는 주파수 영역이 좁아진다는 의미이다. 대부분의 일반적인 집중정수소자들은 SRF가 수GHz 대밖에 안되어, 그 이하의 주파수에서만 사용해야 한다. 결국 아주 높은 주파수에서는 집중정수소자를 사용하지 못하게 되고, 그래서 동축선로나 마이크로스트립 같은 분산소자로서 L, C를 구현할 필요가 생기는 것이다.

4-1e 구조적 공진

전기적인 공진은 유도용량과 정전용량의 조합에 의한 표현이지만 구조적 공진은 근본 원리는 유사하지만 현상은 좀 다르다. 구조적 공진을 설명할 때 꼭 나오는 단어가 있는데 바로 공동이다. 공동은 내부가 공기 또는 유전체로 채워져 있는 금속통을 의미한다. 공동은 도파관처럼 사각형(rectangular)과 원통형(cylinder)이 있으며, 공정 편의상 대부분 사각형 공동이 많이 사용된다(그림4-11).

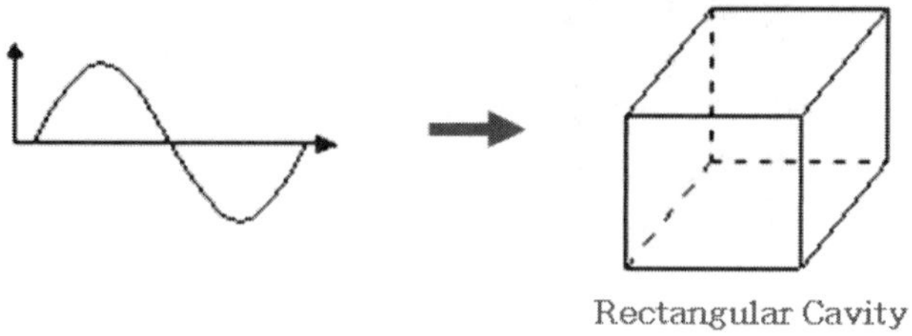

그림 4-11. 사각형 공동의 전자기파동

공동내의 전자기파동은 zero-crossing point를 기준으로 반사특성이 발견된다. 그래서 아래와 같이 여러 모드(mode)로 공진을 하게되며 공진모드는 공동의 각 방향별로 얼마나 많은 반파장의 파동수가 존재하느냐로 표현된다(그림4-12).

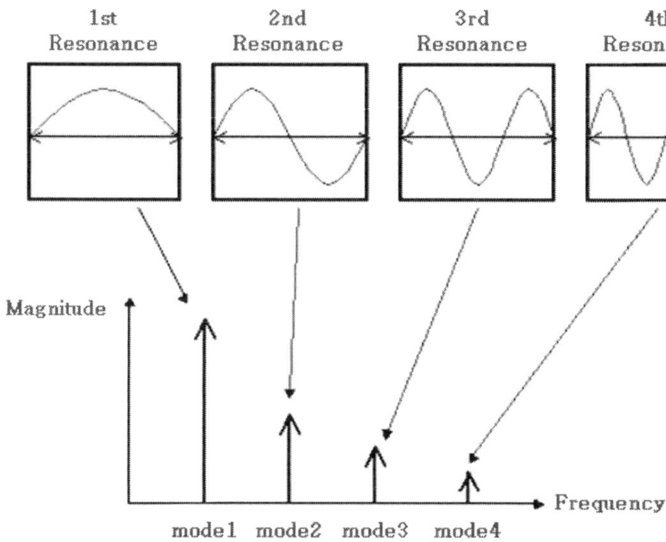

그림 4-12. 공진모드별 전자기 파동

대전력을 다루는 도파관 필터는 위와 같은 공동을 연결하여 쉽게 대역통과필터를 구성할 수 있다. 종종 이런 공동공진은 하우징(housing)에 의해서도 발생한다. 소위 케이스발진 이라고도 불리우는 공동 발진은 모듈 작업을 하면서 회로를 금속 케이스 내에 담다보면 발생한다.

하우징을 위한 금속벽들로 인해 그 자체가 공동을 구성하기 때문이다. 이러한 문제를 피하려면 케이스 자체를 설계할 때 사용주파수가 공진하지 않을 만한 구조적 크기인지 미리 계산할 필요가 있다. 또는 내부에 전자파 차폐용 페라이트 흡수체를 붙이는 것도 방법이다. 특히 공진부를 만들어서 이용하는 발진기의 경우, 케이스 구조에 크게 영향을 받는 경향이 있어 뚜껑을 닫으면 특성이 틀어지는게 오히려 당연한 현상이다. 그래서 많은 시뮬레이션 툴을 잘 보면 마이크로스트립 조건을 정할 때 두께와 유전율말고, 케이스의 높이까지 입력하는 기능이 있다. 주로 회로기판과 전자기장방향 구조상 위쪽 뚜껑에 민감하게 되므로 그 뚜껑의 높이를 어느정도 미리 예상하여 설계할 필요가 있는 것이다. 결국 하우징 케이스는 외부 전자기장이나 회로에 의해 영향받지 않도록 안정적으로 밀폐시키는 효과와 함께, 그 내부에서 나가지 못해서 맴도는 전자기장이 성능을 깎아먹지 않도록 하기 위함이다.

유전체공진기라고 불리는 유전체공진의 경우 역시 구조적인 공진에 가깝지만, 위의 공동과는 그 원리가 또 다르다. 공기와 다른 고유전율을 가진 유전체는, 어떻게 보면 내부가 공기로 채워있는 공동의 크기를 축소해놓은 형태이지만, 금속 공동과 크게 다른 점은, 외부의 전자기장을 받아서 공진시킬 수 있는 덩어리(bulk)라는 점이다. 유전체 공진기 역시 공동과 마찬가지로 공진되는 전기장과 자기장결합 형상에 대해 여러가지 공진모드를 가지고 있으며, 그 자체로 복잡한 수학적인 개념이 매우 중요시되는 분야이다. 다음 장에서 좀 더 상세히 소개할 것이다. 도파관 형태의 공동은 사방이 금속으로 막혀있기 때문에 동축선으로 벽에 구멍을 뚫어서 급전을 해야한다.

모드의 이해

마이크로파에서 모드란 것은, 실제로는 극히 간단한 개념임에도 불구하고 의외로 제대로 이해하고 있지 못한 경우가 많다. 하지만 3D EM 시뮬레이션을 하려는 경우에는 어떤 식으로든 모드에 대해 개념이 필요해진다. 모드란 것은, 어떤 구조물에서 특정주파수의 에너지가 집중되는 형태를 의미한다. 공진기에서의 모드라면 공진주파수와 그 공진형태를 의미하는 것이고, 도파관이나 전송선로의 경우 특정주파수대역의 전자기파가 진행하는 형태를 의미한다. 이것은 구조특성에 따라 에너지가 특정주파수에 집중되는 현상과 관련 있다. 여기서 중요한 것은 모드는 결국 구조물의 형태에 의해 결정된다는 점이다. 사용자가 특정모드를 사용하기 위해서는, 그 모드에 원하는 주파수에너지가 수렴되도록 구조를 설계 해야 한다는 의미이다.

모드의 종류

여기서는 공진모드 보다는 진행모드(propagation mode)에 대해 알아보도록하자. 결국은 비슷한 의미이긴 하지만 실제로 회로/구조물 설계에 많이 응용되는 진행모드에는 크게 TEM, TE, TM 의 3가지 정도가 많이 사용된다. 이것은 전자기파가 진행하는 방향과 전자기장의 수직여부에 따라 결정된다.

TEM (Transverse ElectroMagnetic): 진행방향과 전기장, 자기장이 수직인 경우로 전송선로 모드로서 마이크로스트립, 스트립선로, 동축선로, Coplanar 도파관, 평행판 등이 이에 해당한다. 두 개의 금속이 일정한 방향으로 평행하게 진행하기 때문에 진행방향에 전기장과 자기장이 동시에 수직으로 존재할 수 있다.

TE (Transverse Electric): 진행방향에 전기장만 수직인 경우와 TM (Transverse Magnetic): 진행방향에 자기장만 수직인 경우로 일반적인 금속 도파관의 경우 형성되는 모드이며, 전송선로와 달리 하나의 금속관 내에서 평면파의 특정 장 성분의 bounce효과가 일어나기 때문에, 전기장이나 자기장 중 어느 한쪽은 진행방향에 수직일 수가 없다. 이러한 도파관의 TE, TM 모드는 구조특성에 따라 자동적으로 결정되는 것으로서, 특정한 모드를 사용하기 위해서는 도파관의 크기를 그에 맞게 결정하게 된다. 평면적인 그림으로는 다소 이해가 어려울 수 있지만, 그림4-13을 잘 보면 마치 특정 장이 위아래로 반사되는 것처럼 보이는 전자기파는 전기장 혹은 자기장 중 한가지만 진행방향에 수직될 수밖에 없음을 알 수 있다. 그림에서 보면 양 옆 방향으로 걸린 장이 진행방향과 수직이고, 위 아래방향으로 걸린 장은 반사되면서 그 각이 계속 변하여 진행방향과 수직을 이루지 못함을 알 수 있다.

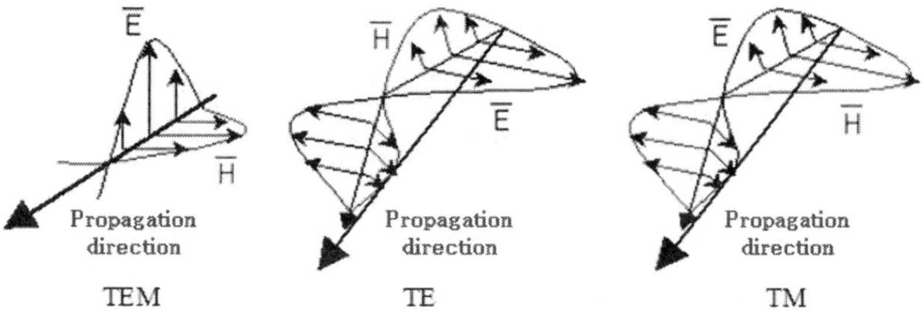

그림 4-13. 공진 모드별 전자기 파동

모드 계수

모드에는 TE21, TM01과 같이 각각 단수(order)를 의미하는 계수가 아래첨자로 붙어 있는데, 주로 TE/TM 파에서 중요한 의미로 분류된다. 전자파는 전압이 "+"와 "-"로 교차되는 반파장 단위로 공진특성이 가장 강한데, 하나의 단위진행 경로당 몇 개의 반파장이 있는가에 대한 수치로 이해하면 쉽다. 그림4-14는 직사각형 도파관의 단면을 나타낸 것으로서, TE10과 TE20 모드의 차이가 어떤 것인지 개념적으로 쉽게 알 수 있다. 만약 TE30의 경우라면 한번의 단위 진행경로에 3개의 반파장 성분이 있고, TE01의 경우라면 아래 그림과 수직하는 방향으로 하나의 반파장이 단위 진행경로를 따라서 존재한다는 의미이다. 정확히 아래의 그림처럼 진행하는 것은 아니지만 모드계수가 파수(wave number)와 관련있다는 것을 쉽게 보여준다.

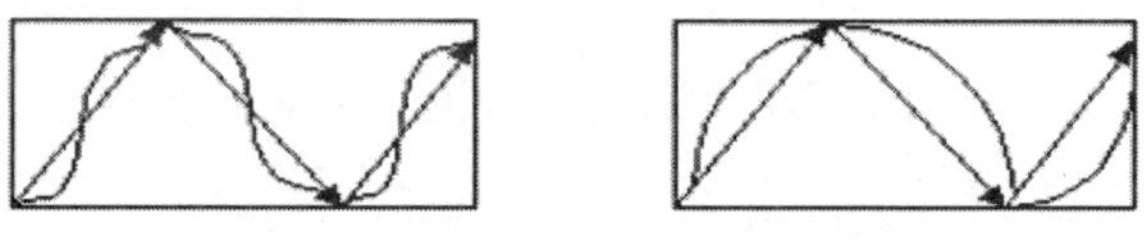

그림 4-14. 직사각형 도파관의 단면에서 모드에 따른 파장경로의 변화

일반적인 직시각형 도파관을 제작하면 TE10 - TE20 - TE01 -TE11, TM11 ... 의 순서대로 모드가 생성된다. 여기서 모드가 생성된다는 의미는 인위적으로 제조해낸다는 뜻이 아니라, 구조특성에 대해 전자기파들이 왔다 갔다 하면서 자동적으로 해당모드로 에너지가 수렴된다

는 의미이다. 여기서 가장 에너지가 집중되는 맨 처음 모드를 기본모드라고 부른다. 모드가 파장과 관계된 것이기 때문에, 구조특성에 따라서는 전자파가 진행하기 어려운 경우가 발생한다. 그래서 도파관에서는 차단(cutoff)주파수가 존재한다.

4-2 공진회로인 임피던스 정합

공진은 곧 주파수 선택적 특성을 말하므로 결국 필터의 동작원리 그 자체가 된다. 그리고 임피던스 정합도 일종의 임피던스 변환성격의 필터이다. 그렇다면 임피던스 정합은 공진일까? 임피던스 정합은 서로 다른 임피던스를 가진 두 단간에서, 특정 주파수에서 신호의 흐름을 좋게 만드는 것이 목적이다. 즉 주파수 선택적 특성이 들어간다. 다시한번 강조하면 주파수 선택적 특성을 가지는 모든 경우는 공진의개념에 포함된다. 결국 임피던스 정합도 공진의 연장선상에 있는 것이다.

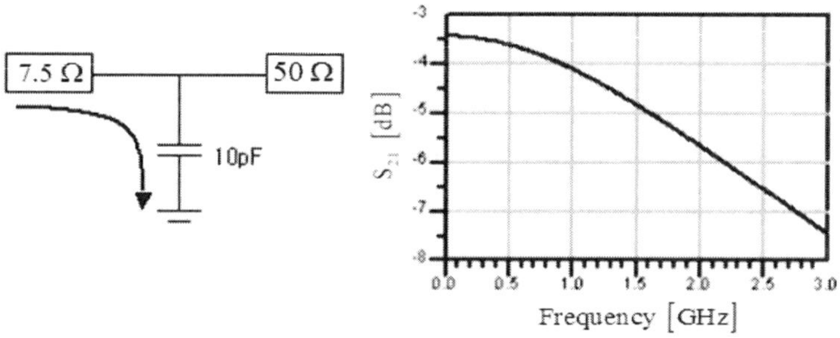

그림 4-15. 임피던스 정합회로 및 주파수특성

그림4-15는 7.5옴과 50옴의 서로 다른 임피던스간을 연결하고 병렬로 10pF의 캐패시터를 달아놓은 예이다. 만약 이처럼 마이크로파신호가 지나가는 선로에 병렬로 캐패시터를 놓으면 교류전원의 개념으로 고주파가 될수록 임피던스가 낮아지면서 신호를 잘 통과시키게되어 단락의 현상이 일어난다. 결국 마이크로파신호는 접지로 모두 빠져나가게 된다.

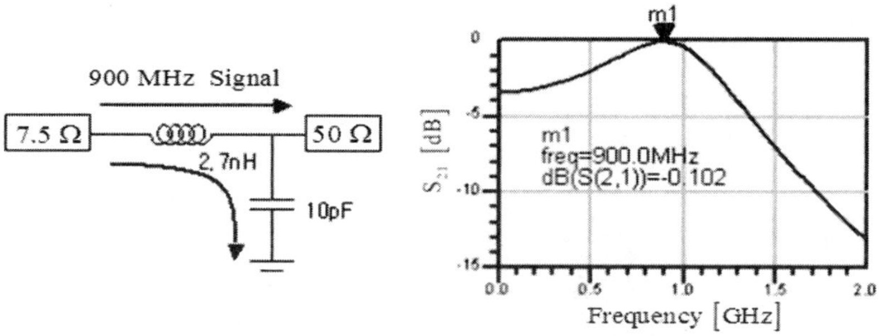

그림 4-16. 인덕터를 추가한 임피던스 정합회로 및 주파수특성

여기에 직렬로 2.7nH의 인덕터를 연결하면 저역통과필터형태의 정합단이 구성된다(그림 4-16). 그런데 여전히 마이크로파 선로에 캐패시터가 병렬로 붙어있어 왠지 저 캐패시터로 마이크로파 신호가 샐 수도 있다는 생각이든다. 그러나 S21 신호통과 그래프를 잘 보면 900MHz 에서는 마이크로파 신호가 새지 않고 신호단을 잘 통과하고 있음을 알 수 있다. 여기서 한가지 명확히 짚어 볼 수 있는 것은 임피던스 정합단에 병렬로 캐패시터가 있다고 해서 무조건 마이크로파 신호가 새지는 않는다는 점이다. 좀더 정확히 말하면, 정합되는 주파수의 신호가 새지 않는 것이다. 그러나 정합주파수에서 멀어질수록 병렬로 연결된 캐패시터로 신호가 새어나가서 결국 전달이 잘 되지 않게된다. 이것도 공진의 개념이 포함된 것이다. 결국 특정주파수(즉, 정합주파수)에서만 병렬캐패시터로 에너지가 유출되지 않는 것은 정합회로가 그 주파수에서 공진하고 있기 때문이다. 병렬 캐패시터만 존재하면 모든 주파수가 다 새어 나가겠지만, 직렬 인덕터가 같이 붙어 있으면서 병렬 캐패시터로 빠져나가는 에너지 중 일부 주파수를 끌어오게 된다. 그래서 특정주파수 신호가 주기성을 갖고 변할 때, 병렬 캐패시터와 직렬 인덕터가 그 주파수에 맞게 전기장과 자기장으로 에너지를 서로 손실없이 주고 받으면서 허수 임피던스를 "0"으로 만들어 신호를 잘 전달시키는 것이다. 즉 병렬 캐패시터와 직렬 인덕터로 구성된 정합단에서는 특정주파수의 주기성과 일치하는 고유 공진주파수를 갖게 되고, 그것이 결국 정합주파수가 되는 것이다. 위의설명을 다시한번 정리하면, 유도용량과 정전용량, 임피던스 정합 그리고 공진의개념이 일맥 상통하고 있다는 것을 알 수 가 있다. 굉장히 중요한 개념이다.

4-3 공진에서의 Q값

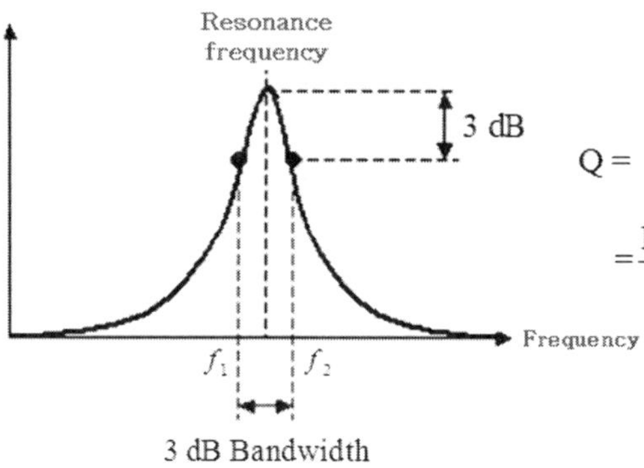

$$Q = \frac{f_r}{f_2 - f_1} = \frac{\text{Resonance frequency}}{\text{3dB Bandwidth}}$$

공진에서의 Q(품질계수)는 주파수선택 특성 품질을 의미한다. 그 정의는 아래와 같다. 공진 주파수점에서 양쪽으로 3dB, 즉 반으로 감쇄되는 지점의 주파수간의 차이를 소위 3dB 대역폭이라고 하는데, 공진주파수를 3dB 대역폭으로 나눈 것이 바로 Q값이다. 즉 공진특성이 좋을 수 록 3dB 대역폭은 좁아질 것이고, 결국 Q값은 커진다. 이것은 소위 회로 Q 라고해서 회로에서의 대역폭과 관련된 개념이다. Smith 도표에서 회로의 Q에 대해 논의했지만, Q가 낮으면 대역이 넓다는 의미이고 높으면 협대역의 의미이다(그림4-17). 공진이란게 결국 특정주파수의 선택특성을 말하는 것이기 때문에, 얼마나 우수하게 주파수를 선택해낼 수 있느냐를 의미하는 지표가 결국 Q값인 것이다. Q값은 대체로 높아야 좋은 경우가 많지만, 역으로 낮아야 할 경우도 있기 때문에 단순히 어떤 값이 좋다고 말할 수 는없다. 그보다는 Q값을 통해 어느 정도의 선택도와 대역폭을 가질 수 있는지를 아는것이 중요하다.

위에서 정의했던 대역폭의 Q값은 공진기에서 아래와 같은 수식으로 표현될 수 있다.

$$Q \equiv 2\pi \left.\frac{\text{Energy Stored}}{\text{Energy Loss per Cycle}}\right|_{\text{at } \omega_r} = \omega_r \left.\frac{\text{Energy Stored}}{\text{Average Power Loss}}\right|_{\text{at } \omega_r} \quad (4\text{-}4)$$

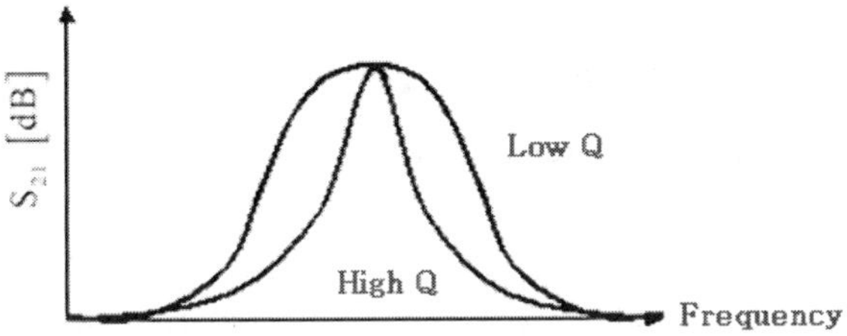

그림 4-17. Q값에 따른 주파수 대역폭의 변화

결국 저장되는 에너지와 손실되는 에너지의 비에 주파수개념을 적용한 수식으로서, 같은 Q인데 표현만 다른 것이다. 대역폭의 Q값은 실제 측정을 통해 알아낼 수 있는 값이고, 아래의 수식은 공진기의 각종 조건을 통해 그 Q값을 미리 계산하기 위해 필요한 것이다.

$$Q(series\ \ LC) = \omega_0 \frac{2W_m}{P_{loss}} = \frac{\omega_0 L}{R} = \frac{1}{\omega_0 RC} \tag{4-5}$$

$$Q(shunt\ \ LC) = \omega_0 \frac{2W_m}{P_{loss}} = \frac{R}{\omega_0 L} = \omega_0 RC \tag{4-6}$$

이러한 Q값의 공식을 잘 보면, LC 말고도 R값이 포함되어 있다. 즉, 그림4-18과 같이 실제로 공진부만의 특성을 의미하는 것이 아니라 부하(R)가 걸린 상태에서의 회로 Q값이다. (부하 Q)

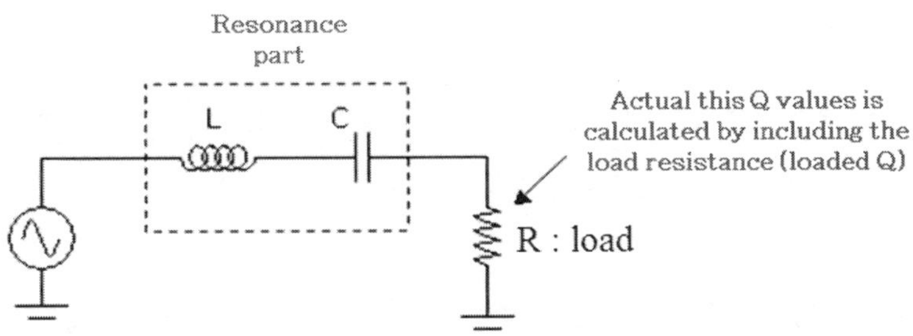

그림 4-18. 부하저항을 포함한 실제 Q값 측정을 위한 LC회로

실제로 Q는 위에서 입출력 부하 R과 L 값에 따라 Q값의 계산이 바뀌게 된다. 그렇기 때문

에 실제 최종적인 Q값이 어떻게 될지는 단순히 공진부만으로 결정되는 것이 아니라는 점이 문제이다. 그래서 부하가 걸린 상태의 Q(부하 Q)값과 부하가 걸리지 않은 공진기만의 Q(무부하 Q)값으로 분류하여 계산하는 것이다.

4-4 기본적인 공진회로

그림 4-19는 교류전원과 연결된 직렬과 병렬공진 L-C 회로를 보여준다. 직렬의 경우(a) R_G와 직렬로 연결된 전압전원 $\mathbf{V}_G$는 교류전원을 나타내고 반면에 병렬의 경우(b) 동등한 전류가 사용되어진다. 그러므로 $\mathbf{I}_G = \mathbf{V}_G/R_G$ 이고 $G_G = 1/R_G$ 이다.

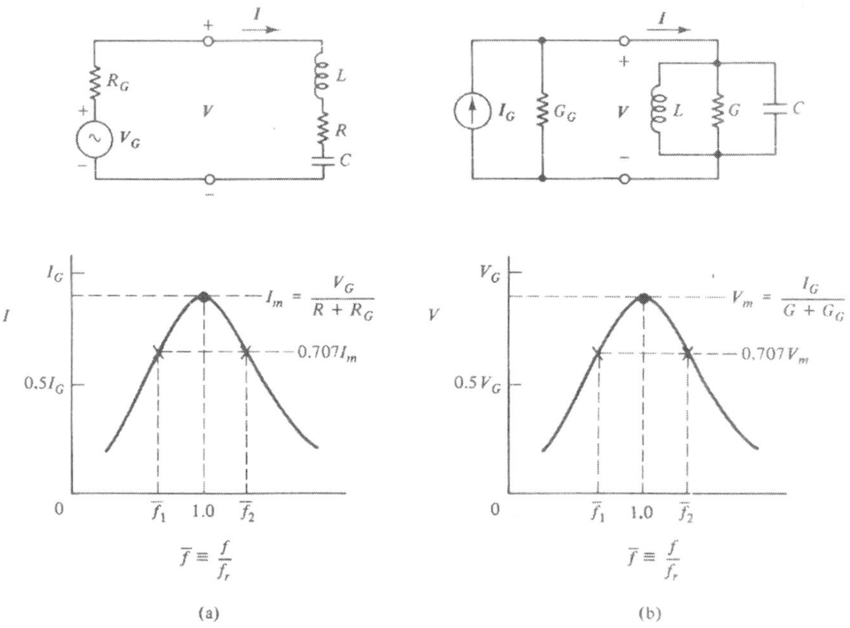

그림 4-19. 직렬과 병렬공진 L-C 회로 (주: $R_G = 1/G_G$, $I_G = V_G/R_G$, 그리고 $V_G = I_G/G_G$)

직렬과 병렬공진회로는 각각 R-L-C 과 G-L-C 로 표현된다. R과 G는 외부손실이 아닌 공진회로 자체의 손실과 연관된다. 특히 $G \neq 1/R$ 임을 주목해야한다. 두 회로 모두 공진주파수는 다음과 같이 주어진다.

$$\omega_r = 2\pi f_r = \frac{1}{\sqrt{LC}} \tag{4-7}$$

직렬의경우, 공진회로의 임피던스는 $Z = R + j(\omega L - 1/\omega C)$ 이다. 공진에서는 $\omega_r L = 1/\omega_r C$ 이기 때문에 $Z = R$ 이다. 병렬의경우는 어드민턴스가 $Y = G + j(\omega C - 1/\omega L)$ 이고 공진에서 $Y = G$ 이다. 두 경우 모두 전류와 전압의 주파수 응답은 각각의 회로에서 아래와 같이 보여준다. 먼저 공진주파수에서 저장에너지와 에너지손실의 항으로 임의의 공진현상을 앞서 절에서와 같이 품질계수 Q 로 정의할 수 있다. 즉,

$$Q \equiv 2\pi \left.\frac{\text{Energy Stored}}{\text{Energy Loss per Cycle}}\right|_{\text{at } \omega_r} = \omega_r \left.\frac{\text{Energy Stored}}{\text{Average Power Loss}}\right|_{\text{at } \omega_r} \tag{4-8}$$

실제적으로 고려되어지는 손실에 의존하고 있는 3종류의 Q 가 있다.

$$\begin{aligned}
&\text{Unloaded } Q : Q_U \equiv \omega_r \left.\frac{\text{Energy Stored in the Resonator Circuit}}{\text{Power Loss in the Resonator Circuit}}\right|_{\text{at } \omega_r} \\
&\text{External } Q : Q_E \equiv \omega_r \left.\frac{\text{Energy Stored in the Resonator Circuit}}{\text{Power Loss in the External Circuit}}\right|_{\text{at } \omega_r} \\
&\text{Loaded } Q : Q_L \equiv \omega_r \left.\frac{\text{Energy Stored in the Resonator Circuit}}{\text{Total Power Loss}}\right|_{\text{at } \omega_r}
\end{aligned} \tag{4-9}$$

무부하(unloaded) Q 는 공진회로 자체의 품질계수를 측정하면 된다. 무한한 Q_U 는 공진 회로가 전력소모가 없음을 의미한다. 외부부하(external) Q 는 공진회로가 외부의 회로와 결합된 정도를 측정한다. 이 결합을 조절하는 방법은 다음절에 소개하도록 한다. 3종류의 Q 요소들 사이의 관계는 식(4-9) 으로부터 유도할 수 있다.

$$\frac{1}{Q_L} = \frac{1}{Q_E} + \frac{1}{Q_U} \tag{4-10}$$

그러므로 부하(loaded) Q 는 또한 공진회로와 외부회로와의 결합된 정도의 함수이다. 이는

그림 4-19에서 보여주듯이 네트웍의 주파수 반응으로 나타낼 수 있다.

$$Q_L = \frac{f_r}{f_2 - f_1} = \frac{\text{Resonator Frequency}}{\text{3 dB Bandwidth}} \tag{4-11}$$

여기서 f_1과 f_2는 전류 또는 전압이 공진점에서 자기값의 0.707 을 가지는 주파수이다. 이는 전력과 주파수 그래프에서 전력의 절반지점과 연관함을 주목해야 한다. 또한 $f_r = \sqrt{f_1 f_2}$ 을 주목해야 한다.

그림 4-19(a) 의 직렬공진회로에서

$$Q_U = \frac{\omega_r L}{R},\ Q_E = \frac{\omega_r L}{R_G},\ \text{그리고}\ Q_L = \frac{\omega_r L}{R + R_G} \tag{4-12}$$

그림 4-19(b) 의 병렬공진회로에서

$$Q_U = \frac{\omega_r C}{G},\ Q_E = \frac{\omega_r C}{G_G},\ \text{그리고}\ Q_L = \frac{\omega_r C}{G + G_G} \tag{4-13}$$

공진회로의 주파수 선택도는 Q_L 의 함수이므로, 부하 Q는 공진($\Delta\omega = \omega - \omega_r$)으로부터 전원 주파수의 변화당 리액턴스(또는 서셉턴스)의 변화와 관련한다. 이 관계식은 아래와 같다.

직렬공진에서

$$Q_L = \frac{1}{2} \lim_{\Delta\omega \to 0} \left[\frac{\dfrac{\Delta X}{R_G + R}}{\dfrac{\Delta\omega}{\omega_r}} \right] = \frac{\omega_r}{2(R_G + R)} \left. \frac{dX}{d\omega} \right|_{\omega = \omega_r} \tag{4-14}$$

병렬공진에서

$$Q_L = \frac{1}{2} \lim_{\Delta\omega \to 0} \left[\frac{\dfrac{\Delta B}{G_G + G}}{\dfrac{\Delta\omega}{\omega_r}} \right] = \frac{\omega_r}{2(G_G + G)} \left. \frac{dB}{d\omega} \right|_{\omega = \omega_r} \tag{4-15}$$

만일 무부하 Q가 무한($R = G = 0$)하다면, 이들 표현은 외부부하 Q로 정의된다. 역으로 R_G와 G_G가 "0" 이면 그것들은 회로의 무부하 Q로 표현된다. 그러므로 직렬과 병렬의 공진회로에서 여러가지 Q는 공진점에서 그들의 리액턴스와 서셉턴스 기울기의 항으로 정의된다. 이들 표현은 특히 전송선로 공진회로를 분석하는데 유용하다.

그림 4-19에서 회로의 임피던스와 어드미턴스는 직렬의경우 $Z = R + j(\omega L - 1/\omega C)$ 이고 병렬의경우 $Y = G + j(\omega C - 1/\omega L)$ 이다. 전송선로회로에서는 리액턴스 요소들이 집중정수 소자가 아니고 분산소자들이다. 결과적으로, Z와 Y를 위한 이들 표현은 매우 유용하지않다. 마이크로파 주파수에서는 쉽게 측정되는 양들의 항으로 다시 표현되어지는게 도움이 된다. 다음은 식(4-7), (4-12) 그리고 (4-13)을 사용하여 다시 표현하였다.

직렬공진에서

$$Z = (R_G + R)\left[\frac{Q_L}{Q_U} + jQ_L\varepsilon_f\right] \approx R_G\left[\frac{Q_L}{Q_U} + jQ_L\varepsilon_f\right] \tag{4-16}$$

병렬공진에서

$$Y = (G_G + G)\left[\frac{Q_L}{Q_U} + jQ_L\varepsilon_f\right] \approx G_G\left[\frac{Q_L}{Q_U} + jQ_L\varepsilon_f\right] \tag{4-17}$$

근사치의 표현은 $Q_U \gg Q_E$ 에서 정당하다. 정합 전원을 위하여, $R_G = Z_0$ 그리고 $G_G = Y_0$ 이면 $Z_0 = 1/Y_0$ 는 연결된 선로의 특성임피던스이다. 위 두 식에서 ε_f 는 다음과 같이 정의되어진다.

$$\varepsilon_f \equiv \frac{\omega}{\omega_r} - \frac{\omega_r}{\omega} = \frac{f}{f_r} - \frac{f_r}{f} \tag{4-18}$$

여기서 ω와 f는 교류전원의 주파수를 나타낸다. 그러므로 ε_f 는 주파수의 변화를 나타내는 다른 표현이다. 위 수식의 형태는 전원 주파수가 회로의 공진주파수와 같을 때 즉, $\varepsilon_f = 0$일 때 공진회로를 다루는데 편리하다. $f > f_r$ 일 경우 ε_f 는 양수이고 $f < f_r$ 일 경우 ε_f 는 음수이다. 예를들어 만일 전원주파수가 f_r 아래 10 % 즉, $f/f_r = 0.90$ 이면

$\varepsilon_f = -0.21$ 이다. Δf 가 공진으로부터 전원 주파수의 변화량을 정의한 것으로

$$\varepsilon_f = (1+\frac{\Delta f}{f_r}) - (1+\frac{\Delta f}{f_r})^{-1} \approx 2\frac{\Delta f}{f_r} \tag{4-19}$$

여기서 $\Delta f \equiv f - f_r$ 이다.

근사치의 형태는 $|\Delta f| \le 0.20 f_r$ 인 10 % 이내에서 정확하다.

여기서 개발되어진 여러가지 표현들은 1단 대역통과와 대역저지필터를 위한 삽입손실과 위상 방정식을 얻는데 사용되어질 것이다.

4-5 마이크로파 공진기의 원리

대부분의 경우, 공진기는 저손실 전송선로단으로 나뉘어진 2개의 반사면들로 구성된다. 이들 선로는 동축형, 스트립선로, 공동 도파관 또는 다른 도파관 전송구조들 일 것이다. 공진기의 특성은 전송선로 이론과 4-4절의 관계식으로부터 유도된다. 또한 이들 특징들은 공진기내의 전자기장의 분석으로부터 유도될 것이다.

4-5a 개방과 단락된 TEM 선로 공진기

우리는 2-4절에서 확실한 값 βl 을 가지고 단락과 개방회로 전송선로의 입력특성이 기본적인 직렬과 병렬 공진회로와 매우 유사함을 보았다. 예로, 그림2-9는 $\beta l = n\pi(n=1,\ 2,\ 3,\ ...)$ 근처에서 단락선로의 입력임피던스가 공진점에서 직렬 L-C 회로와 유사함을 보여준다. 단락선로의 길이가 $\lambda/4$ (즉, $\beta l = (2n-1)\pi/2$)의 odd-multiple 이 되는 주파수라면, 입력특성은 공진점에서 병렬 L-C 회로와 유사하다. 유사한 언급은 그림 2-11의 개방회로선로에도 적용된다. 다만, 간단한 L-C 회로와 다르게, 전송선로단의 입력임피던스와 어드미턴스는 무한한 수의 pole과 zero를 가진다(참고문헌4-1).

전송선로 공진기의 무부하 Q

그림 4-20은 마이크로파 전원과 연결된 단락회로의 전송선로를 보여준다. 입력 임피던스는

$Z_L = 0$ 과 $d = l$ 을 가지고 식 2-42 에의해 주어진다. 즉, $Z_{in} = Z_{01}\tanh(\alpha l + j\beta l)$ 이다. 저손실 선로($\alpha l < 0.1\ \text{Np}$)에서 $\tanh\alpha l \approx \alpha l$ 이므로 입력 임피던스는 아래식과 같이 간략화 된다.

$$Z_{in} \approx \frac{Z_{01}\alpha l(1+\tan^2\beta l) + jZ_{01}\tan\beta l}{1+(\alpha l\tan\beta l)^2} \tag{4-20}$$

$\beta l = n\pi$ 근방에서 임피던스는 직렬 공진회로의 것과 유사하게 행동한다. 이 조건을 위하여, $\tan^2\beta l = 1$ 이고 입력임피던스는 간략화된다.

$$Z_{in} \approx Z_{01}\alpha l + jZ_{01}\tan\beta l \tag{4-21}$$

단락선로 공진기의 무부하 Q 의 표현은 위식으로부터 얻어질 수 있다. $R_G = 0$ 을 가지고 식 (4-14)은 직렬 공진회로의 무부하 Q 가 된다. 여기서 R 은 공진점에서 입력임피던스를 나타낸다. 직렬공진에서 단락선로는 $\beta l = n\pi$ 이고 그러므로 입력임피던스는 간략히 $Z_{01}\alpha l$ 이다. 그러므로

$$Q_U = \frac{\omega_r}{2Z_{01}\alpha l}\frac{d(Z_{01}\tan\beta l)}{d\omega}\bigg|_{\omega=\omega_r} \tag{4-22}$$

여기서 $\omega_r = n\pi\upsilon/l$, $\beta = \omega/\upsilon$ 이므로 Z_{01} 과 υ 는 주파수에 무관하다. (TEM 선로의 가정하에) 위 표현은 아래와 같이 줄어든다.

$$Q_U = \frac{\beta}{2\alpha} = \frac{\pi}{\alpha\lambda_r} \tag{4-23}$$

여기서 α 와 β 는 공진점에서 전송선로의 감쇄와 위상상수이고 λ_r 는 공진파장이다. 이 표현은 개방회로 공진기에서도 정당하다. 예를들어 만일 $\alpha = 0.005\ \text{Np/m}$ 을 가진 공기로 채워진 TEM 선로가 $f_r = 2\ \text{GHz}$ ($\lambda_r = 0.15\ \text{m}$)을 가진 공진기를 사용한다면, 마이크로 주파수에서 꽤 좋은 값인 약 $4,000$ 의 무부하 Q 를 기대할 수 있다.

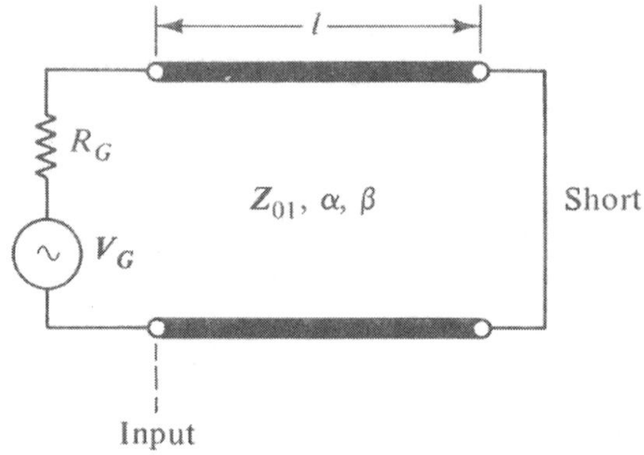

직렬공진인 경우: $\beta l = n\pi$, 병렬공진인 경우: $\beta l = (2n-1)\pi/2$ 여기서 $n = 1, 2, 3, \ldots$

그림 4-20. 단락회로 전송선로 공진기

직접 결합 공진기의 Q_E 와 Q_L

많은 마이크로파 전원들은 출력선로의 특성임피던스와 정합되어진다. 예를들어 상업적으로 이용되고 있는 동축형 전원들은 항상 50 ohm 출력선로를 사용한다. 그러므로 $R_G = 50$ 이다. 단락 또는 개방선로 공진기가 어떤 전원과 직접 연결되었을 때 외부부하 Q 와 부하 Q 는 꽤 작음을 지금 보여줄 것이다. 이것은 협대역 공진회로는 이러한 배열로 가능하지 않음을 의미한다.

그림 4-20에 보여지는 단락선로를 고려하자. 이것의 입력 어드미턴스는 $Y_{01}\coth(\alpha l + j\beta l)$ 이다. $\beta l = (2n-1)\pi/2$ 근방의 주파수에서, 입력 특성은 병렬 공진회로와 같다. 무손실 선로의 경우에

$$Y_{in} = -jY_{01}\cot\beta l \tag{4-24}$$

외부부하 Q 의 표현은 $G = 0$ 으로 놓으므로서 식(4-15)에의해 얻어진다.

$$Q_E = \frac{\omega_r l}{2v}\frac{R_G}{Z_{01}} = \frac{(2n-1)\pi}{4}\frac{R_G}{Z_{01}} \tag{4-25}$$

여기서 $G_G = 1/R_G$, $Y_{01} = 1/Z_{01}$ 이다.

우수한 품질을 가지는 공진기($Q_U \gg Q_E$) 의 경우, 이 표현은 또한 병렬공진의 부하 Q 를 나타낸다. 지금 $Z_{01} = 40$ ohms 을 가지는 $\lambda/4$ 단락선로 ($n = 1$)을 가정해보자. 이는 대략 "1"의 Q_E (그리고 Q_L) 값의 결과를 가질 것이다. 많은 적용에서 10 이상 (즉, 3 dB bandwidth < 10 %)의 Q_L 을 요구하기 때문에, 단락 또는 개방선로 공진기가 직접 전원과 연결하는 것은 어려울 것이다. 식(4-25)으로부터 높은 Q_E 값은 오직 Z_{01} 의 감소 또는 R_G 와 n 의 증가에 의해 얻어지는 것이 명백하다. 그러나 현실적으로 이러한 변화는 불가능하다. 본질적으로 Z_{01} 의 감소는 선로의 손실을 증가시키고 다음으로 회로의 무부하 Q 의 저하를 가져온다. 한편, R_G 는 정합된 전원에서 출력선로의 특성 임피던스가 또한 증가함을 요구하기 때문에 본질적으로 증가되어질 수 없다. 마이크로파 전송선로에서, Z_0 값이 150 ohms 을 많이 넘는다는 것은 비현실적이다. 결국, n 의 증가는 공진기의 물리적인 길이가 커지고 관련한 선로의 손실도 증가하기 때문에 또한 비현실적이다. 예를들어 만일 $n = 100$ 이라면, 회로는 $\lambda/4$ 길이 공진기의 199 배 만큼 더 길다. 추가적으로 더 명백한 단점은 회로는 요구되는 공진주파수의 매우 가까운 곳에서 불요파(spurious) 반응을 가질 것이다. 예로 $n = 100$ 일 경우, 두 개의 가장 가까운 지점($n = 99$ 과 101)은 오직 원하는 반응으로부터 1 % 이다. 이들 불요파 반응의 가까운 근사는 실제적으로 모든 적용에서 받아들이기가 어렵다. 유사한 언급을 개방회로 전송선로 공진기에 적용한다.

단락선로 공진기에서 Q_E 를 증가시키는 다른 방법은 병렬로 그것들을 많이 연결하는 것이다. m 개 공진기의 경우, Q_E 는 식(4-25)로부터 얻어지는 값의 m 배이다. 이는 회로 서셉턴스 B 와 $dB/d\omega$ 가 m 에 의해 곱해지기 때문이다. 그림 4-21(a)에 $m = 6$ 인 경우를 잘 보여주고 있다. (b)는 m 이 무한히 많아진 경우를 보여준다. 결과적으로 내부가 빈 원기둥형은 공동공진기로 알려진 마이크로파 구조중의 한 예이다. 전원임피던스의 변화없이 공진기의 외부부하 Q 를 조절하는 방법이 많이 있다. 가장 널리 이용되는 방법은 전원과 공진기사이의 리액턴스 결합을 포함하는 것이다. 2가지 예를 여기 소개한다.

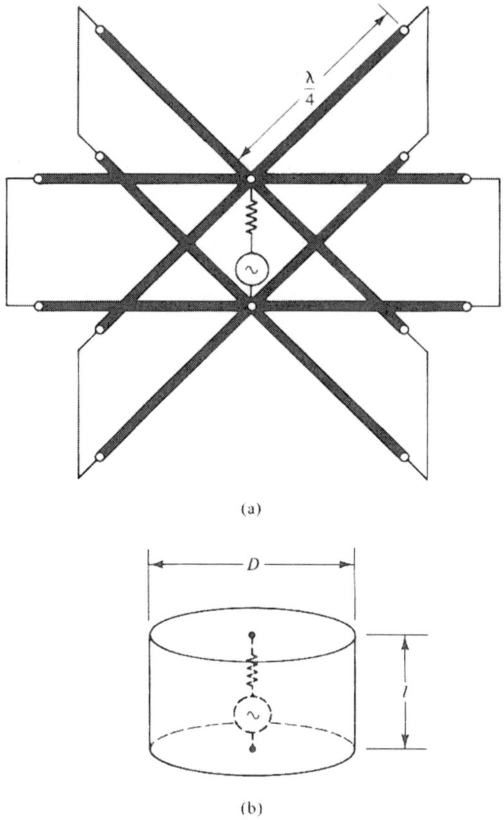

그림 4–21. 단락된 $\lambda/4$ 선로들의 병렬 연결에의한 실린더형태의 공동공진기

유도용량으로 결합된 단락선로 공진기

그림 4-22는 단락선로가 접지된 병렬 유도용량 L 을 통하여 전원과 정합되는 것을 보여준다. 우리는 적절히 선택된 L 에 의해, 원하는 값의 Q_E 와 Q_L 을 알 수 있다. 단락 선로와 유도용량은 병렬로 연결되어있기 때문에 전체 입력 서셉턴스는

$$B_{in} = -\frac{1}{\omega L} - Y_{01} \cot \beta l = -B_L - Y_{01} \cot \beta l$$

이고 $G = 0$ 과 $G_G = 1/R_G = Y_0$ 를 가지는 식(4-15)로부터 아래식을 얻는다.

$$Q_E = -\frac{\omega_r}{2Y_0}\frac{d}{d\omega}\left(\frac{1}{\omega L} + Y_{01}\cot\frac{\omega l}{\upsilon}\right)\Bigg|_{\omega=\omega_r} \tag{4-26}$$

여기서 병렬공진이므로, ω_r 은 $B_{in} = 0$ 인 경우 주파수로 정의된다. 즉,

$$\frac{1}{\omega_r L} = -Y_{01}\cot\frac{\omega_r l}{\upsilon} \tag{4-27}$$

식(4-26)의 미분방정식과 위 공진조건을 사용하여 아래식을 얻는다.

$$Q_E = \frac{Z_0}{2Z_{01}}\left[\overline{B}_{L_r} + \phi_r(1+\overline{B}_{L_r}^2)\right] \tag{4-28}$$

여기서 $B_{L_r} \equiv 1/\omega_r L$, $\overline{B}_{L_r} \equiv B_{L_r}/Y_{01}$ 그리고 $\phi_r \equiv \omega_r l/\upsilon = 2\pi l/\lambda_r$,

위 표현은 삼각함수정의 $\csc^2\beta l = 1+\cot^2\beta l$ 를 사용하여 유도하였고 Z_{01} 과 υ가 주파수에 무관하다고 가정했다.

식(4-27)의 공진조건은 아래와 같이 다시 쓸 수 있다.

$$\phi_r = \frac{2\pi l}{\lambda_r} = \arctan\left(\frac{-1}{\overline{B}_{L_r}}\right) = \pi - \arctan\left(\frac{1}{\overline{B}_{L_r}}\right) \tag{4-29}$$

식(4-28)과 (4-29)는 유도성 결합과 단락된 공진기를 위한 설계 관계를 나타낸다. 다음의 한 예를 가지고 다시 설명해보도록 하자.

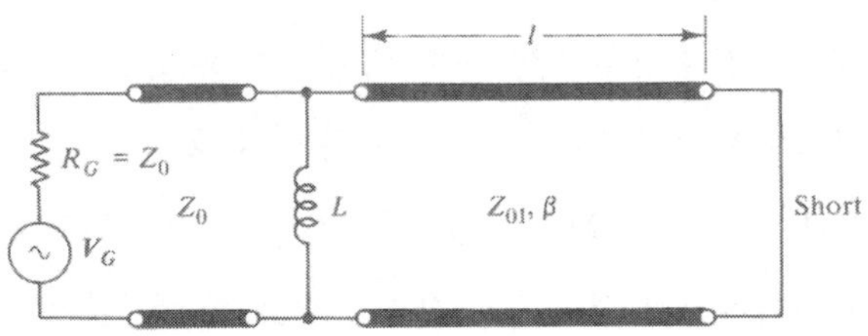

그림 4-22. 유도성 결합을 가지는 단락선로 공진기

예 4-1:

그림4-22의 유도성 결합 공진회로가 50 ohm 으로 전원과 정합되었다고 하자. 중심주파수 3,000 MHz, 3 dB 를 위한 대역폭 60 MHz 에서 L 과 l 의 값을 결정하자. $Z_{01} = 75$ ohm 가진 공기로 채워진 TEM 선로라고 가정하자.

해: 식(4-11)로부터 $Q_L = 3000/60 = 50$, $Q_U \gg Q_L$ 이라고 가정하면 Q_E 는 또한 50 이다. 높은 Q 값을 가지는 회로를 가지기 위하여 $\overline{B}_{L_r}$ 은 커야하고 $\phi_r \approx \pi$ 이다. 이러한 조건을 가지고 식(4-28)은 $\overline{B}_{L_r}^2 + 0.318\overline{B}_{L_r} - 46.7 = 0$ 또는 $\overline{B}_{L_r} = 6.68$ 이다. 그러므로 $B_{L_r} = 6.68/75$ 이고 $L = 1/\omega_r B_{Lr} = 0.596$ nH

식(4-29)로부터

$$\phi_r = \pi - \arctan(1/6.68) = 2.99 \text{ rad 또는 } l = (2.99)10/2\pi = 4.759 \text{ cm}$$

$\overline{B}_{L_r}$ 의 계산에서 $\phi_r \approx \pi$ 의 가정은 단지 2 % 의 에러를 가진다는 것을 주목하기 바란다.

위의 예는 B_{L_r} 은 임의의 요구되어지는 Q_E (그리고 Q_L)값을 얻기위하여 선택되어질 수 있음을 보여준다. 한번 B_{L_r} 이 결정되면 단락선로단의 정확한 길이는 공진 방정식으로부터 얻어진다. 회로는 입력 어드미턴스가 ω_r 에서 "0" 이기 때문에 병렬공진 조건을 가진다. 직렬공진 특성은 입력 지점에서 공진기방향으로 간단히 $\lambda/4$ 선로를 추가함으로서 얻어질 수 있다. 그림 4-23은 식(4-27)의 해를 그래프로 보여준다. 단락선로 에서 B_L 커브와 서셉턴스 커브가 만나는 지점은 공진조건임을 보여준다. 해는 ϕ_r 가 π, 2π 등의 근처에 존재한다. $\phi_r \approx \pi$ 에서 원하는 공진이기 때문에 첫 번째 불요파 반응은 거의 주파수에서 한 옥타브 떨어져있다. 또한 그래프의 해에서는 B_L 의 큰 값이 식(4-28)에 지적한 바와 같이 왜 Q_E 의 큰값을 가지는지를 보여준다. 식(4-15)로부터 공진주파수에서 큰 서셉턴스 기울기($dB/d\omega$)는 높은 Q 를 위한 핵심이다. B_L 을 증가함으로서 공진점은 $\phi = \pi$ 를 향하여 움직인다. 여기서 서셉턴스 기울기는 매우 급격하다. 한편, 이는 높은 Q 값의 결과를 가진다. 그러므로 B_L 은 Q_E 의 어떤 원하는 값을 가지기 위하여 선택되어질 것이다. 공진조건(식(4-29))은 결합(즉, B_L)의 함수임을 주목해야만 한다. 결과적으로, 결합의 어떤 변화는 공진주파수를 약간 움직이게 하는 원인을 줄 것이다. 이 사실은 많은 공진현상에서 볼 수 있다.

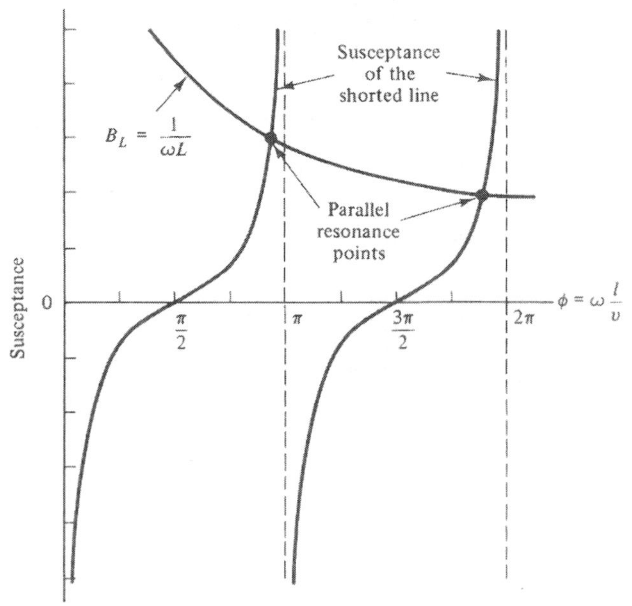

그림 4-23. 식(4-27)의 그래프 해, 유도성 결합을 가지는 단락선로 공진기를 위한 공진조건

정전용량으로 결합된 개방선로 공진기

스트립 전송선로 시스템에서 공진기로 개방회로선로를 사용하는 것이 종종 편리하다. 그림 4-24에 center conductor패턴과 등가회로를 보여준다. 개방선로 공진기는 직렬 정전용량 C 를 통하여 전원과 정합되도록 결합된다. Q_E 의 유도와 공진조건은 유도성 결합 단락선로와 유사하다. 이 경우에 전체 입력 리액턴스는

$$X_{in} = -\frac{1}{\omega C} - Z_{01}\cot\beta l = -X_C - Z_{01}\cot\frac{\omega l}{v} \text{ 이다.}$$

직렬공진은 $X_{in} = 0$ 일 때 발생하므로 공진조건은 아래와 같이 주어진다.

$$\phi_r \equiv \frac{2\pi l}{\lambda_r} = \arctan\left(\frac{-1}{\overline{X}_{C_r}}\right) = \pi - \arctan\left(\frac{1}{\overline{X}_{C_r}}\right) \tag{4-30}$$

여기서 $X_{C_r} \equiv 1/\omega_r C$, $\overline{X}_{C_r} \equiv X_{C_r}/Z_{01}$ 그리고 λ_r 은 공진파장이다. 외부 Q 는 $R=0$ 을 가지고 식(4-14)로부터 유도된다. 전원과의 정합을 위하여, $R_G = Z_0$ 이고 그러므로

$$Q_E = \frac{Z_{01}}{2Z_0}\left[\overline{X}_{C_r} + \phi_r(1+\overline{X}_{C_r}^2)\right] \tag{4-31}$$

여기서 Q_E 의 높은 값 ($\overline{X}_{C_r} \gg 1$) 을 위하여 $\phi_r \approx \pi$ 가 된다. 정전용량값과 $\overline{X}_{C_r}$ 는 임의의 원하는 Q_E 값을 얻기 위하여 선택되어진다. 이 구성은 입력 임피던스가 ω_r 에서 “0” 이기 때문에 직렬공진을 만듬을 주목하라.

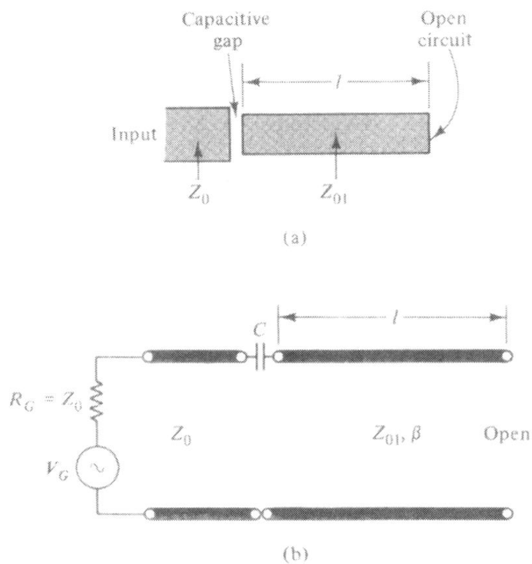

그림 4-24. 용량성 결합을 가지는 개방 스트립선로 공진기와 등가회로

기타 전송선로 공진기

여기 소개되는 공진기는 다소 낯설지만 마이크로파에서 종종 활용된다. 주된 경우는 공진기구조가 저손실 전송선로의 길이에 의해 나누어진 두 반사경계로 이루어진다. 그림 4-22의 단락선로 공진기를 가지는 유도성 결합에서는 이들 반사가 병렬 유도용량과 단락회로에 의해 만들어진다. 반면에 그림4-24에 보여주는 것과 같이 그것들은 직렬 정전용량과 개방회로에 의해 만들어진다.

그림 4-25에 묘사되어진 공진기의 경우에 반사는 Z_{01} 선로의 양 끝에 개방회로 때문이다. 이와 같은 원리는 그림 4-26의 3가지 동축공진기에도 적용된다. 이중 (a)는 양 끝에 단락된 동

축선로를 구성한다. l은 반파장 배수들이 존재하는 곳의 주파수에서 공진행위를 나타낸다. $n=1$이 전기장 패턴을 표시하는것과 같다. 그것은 양끝지점에 고정된 진동문자열(vibrating string)의 변위패턴과 유사하다. 진동문자열의 경우처럼, 동축공진기는 $n=2,\ 3,\ \ldots$과 관련한 다른 자연스런 주파수를 가진다. TEM 패턴에서 더 높은 모드의 공진주파수들은 기본적인 모드($n=1$)와 고조파들과 관련한다. 그러나 진동문자와 다르게 동축공진기는 기본의 고조파에 불필요한 부가적인 공진주파수들을 가진다. 이것들은 동축선로를 따라 진행하는 고단수의 모드와 연관한다. 한 예가 동축공진기의 TE_{11} 모드이다. 차단효과 때문에 이들 공진주파수들은 고조파적으로 연관되지 않고 심지어 공진조건은 l 이 반파장의 배수들이 되는 것을 요구한다. 그림 4-26(b)에 나타내는 동축공진기는 한끝은 개방회로이고 다른 끝은 단락된다. 공진은 선로의 길이가 $\lambda/4$ 의 홀수배인 주파수에서 발생한다. 앞서와 같이 공진행위는 저손실 선로의 길이에 의해 나뉘어진 2 개의 큰 반사에 의해 생성된다. 최초 공진을 위한 전기장 패턴의 모습이 그림에 보여진다. 이 공진기에서는 첫 불요파 반응은 최초 공진주파수의 3배에서 발생한다.

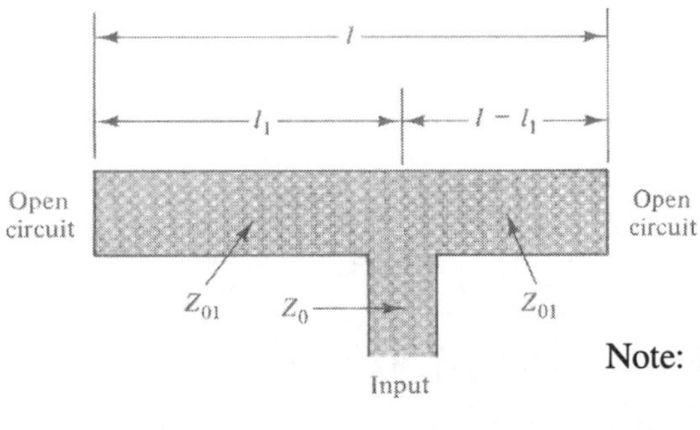

Note: $l=\frac{\lambda_r}{2}$ 이고 $f_r=\frac{c}{2l\sqrt{\mu_R\varepsilon_R}}$

그림 4–25. tapped 개방 반파장 스트립선로 공진기를 위한 중심 도체 패턴

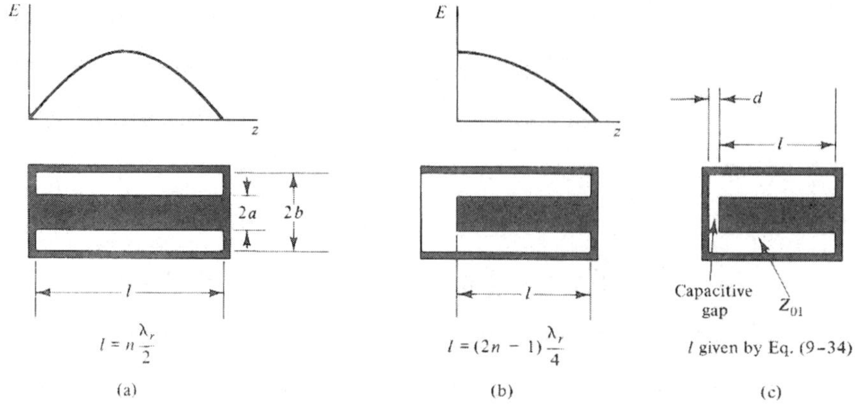

그림 4-26. 3가지 동축공진기 형태

임의 공진기의 외부와 부하 Q는 전원과 부하의 결합정도에 의존한다. 그림 4-22, 4-24 그리고 4-25에 나타낸 방법에서 Q_E 값은 각각 식4-28과 4-31로부터 계산되어질 수 있다. 많은 다른 경우에 결합은 실험적으로 원하는 Q_E 값을 주기 위하여 조절되어진다. 예로 프루브와 루프가 통상적으로 동축선과 도파관 양쪽의 결합을 주고 받는데 사용된다(그림4-29 참조). 결합의 정도는 그들의 크기, 위치 그리고 방향의 변화량으로 조절된다.

4-5b 공동 공진기

금속으로 둘러싸여 내부가 빈 모양은 전자기장으로 들떠 있을 때 공진행위를 나타낸다. 이들 모양은 공동공진기로 알려져 있고 3 GHz 이상의 주파수에도 널리 사용된다. 공진기에 의해 저장된 에너지는 공진기의 부피내에서 전자기장과 관련한다. 이들 공진기의 품질은 마이크로파에서 무부하 Q가 전형적으로 5,000 에서 50,000 의 범위로 꽤 높다. 앞서 설명하였던 전송선로 공진기와 같이 공동공진기는 무한한 수의 공진모드를 가진다. 이는 맥스웰 방정식의 해와 경계조건을 특별한 형상에 적절히 적용함으로서 결정되어질 수있다. 이 접근법은 직사각형과 실린더 공진기를 분석하기 위하여 다음절에서 사용된다. 본 절에서는 같은 구조가 전송선로의 관점으로부터 연구되어질 것이다.

직사각형 공동 공진기

직사각형 공동공진기는 양끝이 단락되어진 직사각형 도파관으로 보여질 것이다. 이는 그림 4-27에 도파관의 높이가 b, 너비가 a 그리고 길이가 l 로 나타낸다. 공동은 l 이 $\lambda_g/2$ 의 배수가 되는 주파수에서 공진한다. 여기서 λ_g 는 z 축을 따라 진행하는 도파관 파장이다. 이를 확인하려면 $z=l$ 에서 단락되어지고 $z=0$ 에서는 그렇지 않은 직사각형 도파관을 고려하자. $z=0$ 에서 신호가 들어가면 정재파 패턴을 나타낸다. 단락 때문에 transverse 전기장 (E_x 와 E_y)은 $z=l$ 과 z 축을 따라 반파장의 배수들이 되는 지점에서 “0” 이다. 중심주파수에서 전기장 영(null) 이 $z=0$ 에서 발생한다. 2가지 경우가 그림 4-28에 보여준다. transverse 전기장은 $z=0$ 면에서 “0” 이기 때문에 그 지점에서 단락면의 도입은 정재파 패턴을 방해하지 않는다. 선택되어진 주파수에서 공동내의 전자기장은 신호전원이 존재하지 않을지라도 유지될 수 있다. 그러므로 공진조건은 아래와 같이 주어진다.

$$l = p\frac{\lambda_g}{2} \tag{4-32}$$

여기서 $p=1,\ 2,\ 3,\ \ldots$는 양의 정수이고 공동은 무한한 수의 공진을 가진다. 실제로, 이 수는 standing-wave argument가 직사각형 도파관 선로와 연관한 임의의 TE_{mn} 과 TM_{mn} 에 적용될 수 있기 때문에 3 배로 무한하다.

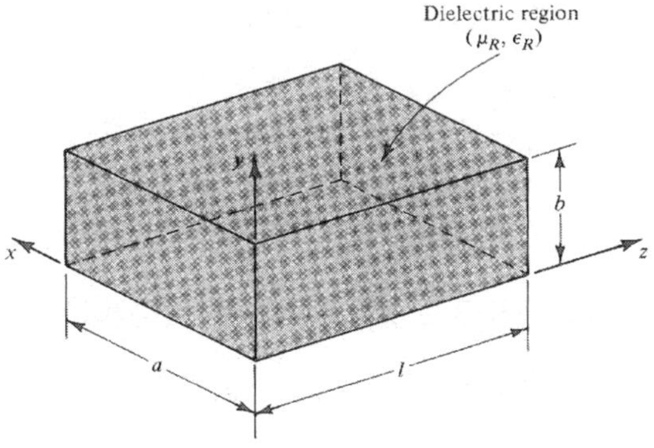

그림 4-27. 직사각형 공동공진기

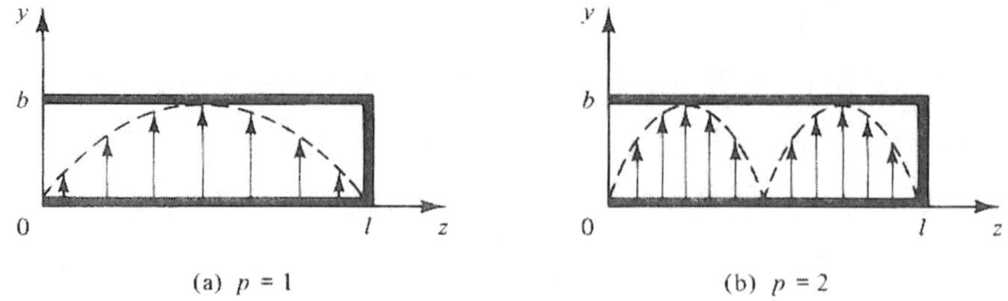

그림 4-28. 단락된 직사각형 도파관의 전기적 정재파 패턴들

정재파는 서로 마주보는 2 개의 진행파(traveling wave)의 결과이다. 그러므로 공동 내의 장들은 $z=0$과 $z=l$의 경계사이에서 전진하고 다시 뒤로 반사되어지는 z 방향으로의 TE 또는 TM 파로서 보여질 것이다. $\beta l = p\pi$ 에서 파들은 구조적으로 추가되고 따라서 공진 조건을 만든다. 물론 반사면은 $x=0$과 $x=a$ 또는 $y=0$과 $y=b$이고 파는 x 또는 y 방향으로 진행한다는 것을 잘 보여준다. 모든 3가지 관점들은 같은 결론을 이끈다. 관례적으로, $x-y$ 면은 항상 transverse면으로 정의된다. 그러므로 공동내의 공진 모드들은 TE_{mnp} 와 TM_{mnp} 로 표시된다. 여기서 TE_{mn} 과 TM_{mn} 은 $x-y$ 면이 transverse 되고있는 도파관 모드를 나타낸다. 여기서 m은 x축 방향으로 half sine 변화의 수를 나타내는 것이고 n은 y축 방향으로 half sine 변화의 수를 나타낸다. 예를들어, TE_{102} 모드로 동작하는 직사각형 공동은 z축 방향으로 2 개의 반파장 변화를 가지는 TE_{10} 정재파 패턴으로 보여질 것이다.

차단효과 때문에, 도파관 파장은 다음과 같이 주어진다.

$$\lambda_g = \frac{\lambda}{\sqrt{1-(\frac{\lambda}{\lambda_c})^2}} \tag{4-33}$$

여기서 λ_C 는 도파관의 차단파장이고 λ 는 동작파장이다. 이식을 식(4-32)를 대입하여 공진을 위한 아래 조건의 결과를 가졌다.

$$l = \frac{p}{2}\frac{\lambda_r}{\sqrt{1-(\frac{\lambda_r}{\lambda_c})^2}} \tag{4-34}$$

여기서 λ_r 은 공진파장이다. λ_r 의 해는

$$\lambda_r = \frac{1}{\sqrt{(\frac{1}{\lambda_c})^2 - (\frac{p}{2l})^2}} \tag{4-35}$$

$f_r \lambda_r = c / \sqrt{\mu_R \varepsilon_R}$ 이므로, 여러 공동 모드를 위한 공진주파수는 다음과 같이 주어진다.

$$f_r = \frac{c}{\sqrt{\mu_R \varepsilon_R}} \sqrt{(\frac{1}{\lambda_c})^2 + (\frac{p}{2l})^2} \tag{4-36}$$

여기서 μ_R 과 ε_R 은 공동을 채우고 있는 유전체의 물질상수이다. 직사각형 공동을 위한 공진 방정식은 다음과 같다.

$$\lambda_r = \frac{1}{\sqrt{(\frac{m}{2a})^2 + (\frac{n}{2b})^2 + (\frac{p}{2l})^2}} \tag{4-37}$$

여기서 a, b, 그리고 l은 그림 4-27에 정의되어진다. 일반적으로 공진주파수들은 여러 가지 모드들에서 다르다. 가장 낮은 주파수를 가지는 모드가 항상 기본모드로 불러진다. 가장 작은 크기로 b를 가지는 직사각형 공동에서는 TE_{101} 모드가 된다. 주어진 셋트의 모드수들에서 TE와 TM 공동모드를 위한 공진파장(과 주파수)은 동일함을 주목하라. 같은 공진주파수를 가지는 모드들을 퇴화(degenerate)모드라고 한다. TE와 TM 직사각형 공동을 위한 전자기장 패턴은 4-7절에서 논한다. 장들은 공동내의 저장된 에너지를 나타낸다. 또한 어떤 에너지는 공동에 의해 분산 소모 되어진다. 이 손실은 금속벽면의 한정된 도전율과 고립된 영역의 유전손실과 연관되어진다. 공기로 꽉 채워진 공동에서, 유전손실은 무시되어진다. 일반적으로, Q_U는 표면적대 부피용적의 비율에 비례한다. 이는 에너지가 용적으로 저장되어지기 때문이다. 반면 전력손실은 주로 공동 내부벽면의 전도전류 때문이다. Q_U의 값이 10,000을 넘으면 잘 설계된 직사각형 공동들로 쉽게 인식한다. 실제로 공동 내부벽면은 항상 더 낮은 표면저항을 위해 은도금을 하고 표면의 거칠기를 줄이기 위해 연마를 한다.

특별한 모드에서 무부하 Q를 결정하기 위하여 저장에너지와 전력손실은 전자기방정식 으

로부터 계산되어져야만 한다. 이 과정이 4-7절에서 소개되어진다. TE_{10p} 모드에서 동작하는 직사각형 공동을 위한 결과는 식(4-63) 과 (4-64) 에 주어진다. 식 (4-67)은 유전손실를 계산하는데 사용되어질 수 있다.

공동 공진기의 결합

지금까지의 논의는 오직 결합되지 않은 공동공진기만을 다루었다. 특정한 모드에서 들뜨기 위하여, 공동은 외부전원과 적절히 결합되어야만 한다. 4개의 공동 결합예를 그림 4-29에 보여준다. (a)는 실린더형의 공동이 동축선로와 루프 결합된 모습이다. 루프속의 도전성전류는 나타나는 것처럼 자기장을 생성한다. 그러므로 루프는 루프와 연결되어있는 자기장의 일부를 차지하는 임의의 공동모드를 들뜨게하는 능력이 있다. 실리더형 공동에서 이것은 모든 TM_{mnp} 모드들을 포함한다. (b)는 동축선로와 공동사이에 프루브 형태의 결합을 보여준다. 프루브에 의해 생성된 전기장 패턴은 동축형에서 도파관으로의 전이와 유사하다. 프루브와 평행한 전기장 성분을 가지는 임의의 공동모드는 이 결합 배열에 의해 들뜨게 될 수 있다. 보여지고있는 실리더형 공동에서 이는 $n=0$ 일때를 제외하고 모든 TE_{mnp} 모드들을 포함한다. 프루브는 그림에 지적된 것과같이 l 크기를 따라 중앙에 위치하고 오직 p 가 홀수의 정수를 가지는 TE 모드만이 들뜰 수 있다. 이는 짝수의 p 는 프루브면에서 전기장 이 영을 가지기 때문이다. p 가 짝수인 TE 모드를 가지기 위해서는 프루브는 l 크기를 따라 offset 되어져야만 한다. 프루브가 공동의벽면 끝 중의 하나로 삽입되었을 때, 전기장의 z 성분이 생성되고 결과적으로 TM 모드가 들뜨게 된다. 이와 같은 방법들이 그림 4-26에 보여진 동축공진기뿐만 아니라 직사각형 공동을 결합하는데도 사용되어진다.

그림 4-29의 (c)와 (d)는 실린더형태의 공동과 TE_{10} 모드가 기본적으로 동작하는 직사각형 도파관 사이의 결합을 위한 구멍을 나타낸다. 슬롯의 긴 길이방향과 평행한 자기장 성분은 구멍을 통하여 결합될 것이다. (c)에 보여진 슬롯의 방향은 TE_{10} 자기장이 공동내에서 결합하는 것을 보여주고 이는 임의의 TM 공진모드가 들뜰 수 있도록 한다. 이 결합 배열은 종종 TM_{01p} 모드를 생성하기 위하여 사용되어진다. 도파관과 구멍이 l 크기를 따라 중앙에 놓여졌을 때, 자기장은 공동내 그 지점에서 “0” 이다. 여기서 p 는 홀수값을 가져야 한다. 그림 4-29의 (d)에서 결합배열은 직사각형 도파관과 구멍이 90° 회전되어진 것을 제외하고 (c)와 유

사하다. 이는 공동내에서 TE 모드가 들뜨는 것을 허락하고 TE_{11p} 와 TE_{01p} 가 가장 보편적으로 사용되어지고 있다. 그림에서는 TE_{01p} 모드를 위한 전기장 패턴을 보여주고 있다.

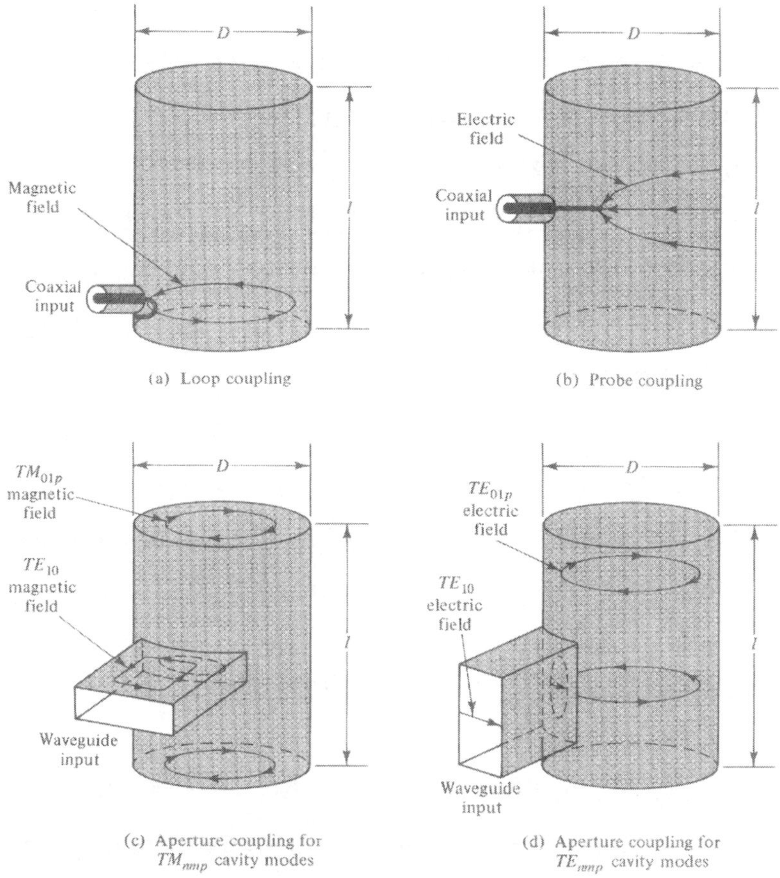

그림 4-29. 공동 공진기와 결합하는 4가지 방법

많은 모드들이 여기에서 논의된 것처럼 결합 메커니즘에 의해 들떠질 수 있을 지라도, 이는 오직 공진주파수가 전원주파수와 같거나 거의 같아져야만 임의의 적당한 정도로 들떠 질 것이다. 퇴화모드(즉, 동일한 공진주파수들을 가지는)에서 결합은 원하는 모드만을 취하도록 배열해야 한다. 반면 원하지 않는 모드는 들뜸을 최소화한다. 대부분의 경우에 특별한 결합방법은 항상 TE 또는 TM 모드들을 들뜨게 하거나 모두 아니게 하므로 이는 쉽게 성취되어진다.

이들 같은방법은 공동과 외부부하를 결합 하는데도 사용되어질 것이다. 예를들어 그림 4-29(a)에 보여지는 것과 같이 추가적인 결합루프가 맞은편에 존재하면 대역통과필터의 특성을 가지는 2-포트 공동의 결과를 가진다. 이 필터는 또한 다른 공동모드들과 연관한 불요파 반응을 가질 것이다. 모드 도표는 가장 인접한 것들의 주파수들을 결정하기 위하여 유용하다. 그림 4-29에 나타낸 기술을 가지고 결합의 양은 원하는 Q_E 값을 얻기위하여 항상 실험적으로 조절되어진다. 전송선로 분석을 따르는 공동결합의 한 방법은 그림 4-30에 보여주고있는 유도성 결합을 하는 직사각형 공동이다. 공동은 TE_{10} 모드에서 동작하는 직사각형 도파관(Z_0)을 통하여 전원과 연결된다. 에너지는 접지된 병렬 유도용량성 아이리스를 통하여 공동과 결합된다. 비록 모양이 Ⅱ장의 그림 2-6(b)에 나타낸 원형태의 구멍일지라도, 임의의 모양을 가진 접지된 병렬 유도용량이 사용될 것이다. 공동 형태를 가진 직사각형 도파관의 특성임피던스는 Z_{01} 로 표시한다. 입력 도파관의 진행모드 가 TE_{10} 이기 때문에 대칭의 아이리스는 m 이 홀수이고 n 이 "0" 또는 짝수를 가지는 TE_{mnp} 를 제외하고 가능하다. 그러나 오직 TE_{10p} 모드가 여기서 고려되어질 것이다. 그림 4-30의 도파관 모양을 위한 등가회로는 그림 4-22에 주어진 것과 같다. 그러므로 공진 조건과 Q_E 의 유도식은 이전에 묘사되어진것과 유사하다. B_L 를 결합 아이리스의 유도성 서셉턴스로 하면, 공진은 다음일 때 발생한다.

$$\phi_r \equiv \frac{2\pi l}{\lambda_{g_r}} = p\pi - \arctan(\frac{1}{\overline{B}_{L_r}}) \tag{4-38}$$

여기서 $\overline{B}_{L_r} \equiv B_{L_r} / Y_{01}$ 이고 B_{L_r} 은 공진주파수에서 유도성 서셉턴스를 나타낸다.

두 경우를 제외하고 이 방정식은 식(4-29)와 같다. 무엇보다 먼저 임의의 정수값 p 로 일반화 되었다. 두 번째 λ_r 이 Z_{01} 도파관단의 공진점에서 TE_{10} 도파관파장인 λ_{g_r} 로 대체 되었다. 이 값들은 식(4-33)으로부터 계산되어질 수 있다. 여기서 $\lambda_c = 2a_1$ 이고 $\lambda = \lambda_r = c / f_r\sqrt{\mu_R \varepsilon_R}$ 이다. 여기서 주목해야 할 점은 유도성결합때문에 공진은 $l = p\lambda_g / 2$ 일 때 발생하지 않는다. 이 조건은 오직 $\overline{B}_{L_r}$ 클 때 즉, 구멍이 매우 작은 경우일 때 결합이 진행된다. 도파관 시스템에서 일반적으로 ω 보다는 오히려 가역적 도파관파장의 항으로 Q 를 정의하는게 현실적이다. 그러므로 병렬공진에서 식(4-15)은 아래와 같이 대체된다.

$$Q_L = \frac{1/\lambda_g}{2(G_G + G)} \frac{dB}{d(1/\lambda_g)}\bigg|_{\lambda_g = \lambda_{g_r}} \tag{4-39}$$

$G = 0$ 일 경우, 위의 표현은 외부 Q 로 나타내어진다. 이 정의와 도파관 유도성 아이리스의 사실을 가지고 B_L 은 λ_g 에 비례하고 우리는 유도용량으로 결합된 직사각형 공동(그림4-30)의 외부 Q 의 표현을 유도할 수 있다. 그 결과는 식4-28과 정확히 동일하다. 이 경우 여기서 $\phi_r = 2\pi l/\lambda_{g_r}$ $a = a_1$ 일 때 $Z_0/Z_{01} = b/b_1$ 임을 주목하라.

식 4-28과 4-38은 직사각형 공동이 유도성결합으로 도파관 전원과 정합 연결된 설계 관계를 나타낸다. 주어진 3 dB 의 두지점에서 Q_L 은 도파관의 크기가 알려줬을 때 식(Ⅱ-3-9)로부터 계산되어진다. 많은 응용에서 $Q_U \gg Q_L$ 이므로 $Q_L \approx Q_E$ 이다. 그러므로 주어진 공동 모드에서, $\overline{B}_{L_r}$ 은 $\phi_r \approx p\pi$ 의 가정하에 식 4-28로부터 계산된다. 일단 $\overline{B}_{L_r}$ 이 알려지면, 공동의 정확한 길이는 식4-38로부터 결정되어질 수 있다. 두 도파관이 같을 때 (즉, $a_1 = a$ 이고 $b_1 = b$) 유도성 아이리스의 크기는 Ⅱ장의 그림 2-6내 근사식으로부터 계산되어질 것이다.

공진주파수 근처에서 유도용량성 개구면의 입력 어드미턴스는 병렬 공진회로의 것과 근접한다. 식 4-17로부터 공진($\varepsilon_f = 0$)에서의 입력 어드미턴스는 실수이다. 즉, $Y_{in} = (G_G + G)Q_L/Q_U = G_G Q_E/Q_U$ 정합된 전원에서는 $G_G = Y_0$ 이므로

$$\overline{Y}_{in} \equiv \frac{Y_{in}}{Y_0} = \frac{Q_E}{Q_U} \tag{4-40}$$

만일 개구면의 크기가 $Q_E = Q_U$ 가 되도록 조절된다면, $\overline{Y}_{in} = 1.0$ 이 되고 공동은 입력 선로와 정합되어진다. 이러한 조건은 임계결합(critical coupled)공동에 흡수되어지는 결과를 가져온다. 좀 더 작은 개구면 에서는 $\overline{B}_L$ 과 Q_E 가 더 커진다. 이러한 상황($Q_E > Q_U$) 은 미결합(undercoupled)경우인 $\overline{Y}_{in} > 1$ 가 된다. 거꾸로 개구면이 더 커지면, $Q_E < Q_U$ 가 되어 $\overline{Y}_{in} < 1$ 의 결과를 가지는 과결합(overcoupled)공동의 경우가 발생한다.

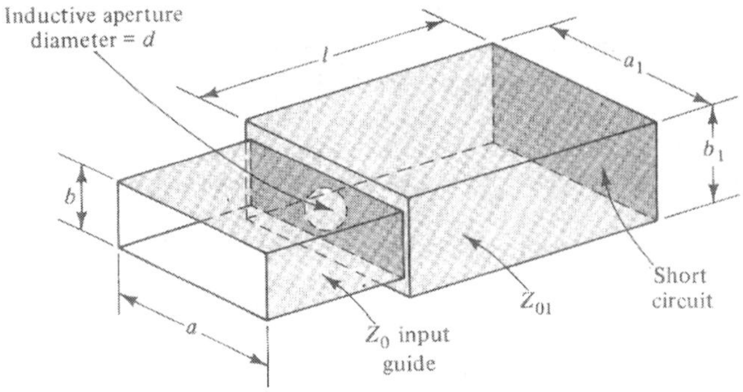

그림 4-30. 유도성 결합을 가지는 직사각형 공동

우리는 1개의 $R-L-C$ 등가회로로 공동공진기를 표현하는 것이 오직 특정한 공동 모드의 공진주파수 근처에서만이 정당하다는 것을 이해하는 것이 매우 중요하다. $R-L-C$ 모델과 다르게, 공동은 다수의 어드미턴스 pole과 zero를 가진다. 그러므로 공진점에서 꽤 떨어진 곳에서 이들 행위의 분석은 가장 가까운 poles과 zeros의 영향을 포함해야만 한다. 더구나 주어진 결합배열에서 각 모델을 위한 결합정도는 다르다(참고문헌4-1, 4-2).

4-6 기타 마이크로파 공진기 (참고문헌4-3, 4-4 그리고 4-6)

그림 4-31(a)에 전형적으로 30~100의 큰 유전율(ε_R)을 가지고 저손실의 고체로 구성된 디스크 형태의 유전체 공진기를 보인다. 공진행위는 공기와 유전물질의 경계면에서 큰 반사와 연관한다(참고문헌4-6, 4-7). 유전체공진기는 대역통과나 대역저지필터로 사용된다(참고문헌4-7, 4-8). 원칙적으로 공진기 손실은 전적으로 유전체의 유한한 탄젠트손실 때문이다. 대부분의 장들은 유전체영역에 갇혀져있어 공진기의 무부하 Q는 간단히 유전체 손실탄젠트의 역수이다. 그러나 실제적으로 입력과 출력 결합구조와 연관한 표피효과가 유전체 손실과 비교될 수 있다. 특히 이는 고품질의 유전체물질에서는 꽤 영향을 미친다.

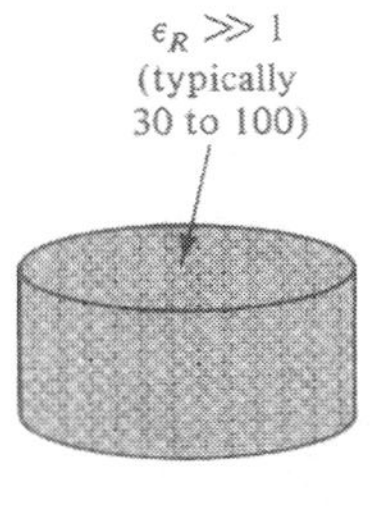

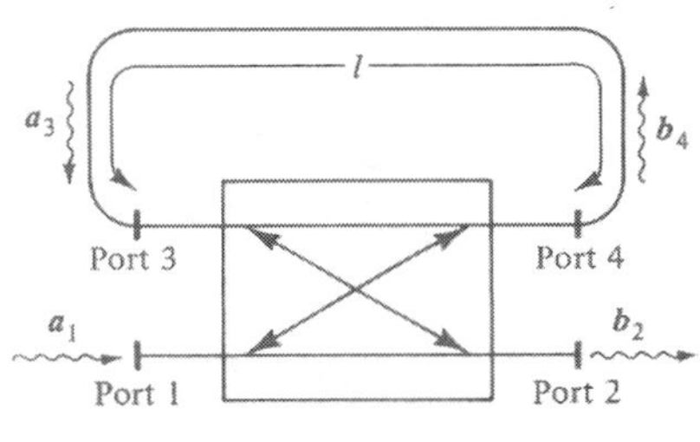

그림 4-31. 마이크로파 공진기의 추가된 2가지 형태

4-7 공동 공진기내 전자기장

본 절에서는 직사각형 공동공진기를 Maxwell방정식을 이용하여 분석하고자 한다. 공진주파수를 위한 표현과 여러가지 모드의 전자기장들이 개발되었다. 이들은 정해진 모드의 무부하 Q를 위한 식을 유도하는데 사용되어진다. 이 식들을 개발하기 위하여 우리는 공동벽면이 완벽한 도체이고 내부 영역은 완전한 절연체라고 가정한다. 그러므로 전도전류는 오직 내부벽면만 존재한다. Maxwell방정식의 페이저형태는 정현파여기로 가정되어질 때 사용된다. 결과적으로 무전하 영역에서 벡터파 방정식은 다음과 같이 표현된다.

$$\nabla^2 \vec{\mathbf{E}} + \omega^2 \mu\varepsilon \vec{\mathbf{E}} = 0 \tag{4-41}$$

$$\nabla^2 \vec{\mathbf{H}} + \omega^2 \mu\varepsilon \vec{\mathbf{H}} = 0 \tag{4-42}$$

여기서 $\mu \equiv \mu_R \mu_0$과 $\varepsilon \equiv \varepsilon_R \varepsilon_0$은 완전 절연영역에서의 전기와 자기특성이다.

4-7a 직사각형 공동 공진기

그림 4-27은 너비가 a, 높이가 b 그리고 길이가 l 인 직사각형 공동을 나타낸다. 직각 좌표계에서, 위의 식 (4-41) 과 (4-42)은 다음과 같다.

$$\frac{\partial^2 \vec{\mathbf{E}}}{\partial x^2} + \frac{\partial^2 \vec{\mathbf{E}}}{\partial y^2} + \frac{\partial^2 \vec{\mathbf{E}}}{\partial z^2} = -\omega^2 \mu\varepsilon \vec{\mathbf{E}} \tag{4-43}$$

과

$$\frac{\partial^2 \vec{\mathbf{H}}}{\partial x^2}+\frac{\partial^2 \vec{\mathbf{H}}}{\partial y^2}+\frac{\partial^2 \vec{\mathbf{H}}}{\partial z^2}=-\omega^2 \mu\varepsilon \vec{\mathbf{H}} \tag{4-44}$$

도파관 전송을 위한 경우로, 공동모드는 또한 2경우로 나누어질 수 있다. 즉, TE 와 TM.

$\boldsymbol{TE_{mnp}}$ Modes ($\boldsymbol{E_z \equiv 0}$, $\boldsymbol{H_z \neq 0}$)

식 (4-44)의 z 성분의 방정식에 의하여, 아래와 같은 페이저 방정식이 얻어진다.

$$\frac{\partial^2 \boldsymbol{H}_z}{\partial x^2}+\frac{\partial^2 \boldsymbol{H}_z}{\partial y^2}+\frac{\partial^2 \boldsymbol{H}_z}{\partial z^2}=-\omega^2 \mu\varepsilon \boldsymbol{H}_z \tag{4-45}$$

이 식은 변수분리법에 의하여 해를 얻을 수 있다. $\boldsymbol{H}_z$ 을 다음과 같이 놓자.

$$\boldsymbol{H}_z=\boldsymbol{XYZ} \tag{4-46}$$

여기서 $\boldsymbol{X}$, $\boldsymbol{Y}$, 그리고 $\boldsymbol{Z}$ 는 각각 오직 x, y, 그리고 z 의 함수이다. 그러므로

$$\frac{1}{\boldsymbol{X}}\frac{d^2\boldsymbol{X}}{dx^2}+\frac{1}{\boldsymbol{Y}}\frac{d^2\boldsymbol{Y}}{dx^2}+\frac{1}{\boldsymbol{Z}}\frac{d^2\boldsymbol{Z}}{dx^2}=-\omega^2\mu\varepsilon$$

식의 각 항이 일정한 상수값을 나타내면,

$$\frac{1}{\boldsymbol{X}}\frac{d^2\boldsymbol{X}}{dx^2}=-k_x^2 \qquad \frac{1}{\boldsymbol{Y}}\frac{d^2\boldsymbol{Y}}{dy^2}=-k_y^2 \qquad \text{그리고} \qquad \frac{1}{\boldsymbol{Z}}\frac{d^2\boldsymbol{Z}}{dz^2}=-k_z^2$$

여기서 $k_x^2+k_y^2+k_z^2=\omega^2\mu\varepsilon$.

이들 방정식의 해는 사인과 코사인의 항들의 합으로 쓰여질 수 있다.

예를들어,

$$\boldsymbol{X}=A\cos k_x x+B\sin k_x x$$

$\boldsymbol{Y}$ 와 $\boldsymbol{Z}$ 에 대한 표현도 유사하다. 도체표면에서 경계조건은 식 (1-42) 와 (1-43)에 의해 주

어진다. 6면의 공동에서 이들은

$$\frac{\partial \boldsymbol{H}_z}{\partial x} = 0 \text{ at } x = 0 \text{ and } x = a, \quad \frac{\partial \boldsymbol{H}_z}{\partial y} = 0 \text{ at } \mathrm{y} = 0 \text{ and } \mathrm{y} = b,$$

그리고 $\boldsymbol{H}_z = 0$ at $\mathrm{z} = 0$ and $\mathrm{z} = l$.

식 (4-46)과 이들 6개의 조건은 다음의 결과를 유도한다.

$$\boldsymbol{H}_z = H_0 \cos\frac{m\pi}{a}x \cos\frac{n\pi}{b}y \sin\frac{p\pi}{l}z \tag{4-52}$$

여기서 $k_x = m\pi/a$, $k_y = n\pi/b$, $k_z = p\pi/l$ 그리고 m, n, 그리고 p 는 양의 정수이다. H_0 는 신호수준에 비례하는 상수이다. $\boldsymbol{H}_z$ 에 대한 위의 식을 식 (4-45)에 대입하면 아래의 식을 얻는다.

$$\left\{(\frac{m\pi}{a})^2 + (\frac{n\pi}{b})^2 + (\frac{p\pi}{l})^2 - \omega^2\mu\varepsilon\right\}\boldsymbol{H}_z = 0$$

만일 $\boldsymbol{H}_z = 0$ 이면 모든 전자기 성분들은 "0" 이고 그 해는 trivial 하다. 따라서 전자기값이 "0" 이 되지 않기 위하여 다음과 같은 조건이 성립되어야 한다.

$$(\frac{m\pi}{a})^2 + (\frac{n\pi}{b})^2 + (\frac{p\pi}{l})^2 = \omega_r^2\mu\varepsilon = (\frac{2\pi}{\lambda_r})^2$$

여기서 $\omega_r = 2\pi f_r$ 은 직사각형 공동의 공진주파수이고 λ_r 은 공진파장이다.

λ_r 과 f_r 의 해는

$$\lambda_r = \frac{1}{\sqrt{(\frac{m}{2a})^2 + (\frac{n}{2b})^2 + (\frac{p}{2l})^2}} \tag{4-48}$$

과

$$f_r = \frac{c}{\sqrt{\mu_R\varepsilon_R}}\sqrt{(\frac{m}{2a})^2 + (\frac{n}{2b})^2 + (\frac{p}{2l})^2} \tag{4-49}$$

그러므로, 전자기장은 오직 들뜬 주파수가 정확히 f_r 일 때 무손실 공동 내에 존재할 수 있다. 이는 명확하게 공진행위이다. m, n, 그리고 p 가 모두 정수의 값을 취할 수 있기 때문에 공동은 공진주파수를 가지며 무한한 수의 각 주파수 모드를 가진다. 이들 중 가장 낮은 공진주파수는 기본모드로 알려져있다. 직사각형 공동에서는 TE_{101} 모드 이고 여기서 b 는 3차원의 가장 작은 값으로 가정한다.

이전 절에서 설명한바와 같이 공동내 정재파 패턴은 z 축의 "+" 와 "-" 방향으로 진행하는 한쌍의 같은 크기를 가지는 TE 또는 TM 파로 보여질 것이다. 이는 아래와 같이 식 (4-25)을 다시 쓸 수 있다.

$$\boldsymbol{H}_z = H_0 \cos k_x x \cos k_y y \left\{ \frac{e^{jk_z z} - e^{-jk_z z}}{2j} \right\} \tag{4-50}$$

여기서 처음의 지수함수항은 위상상수 k_z 을 가지고 "-" z 방향으로 진행하는 파를 나타낸다. 반면에 두 번째항은 "+" z 방향으로 진행하는 파를 나타낸다. 나머지 장의 성분들은 유도될 수 있다.

예를들어,

$$\boldsymbol{E}_x = j\omega_r \mu \frac{k_y}{k_c^2} H_0 \cos k_x x \sin k_y y \left\{ \frac{e^{jk_z z} - e^{-jk_z z}}{2j} \right\} = j\omega_r \mu \frac{k_y}{k_c^2} H_0 \cos k_x x \sin k_y y \sin k_z z$$

$\boldsymbol{E}_y$, $\boldsymbol{H}_x$ 그리고 $\boldsymbol{H}_y$ 를 위한 표현도 유사하게 유도된다. 그러므로 TE_{mnp} 공동 모드를 위한 전자기장 성분들은 다음과 같이 된다.

$$
\begin{aligned}
\boldsymbol{E}_x &= j\omega_r\mu\frac{k_y}{k_c^2}H_0\cos k_x x\sin k_y y\sin k_z z \\
\boldsymbol{E}_y &= -j\omega_r\mu\frac{k_x}{k_c^2}H_0\sin k_x x\cos k_y y\sin k_z z \\
\boldsymbol{E}_z &= 0 \\
\boldsymbol{H}_x &= -\frac{k_x k_z}{k_c^2}H_0\sin k_x x\cos k_y y\cos k_z z \\
\boldsymbol{H}_y &= -\frac{k_y k_z}{k_c^2}H_0\cos k_x x\sin k_y y\cos k_z z \\
\boldsymbol{H}_z &= H_0\cos k_x x\cos k_y y\sin k_z z
\end{aligned} \tag{4-51}
$$

여기서 $k_x = m\pi/a$, $k_y = n\pi/b$, $k_z = p\pi/l$ 그리고 $k_c^2 = k_x^2 + k_y^2$ 이다. 이들 식들은 여러 가지 공동모드의 전자기장 패턴을 스케치하는데 사용되어질 수 있다. 예를들어, 그림 4-32과 같이 4개의 정해진 시간에 TE_{101} 모드를 위한 전자기장을 보여줄 수 있다. 전자기장성분들이 시간에 따라 변화하는 형태는 $\sqrt{2}e^{j\omega_r t}$ 요소를 식(4-51)에 대입하고 실수부분을 취하므로서 얻어질 수 있다. $m=1$, $n=0$, 그리고 $p=1$ 에서

$$
\begin{aligned}
\mathscr{E}_y &= 2\sqrt{2}\frac{a}{\lambda_r}\eta H_0\sin\frac{\pi}{a}x\sin\frac{\pi}{l}z\sin\omega_r t \\
\mathscr{H}_x &= -\sqrt{2}H_0\frac{a}{l}\sin\frac{\pi}{a}x\cos\frac{\pi}{l}z\cos\omega_r t \\
\mathscr{H}_z &= \sqrt{2}H_0\cos\frac{\pi}{a}x\sin\frac{\pi}{l}z\cos\omega_r t \\
\mathscr{E}_x &= 0,\quad \mathscr{E}_z = 0,\quad \text{and}\quad \mathscr{H}_y = 0
\end{aligned} \tag{4-52}
$$

여기서 $\eta = \sqrt{\mu/\varepsilon} = 377\sqrt{\mu_R/\varepsilon_R}$ ohms. $t=0$, $T/4$, $T/2$, 그리고 $3T/4$ 에서 2면의 전자기장 모습이 그림에 보여진다. 전자기장 성분들은 y 방향에서는 변화가 없고, x와 z 방향에서는 $n=0$과 $m=p=1$이기에 반파장의 변화가 있음을 주목해야 한다. 일반적으로, TE_{mnp} 모드의 첨자 m, n, 그리고 p는 각각 x, y, 그리고 z 방향에서 장의 반파장 주기를 나타낸다.

그림 4-32 과 식(4-52)를 기준으로, 전기와 자기장은 90° 의 위상 차이가 나는 것이 명백하다. 자기장이 최고일 때 전기장은 “0” 이고 또 그 반대가 된다. 이는 실제적인 전력의 흐름이 발생하지 않고, 공동내에 단지 장과 연관한 에너지가 저장되어있음을 의미한다. 전형적인 $L-C$ 회로의 경우와 같이 저장된 에너지는 자기에서 전기로 바뀌고 다시 반 싸이클마다 전기에서 자기로 바뀐다.

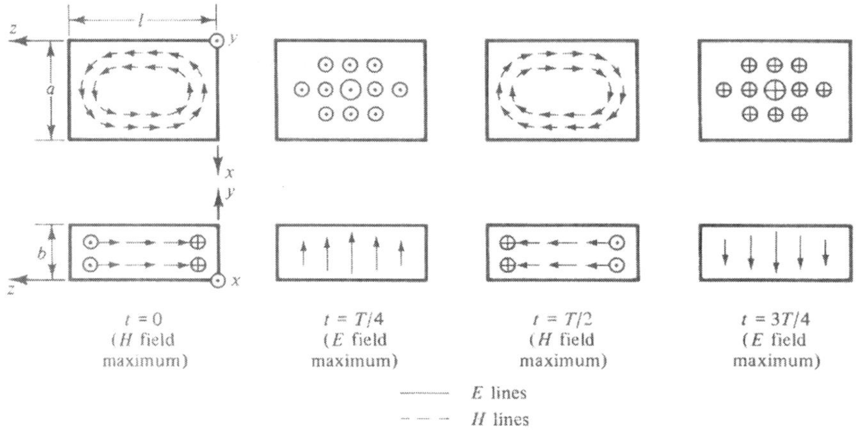

그림 4-32. 직사각형 도파관에서 시간에 따른 TE_{101} 모드의 전자기장 패턴

(T=AC 신호의 주기)

여러가지 TE 공동모드를 위한 전자기 패턴을 그림 4-33에 보여준다. 이들 공진파장과 주파수를 위한 표현은 식(4-48) 과 (4-49)에 주어진다.

TM_{mnp} Modes ($H_z \equiv 0$, $E_z \neq 0$)

식 (4-43)의 z 성분의 방정식에 의하여, 아래와 같은 페이저 방정식이 얻어진다.

$$\frac{\partial^2 \boldsymbol{E}_z}{\partial x^2}+\frac{\partial^2 \boldsymbol{E}_z}{\partial y^2}+\frac{\partial^2 \boldsymbol{E}_z}{\partial z^2}=-\omega^2\mu\varepsilon \boldsymbol{E}_z \qquad (4\text{-}53)$$

다시 변수분리법을 사용하면 다음의 결과를 얻는다.

$$E_z = E_0 \sin\frac{m\pi}{a}x \sin\frac{n\pi}{b}y \cos\frac{p\pi}{l}z \qquad (4\text{-}54)$$

앞서와 같이 여기서 m, n, 그리고 p 는 각각 x, y, 그리고 z 방향의 반파장 주기의 장을 나타낸다. E_z 의 해를 얻기 위한 경계조건은 아래와 같다.

$$E_z = 0 \text{ at } x = 0, \ x = a, \ y = 0, \ \text{그리고 } y = b$$

그리고

$$\frac{\partial E_z}{\partial z} = 0 \text{ at } z = 0 \text{ 과 } z = l$$

식(4-54)를 (4-53)에 대입하면 TE 모드에서와 똑같은 공진조건을 이끈다. 그러므로 식(4-48) 과 (4-49)는 또한 직사각형 공동내에서 TM 모드가 정당하다. TM_{mnp} 공동모드를 위한 나머지 전자기장 성분들은 다음과 같이 된다.

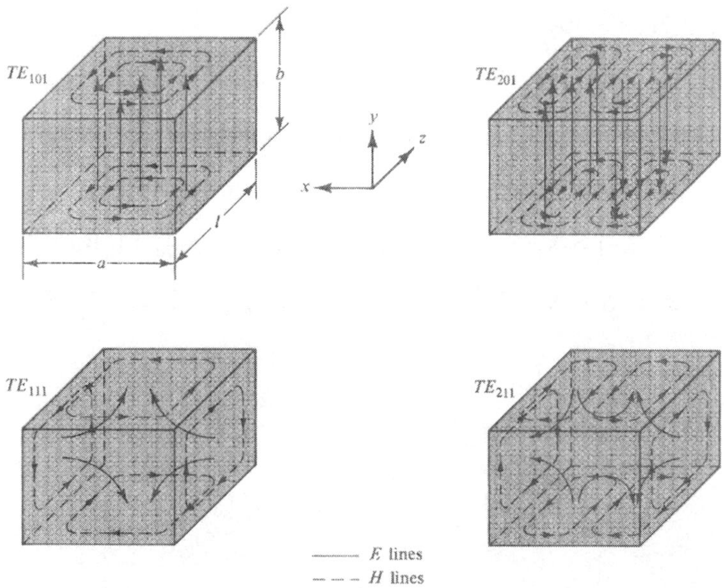

그림 4–33. 직사각형 공동에서 임의의 TE_{mnp} 모드를 위한 전자기장 패턴들 (여기서 E 와 H 는 90° 위상 차이가 발생)

$$
\begin{aligned}
\boldsymbol{E}_x &= -\frac{k_x k_z}{k_c^2} E_0 \cos k_x x \sin k_y y \sin k_z z \\
\boldsymbol{E}_y &= -\frac{k_y k_z}{k_c^2} E_0 \sin k_x x \cos k_y y \sin k_z z \\
\boldsymbol{E}_z &= E_0 \sin k_x x \sin k_y y \cos k_z z \\
\boldsymbol{H}_x &= j\omega_r \varepsilon \frac{k_y}{k_c^2} E_0 \sin k_x x \cos k_y y \cos k_z z \\
\boldsymbol{H}_y &= -j\omega_r \varepsilon \frac{k_x}{k_c^2} E_0 \cos k_x x \sin k_y y \cos k_z z \\
\boldsymbol{H}_z &= 0
\end{aligned}
\tag{4-55}
$$

여기서 $k_x = m\pi/a$, $k_y = n\pi/b$, $k_z = p\pi/l$ 그리고 $k_c^2 = k_x^2 + k_y^2$ 이다.

TM 공동모드를 위한 전자기장 패턴은 위의 관계로부터 유도되어질 수 있다. 그림 4-34에서 보여주고 있다. 만일 좌표축이 ($x \to z$, $z \to y$, 그리고 $y \to x$) 상호 변한다면, TM_{110} 모드 패턴은 정확히 TE_{101}과 같아진다. 한편, TM_{111} 모드는 TE 모드로 보여질 수 없다. 왜냐하면 전기장의 모든 3 성분들이 존재하기 때문이다.

TM 모드의 λ_r과 f_r를 위한 표현은 TE 모드와 같음이 강조되어진다. 그러므로 주어진 모드 수에서 TE와 TM 모드들이 같은 주파수에서 공진되어지면 퇴화된다. 직사각형 공동모드가 존재하기 위하여, 적어도 2개의 정수값이 "0" 이 되지 않아야 한다. 주어진 m, n, 그리고 p 의 값에서 모드의 존재 유무는 전자기 성분에 이 값들을 대입하므로 결정된다. 예를 들어, TM_{mn0} 모드는 공동내에 존재할 수 있다. 그러나 TE_{mn0} 모드는 존재할 수 없다.

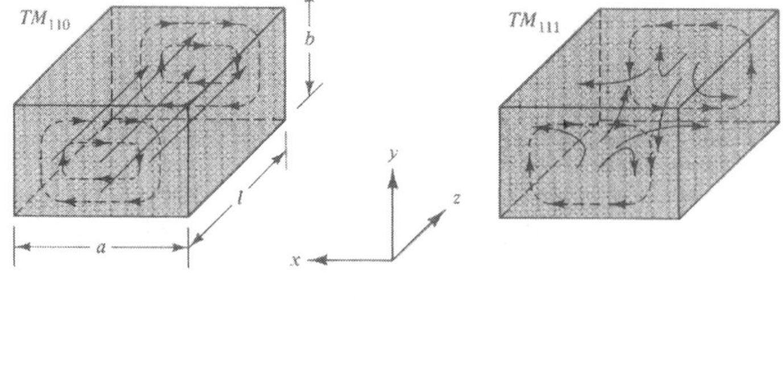

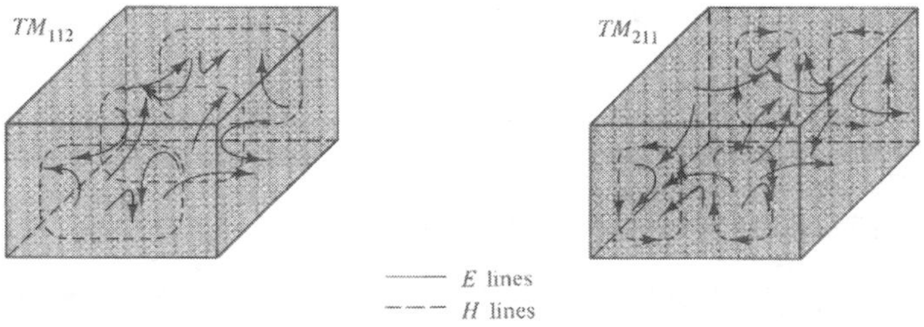

그림4–34. 직사각형 공동에서 임의의 TM_{mnp} 모드를 위한 전자기장 패턴들(여기서 E 와 H 는 90° 위상 차이가 발생)

4-7b 공동기 TE_{10p} 모드의 무부하 Q

본 절의 분석은 완벽한 도전성 공동벽면과 내부가 절연되었다고 가정한다. 물론 이는 분산이 없는 공진장치를 얘기하는 것이다. 사실인 즉 모든 공진회로는 어느정도 손실을 가지고 있다. 회로의 품질은 무부하 $Q(Q_U)$ 로 측정되어지고 식(4-9)로 정의되어진다. 이 정의는 공동의 어느 모드에서든 무부하 Q 를 결정하는데 사용되어질 수 있다. 이 방법을 설명하기위하여, 지금 Q_U 의 표현을 직사각형 도파관내 TE_{10p} 모드로 부터 유도되어질 것이다.

비록 공동내에 저장된 에너지가 연속적으로 전기로부터 자기로 또 그 역으로 변환될지라도, 전체 에너지는 일정하다. 그 값은 간단히 $\mathscr{E}$ 가 최대이고 $\mathscr{H}$ 가 "0" 일 때 전기에너지를 계산함으로서 결정되어진다. 식(1-7) 로부터,

$$U = 4\varepsilon\eta^2 H_0^2 b(\frac{a}{\lambda_r})^2 \int_0^l \int_0^a \sin^2 \frac{\pi}{a} x \sin^2 \frac{p\pi}{l} zdxdz$$

여기서 E_y 는 식(4-51)에 주어진 $\boldsymbol{E}_y$ 의 실효치 값이다. 그러므로 $m=1$ 과 $n=0$, $k_x = \pi/a$, $k_y = 0$, $k_c = k_x$ 를 가지고

$$U = 4\varepsilon\eta^2 H_0^2 b(\frac{a}{\lambda_r})^2 \int_0^l \int_0^a \sin^2 \frac{\pi}{a} x \sin^2 \frac{p\pi}{l} zdxdz$$

또는

$$U=\frac{\eta}{\upsilon}(\frac{a}{\lambda_r})^2 H_0^2 abl \tag{4-56}$$

여기서 $\eta=\sqrt{\mu/\varepsilon}$, $\upsilon=1/\sqrt{\mu\varepsilon}$, 그리고 abl 은 공동의 부피를 나타낸다.

벽면의 유한한 표면저항에도 불구하고 공동에 의하여 분산소모되어지는 전력을 결정하기 위하여 식(4-51)은 정확히 공동내의 전자기장을 묘사한다고 가정한다. 이 가정은 상업적으로 공동공진기를 만들기 위하여 사용되어지는 모든 금속에 매우 잘 맞는다.

공동벽면으로 인한 저항손실은 다음과 같이 주어진다.

$$P_d=R_s\int_s K^2 dS=R_s\int_s H_T^2 dS$$

여기서 R_s 는 식(1-75)에 정의된 표면저항이고 H_T 는 도체표면에서 탄젠트 자기장의 실효치 값이다. 적분은 내부 표면적 S 를 완전히 덮는다. 식(1-42)에 만들어진 것을 사용함을 주목하라. 3방향의 공동벽면에 대한 적분은 분산소모 전력의 결과를 낳는다. 즉,

$$P_d=2R_s\left[\int_0^a\int_0^b H_{x_1}^2 dydx+\int_0^l\int_0^b H_{z_1}^2 dydz+\int_0^l\int_0^a (H_{x_2}^2+H_{z_2}^2)dxdz\right]$$

여기서 H_{x_1} 는 $z=0$ 벽면에서 $\boldsymbol{H}_x$ 의 실효치 값이고 H_{z_1} 는 $x=0$ 벽면에서 $\boldsymbol{H}_z$ 의 실효치 값이다. 그리고 첨자2 는 $y=0$ 벽면에서 H 의 값을 나타낸다. 식(4-51)에서 장 성분들의 실효치 값을 사용하게되면, $m=1$과 $n=0$ 에서

$$P_d=R_s H_0^2\left[ab(\frac{pa}{l})^2+bl+\frac{al}{2}(\frac{pa}{l})^2+\frac{al}{2}\right] \tag{4-57}$$

무부하 Q가 $\omega_r U/P_d$ 와 $\omega_r/\upsilon=2\pi/\lambda_r$ 으로 정해지므로, 식(4-56)과 (4-57)는 TE_{10p} 모드에서 직사각형 공동의 Q_U 를 다음과 같이 표현한다.

$$Q_U=\frac{\pi\eta}{\lambda_r R_s}\frac{abl\{1+(pa/l)^2\}}{2bl\{1+(a/l)(pa/l)^2\}+(a/b)\{1+(pa/l)^2\}} \tag{4-58}$$

다른 형태는 식(4-48)에 λ_r 를 대입하여 얻어진다.

$$Q_U = \frac{\pi\eta}{2R_s} \frac{\left\{1+(pa/l)^2\right\}^{3/2}}{2\left\{1+(a/l)(pa/l)^2\right\}+(a/b)\left\{1+(pa/l)^2\right\}} \tag{4-59}$$

사각형의 공동($l = a$)일 경우, 위의 표현은 다음과 같이 간략화된다.

$$Q_U = \frac{2\pi}{\lambda_r} \frac{\eta}{R_s} \left(\frac{\text{Volume}}{\text{Surface Area}}\right) = \frac{\pi}{2} \frac{\eta}{R_s} \frac{\sqrt{1+p^2}}{2+a/b} \tag{4-60}$$

주어진 공진주파수에서 Q_U 는 공동의 표면적대비 부피가 최대일 때 가장 큰값을 가진다. 이는 일반적으로 에너지가 부피내에 저장되어있기 때문이다. 반면에 전력손실은 표면적에 영향을 받는다. 따라서 직사각형 공동의 가장 최적의 모양은 정육면체이다. TE_{10p} 모드에서 동작하는 정육면체 공동의 Q_U 는

$$Q_U = \sqrt{1+p^2} \frac{\pi}{6} \frac{\eta}{R_s} \tag{4-61}$$

Q_U 는 R_s 가 $\sqrt{f_r}$ 에 비례하기 때문에 주파수가 증가할수록 감소한다. 이는 공동크기 또는 모양에 관계없이 적용된다.

일반적으로, 더 큰 Q_U 값은 더 높은 단수의 공동모드를 사용하여 얻을 수 있다. 그 이유는 주어진 공진주파수에서 더 높은 단수의 모드들은 더 큰 공동크기를 요구하고 이는 표면적대 부피의 비율이 증가하기 때문이다. 이는 식(4-60)와 (4-61)에서 더 큰 p 값은 더 높은 Q_U 값을 가짐을 나타냄으로서 증명되어졌다. 그러나 이 접근법은 원하는 모드근처 에서 공진주파수를 가지는 모드의 수가 증가하는 약점을 가진다. 예를들어 원하지않는 모드의 근접에서는 공진기의 튜닝을 어렵게 할 수 있다.

식(4-58)에서 (4-61)까지는 공기 또는 매우 낮은 손실의 유전체로 채워진 직사각형 공동에서 무부하 Q 를 계산하였다. 실제로 현실에서는 측정된 값들이 계산값보다 약간 낮게 나타난다. 이는 금속벽면의 거칠기가 공동의 유효표면적을 증가시키기 때문이다. 따라서 이들 거치기를 줄이기위해 내부면적을 연마하거나 여러 표피두께를 가지는 은 도금이 Q_U 를 향상시키기 위해 널리 사용되고있다. 종종 공동이 원하는 공진주파수를 유지하면서 크기를 줄이기위해

유전체로 채워진다. 모든 유전체는 유한한 손실 탄젠트를 가지므로, 무부하 Q에는 악영향을 미친다. 유전체에 의해 분산소모 되어지는 전력은 $\omega_r U \tan\delta$ 이다. 도체손실(P_d)과 결합될 때 유전체로 채워진 공동의 무부하 Q는 다음과 같다.

$$Q_U = \frac{\omega_r U}{P_d + \omega_r U \tan\delta} = \frac{1}{1/Q_c + \tan\delta} \tag{4-62}$$

여기서 Q_c 는 오직 도체손실로 인한 무부하 Q 이다. 위 표현은 전자기 패턴이 손실로 인해 눈에 띌 정도로 변경되지 않았다고 가정한다. 이는 실제적으로 모든 마이크로파 공동에 적용되는 가정이다.

4-8 공동기 섭동

종종 알려진 전자기분포를 가지는 공동내의 작은 섭동(perturbation)으로 인해 공진 주파수가 변화하는 것을 계산할 필요가 있다. 예를들어, 그림4-35는 뚜껑면에 ΔV 의 작은부피를 가지는 실린더형태의 공동을 보여준다. Slater(참고문헌4-5)는 ΔV 라는 부피섭동으로 인한 공진 주파수의 변화 Δf_r 표현하는 방법을 아래와 같이 개발하였다.

$$\frac{\Delta f_r}{f_r} = \frac{\int_{\Delta V}(\mu H^2 - \varepsilon E^2)dV}{\int_V(\mu H^2 + \varepsilon E^2)dV} = \frac{\int_{\Delta V}(\mu H^2 - \varepsilon E^2)dV}{4U} \tag{4-63}$$

일반적으로 이 표현은 공동벽면의 작은섭동은 다른 것보다도 한 형태의 에너지에 영향을 미칠 것이라는 사실에 기반을 두고 있다. 결과적으로, 공진주파수는 또다시 전자기에너지가 평형을 가지도록 변해야한다. 예를들어, 만일 그림 4-35의 실린더형태의 공동이 TM_{010} 모드에서 동작하고 그림에서와 같이 섭동되어지면, 전기에너지는 감소할 것이다. 이 지점에서 자기장을 무시한다면, 저장된 에너지의 변화는

$$-\frac{\varepsilon}{4}\int_{\Delta V}(E_{peak})^2\,dV \approx -\frac{\varepsilon(\sqrt{2}E_0)^2}{4}\Delta V \tag{4-64}$$

$n=0$ 과 $p=0$ 을 가지므로 $r=0$ 축을 따라 $E_z = E_0$ 이다. 섭동되지 않은 공동내의 전체에너지는 전기에너지가 최대이고 자기에너지가 "0" 일 때 계산되어질 것이다. 그러므로 TM_{010} 모드에서

$$U = \frac{\varepsilon}{2}\int_0^a\int_0^l\int_0^{2\pi}\left\{\sqrt{2}E_0 J_0(k_c r)\right\}^2 r\,d\phi\,dz\,dr = 2\pi l\varepsilon E_0^2\int_0^a rJ_0^2(k_c r)dr$$

또는

$$U = \pi a^2 l\varepsilon E_0^2 J_1^2(q_{01}) = V\varepsilon E_0^2 J_1^2(q_{01}) \tag{4-65}$$

여기서 $\pi a^2 l = V$ 는 섭동되지 않은 공동의 부피이다. 그러므로, TM_{010} 모드에서 공진주파수의 일부 변화는

$$\frac{\Delta f_r}{f_r} = -\frac{\Delta V/V}{2J_1^2(2.405)} = -1.85\frac{\Delta V}{V} \tag{4-66}$$

$q_{01} = 2.405$ 이므로 $J_1(2.405) = 0.52$ 이다. 예를들어 만일 $\Delta V/V$ 가 1.0 % 이면, 공진주파수가 1.85 % 감소하는 결과를 가진다.

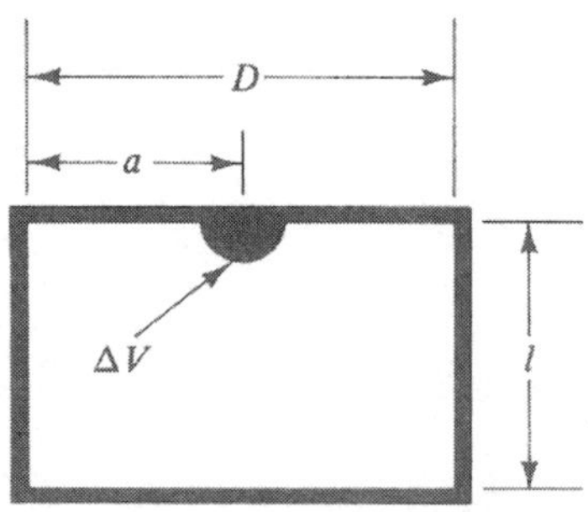

그림 4–35. 윗면에 작은 차이(여기서는 부피 ΔV)를 가지는 실린더형태의 공동 공진기

참고문헌

4-1. Ramo, S., J. R. Whinnery, and T. Van Duzer, Fields and Waves in Communication Electronics, John Wiley and Sons, Inc., New York, 1965

4-2. Collin, R. E., Foundations for Microwave Engineering, McGraw-Hill Book Co., New York, 1966

4-3. Altman, J. L., Microwave Circuits, D. Van Nostrand Co., New York, 1964

4-4. Ghose, R. N., Microwave Circuit Theory and Analysis, McGraw-Hill Book Co., New York, 1963

4-5. Slater, J. C., Microwave Electronics, D. Van Nostrand Co., Princeton, NJ, 1950.

4-6. Sethares, J. C. and S. J. Naumann, Design of Microwave Dielectric Resonators. IEEE Trans. Microwave Theory and Techniques, MTT-14, January 1966, pp. 2-7.

4-7. Cohn, S. B., Microwave Bandpass Filters Containing High-Q Dielectric Resonators. IEEE Trans. Microwave Theory and Techniques, MTT-16, April 1968, pp. 218-227.

4-8. Gerdine, M. A., A Frequency-Stabilized Microwave Band-Rejection Filter Using High Dielectric Constant Resonators. IEEE Trans. Microwave Theory and Techniques, MTT-17, July 1969, pp. 354-359.

4-9. Peter A. Rizzi., Microwave Engineering Passive Circuits, Prentice-Hall, Inc., Englewood Cliffs, NJ, 1988.

4-10. RF Design House www.rf.com

II. 유전체 세라믹 공진기

1. 유전체 세라믹 공진기 기초 이론
2. 마이크로파 유전체 세라믹 도파관
3. 마이크로파 필터
4. 유전체 세라믹 마이크로파 도파관 필터

1. 유전체 세라믹 공진기 기초 이론

마이크로파회로의 비용을 절감하는 것은 그것들의 크기를 줄이는 것과 밀접한 연관이 있다. 이러한 측면에서, 높은 유전율을 사용한 유전체 공진기와 마이크로스트립 그리고 스트립라인은 금속 공동 도파관 및 동축선로를 대체해 나가고 있다. 마이크로파 시스템의 대다수를 차지하는 금속 공동 도파관 및 동축선로에서 단지 몇몇 소수 및 고전력 전송 또는 저손실에 의한 매우 우수한 특성을 요구하는 필터같은 곳에만 아직까지 도파관이 사용되고 있다. 최근에는 마이크로파 회로의 소형화에 저손실의 온도 안정성을 가진 유전체 공진기가 선보이고 있다. 이들 유전체 공진기들은 마이크로스트립과 스트립라인 공진기들의 높은 손실 때문에 사용될 수 없는 통신시스템에 도파관 필터들을 대신하여 사용되고있다.

같은 주파수에서 본질적으로 물질의 유전상수 값이 "1" 보다 큰 유전체 공진기의 크기는 속이 텅빈 공진 공동 보다 상당히 작다. 일반적으로 양호한 온도 안정성과 낮은 유전손실을 가지는 9에서 45사이의 유전상수 물질들이 이용되고 있다. 유전체공진기의 모양은 일반적으로 짧은 실린더나 또한 tubular, spherical, 그리고 parallelepiped 형이다.

1-1 유전체 도파관의 기본 방정식

본 절에서는 그림 1-1에 보여지는 유전체 rod 도파관의 전자기분석에 관하여 고려해보자. 이러한 구조는 유전체 rod 안테나와 광학파이버 도파관 등의 영역속에서 응용되어진다. 분석은 그림 1-2에 보여지는 평행판 유전체 공진기를 이용한다. 또한 유전상수를 측정하면서 공진기의 사용이 논의 되어질 것이다.

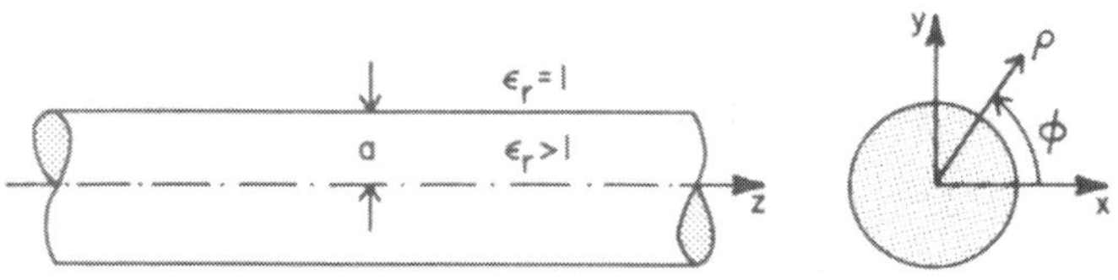

그림1-1. 유전체 rod 도파관

유전체 rod 도파관내 익숙한 전자기파들은 유전체 공진기들의 동작을 이해하는데 매우 도움이된다. 끝이 짤린 속이 빈 도파관이 공동 공진이 되는 것처럼, 유전체 rod 도파관도 끝이 짤렸을 때 유전체 공진기가 된다. 처음 두 절에서 Ⅰ장에서 논의하였던 기초적인 전자기 방정식이 다시 사용되고 실린더 좌표계에서 스칼라 Helmholtz 방정식의 해를 얻기위한 변수분리법이 소개되어진다. 그리고 전자기분석은 어떤 주어진 주파수와 rod물질 그리고 반지름을 가진 유전체 rod 도파관이 그 특성값 또는 고유값(eigenvalue)이라고 불려지는 특정한 불연속값에서 rod 모드라고 불리는 다른 전자기 구성을 지원할 수 있다는 것을 보여준다. 방정식이 "0"이 되는 고유값이 유도되고 수치적으로 해답을 얻는다. 고유값을 위한 도표와 모드들의 전자기패턴 그림이 주어진다. 다른 모드 파장들을 계산하기위한 고유값 도표들의 사용방법 이 설명된다. 그들의 장 구성과 다른 전력 비율들의 항으로 rod모드들의 분류가 또한 논의되어질 것이다. 이후 평행판 유전체 공진기가 고려되어지고 그런 공진기들의 공진주파수를 결정하기 위한 그래프의 사용방법과 몇 공진기들을 위한 공진주파수를 계산한다. 마지막으로 유전상수를 측정하기 위한 Courtney 방법이 논의될 것이다.

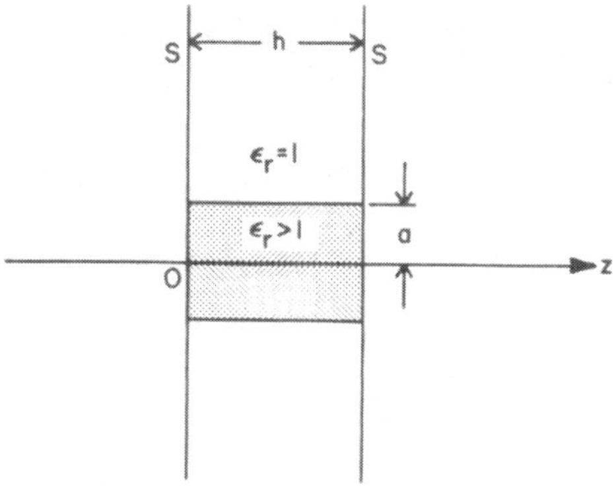

그림1-2. 평행판 유전체 공진기

1-1a 실린더 좌표계에서 파동식의 해

변수분리법이 실린더 좌표계에서 파동방정식을 위한 해를 얻기 위하여 사용되어진다. 실린더 좌표계에서 Laplacian ∇^2 으로 표현되는 파동방정식은 다음과 같이 주어진다.

$$\frac{1}{\rho}\frac{\partial}{\partial\rho}\left[\rho\frac{\partial}{\partial\rho}\psi\right]+\frac{1}{\rho^2}\frac{\partial^2}{\partial\phi^2}\psi+\frac{\partial^2}{\partial z^2}\psi+k^2\psi=0 \tag{1-1}$$

여기서 ψ 는 이 중 길이방향의 전자기 구성 요소를 의미한다

본질적으로, 변수분리법은 아래 형태로 식(1-22)의 해를 찾기 위한 것이다.

$$\psi(\rho,\ \phi,\ \mathrm{z})=\mathrm{P}(\rho)\mathrm{F}(\phi)Z(z) \tag{1-2}$$

식(1-1)에 (1-2)을 대입하고, ψ 로 나누면 다음과 같이 된다.

$$\frac{1}{\rho\mathrm{P}}\frac{d}{d\rho}\left[\rho\frac{d}{d\rho}\mathrm{P}\right]+\frac{1}{\rho^2\mathrm{F}}\frac{d^2\mathrm{F}}{d\phi^2}+\frac{1}{Z}\frac{d^2Z}{dz^2}+k^2=0 \tag{1-3}$$

위 식에서 3번째 항은 명백하게 ρ 와 ϕ 에 무관하다. 또한 필연적으로 z 에 무관하므로, 만일 식(1-3)이 모든 (ρ, ϕ, z)에서 합이 "0" 이면,

$$\frac{1}{Z}\frac{d^2Z}{dz^2}=-\beta^2 \tag{1-4}$$

여기서 β 는 상수이다. 식(1-3)에 (1-4)를 대입하고 ρ^2 을 양쪽에 곱하면, 다음과 같이 된다.

$$\rho\frac{1}{\mathrm{P}}\frac{d}{d\rho}\left[\rho\frac{d}{d\rho}\mathrm{P}\right]+\frac{1}{\mathrm{F}}\frac{d^2\mathrm{F}}{d\phi^2}+\left[k^2-\beta^2\right]\rho^2=0 \tag{1-5}$$

그러나 식(1-5)의 두 번째 항은 오직 ϕ 의 함수이다. 반면에 식의 나머지는 오직 ρ 의 함수이다. 같은 논리에 의하여, 다음과 같이 된다.

$$\frac{1}{\mathrm{F}}\frac{d^2\mathrm{F}}{d\phi^2}=-m^2 \tag{1-6}$$

여기서 m 은 상수이다. 식(1-5)에 (1-6)을 대입하고 P 을 양쪽에 곱하면, 결과는 다음과 같다.

$$\rho\frac{d}{d\rho}\left[\rho\frac{d}{d\rho}\mathrm{P}\right]+\left[(k_\rho\rho)^2-m^2\right]\mathrm{P}=0 \tag{1-7}$$

여기서

$$k_\rho^2=k^2-\beta^2 \tag{1-8}$$

식(1-7)에 의하여, 파동방정식은 3개의 방정식으로 나뉘어진다. 그것의 각각은 오직 P, F, 또는 Z 의 함수중의 하나를 결정한다. 처음의 두 방정식 (1-4)와 (1-6)은 고조파 방정식이고 그 해도 고조파 함수이다. 마지막 방정식 (1-7)은 m 번 단수의 Bessel 방정식이고 해는 Bessel 함수이다. 상수 β와 m 의 선택뿐만 아니라 식(1-4), (1-6), 그리고 (1-7)의 해는 고려되어진 구조를 위한 물리적인 형상, 경계점에서의 조건들, 그리고 구조에 의하여 지원되어지는 전자기 유형등에 의존한다. 식(1-8)은 radial wave number k_ρ, medium wave number k, 그리고 도파관 진행상수 β사이의 중요한 관계식이다. 여기서 k_ρ는 오직 특정한 불연속값만을 취할 수 있다. 그들 각각은 진행하는 다른 모드와 관련하고 있다. 다음절에서는 유전체 rod가 소위 rod 모드라고 불려지는 다른 전자기장들을 지원하는 능력을 볼 것이다.

1-1b 고유방정식

그림 1-1에 보여진 유전체 rod 도파관을 고려하자. rod의 물질은 실수의 스칼라 유전율 $\varepsilon=\varepsilon_0\varepsilon_r$ 과 실수의 스칼라 투자율 μ_0 에 의하여 특성되어지는 완벽한 유전체라고 가정한다.

rod내부는 E_z 과 H_z 가 원점에서 유한하고 ϕ 에 관련해서는 2π 의 기간을 가지고 주기적이다. 더구나 그것들은 양의 z 방향으로 진행하는 파를 나타내고 있으며. 이들의 요구는 아래의 형태속에서 E_z 와 H_z 를 선택함으로 알게 된다.

$$E_{z1}=AJ_m(k_{\rho1}\rho)\begin{bmatrix}\cos(m\phi)\\ \sin(m\phi)\end{bmatrix}e^{-j\beta z} \tag{1-9}$$

$$H_{z1} = BJ_m(k_{\rho 1}\rho)\begin{bmatrix}\sin(m\phi)\\ \cos(m\phi)\end{bmatrix}e^{-j\beta z} \tag{1-10}$$

여기서 m 은 정수이고, J_m 은 m 번째 단수를 가지는 first kind의 Bessel 함수이다.

$$k_{\rho 1}^2 = k^2 - \beta^2 \tag{1-11}$$

식(1-11)에서 $k = k_0\sqrt{\varepsilon_r}$ 는 유전체의 파수이고, k_0 는 자유공간에서 파수이다. rod 외부 에서는 E_z 과 H_z 가 유사하게 ϕ 에 관련해서는 2π 의 기간을 가지고 주기적이다. 그리고 z 축을 따라서 진행하는 파를 나타내고 있다. 그러나 내부의 구성요소와 다르게, 만일 rod가 도파관이라면 그것들은 ρ 의 방향으로 지수함수적으로 감쇄하게된다. 그러므로

$$E_{z2} = CK_m(k_{\rho 2}\rho)\begin{bmatrix}\cos(m\phi)\\ \sin(m\phi)\end{bmatrix}e^{-j\beta z} \tag{1-12}$$

$$H_{z2} = DK_m(k_{\rho 2}\rho)\begin{bmatrix}\sin(m\phi)\\ \cos(m\phi)\end{bmatrix}e^{-j\beta z} \tag{1-13}$$

여기서 K_m 은 m 번째 단수를 가지는 second kind의 변형된 Bessel 함수이다.

$$k_{\rho 2}^2 = \beta^2 - k_0^2 \tag{1-14}$$

k_0 과 β 는 식(1-14)에서 서로 맞바꿔 있음을 주목하자. K_m 의 함수값은 실수이다.

rod의 내부 또는 외부든간에 전자기 구성 요소들은 인자들의 곱으로 표현되어진다. 그들 각각은 물리적인 형상, 원점에서 장들의 분석 또는 z 방향으로 에너지가 진행하는 도파관으로서 rod 뿐만 아니라 식(1-4), (1-6), 또는 (1-7) 중에 오직 하나를 만족한다. 더구나 E_z 과 H_z 는 $0 \le \phi \le 2\pi$ 에서 선형적으로 독립적이어야 하기 때문에 E_z 과 H_z 는 각각 코사인과 사인함수로 변하도록 선택된다. $m = 0$ 에서, 전자기들은 ϕ 의 변수를 가지지 않는 z 에 대하여 transverse electric (TE to z) 과 transverse magnetic (TM to z) 으로 나눠진다. 서로는 완벽히 독립적이다. 모든 $m > 0$ 일 경우, 전자기들은 TE 와 TM 부분을 모두 가지는 hybrid, 또는 HEM 이다. rod 내부의 transverse 전자기성분들은 아래와 같다.

$$H_{\rho 1} = \frac{1}{k_{\rho 1}^2}\left[-j\omega\varepsilon m \frac{A}{\rho} J_m(k_{\rho 1}\rho) - j\beta k_{\rho 1} B J_m^{'}(k_{\rho 1}\rho) \right] \sin(m\phi) e^{-j\beta z} \qquad (1\text{-}15a)$$

$$E_{\phi 1} = \frac{1}{k_{\rho 1}^2}\left[j\beta m \frac{A}{\rho} J_m(k_{\rho 1}\rho) + j\omega\mu_0 k_{\rho 1} B J_m^{'}(k_{\rho 1}\rho) \right] \sin(m\phi) e^{-j\beta z} \qquad (1\text{-}15b)$$

$$E_{\rho 1} = \frac{1}{k_{\rho 1}^2}\left[-j\beta k_{\rho 1} A J_m^{'}(k_{\rho 1}\rho) - j\omega\mu_0 m \frac{B}{\rho} J_m(k_{\rho 1}\rho) \right] \cos(m\phi) e^{-j\beta z} \qquad (1\text{-}15c)$$

$$H_{\phi 1} = \frac{1}{k_{\rho 1}^2}\left[-j\omega\varepsilon k_{\rho 1} A J_m^{'}(k_{\rho 1}\rho) - j\beta m \frac{B}{\rho} J_m(k_{\rho 1}\rho) \right] \cos(m\phi) e^{-j\beta z} \qquad (1\text{-}15d)$$

반면에 rod의 바깥은 아래에 의하여 주어진다.

$$H_{\rho 2} = \frac{-1}{k_{\rho 2}^2}\left[-j\omega\varepsilon_0 m \frac{C}{\rho} K_m(k_{\rho 2}\rho) - j\beta k_{\rho 2} D K_m^{'}(k_{\rho 2}\rho) \right] \sin(m\phi) e^{-j\beta z} \qquad (1\text{-}16a)$$

$$E_{\phi 2} = \frac{-1}{k_{\rho 2}^2}\left[j\beta m \frac{C}{\rho} K_m(k_{\rho 2}\rho) + j\omega\mu_0 k_{\rho 2} D K_m^{'}(k_{\rho 2}\rho) \right] \sin(m\phi) e^{-j\beta z} \qquad (1\text{-}16b)$$

$$E_{\rho 2} = \frac{-1}{k_{\rho 2}^2}\left[-j\beta k_{\rho 2} C K_m^{'}(k_{\rho 2}\rho) - j\omega\mu_0 m \frac{D}{\rho} K_m(k_{\rho 2}\rho) \right] \cos(m\phi) e^{-j\beta z} \qquad (1\text{-}16c)$$

$$H_{\phi 2} = \frac{-1}{k_{\rho 2}^2}\left[-j\omega\varepsilon_0 k_{\rho 2} C K_m^{'}(k_{\rho 2}\rho) - j\beta m \frac{D}{\rho} K_m(k_{\rho 2}\rho) \right] \cos(m\phi) e^{-j\beta z} \qquad (1\text{-}16d)$$

식(1-15)과 (1-16)에서, “ ' ” 표시는 함수의 값에 관련하여 미분을 나타낸다.

rod외부의 ρ 방향에서 해를 위한 특별한 선택은 자동적으로 Sommerfeld 조건을 만족한다. 그러나 rod 표면을 가로지르는 접선 전자기 구성요소들의 연속성은 아래조건을 요구한다.

$$E_{z1} = E_{z2} \qquad (1\text{-}17a)$$

$$H_{z1} = H_{z2} \qquad (1\text{-}17b)$$

$$E_{\phi 1} = E_{\phi 2} \tag{1-17c}$$

$$H_{\phi 1} = H_{\phi 2} \tag{1-17d}$$

$\rho = a$ 지점에서, 식(1-17)에 식(1-15)과 (1-16)를 대입하면, 아래의 경계조건을 얻는다.

$$AJ_m(k_{\rho 1}a) - CK_m(k_{\rho 2}a) = 0 \tag{1-18a}$$

$$BJ_m(k_{\rho 1}a) - DK_m(k_{\rho 2}a) = 0 \tag{1-18b}$$

$$\frac{\beta}{k_{\rho 1}^2 a} mAJ_m(k_{\rho 1}a) + \frac{j\omega\mu_0}{k_{\rho 1}} BJ_m'(k_{\rho 1}a) + \frac{\beta}{k_{\rho 2}^2 a} mCK_m(k_{\rho 2}a) + \frac{j\omega\mu_0}{k_{\rho 2}} DK_m'(k_{\rho 2}a) = 0 \tag{1-18c}$$

$$\frac{\omega\varepsilon}{k_{\rho 1}} AJ_m'(k_{\rho 1}a) + \frac{\beta}{k_{\rho 1}^2 a} mBJ_m(k_{\rho 1}a) + \frac{\omega\varepsilon_0}{k_{\rho 2}} CK_m'(k_{\rho 2}a) + \frac{\beta}{k_{\rho 2}^2 a} mDK_m(k_{\rho 2}a) = 0 \tag{1-18d}$$

이들 식들은 새로운 변수들을 소개함으로서 간략화될 수 있다.

$$x = k_{\rho 1}a \tag{1-19}$$

$$y = k_{\rho 2}a = \sqrt{(k_0 a)^2(\varepsilon_r - 1) - x^2} \tag{1-20}$$

그러므로,

$$\beta a = \sqrt{(k_0 a)^2 \varepsilon_r - x^2} \tag{1-21}$$

식(1-18)은 아래와 같이 다시 표현된다.

$$AJ_m(x) - CK_m(y) = 0 \tag{1-22a}$$

$$BJ_m(x) - DK_m(y) = 0 \tag{1-22b}$$

$$\frac{\beta am}{x^2}AJ_m(x)+\frac{\omega\mu_0 a}{x}BJ_m^{'}(x)+\frac{\beta am}{y^2}CK_m(y)+\frac{\omega\mu_0 a}{y}DK_m^{'}(y)=0 \quad \text{(1-22c)}$$

$$\frac{\omega\varepsilon a}{x}AJ_m^{'}(x)+\frac{\beta am}{x^2}BJ_m(x)+\frac{\omega\varepsilon_0 a}{y}CK_m^{'}(y)+\frac{\beta am}{y^2}DK_m(y)=0 \quad \text{(1-22d)}$$

매트릭스 형태를 취하여, 식(1-22)는 다음과 같이 된다.

$$\widetilde{F}\left|U\right\rangle=0 \quad \text{(1-23)}$$

여기서 $\widetilde{F}$ 는 4×4 매트릭스이다.

$$\widetilde{F}=\begin{bmatrix} J_m(x) & 0 & -K_m(y) & 0 \\ 0 & J_m(x) & 0 & -K_m(y) \\ \frac{\beta am}{x^2}J_m(x) & \frac{\omega\mu_0 a}{x}J_m^{'}(x) & \frac{\beta am}{y^2}K_m(y) & \frac{\omega\mu_0 a}{y}K_m^{'}(y) \\ \frac{\omega\varepsilon a}{x}J_m^{'}(x) & \frac{\beta am}{x^2}J_m(x) & \frac{\omega\varepsilon_0 a}{y}K_m^{'}(y) & \frac{\beta am}{y^2}K_m(y) \end{bmatrix} \quad \text{(1-24)}$$

그리고 $\left|U\right\rangle$는 진폭의 크기 A, B, C, 그리고 D의 4×1 매트릭스 벡터이다.

$$\left|U\right\rangle=\begin{bmatrix} A \\ B \\ C \\ D \end{bmatrix} \quad \text{(1-25)}$$

식(1-23)의 non-trivial 해가 아래의 조건을 만족하는 x에서 오직 존재한다.

$$\det(\widetilde{F})=0 \quad \text{(1-26)}$$

여기서 $\det(\bullet)$는 매트릭스의 determinant를 나타낸다. 첫 번째 매트릭스의 항으로 $\widetilde{F}$ 의 determinant를 확장하면, 식(1-26)은 아래와 같이 된다.

$$\begin{aligned}
&\frac{\omega\varepsilon a}{x} J'_m(x) K_m(y) \left[\frac{\omega\mu_0 a}{y} J_m(x) K'_m(y) + \frac{\omega\mu_0 a}{x} K_m(y) J'_m(x) \right] \\
&- \frac{\beta a m}{x^2} J_m(x) K_m(y) \left[\frac{\beta a m}{y^2} J_m(x) K_m(y) + \frac{\beta a m}{x^2} J_m(x) K_m(y) \right] \\
&+ J_m^2(x) \left[-\frac{(\beta a m)^2}{y^4} K_m^2(y) + \frac{\omega^2 \mu_0 \varepsilon_0 a^2}{y^2} K_m'^2(y) \right] \\
&+ J_m(x) K_m(y) \left[\frac{\omega\mu_0 \varepsilon_0^2 a}{xy} J'_m(x) K'_m(y) - \frac{(\beta a m)^2}{x^2 y^2} J_m(x) K_m(y) \right] = 0
\end{aligned} \tag{1-27}$$

($K_m^2(y) / \omega^2 \mu_0 \varepsilon a^2$)으로 식(1-27)을 나누고, 다시 재편성하면 식(1-27)은 아래의 형태로 놓여질 수 있다.

$$F_1(x) F_2(x) - F_3^2(x) = 0 \tag{1-28}$$

여기서

$$F_1(x) = \frac{J'_m(x)}{x} + \frac{K'_m(y) J_m(x)}{\varepsilon_r y K_m(y)} \tag{1-29}$$

$$F_2(x) = \frac{J'_m(x)}{x} + \frac{K'_m(y) J_m(x)}{y K_m(y)} \tag{1-30}$$

$$F_3(x) = \frac{\beta a m}{k_0 a \sqrt{\varepsilon_r}} J_m(x) \left[\frac{1}{x^2} + \frac{1}{y^2} \right] \tag{1-31}$$

식(1-28)의 해는 식(1-23)의 non-trivial 해가 존재하기 위한 x를 결정한다. 방정식(1-28)은 유전체 rod 도파관을 위한 고유값 방정식이라 불려지고, 그것의 해인 x는 유전체 rod 도파관의 고유값으로 불려진다.

식(1-20)에서, x는 아래와 같이 주어진 특정한 값 $x_{\max}$를 넘지 않는다. 따라서 y는 순수한 허수가 되고 modified Bessel 함수 K_m이 외부로 향하여 진행하는 파들을 나타내는 Hankel 함수 $H_m^{(2)}$로 바뀐다. 그러므로 어느 확정된 m을 위하여 오직 고유값의 한정된 수만이 있다. 그러므로 다른 첨자 n 이 고유값들을 열거하기 위하여 필요하다. 따라서 x_{mn} 에 의하여 고유값들을 나타내는 것이 편리하다. x_{mn} 에 관련하여 전자기들 (E_{mn} , H_{mn})은 유전체 rod 도파관의 모드라고 불려진다. $m=0$ 에서, F_3 는 동일하게 사라지고, 식(1-28)은 두 개의 방정식으로 나눠진다.

$$\frac{J_1(x)}{x}+\frac{K_1(y)J_0(x)}{\varepsilon_r yK_0(y)}=0 \quad (\text{to TM}) \tag{1-32}$$

$$\frac{J_1(x)}{x}+\frac{K_1(y)J_0(x)}{yK_0(y)}=0 \quad (\text{to TE}) \tag{1-33}$$

각각과 관련하여 TM 과 TE 가 생성된다. 이것은 $m=0$ 에서 $\widetilde{F}$ 가 TE 장과 다른 TM 장들에 해당하는 한 블록을 가지고 대각선 매트릭스 블록으로 변환하는 것을 지적함으로 쉽게 설립되어질 수 있다.

1-1c 유전체 원형 도파관의 모드값들

TM 과 TE 모드뿐만 아니라 hybrid 모드를 위한 고유값들은 초월(transcendental) 방정식(1-28)의 해에 의하여 결정되어질 수 있다. 고유값들의 계산은 수치적으로 수행되어져야만 한다. 이는 처음 작은 간격들내에서 방정식을 "0"로 놓음으로서 완성되어질 수 있다. 원하는 정확도가 되도록 이들 "0"를 실제적으로 결정하기위하여 비선형 방정식의 해를 위한 최적의 반복되는 과정을 진행한다. 이는 점차적으로 x 를 증가함으로 가능하고 방정식의 부호가 변화는 것을 주목하라. 이렇게 계산된 처음 몇몇 고유값들은 유전율 $\varepsilon_r=20.0$, $\varepsilon_r=38.0$ 을 가지고 각각 그림 1-3, 1-4에 k_0a 에 대하여 나타내었다.

고유값 도표로 불려지는 그림 1-3, 1-4는 Snyder(참고문헌1-1)에 처음 사용된 방법으로 정규화된 주파수 k_0a 의 함수로 고유값의 변화를 묘사하고 있다. 몇몇 내용은 이들 두 그림들로부터 얻을 수 있다. 명백하게 고유값은 주파수에 따라 변한다. 이는 내부가 균일한 유전체 물질로 채워진 금속 실린더 모양의 도파관과 대비되는 것이다. 후자의 경우는 고유값이 주파수에 무관하다. 그러므로 고유값 도표에서 수평선으로 나타난다. 더욱이 고유값은 일반적으로 k_0a 의 함수로 천천히 변하고 그러므로 간단한 다항식으로 나타낼 수 있다. 예를들어

$\varepsilon_r = 38.0$ 를 가진 TE_{01} 모드의 고유값은 다항식에 의하여 아래와 같이 근사치될 수 있다.

$$x_{01}^{\mathrm{TE}} \approx 3.832 - \frac{0.6258}{k_0 a} + \frac{0.08285}{(k_0 a)^2} + \frac{0.02222}{(k_0 a)^3} \tag{1-34}$$

이는 $0.45 \le k_0 a \le 2.0$ 에서 2.3×10^{-4} 보다 작은 크기의 상대적인 에러를 가진다. TM_{01} 모드와 같은 다른 고유값들도 더 느리게 변하고 더 간략한 다항식에 의하여 근사치되어질 수 있다. 식(1-34)의 첫번째항이 금속 도파관의 TE_{01} 모드 고유값과 같다는 점은 흥미롭다. 비록 식(1-34)가 $k_0 a$ 의 특정한 영역에서만 정당할지라도, TE_{01} 금속 도파관 모드의 고유값과 관련한 수평선은 같은 유전체 rod 도파관 모드의 고유값 곡선에 대한 점근선 ($k_0 a \to \infty$) 으로 결론되어질 수 있다. 이는 모든 TE 모드에서 실제적으로 사실이고, 식(1-33)에서 $k_0 a \to \infty$ 로 놓으므로 성립된다.

그림 1-4에서 고유값 도표의 사용을 설명하기 위하여, 모드 HEM_{21} 유전체 rod 도파관 의 파장이 아래에 계산되었다. 도파관 파장 λ_g 는 다음과 같이 정의된다.

$$\lambda_g = \frac{2\pi}{\beta} \tag{1-35}$$

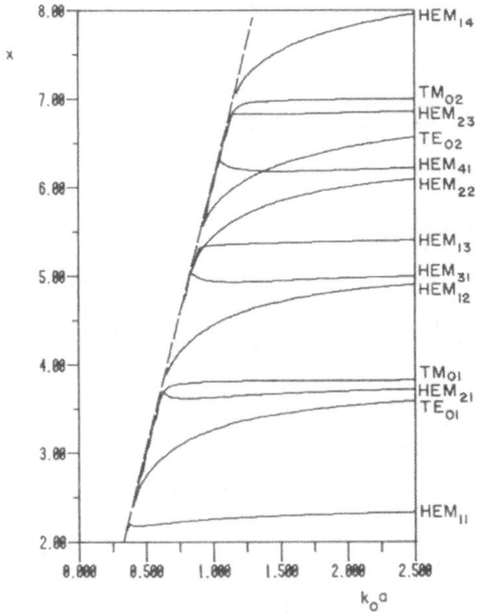

그림 1-3. 유전체 rod 도파관의 처음 13개 고유값 ($\varepsilon_r = 20.0$)

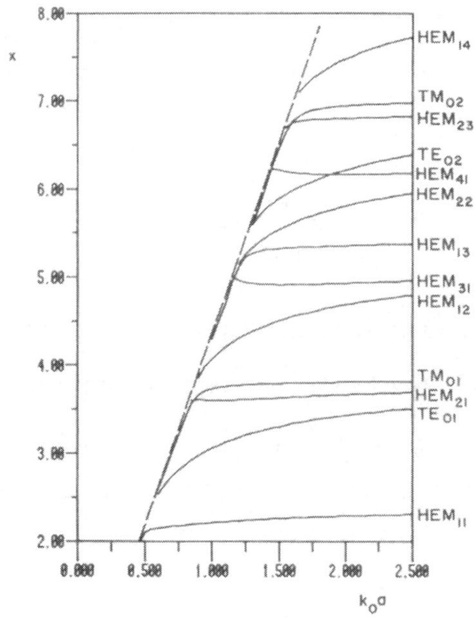

그림 1-4. 유전체 rod 도파관의 처음 13개 고유값 ($\varepsilon_r = 38.0$)

도표는 $\varepsilon_r = 38.0$ 의 물질을 가질 때 정당하고, rod의 반지름은 $a = 1$ cm 이고 동작주파수는 5.0 GHz 이다. 물질의 파수 $k = \omega\sqrt{\mu\varepsilon} = 2\pi/\lambda$ 로부터 $k_0 a = 1.047$ radians 이다. 관련한 고유값은 그림 1-4로부터 $x = 3.62$ 로 읽어진다. 반지름에 의해 곱해진 진행상수는 지금 식(1-21)로부터 계산되어질 수 있다. 그 결과는 $(\beta a)_{21} = 5.34$ radians 이다. 파장은 식(1-35)로부터 $\lambda_{g21} = 1.18$ cm 이다. 이 값은 $\lambda_0 = 6.0$ cm 을 가지는 자유공간내 파장보다 훨씬 작다. 한편 만일 전체 공간이 $\varepsilon_r = 38.0$ 의 유전체로 채워져 있다면, 파장은 단지 $6.0/\sqrt{38.0} = 0.973$ cm 이다. 그러므로 HEM_{21} 모드의 파장은 이들 두 극단적인 경우 사이에 떨어진다. 유사한 방법으로 그림 1-3 와 1-4는 그림속에 보여지는 13개 모드들 사이의 어떤 다른 모드의 파장을 결정하는데 사용될 수 있다.

모든 modal field들은 식(1-16)의 modified Bessel 함수의 힘으로 rod 바깥의 방사방향으로 점차 사라진다. 또한 $x > k_0 a\sqrt{\varepsilon_r}$ 와 관련한 이들 모드들은 β 가 순수하게 허수이기 때문에 z 방향으로 점차 사라진다. x_{mn} 과 관련한 modal 장들은 식(1-9), (1-10), (1-12), (1-13), (1-15), 그리고 (1-16)로부터 결정되어질 수 있고 y_{mn} 은 식(1-20)로부터 위상상수 β_{mn} 는 식(1-21)로부터 결정되어질 수 있다. 진폭계수 A_{mn}, B_{mn}, C_{mn}, 그리고 D_{mn} 를 위한 간단한 관계는 다음절에서 유도된다. 이들 진폭들 중에서 오직 하나가 임의로 선택되어질 수 있기 때문에 이들 전자기선은 공간내에서 전자기장의 방향을 나타낸다. 그러면 임의 transverse to z plane에서, 전기장선들은 아래의 미분식을 만족한다.

$$\rho\frac{d\phi}{d\rho} = \frac{E_\phi}{E_\rho} \tag{1-36}$$

자기장선들은 그들의 전기적 대응상대를 대체한 자기장 구성요소를 가지고 식(1-36)을 만족한다. 식(1-36)의 해는 TE 와 TM 모드 모두에게 매우 간단한 문제이다. 식(1-15)와 (1-16)으로부터 알 수 있는 것처럼 식(1-36)에서 하나의 전자기 구성요소, 즉 TE 모드를 위한 E_ρ 와 H_ϕ 또는 TM 모드를 위한 E_ϕ 와 H_ρ 은 항상 "0" 이다. 그러므로 전기장선들은 아래와 같이 주어진다.

$$\rho = \text{constant}, \quad \text{for TE modes} \tag{1-37a}$$

$$\phi = \text{constant}, \quad \text{for} \quad \text{TM} \quad \text{modes} \tag{1-37b}$$

자기장선들을 위한 방정식은 식(1-37)의 역할을 반대로 하는 모드들을 제외하고 전기장 선로들과 유사하다. 그러나 hybrid 모드에서 식(1-36)의 정확한 적분은 오히려 어렵고 컴퓨터를 이용한 전자기선의 모양으로 진행해야 한다.

HEM_{11}, TE_{01}, HEM_{21}, TM_{01}, 그리고 HEM_{12} 의 transverse to z 전자기장 분포를 위한 컴퓨터를 이용한 모양이 x 와 k_0a 의 각각 다른 값에서 유전율 $\varepsilon_r = 38.0$ 을 가지고 그림 1-5에서 1-10까지 보여진다. 각 모드는 전기장과 자기장에 대해 각각 별도의 설명을 가지고 화살표에 대한 설명은 다음과 같다.

1. 대진폭 1.0 dB 내의 진폭을 가지는 전자기장들은 강한 전자기장으로 불려지고 두개의 화살표로 그려진다.
2. 최대진폭 1.0 dB 에서 3.0 dB 내의 진폭을 가지는 전자기장들은 중간 전자기장으로 불려지고 긴 한개의 화살표로 그려진다.
3. 최대진폭 3.0 dB 에서 10.0 dB 내의 진폭을 가지는 전자기장들은 약한 전자기장으로 불려지고 짧은 한개의 화살표로 그려진다.
4. 최대진폭 10.0 dB 이상의 진폭을 가지는 전자기장들은 무시되고, 그런 전자기장들을 가진 지점은 모양내에서 빈 공간으로 남긴다.

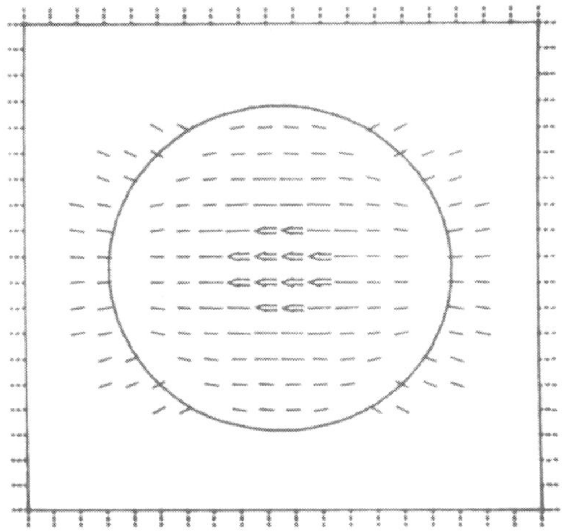

그림 1-5(a). 전기장 패턴, HEM_{11} 모드, 불연속적인 모양
($\varepsilon_r = 38.0$, $k_0 a = 0.5$, $x = 2.1864$)

한 지점에서 그려진 화살표 또는 선들은 그 지점에서 전자기 선로에 평행하고, 빈 공간영역은 완전히 "0" 의 전자기장들이 아님을 기억하기 바란다. 왜냐하면 전자기장의 z 구성 성분들이 거기에 존재하기 때문이다. 이런 형태의 모양은 강한 전자기장들의 위치를 식별하고 찾는데 매우 유용하다. ; 특정한 모드에 가장 적합한 결합 디바이스를 선택할 때 많이 필요한 정보. 예를들어 짧은 전기 프루브는 전기장 선로를 따라 강한 전기장의 위치에 놓여질 때 가장 효율적이 될 것이다.

TE 와 TM 모드에 관련한 전자기장 선로들이 식(1-59)에서 가리키는 패턴을 따른다는 것을 주목하라. 일반적으로 말해서, 이들 전자기장 패턴들은 같은 유전체 물질로 채워진 금속 실린더 형태의 도파관 모드와 관련된 몇가지 유사성에 부담을 가진다. 게다가 $k_0 a$ 가 증가하므로서, HEM_{11} 을 위한 전자기장 밀도는 높은 주파수에서 더 나은 전자기장 봉쇄 특성을 가르키면서 rod 내부에서 증가한다.

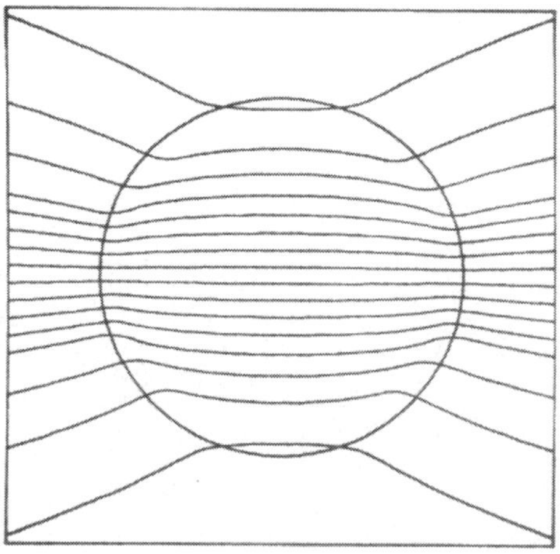

그림 1-5(b). 전기장패턴, HEM_{11} 모드, 연속적인 모양
($\varepsilon_r = 38.0$, $k_0 a = 0.5$, $x = 2.1864$)

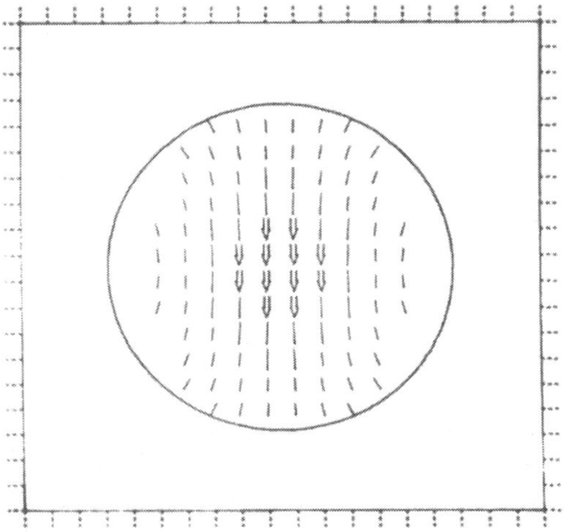

그림 1-5(c). 자기장패턴, HEM_{11} 모드, 불연속적인 모양
($\varepsilon_r = 38.0$, $k_0 a = 0.5$, $x = 2.1864$)

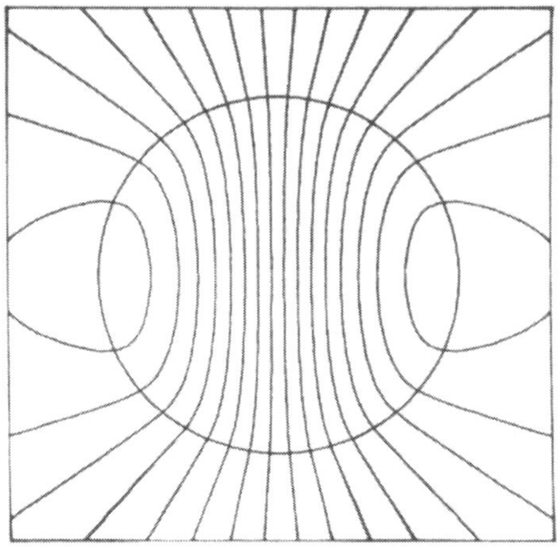

그림 1-5(d). 자기장패턴, HEM_{11} 모드, 연속적인 모양

($\varepsilon_r = 38.0$, $k_0 a = 0.5$, $x = 2.1864$)

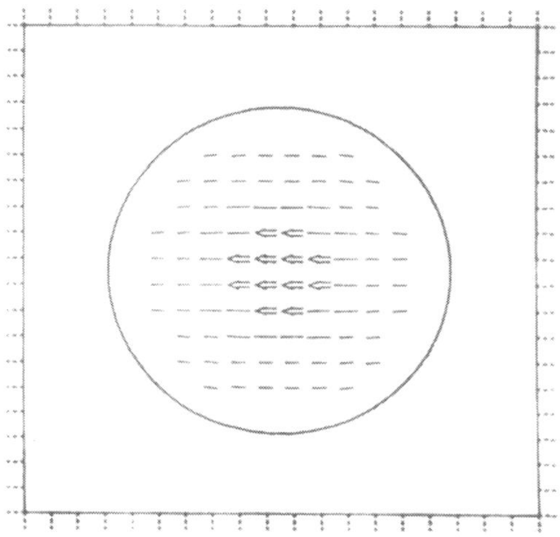

그림 1-6(a). 전기장패턴, HEM_{11} 모드, 불연속적인 모양

($\varepsilon_r = 38.0$, $k_0 a = 1.0$, $x = 2.2583$)

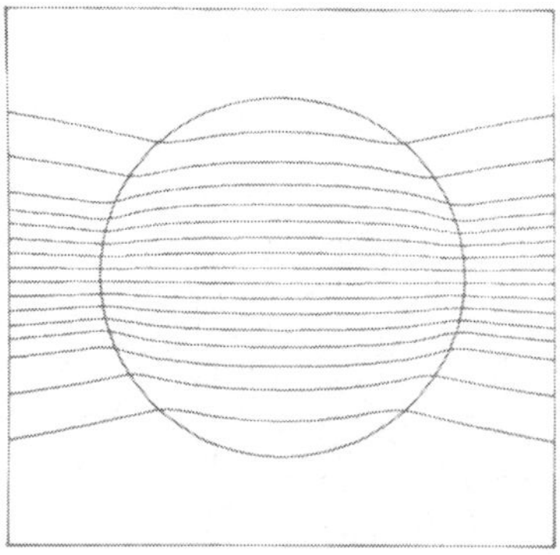

그림 1-6(b). 전기장패턴, HEM_{11} 모드, 연속적인 모양
($\varepsilon_r = 38.0$, $k_0 a = 1.0$, $x = 2.2583$)

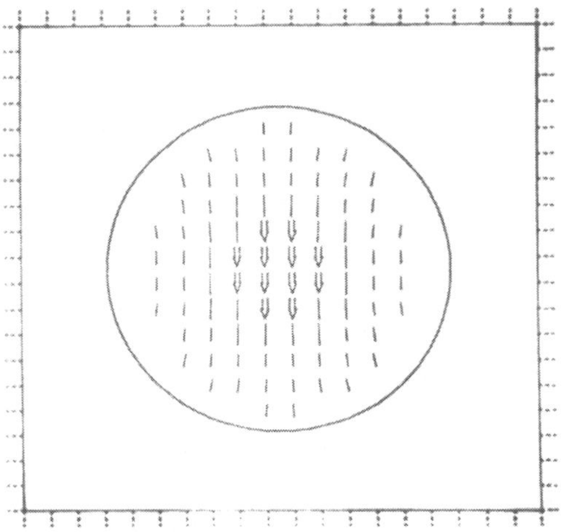

그림 1-6(c). 자기장패턴, HEM_{11} 모드, 불연속적인 모양
($\varepsilon_r = 38.0$, $k_0 a = 1.0$, $x = 2.2583$)

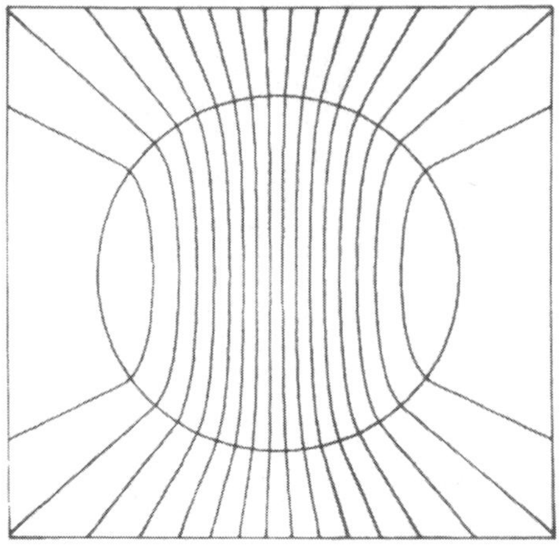

그림 1-6(d). 자기장패턴, HEM_{11} 모드, 연속적인 모양

($\varepsilon_r = 38.0$, $k_0 a = 1.0$, $x = 2.2583$)

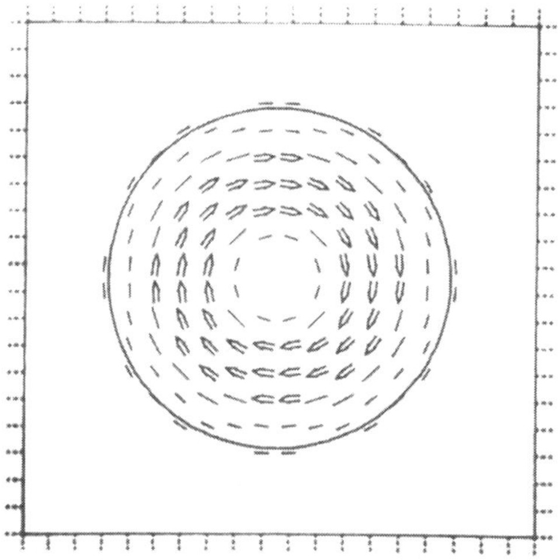

그림 1-7(a). 전기장패턴, TE_{01} 모드, 불연속적인 모양

($\varepsilon_r = 38.0$, $k_0 a = 1.0$, $x = 3.2672$)

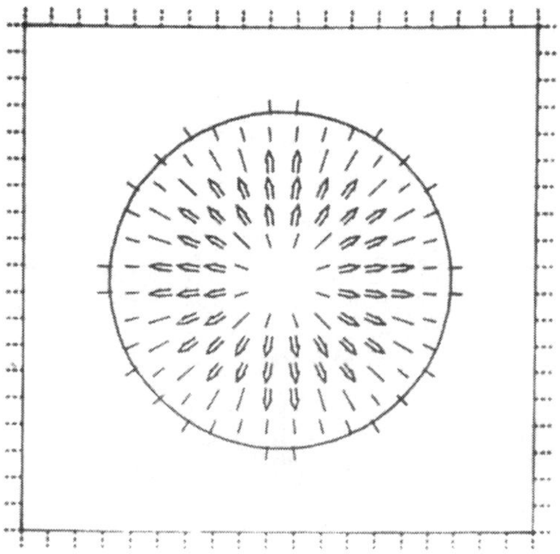

그림 1-7(b). 자기장패턴, TE_{01} 모드, 불연속적인 모양

($\varepsilon_r = 38.0$, $k_0 a = 1.0$, $x = 3.2672$)

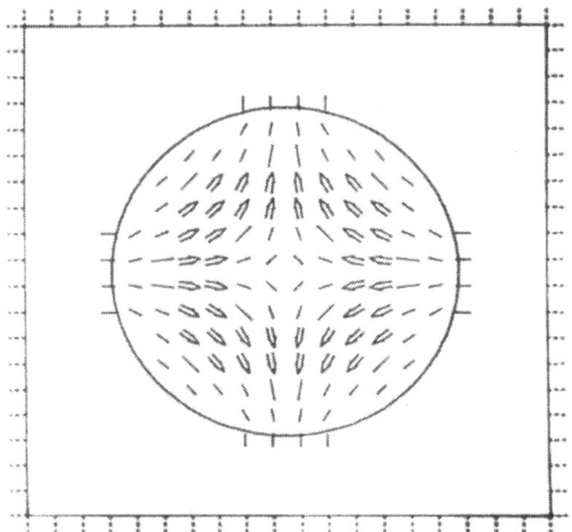

그림 1-8(a). 전기장패턴, HEM_{21} 모드, 불연속적인 모양

($\varepsilon_r = 38.0$, $k_0 a = 1.0$, $x = 3.6339$)

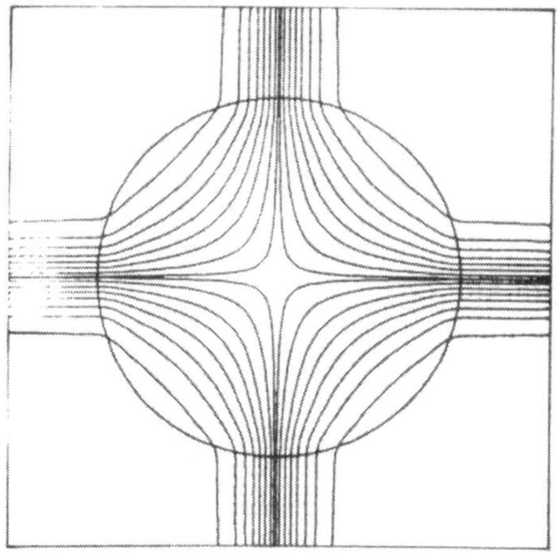

그림 1-8(b). 전기장패턴, HEM_{21} 모드, 연속적인 모양

($\varepsilon_r = 38.0$, $k_0 a = 1.0$, $x = 3.6339$)

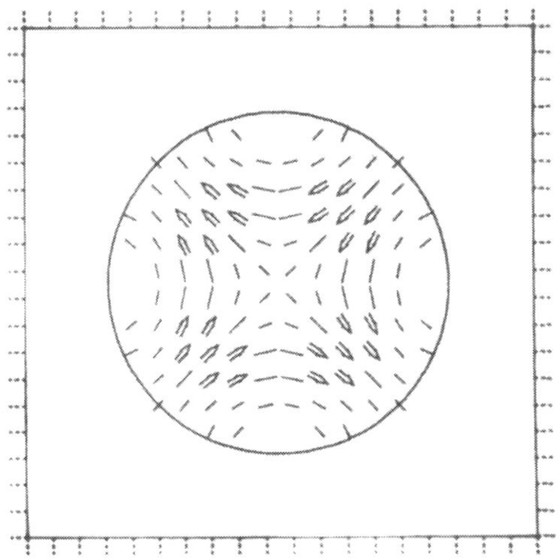

그림 1-8(c). 자기장패턴, HEM_{21} 모드, 불연속적인 모양

($\varepsilon_r = 38.0$, $k_0 a = 1.0$, $x = 3.6339$)

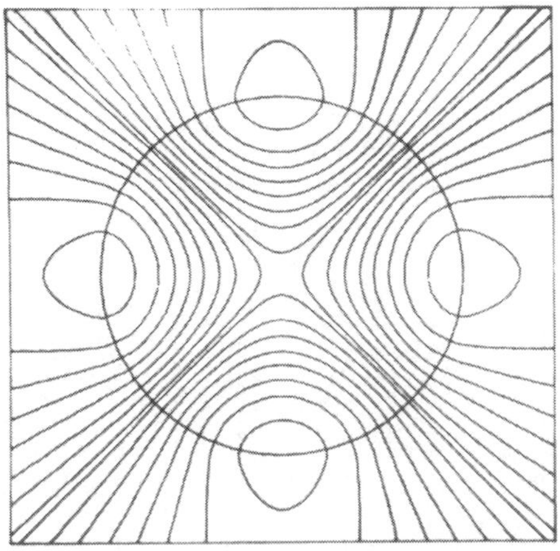

그림 1-8(d). 자기장패턴, HEM_{21} 모드, 연속적인 모양
($\varepsilon_r = 38.0$, $k_0 a = 1.0$, $x = 3.6339$)

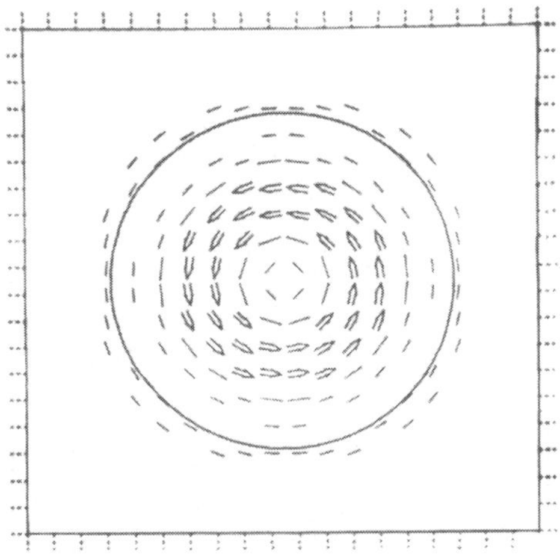

그림 1-9. 자기장패턴, TM_{01} 모드, 불연속적인 모양 ($\varepsilon_r = 38.0$, $k_0 a = 1.0$, $x = 3.8088$)

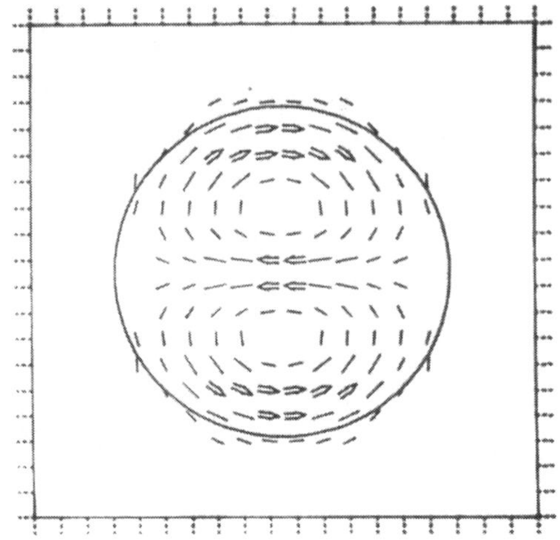

그림 1–10(a). 전기장패턴, HEM_{12} 모드, 불연속적인 모양
($\varepsilon_r = 38.0$, $k_0 a = 1.0$, $x = 4.4509$)

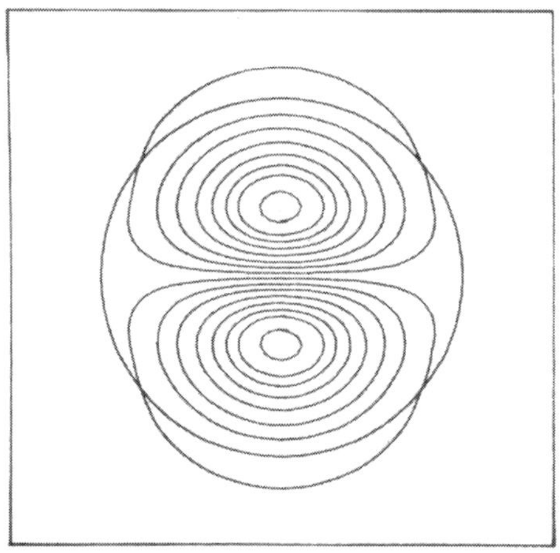

그림 1–10(b). 전기장패턴, HEM_{12} 모드, 연속적인 모양
($\varepsilon_r = 38.0$, $k_0 a = 1.0$, $x = 4.4509$)

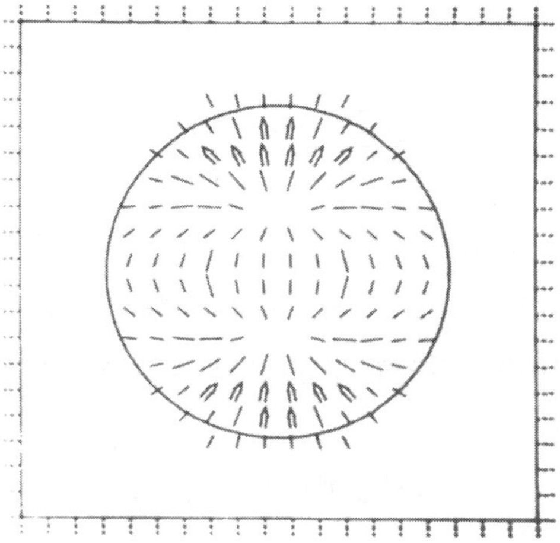

그림 1-10(c). 자기장패턴, HEM_{12} 모드, 불연속적인 모양
($\varepsilon_r = 38.0$, $k_0 a = 1.0$, $x = 4.4509$)

1-2 평행판에서의 유전체 공진기

유전체 공진기들은 여러 가지 모양들을 취할 수 있다. 아마도 가장 간단한 것은 그림 1-2에 보여진 것처럼 두 개의 평행한 금속판들 사이에 길이 h를 가지는 실린더형태의 유전체 rod 도파관이다.

어느 균일한 도파관의 단면이 두 개의 평행한 금속판들 사이에 둘러싸여 닫혀졌을 때, 정재파 패턴이 z 방향으로 생긴다. 더욱이 자기장의 법선성분은 완벽한 도체 표면에서는 사라져야만 한다. 반면에 전기장은 거기서 표면 전하밀도에 비례하게 된다. 그러므로 평행판의 존재는 적절히 식(1-9)와 (1-12)의 $e^{-j\beta z}$ 을 $\cos(\beta z)$ 로 식(1-10)과 (1-13)에서는 $\sin(\beta z)$ 로 설명되어진다. 결론적으로

$$\beta h = \frac{2\pi}{\lambda_g} h = p\pi \tag{1-38}$$

여기서 λ_g 는 유전체 rod 도파관의 파장이고 p 는 정수이다. 그러므로 높이 h는 반파장의

다중적분이다.

$$h = p\frac{\lambda_g}{2}, \quad p=1, \ 2, \ \ldots \tag{1-39}$$

두 식(1-21)과 (1-38)을 만족하는 주파수의 오직 하나의 독립된 셋트에 있다. 평행판 유전체 공진기의 공진주파수로 불러지는 그런 주파수들은 고유값 도표의 도움으로 그래프적으로 결정할 수 있다. 식(1-21)과 (1-38)을 사용하여, 공진에서 x 의 값은 아래와 같이 결정되어진다.

$$x^2 = (k_0 a)^2 \varepsilon_r - \left[\frac{a}{h} p\pi\right]^2 \tag{1-40}$$

또는

$$\frac{(k_0 a)^2}{u_p^2} - \frac{x^2}{v_p^2} = 1 \tag{1-41}$$

여기서

$$u_p = p\frac{a\pi}{h\sqrt{\varepsilon_r}} = pu_1 \tag{1-42}$$

그리고

$$v_p = \sqrt{\varepsilon_r} u_p \tag{1-43}$$

관계식(1-41)은 이심율 $\sqrt{\varepsilon_r + 1}$ 와 초점들 $\pm pu_1\sqrt{\varepsilon_r + 1}$ 을 가지는 hyberbolas의 유사한 구성들로 쉽게 인식되어진다. 고유값 도표는 모든 주파수 f 와 모든 반지름 a 에 정당한 보편적인 특성이다. 주어진 공진기크기 a 와 h 에서, hyberbolas의 유사한 구성들은 다른 p 로 그래프 되어질 수 있다. 곡선들을 겹치면, 두 개의 유사한 구성들의 곡선들이 확실한 지점들 (x_{mnp} , $(k_0 a)_{mnp}$) 에서 교차한다. 그러므로 공진주파수들은 아래와 같이 주어진다.

$$f_{mnp} = \frac{150}{\pi a}(k_0 a)_{mnp} \qquad \text{(GHz)} \tag{1-44}$$

여기서 a는 mm로 측정되어진다. 그림1-11과 1-12는 각각 $\varepsilon_r = 20.0$과 $\varepsilon_r = 38.0$을 가진 평행판 유전체 공진기를 위한 그래프의 과정을 설명한다.

그래프를 사용하는 방법은 유전체 공진기의 여러 가지 모드들을 예측하고 확인하기위한 좋은 도구이다. 공진 주파수들의 더 정확한 계산은 수치적인 방법을 사용해야만 한다. 그림 1-11 또는 1-12처럼 그래프를 사용한 과정의 잇점은 여러 가지 모드들의 공진 주파수들이 나타날 것이라는 것을 쉽게 인식할 수 있다는 것이다. 고정된 반지름 a와 높이 h에서, 가로축 k_0a는 주파수에 비례하여 커진다. 그러므로 우리는 가장 낮은 공진주파수는 HEM_{11} 공진에 속하고, 다음으로 높은 공진은 TE_{011}, 그리고 그 다음은 HEM_{211}, TM_{011}, 등을 볼 수 있다. 이들 공진 모드들은 간단히 $p = 1$에서 왼쪽부터 오른쪽으로 적절한 hyperbola를 따라서 움직이고 여러 가지 모드들의 고유값과 교차점을 관찰함으로 발견되어진다. 예를들어, $\varepsilon_r = 38.0$과 $a = h = 4.25$ mm에서, hyberbola $p = 1$은 $k_0a \approx 0.82$에서 유전체 rod 도파관의 TM_{01} 모드와 교차한다. 이는 식(1-44)로부터 $f_{011}^{TM} \approx 9.21$ GHz 이다. f_{011}^{TM}에 관련한 모드는 명백히 TM_{011} 모드이다. 임의의 transverse to z plane 내에서 이들의 field 분포는 TM_{01} rod 도파관 모드의 것이다. 표1-1 은 $a = h = 4.25$ mm에서 그래프적으로 얻은 몇몇 공진 주파수를 보여주고있다.

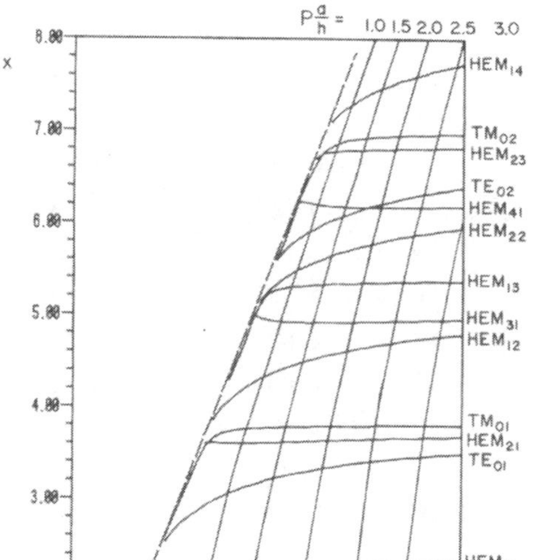

그림1-11. 평행판 유전체 공진기의 공진주파수를 결정하는 그래프($\varepsilon_r = 20.0$)

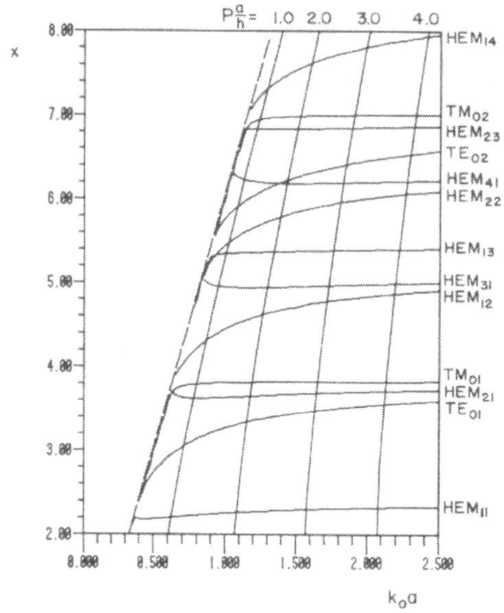

그림1–12. 평행판 유전체 공진기의 공진주파수를 결정하는 그래프($\varepsilon_r = 38.0$)

표1-1. 평행판 유전체 공진기의 공진주파수($a = h = 4.25$ mm)

Mode	k_0a		f (GHz)	
	ϵ_r=20.0	ϵ_r=38.0	ϵ_r=20.0	ϵ_r=38.0
HEM_{111}	0.85	0.63	9.55	7.07
TE_{011}	0.99	0.71	11.12	7.98
HEM_{211}	1.06	0.78	11.91	8.76
TM_{011}	1.10	0.82	12.36	9.21
HEM_{121}	1.19	0.87	13.37	9.77
HEM_{311}	1.30	0.97	14.61	10.90
HEM_{131}	1.38	1.02	15.50	11.46
HEM_{221}	1.42	1.05	15.95	11.80
TE_{021}	1.50	1.07	16.85	12.02
HEM_{112}	1.51	1.08	16.96	12.13
HEM_{411}	1.56	1.13	17.53	12.69
TE_{012}	1.59	1.17	17.86	13.14
HEM_{212}	1.62	1.18	18.20	13.26

1-2a 유전상수의 측정

평행판 유전체 공진기는 유전물질의 유전상수를 측정하는데 사용될 수 있다. 측정속에 포함된 원리는 오히려 간단하다. 주어진 모드의 공진 주파수가, 가급적 TE_{011}, 알려진 반지름 a 와 길이 h 의 공진기로 측정되어진다. 유전상수는 식(1-19), (1-28), 그리고 (1-38)로부터 계산된다. 처음 Hakki-Coleman (참고문헌1-3)에 의해 소개되어졌고 에러분석과 온도계수의 조사는 Courtney (참고문헌1-2)에 의해 만들어졌다. 이 방법이 현재 일반적으로 알려진 Courtney 방법이다.

만일 평행판 사이의 거리 h 가 반파장보다 작다면, TE_{011} 모드로 동작하는 평행판 유전체 공진기는 방사하지 않는다. 이런 경우에, 공진기의 옆면은 쉽게 관찰할 수 있도록 개방된 상태로 있거나, 입출력 결합을 위하여 semirigid 동축선이 삽입되어질 수 있다. Courtney에 의해 사용되어진 샘플홀더가 그림 1-13에 보여진다.

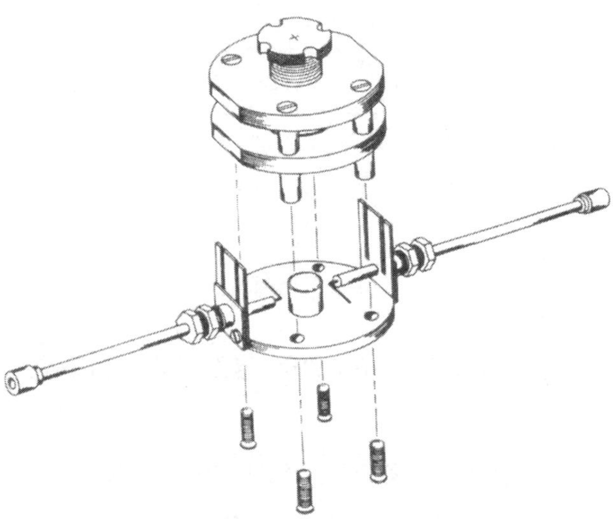

그림1-13. Courtney 홀더 (참고문헌 1-2)

유전상수 ε_r 의 전형적인 측정 정확도는 0.3 % 이다. Courtney는 공진주파수가 0.1 % 의 정확도를 가지고 측정되어지고 샘플의 크기는 0.2 % 의 정확도를 가지고 측정되어진다는 가정에 의하여 이 에러를 추정했다 (참고문헌1-2).

Courtney 방법에서 각 샘플은 오직 TE_{011} 모드와 관련한 한 공진 주파수에서만 측정되어진다. 이 공진 주파수에 부가적으로, 우리는 실험적으로 더 많은 다른 공진 주파수들의 존재를 관찰할 수 있다. 만일 긍정적으로 다른 공진 모드들을 확인할 수 있다면, 이들 여러 가지 측정되어진 공진 주파수들로부터 ε_r 의 값을 측정하는 것이 가능하다 (참고문헌1-4). 공진 모드들 TE_{011}, TE_{021}, TE_{031}, 그리고 TE_{041} 을 사용하여, 한 샘플의 유전상수가 4.2 와 10.6 GHz 사이의 영역에서 측정되어졌다. 게다가, 특히 HEM_{121}, HEM_{221} 그리고 HEM_{141} 과 같은 quasi-TM 모드들은 또한 이 측정에 잘 맞는다는 것을 알았다.

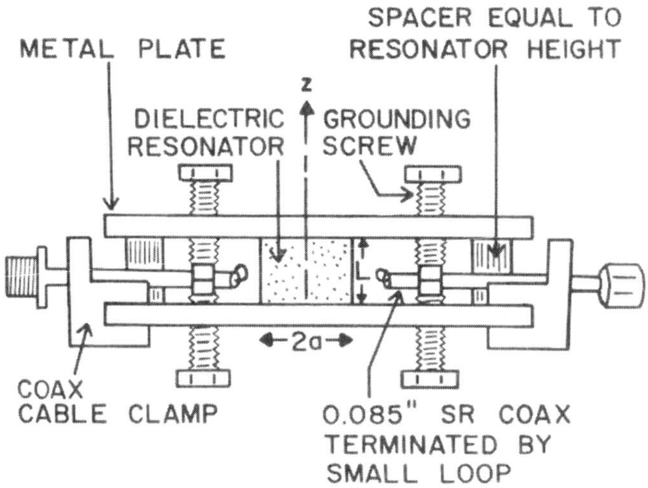

그림1–14. 수정된 Courtney 홀더, 옆면 모습 (참고문헌 1–4)

(참고문헌1-4)에서 사용한 평행판 공진기는 그림 1-14에 나타내었다. 공진 주파수는 전송방법에 의해 측정되어지고, 입출력 신호는 그림에서처럼 작은 루프를 가진 동축케이블에 의해 공급되어진다. 루프들의 수직위치는 각 두 개의 평행판들 사이로 내밀어진 그라운딩 스큐류를 사용하여 변화될 수 있다. 이 움직임은 관찰자가 z 방향의 정재파 수를 결정할 수 있으므로 공진모드의 3번째 첨자 p 를 확인한다.

공진모드의 특성을 가르키는 간단한 다른 지표는 결합 루프의 방향이다. 동축케이블의 축을 따라 루프를 회전하면서, 루프의 단면을 지나는 자기장은 루프의 면적을 차단하는 양에 비례하는 큰 신호 또는 작은 신호를 유도할 것이다. 여러 가지 모드들의 장 패턴들을 연구함으로서, 특정한 모드의 신호가 수평 방향 또는 수직 방향에서 더 강할 것인지를 예측하는 것이 가능하다. 모드확인을 위한 세 번째 지표는 장의 방위각 변화를 나타낸다. 공진모드의 첫 번째 첨자가 $m = 0$ 일 때, ϕ 를 가진 장의 변화는 없다. 장의 방위각 의존은 그림 1-14에서 보여주는 것과 같이 $180°$, $135°$, 그리고 $90°$ 의 3개의 다른 위치에서 프루브들을 통과하는 장의 움직임에 의해 관찰되어질 것이다. 확인된 모드의 결과는 그림 1-15에서 보여준다. 관찰된 모드들은 주파수가 높아지는 순서로 동일한 거리에서 수평적으로 배치되어진다. 수직축은 데시벨로 표시하였다.

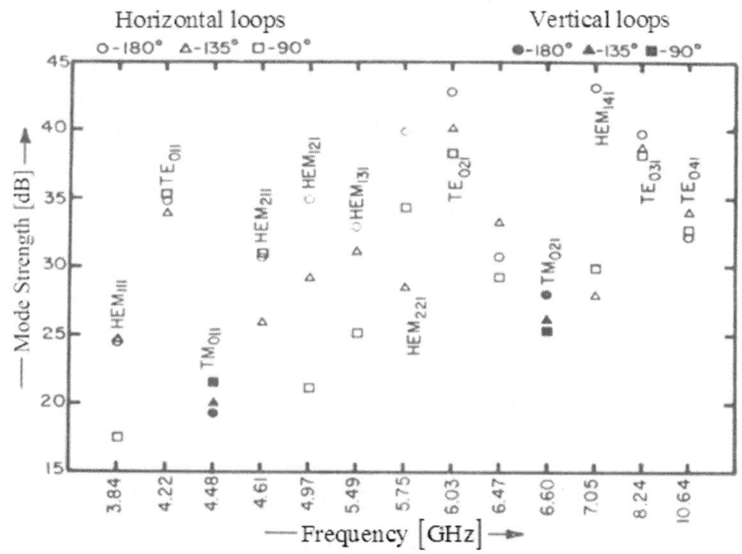

그림 1-15. 모드 도표 (참고문헌1-4)

3개의 다른 표시가 다른 방위각 위치 (원모양 $180°$, 삼각형 $135°$, 사각형 $90°$) 에 있는 각 공진모드의 상대적인 레벨을 나타내기 위해 사용된다. 6.47 GHz 와 7.05 GHz 에서 발생한 확인할 수 없는 2개의 관찰되어진 공진들은 이름없이 남겨진다.

quasi- TM 모드 또는 TM 모드는 ε_r 의 측정에 적합하지 않다고 결론되어진다 (참고문헌

1-4). 주된 이유는 유전체 샘플과 금속판 사이의 미세한 공기층의 존재가 무시할 수 없을 정도의 공진주파수의 변화를 가져와 측정 정확도를 망치게 된다는 사실이다. 이 사실은 이미 Cohn 과 Kelly (참고문헌1-5)에 의해 지적 되어졌었다.

TM 과 quasi- TM 공진모드가 ε_r 의 측정에 적합하지 않는 다른 이유는 Kobayashi 와 Katoh에 의해 지적되어왔다. 그들은 이들 공진모드들에서 전자기에너지의 일부가 방사적으로 밖으로 진행되어 새어나가는 것을 보았다. 새는 TM_{0np} 모드는 radial 차단 주파수를 가지지 않아 결과적으로 낮은 Q 인자를 가진다. 또한 Kobayashi 와 Katoh는 평행판 공진기가 TE_{01p} 모드에서 작동하는 금속판의 최소 반지름을 계산할 수 있는 도표를 제공하였다.

Hakki-Coleman (참고문헌1-3)은 또한 같은 평행판 시스템에서 유전체 물질의 손실탄젠트를 결정할 수 있는 공식을 유도했다. TE_{011} 모드의 공진주파수에서, 공진기의 무부하 Q 인자, Q_0 를 측정할 필요가 있다. 손실은 부분적으로 유전체 샘플의 손실탄젠트에 의해 발생되어지고, 부분적으로 두 평행 금속판의 저항에 의해 생길 수 있기 때문에, 서로로부터 두 효과를 빼야한다. (참고문헌1-3)을 인용하여, 손실탄젠트는 아래와 같이 주어진다.

$$\tan\delta = \frac{A}{Q_0} - B \tag{1-45}$$

$$A = 1 + \frac{1}{\varepsilon_R} F(x_{01}) G(y_{01}) \tag{1-46}$$

$$B = \frac{R_s}{2\pi f_{011}^3 \mu_0^2 \varepsilon_0 h^3 \varepsilon_r} \left[1 + F(x_{01}) G(y_{01})\right] \tag{1-47}$$

$$F(x_{01}) = \frac{J_1^2(x_{01})}{J_1^2(x_{01}) - J_0(x_{01}) J_2(x_{01})} \tag{1-48}$$

$$G(y_{01}) = \frac{1}{K_1^2(y_{01})} \left[K_0(y_{01}) K_2(y_{01}) - K_1^2(y_{01})\right] \tag{1-49}$$

여기서,

$$R_s = \sqrt{\frac{\pi f_{011} \mu_0}{\sigma}} \tag{1-50}$$

위식은 금속판의 표면저항이다(참고문헌1-6의 5.14 참조).

1-3 기본 모델

유전체 공진기내에서 전자기장의 정확한 수식적인 묘사는 속이 텅 빈 도파관 공진기내보다 훨씬 더 복잡하다. 만일 유전체 공진기를 위한 수학적인 결과가 주어진 크기에서 얻어진다면, 전통적으로 성능이 우수한 컴퓨터가 필요하다. 왜냐하면 큰 사이즈의 행렬이 포함되고 수행되어야 하기때문이다. 몇가지 단순한 방법으로 정확한 값들로부터 크게 벗어나지 않도록 유전체 공진기내 전자기장의 해에 근접하는 것은 매우 실질적인 성과이다. 여기서 묘사되어지는 두가지 그런 간단한 유전체 공진기의 수학적인 모델은 Cohn 모델과 Itoh 와 Rudokas 모델이다.

1-3a 자성도체의 개념

그림 1-16에 보여지는것과 같이 두가지의 다른 유전물질의 경계면에 입사하는 평면파를 고려하자. 가능한 간단한 상황을 만들기 위하여, 평면파의 방향이 경계면에 수직하다고 가정하자. 즉, 입사파의 진행은 “+” z 방향으로 한다. 그러면, 입사파의 에너지 일부는 물질 1 의 “-” z 방향으로 진행하는 평면파로서 경계면으로부터 뒤로 반사되어질 것이다. 에너지의 나머지는 경계면을 가로지르고 물질2 내의 전송파로 진행한다.

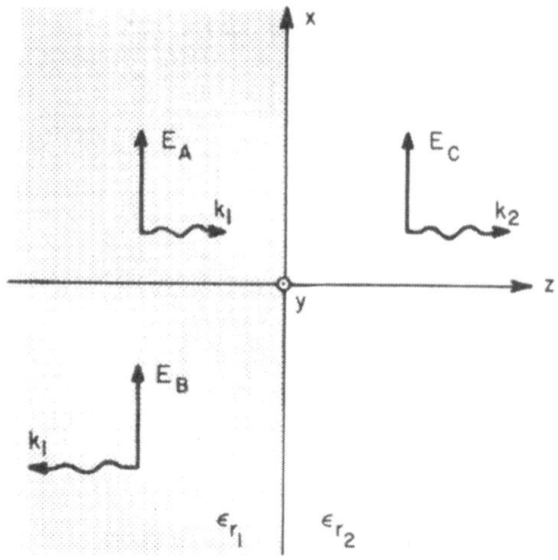

그림 1-16. 두 유전물질의 경계면으로 입사하는 평면파

물질1에서 전자기장은 아래와 같이 나타난다.

$$E_{x1}(z) = E_A e^{-jk_1 z} + E_B e^{jk_1 z} \tag{1-51}$$

$$H_{y1}(z) = \frac{1}{\eta_1}\left[E_A e^{-jk_1 z} - E_B e^{jk_1 z}\right] \tag{1-52}$$

물질2에서는

$$E_{x2}(z) = E_C e^{-jk_2 z} \tag{1-53}$$

$$H_{y2}(z) = \frac{E_C}{\eta_2} e^{-jk_2 z} \tag{1-54}$$

각 물질에서 진행상수는 다음과 같다.

$$k_1 = \omega\sqrt{\mu_0 \varepsilon_0 \varepsilon_{r1}} \quad \text{과} \quad k_2 = \omega\sqrt{\mu_0 \varepsilon_0 \varepsilon_{r2}} \tag{1-55}$$

두 물질의 내부 임피던스는

$$\eta_1 = \sqrt{\frac{\mu_0}{\varepsilon_0 \varepsilon_{r1}}} \quad \text{과} \quad \eta_2 = \sqrt{\frac{\mu_0}{\varepsilon_0 \varepsilon_{r2}}} \tag{1-56}$$

두 물질의 경계에서 (좌표 $z = 0$), 접선 전기장은 연속이어야만 한다. 즉,

$$E_{x1}(0) = E_{x2}(0) \tag{1-57}$$

다음을 유도한다.

$$E_A + E_B = E_C \tag{1-58}$$

경계에서 다른 요구는 접선 자기장이 연속이어야만 한다. 즉,

$$H_{y1}(0) = H_{y2}(0) \tag{1-59}$$

다음의 결과를 가진다.

$$\frac{1}{\eta_1}(E_A - E_B) = \frac{1}{\eta_2} E_C \tag{1-60}$$

식(1-60)으로 (1-58)을 나누고 입사파의 진폭에 대한 반사파의 진폭에 대한 비율에 관한 해를 다음과 같이 얻는다.

$$\frac{E_B}{E_A} = \frac{\sqrt{\frac{\varepsilon_{r1}}{\varepsilon_{r2}}} - 1}{\sqrt{\frac{\varepsilon_{r1}}{\varepsilon_{r2}}} + 1} \tag{1-61}$$

먼저 물질1이 물질2보다 좀 더 높은 유전상수를 가졌다는 상황을 고려하자. 여러 가지 $\varepsilon_{r1}/\varepsilon_{r2}$ 의 비율에서, 반사계수 E_B/E_A 는 아래의 표 1-2 과 같은 값을 취할 것이다.

표1-2 유전물질의 내부에서 밖으로 입사되는 평면파

$\varepsilon_{r1}/\varepsilon_{r2}$	2.5	10	37	100
E_B/E_A	0.225	0.519	0.717	0.818

유전상수의 비율이 "1" 보다 많이 더 커질수록, 반사계수는 "+1"을 향하여 성장하고 입사파 대부분의 에너지는 물질1에서 뒤로 반사되어진다. 오직 에너지의 작은 부분만이 물질2로 진행한다.

물질1내에서 입사와 반사파의 합인 전체 전기장은 그림 1-17(a)에 가르키는 정재파를 나타낸다. 그림은 $\varepsilon_{r1}=100$ 이고 $\varepsilon_{r2}=1$ 인 경우를 그린 것이다. 경계면에서 전기장이 최대임을 보여준다. $\varepsilon_{r1}/\varepsilon_{r2}$ 비율이 무한대로 커질 때, 개방회로의 상황이 취해진다.

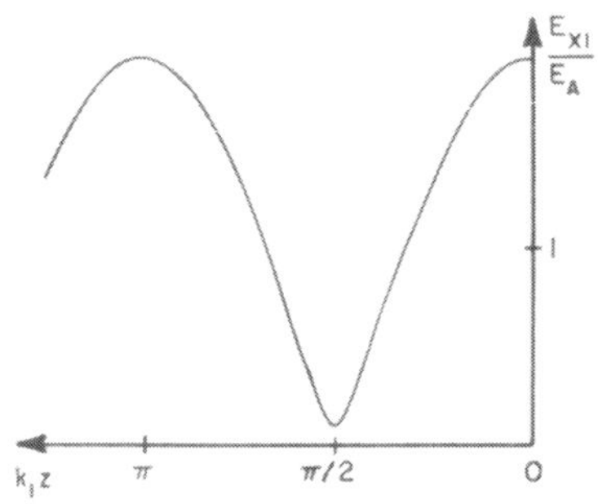

그림 1-17(a). 정재파 패턴, $\varepsilon_{r1} > \varepsilon_{r2}$

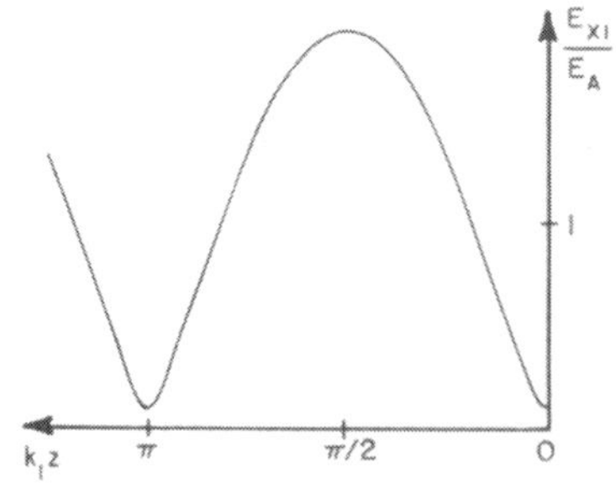

그림 1-17(b). 정재파 패턴, $\varepsilon_{r1} < \varepsilon_{r2}$

유전체 공진기내의 장은 위에서 묘사한 평면파만큼 그렇게 간단하지 않다. 그럼에도 불구하고 일반적인 EM 장 분포는 모든 가능한 각도하에 입사하는 여러 가지 평면파의 합으로 고려할 수 있다. 수직이 아닌 다른 각도로 입사되어진 평면파에서, 반사계수는 EM 이론에 관한 전문서적들 (참고문헌1-6, 1-7)에서 확인할 수 있는 것처럼 식(1-61)에 의해 주어진 것보다 좀 더 크다.

이러한 이유 때문에. 높은 유전물질로 만들어진 영역내에서 전자기장의 근사적인 계산은 유전체 표면이 perfect magnetic conductor (PMC)로 둘러싸여졌다는 가정으로 가능하다. 이는 그것의 표면에 접선 자기장이 "0" 이 되는 것을 요구하는 존재하지 않는 물질이다. 상대 유전상수 ε_r 의 값이 높으면 높을수록, PMC 근사치에 의해 계산되어진 장은 더욱 더 정확해진다. 이 원칙의 응용이 그림 1-18에 설명되어진다. 반지름 a 와 길이 L 의 유전체 공진기가 그림 1-18(a)에 보여지는 것처럼 접지면에 놓여져있다. 그러면 유전체내의 전자기장을 계산하기위한 근사적인 모델은 그림 1-18(b)에 보여지는 것처럼 바닥면이 PEC 로 덮혀져있고 윗면과 옆면은 PMC 로 덮혀져있는 이상적인 공동이다.

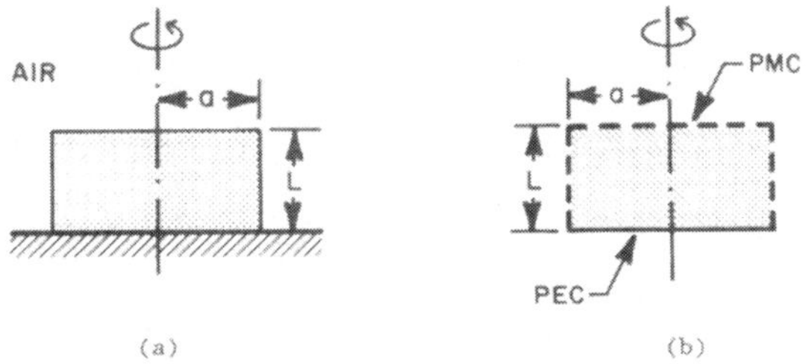

그림 1-18. 유전영역 내부의 장을 위한 근사적 모델

그림 1-17(b)에서는 유전체의 역할이 반대로 되어 높은 유전물질과 경계면을 이루는 낮은 유전물질 영역으로부터 오고 있는 평면파를 관찰한다. 다시, 파의 일부는 반사되어지고 다른 일부는 계속 진행되어진다. 여러 가지 값의 $\varepsilon_{r1}/\varepsilon_{r2}$ 을 위한 반사계수들은 표 1-3 에 주어진다.

표 1–3 유전물질의 외부에서 안으로 입사되는 평면파

$\varepsilon_{r1}/\varepsilon_{r2}$	1/2.5	1/10	1/37	1/100
E_B/E_A	−0.225	−0.519	−0.717	−0.818

두 물질이 유사하지 않을수록 반사계수는 더 큰 진폭을 가진다는 것을 다시한번 주목해야만 한다. 영역2의 유전상수가 무한대로 커질 때, 반사계수는 "-1" 을 향하는 경향이 있다. 이는 단락회로 상황을 의미하는 것으로 전송선로 아론으로부터 알 수 있다. 그림 1-17(b)에 보여지는 것처럼, 경계면에서 전체 전기장은 최소값을 가진다. 그림은 $\varepsilon_{r1}=1$ 이고 $\varepsilon_{r2}=100$ 인 경우를 그린 것이다.

그러므로, 높은 유전물질의 영역밖에서 전자기장의 근사적인 계산을 위하여, 경계면은 perfect electric conductor (PEC)로 둘러싸여질 것이다. 이 예로서, 그림 1-19(a)에 보여지는 것처럼 유전체 rod에 의해 튜닝되는 속이 텅빈 실린더형의 공동을 고려하자. 이 공동내의 전자기장의 근사적인 계산은 높은 유전율을 가지는 유전체 rod가 그림 1-19(b)에 보이는 것처럼 PEC rod에 의해 대체되는 가정에 의해 만들어질 수 있다.

이들 두가지 근사적인 과정을 통해 얻어진 여러 가지 모드들의 공진주파수는 정확도가 매우 좋지는 않다. 그럼에도 불구하고, 여러 종류의 모드들이 예측되어질 수 있고 근사적으로 어떻게 장이 보이는지에 관한 정보를 얻을 수 있는 잇점을 가진다.

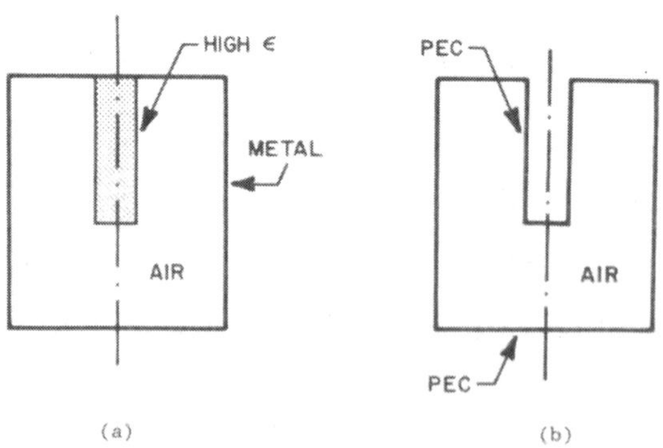

그림 1–19. 유전영역 외부의 장을 위한 근사적 모델

1-3b Cohn 모델

높은 유전상수를 가지는 유전체 공진기내의 전자기장은 모든 표면이 1-2절에 설명되어진 것처럼 완전한 자기도체로 덮여있다고 가정하고 근사치로 묘사되어진다. 유전체 공진기의 그러한 "first-order" 모델이 그림 1-20(a)에 보여진다. 이것은 오직 PMC의 벽면을 가지는 원형 공동 공진기이다. 속이 텅 빈 공진기들을 분석하기 위하여 우리가 알고있는 과정을 사용하여 이 first-order 모델의 공진주파수를 계산하는 것이 가능하다. 그러나 불행하게도, 계산된 결과는 측정된 값과 20 % 이상의 차이를 보여 매우 유용한 모델은 아니다.

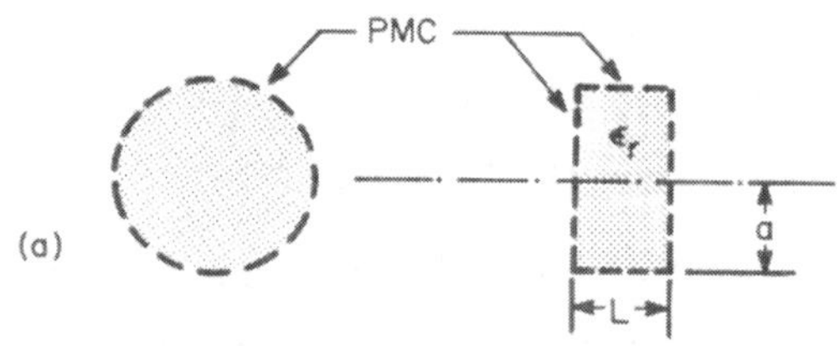

그림 1–20(a). 유전체 공진기의 first order 모델

first-order 모델의 개선은 그림 1-20(b)에 보이는 것처럼 Conn (참고문헌1-8)에 의해 묘사되어진 "second-order" 모델이다. 실린더형태의 PMC 표면은 그대로 유지되지만 PMC 끝과 뚜껑이 제거되어지고 속이 공기로 채워진 도파관이 대신한다. 이들 두 개의 속이 빈 도파관은 차단주파수 이하에서 동작한다. 왜냐하면 낮은 유전상수로 채워져 있기 때문이다. 그러므로 이들 공기로 채워진 PMC 도파관내의 모드들은 사라지고 전자기장들은 공진기의 각 끝으로부터 z 방향으로 멀어질수록 지수함수적으로 감쇄된다.

그림 1-20(b)속의 모델은 어느 이웃한 물체로부터 멀리 떨어져 고립되어진 유전체 공진기의 전자기장을 묘사하기에 적합하다. 이런 고립된 공진기는 최소화한 안테나처럼 행동하고 방사로 인한 에너지손실이 낮은 Q 값에서 명백해진다. 고립된 $TE_{01\delta}$ 공진기의 측정되어진 Q 인자는 약 50 (참고문헌1-9)이다. 유전체 공진기의 무부하 Q 인자를 높게 (전형적으로 요구되어지는 값은 약 5,000 임) 유지하기위하여, 금속내의 유전체 공진기를 둘러싸서 방사를 방지하는 것이 필요하다. 값싼 해결책은 유전체 기판에 유전체 공진기를 접착제로 붙이고 전체 기판

은 금속 상자내에 놓는다. 상자는 시스템을 통과하는 외부의 장들을 방지하는 밀폐 차단막처럼 행동한다. 즉, 방사로 인한 에너지의 손실을 줄이는 것이다.

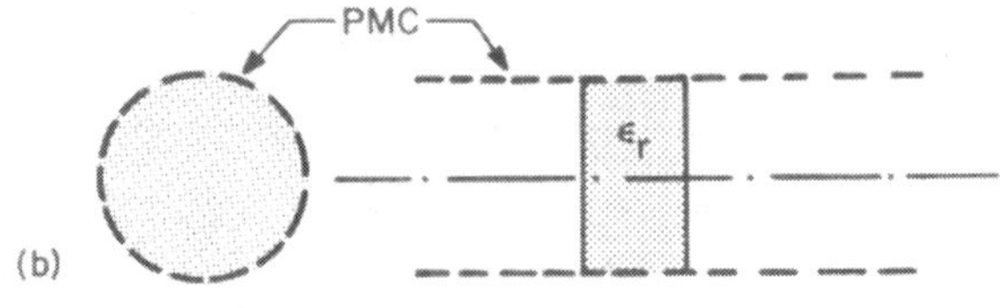

그림 1–20(b). 고립된 유전체 공진기의 second order Cohn모델

Cohn 모델의 변형은 그림 1-20(c)에 보이는 것처럼 평행판 금속이 구체적으로 둘러싸고 있다. 유전체 공진기는 반지름이 a, 그것의 상대 유전상수가 ε_r, 그리고 길이가 L 이다. 상대 유전상수 ε_{r1} 의 영역은 공진기가 붙어있는 유전체 기판을 나타낸다. 기판의 두께는 L_1 이고 기판의 바깥면은 완벽한 전도체로 둘러싸여진다. 길이 L_2 의 영역은 공진기위의 공기로 채워진 공간을 나타내고, 그림 1-20(c)의 가장 오른쪽면의 PEC는 밀폐된 상자의 금속뚜껑이다.

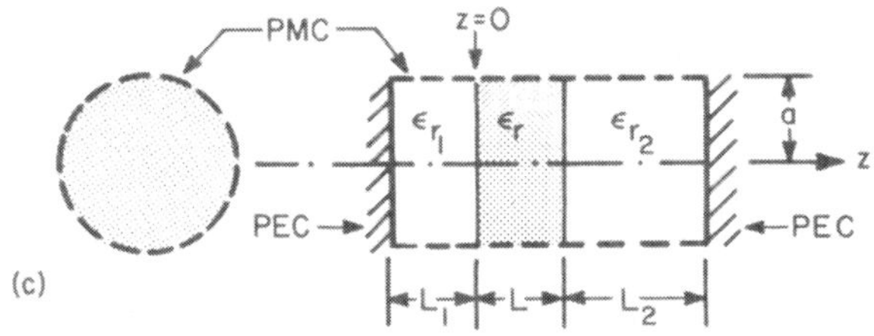

그림 1–20(c). 밀폐된 유전체 공진기의 second order Cohn모델

우리는 그림 1-20(c)의 경계들을 만족하는 TE_{01} 모드의 전자기장을 다음에 나타낼 것이다. $\varepsilon_r \gg 1$ 이기 때문에, 길이 L 의 PMC 도파관내의 모드는 차단주파수 위에 있고 따라서 진행상수 γ는 $j\beta$와 같게 된다. 영역 $0 < z < L$ 내에서 장은 아래와 같다.

$$H_z = (Ae^{j\beta z} + Be^{-j\beta z})J_0(k_\rho \rho) \tag{1-62}$$

다른 장 성분들은

$$H_\rho = -\frac{j\beta}{k_0}(Ae^{j\beta z} - Be^{-j\beta z})J_1(k_\rho \rho) \tag{1-63}$$

$$E_\phi = -\frac{j\omega\mu_0}{k_0}(Ae^{j\beta z} + Be^{-j\beta z})J_1(k_\rho \rho) \tag{1-64}$$

이들은 오직 TE_{01} 모드를 위한 non-zero 구성요소들이다.

이 모드의 방사 진행상수는 $J_m(x_{mn}) = 0$, $(n = 1,\ 2,\ 3,\ \bullet\bullet\bullet)$에 의해 고정되어지고 아래와 같이 주어진다.

$$k_\rho a = x_{01} = 2.4048... \tag{1-65}$$

영역1과2에서, 유전상수는 ε_r 보다 훨씬 낮고 모드들은 사라진다. 진행상수 γ는 지금 고려되어지고 있는 영역에 의존하는 a_1 또는 a_2로 주어진다. 이들 두 영역에서 방사변수는 식(1-51)에 있는 k_ρ와 같은 것으로 확정되어진다. 그러므로 장들은 경계면 $z = 0$과 $z = L$에서 연속이다.

영역1에서, H_z 장은 아래와 같다.

$$H_{z1} = (C_1 e^{\alpha_1 z} + D_1 e^{-\alpha_1 z})J_0(k_\rho \rho) \tag{1-66}$$

E_ϕ는

$$E_{\phi 1} = -\frac{j\omega\mu_0}{k}(C_1 e^{\alpha_1 z} + D_1 e^{-\alpha_1 z})J_1(k_\rho \rho) \tag{1-67}$$

$z = -L_1$ 에서, $E_{\phi 1}$는 도체면 때문에 사라져야만 한다. 이 요구는 다음의 결과가 된다.

$$D_1 = -C_1 e^{-2\alpha_1 L_1} \tag{1-68}$$

$E_{\phi 1}$ 장은 지금 hyperbolic sine 함수의 항으로 표현되어질 것이다.

$$E_{\phi 1} = -\frac{j\omega\mu_0}{k_\rho} 2C_1 e^{-\alpha_1 L_1} \sinh \alpha_1 (z + L_1) J_1(k_\rho \rho) \tag{1-69}$$

영역1에서 자기장의 성분은 아래와 같이 주어진다.

$$H_{z1} = 2C_1 e^{-\alpha_1 L_1} \sinh \alpha_1 (z + L_1) J_0 (k_\rho \rho) \tag{1-70}$$

$$H_{\rho 1} = -\frac{\alpha_1}{k_\rho} 2C_1 e^{-\alpha_1 L_1} \cosh \alpha_1 (z + L_1) J_1 (k_\rho \rho) \tag{1-71}$$

유사한 방법으로, 영역2의 장들이 아래와 같이 수식화된다.

$$H_{z2} = 2C_2 e^{\alpha_2 (L_2 + L)} \sinh \alpha_2 (z - L_2 - L) J_0 (k_\rho \rho) \tag{1-72}$$

$$E_{\phi 2} = -\frac{j\omega\mu_0}{k_\rho} 2C_2 e^{\alpha_2 (L_2 + L)} \sinh \alpha_2 (z - L_2 - L) J_1 (k_\rho \rho) \tag{1-73}$$

$$H_{\rho 2} = -\frac{\alpha_2}{k_\rho} 2C_2 e^{\alpha_2 (L_2 + L)} \cosh \alpha_2 (z - L_2 - L) J_1 (k_\rho \rho) \tag{1-74}$$

분리상수는 다음과 같다.

$$\beta^2 = k_0^2 \varepsilon_r - \left[\frac{x_{01}}{a}\right]^2 \tag{1-75}$$

$$\alpha_1^2 = \left[\frac{x_{01}}{a}\right]^2 - k_0^2 \varepsilon_{r1} \tag{1-76}$$

$$\alpha_2^2 = \left[\frac{x_{01}}{a}\right]^2 - k_0^2 \varepsilon_{r2} \tag{1-77}$$

장 모델을 나타내는 다음 단계는 자기장 뿐만아니라 전기장의 접선성분이 경계면에서 연속이도록 하는 것이다. $z = 0$에서, 우리는 $E_{\phi 1} = E_\phi$과 $H_{\rho 1} = H_\rho$를 요구한다. 이는 두 개의 방정식을 제공한다.

$$2C_1 e^{-\alpha_1 L_1} \sinh \alpha_1 L_1 = A + B \tag{1-78}$$

$$\alpha_1 2C_1 e^{-\alpha_1 L_1} \cosh \alpha_1 L_1 = j\beta (A - B) \tag{1-79}$$

식(1-79)로 (1-78)을 나누면, C_1 은 제거되고, 따라서

$$\tanh \alpha_1 L_1 = \frac{\alpha_1}{j\beta} \bullet \frac{A+B}{A-B} \tag{1-80}$$

유사하게, $z = L$ 에서 $E_\phi = E_{\phi 2}$ 와 $H_\rho = H_{\rho 2}$ 로 지정하므로서, 다음을 얻는다.

$$\tanh(-\alpha_2 L_2) = \frac{\alpha_2}{j\beta} \bullet \frac{Ae^{j\beta L} + Be^{-j\beta L}}{Ae^{j\beta L} - Be^{-j\beta L}} \tag{1-81}$$

두 개의 상수값 A 와 B 는 공진기내에서 순방향과 반대로 진행하는 파의 진폭을 묘사하기 위하여 선택되어진다. 완전한 정재파 패턴을 위하여, A 와 B 의 진폭은 같아야만 한다. 그러므로 그들의 비율은 크기는 "1" 이고 위상은 결정되지 않은 복소수이다. 지금으로부터,

$$\frac{B}{A} = e^{j\phi} \tag{1-82}$$

식(1-80)의 오른쪽 항은 아래와 같이 된다.

$$\frac{A+B}{A-B} = j\cot\frac{\phi}{2} \tag{1-83}$$

그리고 식(1-81)의 오른쪽 항은 다음을 준다.

$$\frac{Ae^{j\beta L} + Be^{-j\beta L}}{Ae^{j\beta L} - Be^{-j\beta L}} = -j\cot(\beta L - \frac{\phi}{2}) \tag{1-84}$$

식(1-83)를 (1-80)에 대입하고 ϕ 에 관하여 해를 풀면 그 결과는 아래와 같다.

$$\frac{\phi}{2} = \frac{\phi_1}{2} = \tan^{-1}\left[\frac{\alpha_1}{\beta}\coth \alpha_1 L_1\right] \tag{1-85}$$

여기서 오직 영역1의 매개변수의 항으로 표현되어진 위상각 ϕ 의 값은 ϕ_1 으로 표현된다. 유사하게 식(1-84)와 (1-81)로부터 다음이 얻어진다.

$$\beta L-\frac{\phi_1}{2}=\tan^{-1}\left[\frac{\alpha_2}{\beta}\coth\alpha_2 L_2\right] \tag{1-86}$$

이제 $\phi_2/2$로 식(1-86)의 오른쪽 항을 표시하는 것이 편리하다. 식(1-85)와 유사하게,

$$\frac{\phi_2}{2}=\tan^{-1}\left[\frac{\alpha_2}{\beta}\coth\alpha_2 L_2\right] \tag{1-87}$$

따라서 식(1-86)의 공진조건은 다음과 같이 쓰여진다.

$$\beta L=\frac{\phi_1}{2}+\frac{\phi_2}{2}+l\pi,\qquad l=0,\ 1,\ 2,\ 3,\ldots \tag{1-88}$$

일반적으로, 추가된 각 $l\pi$는 모든 가능한 공진조건을 제공한다. $l=0$일 때, 모드는 $TE_{01\delta}$로 불려진다. 여기서 δ는 "1"보다 작은 정수가 아님을 나타낸다.

$$\delta=\frac{1}{\pi}\left[\frac{\phi_1}{2}+\frac{\phi_2}{2}\right] \tag{1-89}$$

일반적으로 모드들은 $TE_{01\delta}$로 나타내어진다. 여기서

$$p=l+\delta,\qquad l=0,\ 1,\ 2,\ 3,\ldots \tag{1-90}$$

전통적으로, 속이 빈 도파관 공진기에서, 3번째 첨자는 z축의 함수로서 장의 반파장 변수를 나타낸다. 이 경우에, 첨자는 항상 정수이다. 우리가 방금 보여준 것처럼, $TE_{01\delta}$ 모드에서, 유전체 공진기내의 장변화는 공진기 길이 L 내의 반파장 변화보다 작게 진행한다. 이러한 차이는 $z=0$과 $z=L$에서 발생하는 효과 때문이다.

$L_1=0$과 $L_2=0$인 특별한 경우를 고려하자. 이는 양쪽 공진기 끝과 접촉하고 있는 두 개의 평행판 사이에 유전체 공진기가 샌드위치처럼 되어있음을 나타낸다. 식(1-85)과 (1-87)로부터 $\phi_1/2=\pi/2$과 $\phi_2/2=\pi/2$를 얻는다. 그러므로 가장 낮은 공진($l=0$)은 $\beta L=\pi$에 의해 주어진다.

다른 극단적인 예로서, 두 개의 금속판이 무한하게($L_1=\infty$와 $L_2=\infty$) 움직인다고 가정하면, 방정식(1-85)과 (1-87)은 아래와 같이 간략화된다.

$$\frac{\phi_1}{2} = \tan^{-1}\left[\frac{\alpha_1}{\beta}\right] \text{ 과 } \frac{\phi_2}{2} = \tan^{-1}\left[\frac{\alpha_2}{\beta}\right] \tag{1-91}$$

이는 자유공간에서 고립된 공진기를 표현한다. 이 경우에 $\varepsilon_{r1} = \varepsilon_{r2} = 1$ 이면, 식(1-88)의 조건은 다음과 같이 된다.

$$\beta L = 2\tan^{-1}\left[\frac{\alpha}{\beta}\right] \tag{1-92}$$

여기서 α 와 β 는 식(1-75)와 (1-77)에서 주어진다.

예로서, 자유공간($\varepsilon_{r1} = \varepsilon_{r2} = 1$)에서 고립된 유전체공진기를 취하자. 공진기의 물질은 $\varepsilon_r = 38$, 그것의 반지름은 $a = 5.25$ mm, 그리고 길이는 $L = 4.6$ mm 이다. 정확한 수식적인 해로부터 공진주파수는 4.82 GHz (참고문헌1-9)로 알려진다. Cohn의 “second-order” 모델로부터 초월방정식의 수식적인 해는 4.60 GHz (–4.8 % 의 에러)이다. 이것은 확실히 같은 유전체공진기에서 공진주파수가 6.37 GHz (+32 % 의 에러)를 예측한 Cohn의 “first-order” 모델보다 개선되어진 것이다. 그러나 실제적인 적용에서는 Cohn의 “second-order” 모델보다 더 정확한 모델을 원하고 있다.

1-3c Cohn 모델의 섭동보정

Cohn 모델로 그림1-20(b)와 1-20(c)에 보여준 유전체공진기내 전자기장은 PMC 벽 바깥 (즉, $\rho > a$)의 모든곳에서 “0” 이다. 실제로, 공진기의 실린더표면 바깥에서 접선 장은 그 표면의 내부면에서 접선 장과 같은 세기를 가지고 표면으로부터 방사적으로 멀어질수록 점진적으로 감소한다. 그러므로 전체 저장된 자기장에너지뿐만 아니라 전기장 에너지의 일부도 또한 $\rho > a$ 영역에서 존재한다. 그리고 이 에너지의 일부는 Cohn의 “second-order” 모델에서 완전히 무시되었다.

모델을 개선하기위하여, 우리는 그림1-20(c)의 PMC 모델처럼 $\rho < a$ 내에서 같은 전자기장을 유지하고 $\rho = a$ 에서는 PMC 벽을 제거하고 접선 전기장의 바깥이 내부의 접선 장과 연속이어야 한다고 가정한다. 확장되어진 유전체공진기 모델은 그림1-21과 같이 6개의 영역으로 구성된다. 높은 유전율을 가지는 유전체내부는 영역6으로 나타내었다. 이 영역에서의 전기장

은 Cohn 모델과 같다.

$$E_{\phi 6} = E_0 J_1(k_\rho \rho)\cos\left[\beta z - \frac{\phi_1}{2}\right] \tag{1-93}$$

영역1 과 2에서의 전기장은 아래와 같다.

$$E_{\phi 1} = E_0 \frac{\cos\phi_1/2}{\sinh\alpha_1 L_1} J_1(k_\rho \rho)\sinh\alpha_1(z+L_1) \tag{1-94}$$

$$E_{\phi 2} = E_0 \frac{\cos\phi_2/2}{\sinh\alpha_2 L_2} J_1(k_\rho \rho)\sinh\alpha_2(z-L_2-L) \tag{1-95}$$

배수의 요인들(multiplicative factors)은 E_ϕ가 영역1과 6 사이, 그리고 2와 6사이의 경계면에서 연속이어야 한다는 조건으로부터 선택되어진다.

바깥영역들 3, 4, 그리고 5에서의 장은 방사적인 의존성을 가지므로 반지름 ρ가 증가하면 단조롭게 감소하는 modified Bessel 함수에 의해 결정되어질 것이다. 축의 의존성은 내부영역 1, 6, 그리고 2와 관련한 같은 방법이다. 그러므로 전기장은 아래와 같다.

$$E_{\phi 4} = E_0 \frac{J_1(k_\rho a)}{K_1(k_{\rho 2} a)} K_1(k_{\rho 2}\rho)\cos(\beta z - \frac{\phi_1}{2}) \tag{1-96}$$

$$E_{\phi 3} = E_0 \frac{J_1(k_\rho a)\cos\frac{\phi_1}{2}}{K_1(k_{\rho 2} a)\sinh\alpha_1 L_1} K_1(k_{\rho 2} r)\sinh\alpha_1(z+L_1) \tag{1-97}$$

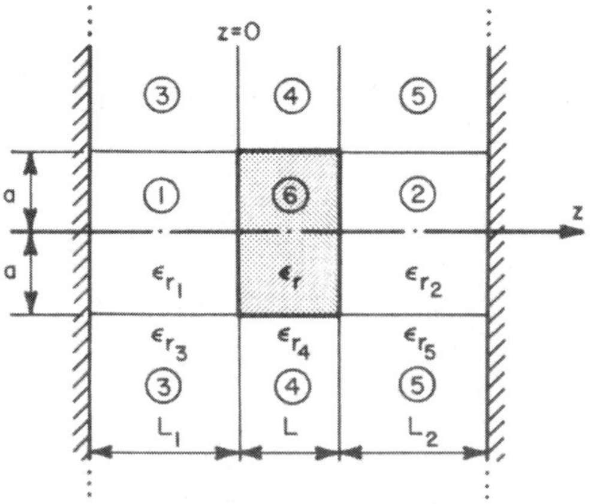

그림 1-21. 밀폐된 공간의 유전체 공진기

$$E_{\phi 5} = E_0 \frac{J_1(k_\rho a)\cos\frac{\phi_2}{2}}{K_1(k_{\rho 2}a)\sinh\alpha_2 L_2} K_1(k_{\rho 2}\rho)\sinh\alpha_1(z - L_2 - L) \tag{1-98}$$

위의 식에서 보이는 분리상수(separation constant) $k_{\rho 2}$는 아래와 같이 얻어진다.

$$k_{\rho 2}^2 = \beta^2 - k_0^2 \tag{1-99}$$

알려진 값 주파수 f와 반지름 a로부터 $k_0 a$를 계산하기위한 편리한 공식은 다음과 같다(참고문헌1-10).

$$k_0 a = \frac{\pi}{150} a_{\mathrm{mm}} f_{\mathrm{GHz}} \tag{1-100}$$

배수상수들 $J_1(k_\rho a)$ 등은 경계면 $\rho = a$에서 전기장의 연속을 확인할 수 있다. 예를들어, 식(1-93)과 (1-96)이 $\rho = a$에서 비교되어질 때, $E_{\phi 4}$는 $E_{\phi 6}$와 z의 동일한 함수로 보여진다. 같은 것은 다른 영역들의 경계면에서도 사실이다.

그림1-22(a)는 $\varepsilon_r = 38$, $a = 5.25\ \mathrm{mm}$, 그리고 $L = 4.6\ \mathrm{mm}$인 유전체공진기에서 방사 거리에 대한 전기장의 계산되어진 분포를 보여준다. 영역6 ($r < a$)에서 장의 변화는 함수 $J_1(k_C a)$로 묘사되어진다. 그것은 원점의 "0" 로부터 시작하여 $\rho/a \approx 0.75$에서 최대에 도

달하므로 $\rho = a$ 에서는 최대의 약 89 % 까지 감소하는 것으로 보여진다. 영역4에서 장은 다소 지수 함수적으로 감소하는 것처럼 행동하는 함수 $K_1(k_{\rho 2}\rho)$ 에 의해 주어진다.

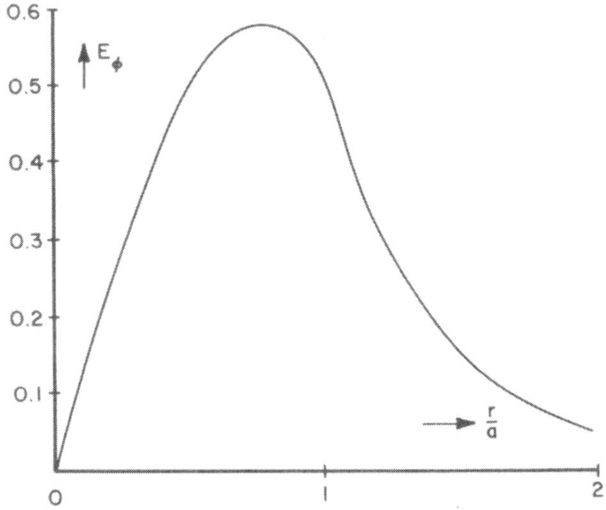

그림 1–22(a). 방사거리에 대한 전기장 크기

각 영역에서 자기장은 멕스웰 방정식을 사용하여 전기장으로부터 계산되어질 것이다.

$$\vec{H} = \frac{1}{\omega\mu_0}\nabla \times \vec{E} \tag{1-101}$$

예로, 영역6에서의 자기장은 아래와 같이 주어진다.

$$H_{z6} = j\frac{k_\rho}{\omega\mu_0}E_0 J_0(k_\rho \rho)\cos\left[\beta z - \frac{\phi_1}{2}\right] \tag{1-102}$$

$$H_{\rho 6} = j\frac{\beta}{\omega\mu_0}E_0 J_1(k_\rho \rho)\sin\left[\beta z - \frac{\phi_1}{2}\right] \tag{1-103}$$

공진기에서, 자기장은 전기장과 시간직교에 있다 (j 로 표시). ρ 의 함수로서, H 의 방사성분은 $H_{\rho 6}$ 가 그림1-22(a)에서 $E_{\phi 6}$ 처럼 행동하는 것을 의미하는 (여기서 배수상수 제외)

$J_1(k_\rho \rho)$ 로 확정되어진다. 한편, 자기장의 z 성분은 PMC 벽의 위치에 따르는 $\rho = a$ (그림 1-22(b) 참조)에서 사라지는 함수 $J_0(k_\rho \rho)$ 로 묘사되어진다.

H 성분이 영역4와 같은 바깥영역에서 식(1-87)에 의해 계산되어질 때, 아래와 같이 다시 두 개의 구성성분으로 이루어진다.

$$H_{z4} = -\frac{jk_{\rho 2}}{\omega\mu_0} E_0 \frac{J_1(k_\rho a)}{K_1(k_{\rho 2} a)} K_0(k_{\rho 2}\rho) \cos\left[\beta z - \frac{\phi_1}{2}\right] \tag{1-104}$$

$$H_{\rho 4} = -\frac{j\beta}{\omega\mu_0} E_0 \frac{J_1(k_\rho a)}{K_1(k_{\rho 2} a)} K_1(k_{\rho 2}\rho) \sin\left[\beta z - \frac{\phi_1}{2}\right] \tag{1-105}$$

$\rho = a$ 에서 식(1-103)과 (1-105)를 비교하면, 자기장의 방사성분은 경계면에서 정말로 연속적임을 발견할 수 있다. 그러나 H_z 는 연속적이지 않기 때문에 $H_{z6}(\rho = a) = 0$ 이다. 반면에 식(1-90)에 의해 주어지는 H_{z4} 는 어떠한 z 에서도 "0" 가 아니다. 이 사실은 명백히 장 모델이 완전한 것으로부터 멀리 떨어져 있음을 보여준다. 장 표현을 완벽하게 하기위하여 각 영역에서 여러 가지 함수의 infinite series를 이용할 필요가 있다. 이것은 Tsuji 등 (참고문헌1-11)에 의하여 열린 공진기에서 확실히 완수되어질 수 있다. 또한 그림 1-21의 것과 유사하게 전체를 완전히 둘러싸서 장을 표현한 모델이 개발되어졌다(Hong and Jansen [8]). 그러나 이런 종류의 장 확장은 여기서 우리가 논의하기를 희망하는 것보다 더 많이 고려해야 하는 계산적인 노력이 필요하다. 그러나 자기장 연속성을 만들기 위한 한가지 간단한 방법이 있다. 자기장의 z 성분이 $\rho > a$ 에서 "0" 라고 놓을 수 있다.

$$H_{z3} = 0\,,\ H_{z4} = 0\,,\ \text{그리고}\ H_{z5} = 0 \tag{1-106}$$

이러한 가정은 그림 1-22(b)에 나타나는 것처럼 H_z 연속성을 만든다. 어떻게 이렇게 대략적으로 근사한 방법이 수치적인 결과를 향상시키는지 놀라운 일이다.

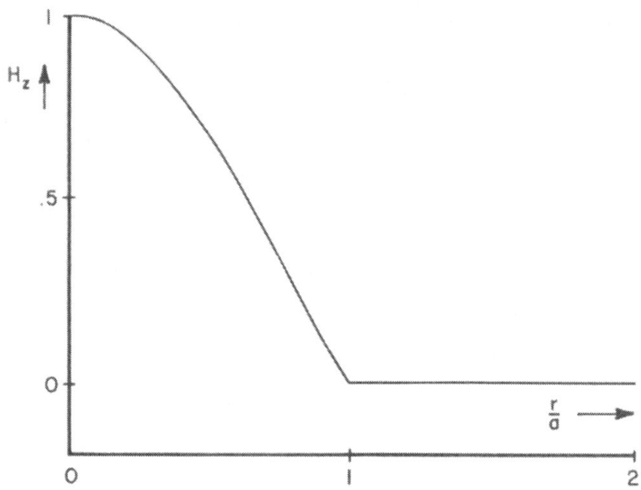

그림 1–22(b). 방사거리에 대한 자기장 크기

다음으로 영역1부터 6까지 전자기장들은 섭동원리를 사용하여 공진주파수를 결정할 것이다. 그림 1-23(a)에 보여지는 것처럼 PEC 벽들을 가진 일반적인 공진 공동을 고려하자. 공진주파수 ω_0 에서, 공동내의 장은 $\underline{E}_0$ 과 $\underline{H}_0$ 으로 표시한다. 만일 지금 공동의 금속벽이 그림 1-23(b)처럼 부피 ΔV 만큼 안으로 밀려들었다면, 공진주파수는 아래의 양만큼 변한다.

$$\frac{\omega-\omega_0}{\omega_0} \approx \frac{\iiint_{\Delta V}(\mu|\underline{H}_0|^2-\varepsilon|\underline{E}_0|^2)dV}{\iiint_{V}(\mu|\underline{H}_0|^2+\varepsilon|\underline{E}_0|^2)dV} \tag{1-107}$$

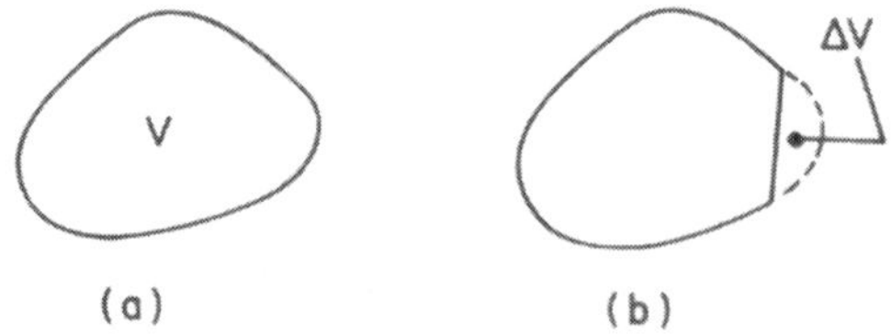

그림1–23. 공동섭동

위의 표현에서, 분자는 ΔV 의 부피속에 저장된 자기와 전기에너지의 차이를 나타내고 있고, 분모는 완전한 부피 V 에 대하여 전부 적분한 두 에너지의 합을 나타내고 있다.

그림 1-21으로부터 우리의 모델은 부피 ΔV 가 영역3, 4, 그리고 5를 구성하고, PMC 벽은 안쪽 대신 바깥으로 움직인다. 영역 i 에서 저장된 자기에너지를 W_{mi} 로 전기에너지는 W_{ei} 로 표시하면, 섭동되어진 공진기의 공진주파수 ω_R 를 위한 공식이 아래와 같이 얻어진다.

$$\omega_r = \omega_0 \left[1 + \frac{W_{m3} + W_{m4} + W_{m5} + W_{e3} - W_{e4} - W_{e5}}{W_{m1} + W_{m2} + W_{m6} + W_{e1} + W_{e2} + W_{e6}} \right] \tag{1-108}$$

위에서, ω_0 는 섭동전 Cohn 모델의 공진주파수이다.

각 영역의 저장된 에너지를 위한 적분계산은 분석 양식으로 완수되어질 수 있다. 결과적인 수식은 이해를 돕는데 유용하지 않으므로 여기서는 표현하지 않을 것이다. 컴퓨터로 프로그램 되었을 때, 식(1-108)은 Cohn 모델과 비교하여 개선된 정확도를 준다. 예를들어, 1-4절의 끝에 묘사되어진 고립된 유전체 공진기의 경우로, 섭동에 대한 보정을 적용하면 4.85 GHz의 공진주파수를 가진다. 이는 표면 적분 방정식 방법으로 계산된 값과 오직 0.5 % 의 차이이다. 그러나 불행하게도, 섭동공식은 밀폐된 공진기에서는 정확하지가 않다. 논문(참고문헌 1-12, 1-13)에서의 측정결과와 비교할 때, 가장 큰 차이는 1.5 % 까지 됨을 알 수 있다.

여기 장 분포의 몇가지 도표를 나타낸다. 수평좌표는 z 방향으로의 거리를 나타내고, 수직좌표는 관련된 장 진폭을 나타낸다. 그림 1-24에서 1-28까지 H_z 성분은 공간 어디에서도 같은 부호를 가지는 반면, H_ρ 성분은 유전체 공진기의 중심에 대하여 부호가 바뀜을 관찰할 수 있다.

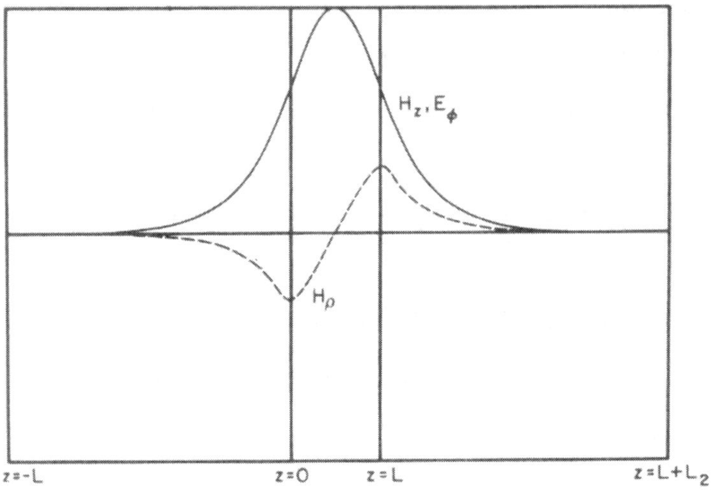

그림 1-24. 고립된 유전체 공진기내의 장 분포

$\varepsilon_r = 38$ 물질로 만들어진 고립된 유전체 공진기내의 장 분포는 그림 1-24에서 볼 수 있다. 공진주파수가 고려되어지는 한 판의 효과가 무시되도록 밀폐된 PEC 판까지의 거리를 공진기 길이 ($L_1 = 3L$ 과 $L_2 = 3L$)의 최대 약 3배까지 선택하다. H_z 성분은 z 의 even 함수이고, H_ρ 성분은 z 의 odd 함수임을 관찰했다. 이들 장의 가장 큰 밀도는 공진기내에 집중되어지고, 급격한 감쇄는 오직 유전체 영역밖에 존재한다. 그림 1-25에서 PEC 벽의 왼쪽은 선택한 $L_1 = L/2$ 에 의해 공진기에 가깝게 옮겨졌고 H_z 의 최대는 더 이상 유전체 공진기의 중심이 아니고, 오른쪽으로 약간 움직인다.

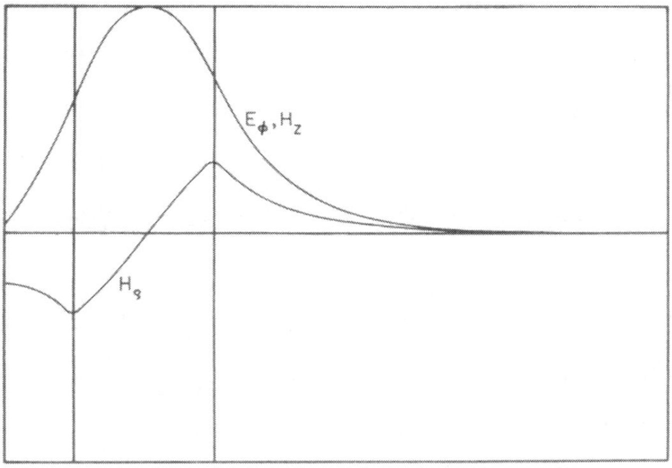

그림 1–25. 장 분포, $L_1 = L/2$, $\varepsilon_{r1} = 1$

그림 1-25에서, 거리는 같은데 $\varepsilon_r = 10$ 의 유전체 평판이 공진기와 PEC 사이에 놓여졌다. 이 상황은 유전체 공진기 판이나 알루미나 기판을 흉내낸 것이다. 그림 1-25 와 1-26 사이에는 그림 1-25의 영역1에서 좀 더 강한 장을 가지는 것을 제외하고 큰 차이가 없다. 이런 약간의 차이는 5 GHz (그림1-25)에서 4.95 GHz (그림 1-26)로의 주파수 변화이다.

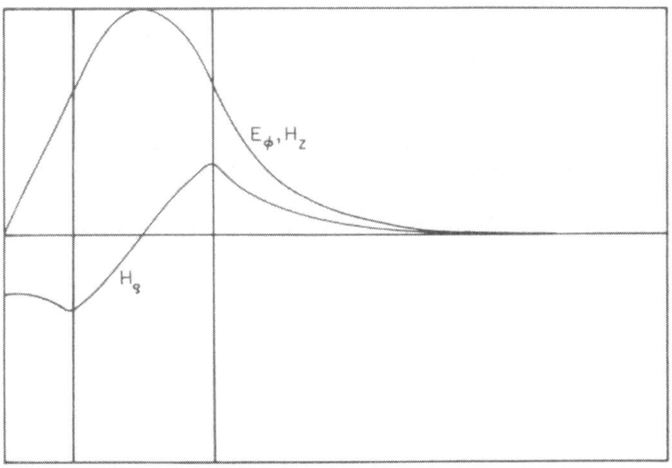

그림 1–26. 장 분포, $L_1 = L/2$, $\varepsilon_{r1} = 10$

그림 1-27는 금속벽위에 직접 유전체 공진기가 놓여진 것을 묘사했다. E_ϕ 또는 H_z 에 비례하는 실선은 공진기의 왼쪽면에서 "0" 임을 주목하라. 그 이유는 PEC 면에서는 접선 전기장이 사라져야만 하는 경계조건 때문이다. 그림 1-28은 두 금속벽들이 공진기와 직접 맞닿아 있는 상황을 보여준다. 이는 유전상수를 측정하기위하여 사용된 Courtney 홀더(1-2(a)절 참조) 의 TE_{011} 공진기 상황이다. 이 모드에서, z 축 방향에 대한 장 변화는 정확히 반파장을 이룬다.

앞서 보여준 모든 경우에, 공진기내 변화는 반파장 미만을 구성한다. 결국, 그림 1-29는 z 방향으로 반파장 변화보다 좀 더 많은 것을 나타내는 $TE_{01,1+\delta}$ 공진모드를 보인다. 동작 모드의 변화는 동작 주파수에 크게 영향을 미친다. 그림 1-24에서 $TE_{01,1+\delta}$ 모드의 공진주파수는 4.85 GHz 이지만, 같은 공진기에서 $TE_{01,1+\delta}$ 모드는 8.19 GHz 의 공진주파수를 가진다.

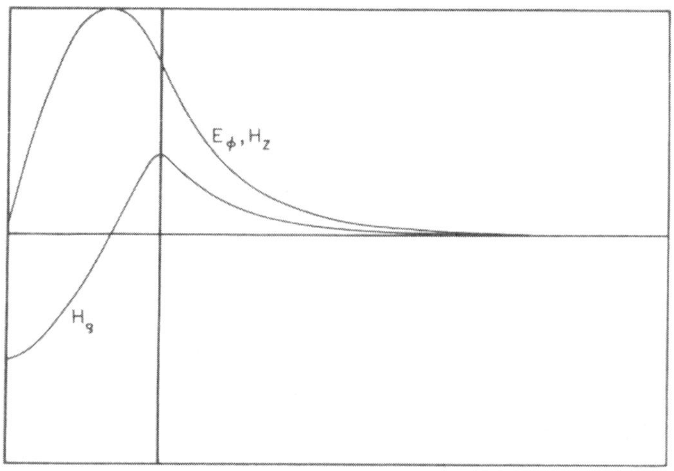

그림 1-27. 장 분포, $L_1 = 0$

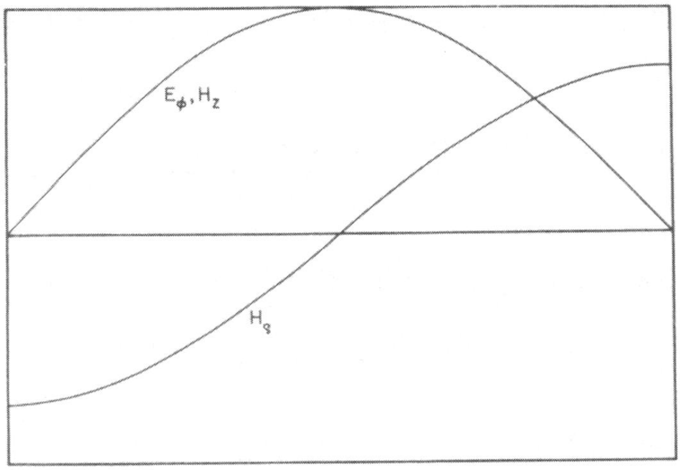

그림 1-28. 장 분포, $L_1 = 0$ 과 $L_2 = 0$

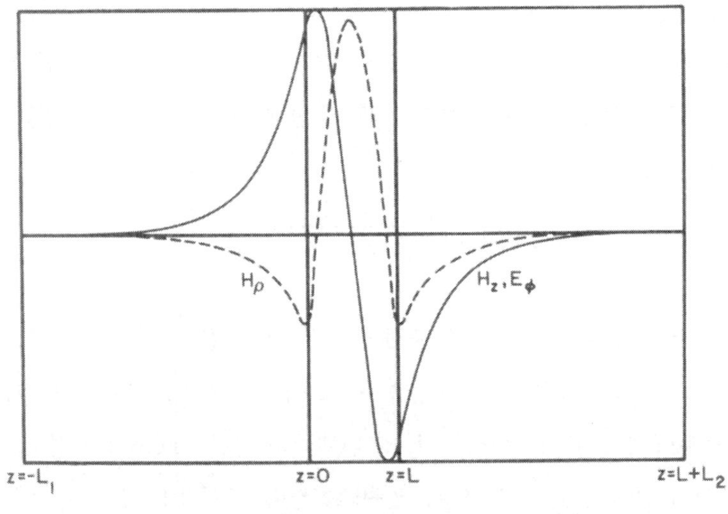

그림 1-29. 장 분포, 고립된 유전체 공진기, 모드 $TE_{01,1+\delta}$

1-3d Itoh and Rudokas 모델

Cohn 모델의 PMC 벽을 가진 이상적인 도파관을 사용하는 대신, Itoh and Rudokas (참고문헌1-14)는 앞 장에서 소개한 것과 같은 더 현실적인 유전체 rod 도파관을 사용했다. 그러므로 영역4 와 6 사이의 경계면에서 전자기장의 접선 연속성이 더 확실해진다. 앞 장에서 보여진것처럼, 유전체 rod 도파관에서 장의 연속성을 위한 요구는 TE_{0n} 모드에서 아래와 같은 고유값 방정식을 이끈다.

$$\frac{J_0(k_{\rho 1}a)}{J_1(k_{\rho 1}a)} = -\frac{k_{\rho 2}a}{k_{\rho 1}a} \bullet \frac{K_0(k_{\rho 2}a)}{K_1(k_{\rho 2}a)} \quad (1\text{-}109)$$

여기서 독립변수(argument) $k_{\rho 2}a$ 는 다음과 같이 주어진다.

$$k_{\rho 2}a = \sqrt{(k_0 a)^2(\varepsilon_{r6} - \varepsilon_{r4}) - (k_{\rho 1}a)^2} \quad (1\text{-}110)$$

여기서 영역6는 rod 내부를 나타내고, 반면에 영역4는 그림 1-21과 같이 rod의 외부를 나타낸다. 식(1-109)를 만족하는 $k_{\rho 1}a$ 는 TE_{0n} 모드의 고유값으로 불려진다. 속이 빈 PMC 도파관에서, TE_{01} 모드의 고유값은 x_{01} 로 나타내었고, 그 값은 2.4048 이다. 여기서 유전체 rod 도파관의 고유값 $k_{\rho 1}a$ 는 rod의 반지름, 주파수, 그리고 유전상수 ε_r 에 의존한다. 그림 1-30는 매개변수 $k_0 a$ 의 함수로서 고유값을 보인다. 여기서 k_0 는 자유공간 진행상수이고 a 는 rod의 반지름이다. 고유값 $k_{\rho 1}a$ 가 알려졌을 때, 유전체 rod 도파관의 진행상수는 아래와 같이 계산되어진다.

$$\beta a = \sqrt{(k_0 a)^2 \varepsilon_{r6} - (k_{\rho 1}a)^2} \quad (1\text{-}111)$$

Itoh and Rudokas 모델의 중간부분은 유전체 rod 도파관을 구성한다. 그림 1-21에서 이 부분은 영역4와6으로 구성된다. PEC 벽들은 $z = -L$ 과 $z = L + L_2$ 에 놓여진다. 게다가 영역3과 5에서 장은 어디에서든 “0” 로 상정한다. 영역1과 2의 장은 Maxwell방정식, 경계조건들, 그리고 영역들 사이의 연속성이 유지되도록 선택되어진다. 모든 이들 요구는 여러 영역에서 아래와 같은 전기장을 선택한다.

$$E_{\phi 1} = E_0 \frac{\cos\frac{\phi_1}{2}}{\sinh \alpha_1 L_1} J_1(k_{\rho 1}\rho) \sinh \alpha_1 (z + L_1) \quad (1\text{-}112)$$

$$E_{\phi 2} = E_0 \frac{\cos\frac{\phi_1}{2}}{\sinh \alpha_2 L_2} J_1(k_{\rho 1}\rho) \sinh \alpha_2 (z - L - L_2) \tag{1-113}$$

$$E_{\phi 4} = E_0 \frac{J_1(k_{\rho 1}a)}{K_1(k_{\rho 2}a)} K_1(k_{\rho 2}\rho) \cos(\beta z - \frac{\phi_1}{2}) \tag{1-114}$$

$$E_{\phi 6} = E_0 J_1(k_{\rho 1}\rho) \cos(\beta z - \frac{\phi_1}{2}) \tag{1-115}$$

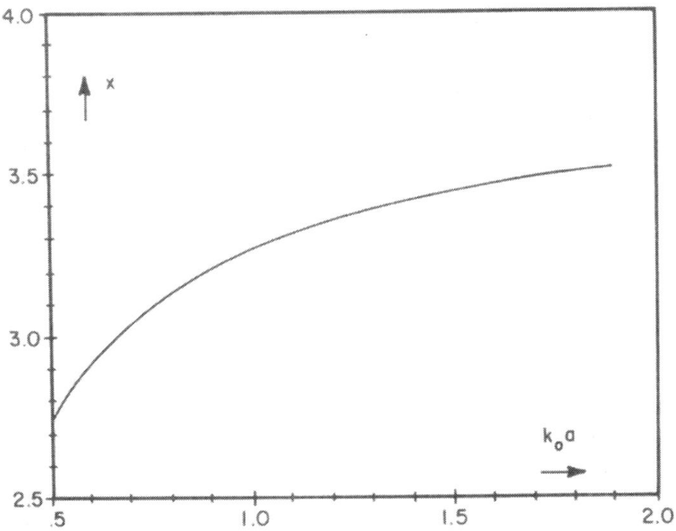

그림 1–30. $\varepsilon_r = 38$ 을 가지는 유전체 rod 도파관의 고유값

여러 영역에서 자기장과 관련한 방사성분과 축 성분은 Cohn 모델에서 한 것과 같이 Maxwell 방정식(1-101)으로부터 얻어진다. 그러나 여기에 사용되는 접근 방식에는 필요하지 않음이 밝혀졌다. 위 방정식에서 심볼 α_1, α_2, ϕ_1, 그리고 ϕ_2 는 일찍이 Cohn 모델에서 정의된 것과 같은 의미를 가진다. 전자기장의 연속성은 Cohn 모델에서와 같은 식(1-88)을 유도한다. 차이는 β 가 초월방정식(1-109)를 만족해야하는 고유값 $k_{\rho 1}a$ 의 항으로 지금 식(1-111)에 의해 결정된다는 것이다. 반면에 Cohn 모델에서, β 는 식(1-75)에 의해 주어지고 고유값은 상수 $x_{01} = 2.4048$ 과 같다.

두 모델은 방사거리의 함수로서 장 행위에서 차이가 난다. 예로, $\varepsilon_r = 35$, $a = 5$ mm, 그리고 $L = 5$ mm 의 개방된 유전체 공진기를 고려하자. Itoh and Rudokas 모델에 의해 얻은 고유값은 $k_{\rho 1}a = 2.8476$ 이고, 반면에 Cohn 모델에서는 $k_{\rho}a = x_{01} = 2.4048$ 이다. 그러므로 Cohn 모델에서 Bessel 함수 $J_0(k_\rho r)$ 에 의해 주어진 H_z 는 $\rho = a$ 에서 사라진다(그림 1-22(b) 참조). 한편, Itoh and Rudokas 모델에서의 $k_{\rho 1}a$ 는 더 크므로 H_z 는 공진기 표면에서 음의 값을 가짐이 판명되었다(Bessel 함수가 첫 번째 "0"를 통과하므로). 유전체 바깥에서는 H_z 의 방사방향으로의 의존성이 그림 1-31에 보여지는것과 같이 함수 $K_0(k_{\rho 2}\rho)$ 로 단조롭게 감쇄되어진다.

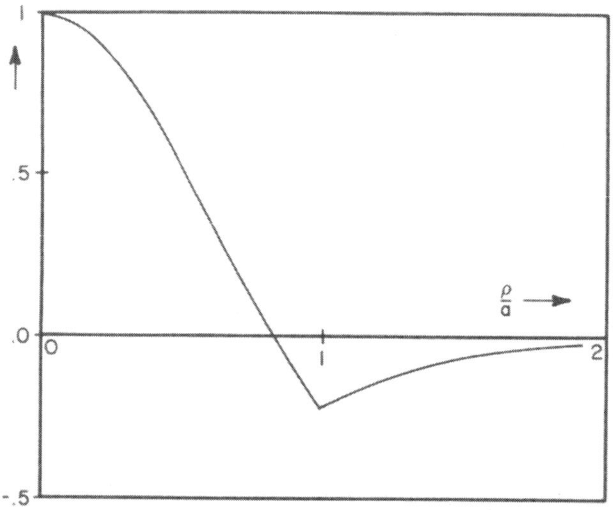

그림 1–31. Itoh & Rudokas 모델에서 방사거리에 대한 H_z 의 변화량

1-4 유전체 공진기의 튜닝 메커니즘

많은 응용 중에서, 유전체 공진기가 마이크로스트립 기판위에 놓여지고, 공진주파수의 튜닝은 뚜껑을 통하여 안으로 들어온 튜닝나사에 의해 제공된다. 이 상황을 그림 1-32에서 나타내었다.

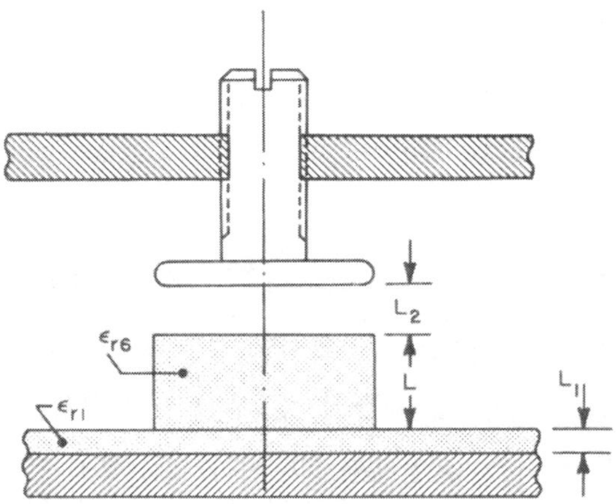

그림 1–32. 유전체 공진기의 기계적인 튜닝 모양

튜닝 동작의 메커니즘은 섭동원리 식(1-107)에 의해 설명될 수 있다. 어느 공동 공진의 금속 벽이 안쪽으로 움직이면, 공진주파수의 변화는 부피 ΔV 내 저장된 자기와 전기에너지의 차이에 비례한다. 특별히, 만일 부피 ΔV 내에서 저장된 자기에너지가 저장된 전기에너지 보다 크다면, 공진주파수는 벽이 안쪽으로 움직여진 후 증가할 것이다.

그림 1-32 의 공진 시스템은 회전대칭을 가지고 있다. 그러므로 $TE_{01\delta}$ 모드의 전기장은 오직 ϕ 성분만을 가진다. 이 E_ϕ 는 튜닝나사의 끝에서 금속접시의 표면에 접선방향으로 회전되어진다. 접시의 바로 인근에서, 경계조건은 접선 전기장이 "0"가 됨을 요구한다. 그러므로 $TE_{01\delta}$ 모드에서, 금속접시 근처에서 저장된 전기에너지는 "0" 이다. 나사가 낮아질 때, 오직 드러난 저장에너지는 자기장이고 공진주파수는 식(1-107)에 따라 증가해야만 한다. 튜닝 메커니즘을 설계하면서, 거리 L_2 의 함수로서 주파수의 변화를 결정하는 것은 흥미롭다. 명백하게, L_2 가 작아질수록, 얻을 수 있는 공진주파수는 더욱 더 크게 증가한다. 그러나, 튜닝나사의 금속표면을 공진기에 가깝게 가져가면 뚜렷한 표면전류를 생성한다. 그리고 다음으로 공진기의 Q 인자를 저하시킬 것이다. 주파수가 주어진 양만큼 튜닝되었을 때 전체 Q 가 얼마만큼 저하되는지 알게 됨으로서, 최적의 설계를 얻는 방법으로 물질들과 그들의 크기를 선택하는 것이 가능하다.

그림 1-32로부터 좀 더 상세히 튜닝 메커니즘을 분석하도록하자. 공진기로부터 L_2 거리에

위치한 금속판 즉, 튜닝 나사끝의 접시는 유전체 공진기보다 크지 않는 지름을 가진다고 하자. 그러므로, 튜닝접시와 밀폐된 상자의 실제 금속커버 사이의 전자기장은 "0" 와 같도록 가정했다는 사실을 알 수 있다. 우리는 이 가정이 우리의 결과에 명백한 에러를 나타내지 않기를 희망한다.

분석되어진 유전체 공진기는 Murata-Erie 모델 DRD077UC034B 이다. 이 유전체는 $\varepsilon_r = 37.7$ 이고 반지름 $a = 3.85$ mm , 길이는 $L = 3.41$ mm 이다. 공진기는 두께가 $L_1 = 0.254$ mm 이고 $\varepsilon_{r1} = 2.54$ 인 유전체 기판위에 놓여진다. 기판밑의 금속판은 알루미늄으로 만들어졌다. 거리 L_2 가 0.001 mm ("0" 피하기 위하여)부터 약 6 mm 까지 변할 때 계산되어진 주파수와 Q 인자는 그림 1-33에 보여준다.

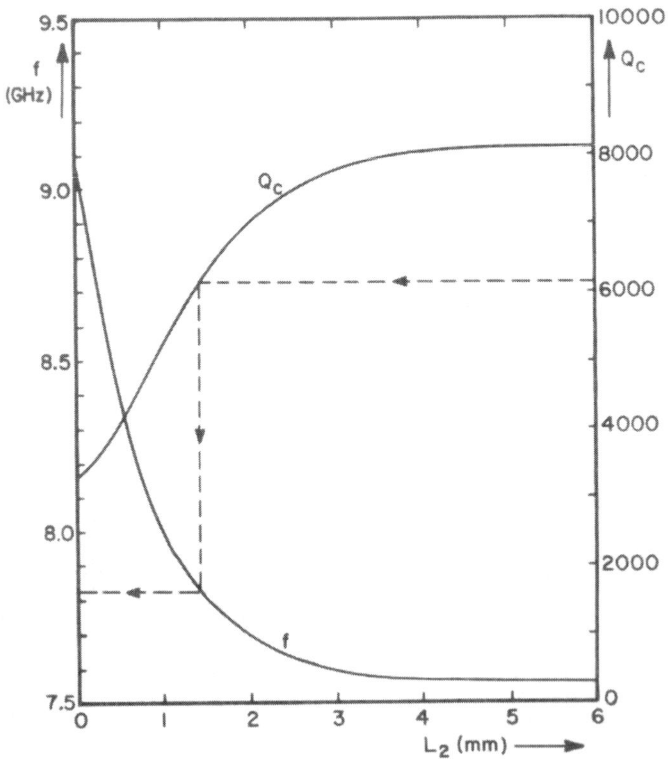

그림 1-33. 튜닝거리 L_2 에 대한 공진주파수와 Q 요소값

거리 L_2 의 함수로서 주파수를 관찰하면, 6 mm 를 넘어선 거리의 증가는 어떤 감지할 수 있는 방법에도 영향을 주지 않음을 알 수 있다. 가장 낮은 주파수는 약 7.56 GHz 이다. 거리 L_2 가 약 2 mm 보다 작아지면, 주파수는 급격하게 증가하기 시작한다. 튜닝접시가 공진기에 닿았을 때, 공진주파수는 9.08 GHz 에 도달한다. 동시에 주파수가 증가함으로, Q 인자는 낮아진다. 두 금속판내에서 도체손실과 관련한 Q 는 Q_C 로 나타낸다. 튜닝접시가 $L_2 = 6$ mm 에 있을 때, 높은값의 $Q_C = 8149$ 를 얻는다. 튜닝접시가 공진기와 만나면 $Q_C = 3265$ 로 떨어진다.

이것으로 공진기가 만족스러운 방법으로 동작할 수 있는 튜닝 범위를 선택하는 것이 가능하다. 이제 우리는 Q_C 가 최대값으로부터 25 % 이상 떨어지는 것을 허용하지 않는다고 가정하자. 그러므로 그림 1-33에서 가장 낮게 허용되는 Q_C 는 6,111 이다. 이것은 $L_2 = 1.42$ mm 에서 일어나고, 주파수 $f = 7.82$ GHz 와 관련한다. 그러므로 허용할 수 있는 튜닝범위는 7.56 GHz 부터 7.82 GHz 이고 3.4 % 의 상대변화를 구성한다. 전형적으로, 실전에서 취해지는 튜닝범위는 1과 5 % 사이이다.

1-5 유전체 물성

이 절에서 우리는 유전체 공진기에서 발생하는 불완전성을 좀 더 가까이서 볼 것이다. 두 개의 주요 불완전성은 1) 유전체내의 손실과 2) 유전체의 기계적 전기적 특성들의 온도 의존성이다. 2개 각각은 크게 명확하다. : 높은 Q 인자와 높은 온도안정성.

도전성 σ 를 가지는 등방성의 유전체 물질내에서, 시간에 따라 고조파가 변화는 Maxwell 방정식은 아래와 같이 표현되어진다.

$$\nabla \times \overline{H} = (\sigma + j\omega\varepsilon)\overline{E} \tag{1-116}$$

유한한 도전성 σ 는 명백히 손실을 만든다. 즉, 전자기에너지가 열로 변환한다.

마이크로파 주파수에서 유전체 물질내의 손실이 만드는 다른 메커니즘은 시간-고조파 전기장에서 드러난 물질이 번갈아가며 바뀌는 분극에 의하여 발생하는 감쇄(damping)이다. 이들

손실은 복소수인 유전상수를 정의함으로서 표현되어질 것이다.

$$\varepsilon = \varepsilon' - j\varepsilon'' \tag{1-117}$$

이 표기를 가지고 식(1-116)은 아래와 같이 된다.

$$\nabla \times \overline{H} = j\omega\left[\varepsilon' - j(\varepsilon'' + \frac{\sigma}{\omega})\right]\overline{E} \tag{1-118}$$

여기서 ε' 은 전통적인 유전상수의 역할을 하는 것으로 보여지고 전체 손실은 부분적으로 ε'' 와 σ 에 의하여 발생되어진다고 볼 수 있다. 손실탄젠트는 위 괄호안에서 허수부에 대한 실수부의 비로 정의된다.

$$\tan\delta = \frac{\varepsilon''}{\varepsilon'} + \frac{\sigma}{\omega\varepsilon'} \tag{1-119}$$

마이크로파 주파수에서 식(1-119)의 첫째항이 기본값이다. 전형적으로, ε' 는 상수이고 ε'' 는 주파수에 의존한다.

식(1-119)내에 사용되어진 심볼 δ 는 전기도체의 표피두께 δ 와 공통점이 전혀 없음을 주목해야만 한다.

$$\delta = \frac{1}{\sqrt{\pi f \mu\sigma}} \tag{1-120}$$

혼동을 피하기위해 유전체 손실을 나타내는 Q 인자를 Q_d 로 사용한다. 공진 공동이 균일하게 손실이 있는 유전체로 채워져 있을 때, 유전체 Q 인자는 손실탄젠트의 역수이다.

$$Q_d = \frac{1}{\tan\delta} \tag{1-121}$$

유전체 공진기들의 제조는 항상 주파수에 반비례하는 Q_d 의 값으로 확정한다.

$$Q_d = \frac{C}{f} \tag{1-122a}$$

예를들어 f 가 1 GHz 로 표현될 때 Trans-Tech사에서 제조된 D-8512 물질은 $C = 40,000$ 을 가진다. 4 GHz 에서 이 물질은 $Q_d = 10,000$, 그리고 8 GHz 에서 같은 물질은 $Q_d = 5,000$ 이다.

주파수와 함께 손실탄젠트의 선형적인 증가는 더 일반적인 형태로 아래와 같이 표현되어질 수 있다.

$$\tan\delta = A + Bf \tag{1-122b}$$

예를들어 무라타사에서 생산되어진 물질 $(Z_r \cdot S_n)TiO_4$ 은 $A = 0.205 \times 10^{-4}$ 와 $B = 0.170 \times 10^{-4}$ / GHz 이다. 8 GHz 의 주파수에서, 우리는 식(1-22b)와 (1-121)로부터 이 물질이 $Q_d = 6,390$ 임을 계산한다.

본 절의 1-5(b)는 여러 유전체물질들이 부분적으로 채워진 공진기 공동내의 다른 손실뿐 만 아니라 유전체 손실을 계산하기위하여 이론과 실험적인 과정을 다룰 것이다. 이후 절은 유전체 공진기에 적절한 온도계수에 관하여 다루어질 것이다.

1-5a 도체와 유전손실

각각 P_c 와 P_d 인 도체와 유전체 손실들은 도체 품질계수 Q_c 와 유전체 품질계수 Q_d 를 알기위하여 필요하다. 도체에서 필수 매개변수는 σ, ε 그리고 μ 이고, 유전체에서는 ε 과 μ (복소수 ε) 또는 $\sigma(\omega)$, ε 그리고 μ 가 되어질 수 있다. 첫 번째 경우는 σ 가 "0" 가 되나, ε 은 아래와 같이 복소수로 얻어진다.

$$\varepsilon = \varepsilon' - j\varepsilon'' \tag{1-123}$$

$$j\omega\varepsilon = j\omega\varepsilon' + \omega\varepsilon'' \tag{1-124}$$

여기서 두 번째 항은 유전체 손실과 동등하다. 두 번째 경우에는 필수 매개변수가 σ, ε, 그리고 μ 이다. 이 경우에 σ 는 주파수의 함수 $\sigma(\omega)$ 이다. 만일 $\sigma(\omega) = \omega\varepsilon''$ 이면 두 경우는 같은 특성을 가진다. 본 절에서 우리가 논의하려는 목적을 위하여, 도체 또는 유전체를 위한 필수 매개변수는 모두 실수이지만 가능한 주파수의 함수인 σ, ε, 그리고 μ 가 취해질 것이다. 공기와 금속의 경계에서 장 행위와 전력분산은 공동내의 도체 손실을 결정하기위하여 필요하다. 장이 그들 표면값의 37 %까지 감쇄되는 깊이인 표피두께 $\delta = \sqrt{2/(\omega\mu\sigma)}$ 는 마이크로파 주파수에서는 매우 작다. 그러므로 도체손실 P_c 는 대략적으로 등가의 표면 임피던스 Z_s 와 표면저항 R_s 를 사용하여 결정되어질 수 있다. $\sigma \gg \omega\varepsilon$, $\nabla \bullet \overline{E} = 0$, 그리고 $J = \sigma E$ 라고 가정하면, 유전체와 도체의 경계 ($x = 0$)에서 Maxwell 방정식의 해는 다음과 같이 된다.

$$J_V = \sigma(\omega) e^{-(1+j)x/\delta}, \quad x > 0 \tag{1-125}$$

여기서 $\delta = \sqrt{2/(\omega\mu\sigma)}$ 는 표피두께다. 등가의 표면전류는 x 에 대하여 "0"부터 무한대까지 부피의 전류를 적분하여 얻어진다.

$$J = \int_0^{\infty} \sigma e^{-(1+j)x/\delta} dx = \sigma \frac{\delta}{1+j} \tag{1-126}$$

표면 임피던스는

$$Z_s = \frac{1}{\sigma\delta}(1+j) \tag{1-127}$$

그러면 $E_{\tan} = Z_s J_s$, 여기서 J_s 는 표면전류밀도이다. 표면저항은 이것의 실수부이다. 또는

$$R_S = \frac{1}{\delta\sigma} \tag{1-128}$$

도체 공동 벽면의 전력손실은 아래와 같다.

$$P_c = \frac{1}{2} R_s \left|\overline{J}_s\right|^2 = \frac{1}{2} R_s \left|\overline{H}\right|^2 \tag{1-129}$$

여기서 $\overline{J}_s$와 $\overline{H}$는 각각 전류와 장이다. 적절한 도체 벽면에서, 이 근접법은 마이크로파 주파수에서 양호한 도체에서 정당하다.

TE_{011} 모드를 가지는 실린더형태의 공동에서 도체의 품질계수 Q_c 를 찾기 위하여 이 근접법을 적용하는 것은 흥미롭다. 전류는 $\overline{J}_s = \hat{n} \times \overline{H}$ 로 주어진다. 여기서 $\hat{n}$는 금속에 수직이고 $\overline{H}$ 는 경계에서 평가되어진다. 공동의 위면, 옆면 그리고 바닥에서의 전류는 각각 아래와

같다.

$$\overline{J}_{st} = H_0 \frac{\pi a}{x_{01}' L} J_0'(x_{01}' \rho/a) \ \hat{\phi} \tag{1-130a}$$

$$\overline{J}_{ss} = H_0 J_0(x_{01}') \sin\frac{\pi}{L} z \ \hat{\phi} \tag{1-130b}$$

$$\overline{J}_{sb} = H_0 \frac{\pi a}{x_{01}' L} J_0'(x_{01}' \rho/a) \ \hat{\phi} \tag{1-130c}$$

$\overline{J}_{sb} = \overline{J}_{st}$ 임을 주목하라. 전체 윗면과 바닥 전력분산은 아래와 같다.

$$P_1 = R_s H_0^2 \left[\frac{\pi a}{x_{01}' L}\right]^2 2\pi \int_0^a \rho J_0'^2(x_{01}' \rho/a) d\rho \tag{1-131}$$

(1-131)을 적분하면

$$\int_0^a \rho J_0'^2(x_{01}' \rho/a) d\rho = \frac{a^2}{2} J_0^2(x_{01}') \tag{1-132}$$

옆면 전력분산은 아래와 같이 주어진다.

$$P_2 = \frac{1}{2} \int_0^L R_s \left|\overline{J}_{ss}\right|^2 2\pi a dz$$

공동내 전체 도체 전력분산은 아래와 같이 된다.

$$P_c = P_1 + P_2 = R_s H_0^2 \pi a J_0^2(x_{01}') \left[\frac{L}{2} + a\left[\frac{\pi a}{x_{01}' L}\right]^2\right] \tag{1-133}$$

W_e 를 위한 이전 결과를 사용하면, 도체 품질계수 Q_c 는 아래와 같다.

$$Q_c = \frac{\eta}{2R_s} \frac{\left[\left[\frac{x'_{01}}{a}\right]^2 + \left[\frac{\pi}{L}\right]^2\right]^{3/2}}{\frac{1}{a}\left[\frac{x'_{01}}{a}\right]^2 + \frac{2}{L}\left[\frac{\pi}{L}\right]^2} \tag{1-134}$$

여기서 $\eta = \sqrt{\mu/\varepsilon}$ 와 $R_s = \sqrt{(\omega\mu/2\sigma)}$

균질한 유전체를 가진 공동 필드에서, 유전체 품질계수 Q_d 은 다음과 같이 주어진다.

$$Q_d = \frac{\omega\varepsilon}{\sigma} = \frac{1}{\tan\delta} \tag{1-135}$$

이는 물질에서 손실탄젠트 ($\tan\delta$)의 역수이다. 여기서 δ 는 표피두께가 아니고 아래와 같음을 주의하라.

$$\delta = \tan^{-1}\frac{\sigma}{\omega\varepsilon} \tag{1-136}$$

1-5b 비균일 물질에서의 공진

공진기 공동의 Q 요소는 소멸되어지는 전력에 대한 저장에너지의 비이다. 즉, 아래와 같다.

$$Q_L = \frac{2\omega W_e}{P_{tot}} \tag{1-137}$$

여기서 ω 는 공진주파수이고 W_e 는 공동의 부피내 저장된 전체 전기에너지 이다. 그리고 P_{tot} 는 전체 소멸되어지는 전력이다.

실제로 마이크로파 공동내에서, 전력은 몇 개의 다른 방법들로 소멸되어질 것이다. 일반적인 상황은 그림 1-34에 보여진다. 공동은 금속 밀폐벽으로 둘러 싸여진다. 밀폐벽 내에서, 우리는 3 영역을 본다. 각각은 다른 유전체물질로 채워진다.

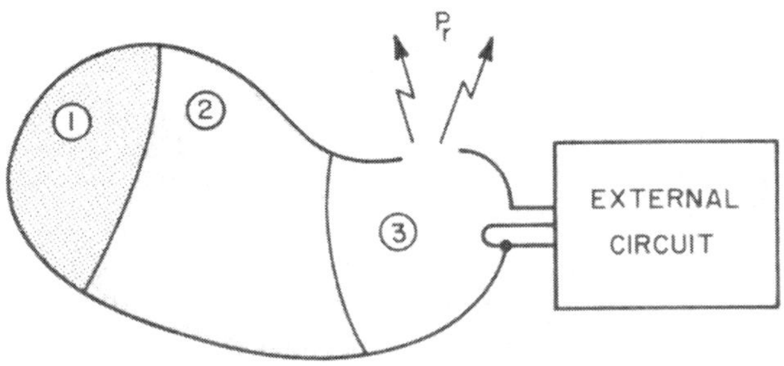

그림 1-34. 균일하지 않은 유전체로 채워진 공진공동

예를들어, 영역1은 마이크로스트립 회로의 유전체 기판이고 영역2는 유전체 공진기이며 영역3는 공기이다. 전체 저장에너지는 모든 3영역들을 적분하여 얻어진다.

$$W_e = \sum_{i=1}^{3} \frac{\varepsilon_i^{'}}{4} \int_{V_i} \left| \underline{E}_i \right|^2 dV_i \tag{1-138}$$

유전체내에서 소멸되어지는 전체 전력은 유사한 적분에 의하여 얻어진다.

$$P_d = \sum_{i=1}^{3} \frac{\sigma_i + \omega\varepsilon_i^{''}}{2} \int_{V_i} \left| \underline{E}_i^2 \right| dV_i \tag{1-139}$$

도체 밀폐벽내에 소멸되어지는 전체 전력은 shield의 표면 전체를 적분하여 얻어진다.

$$P_c = \frac{1}{2} \int_s R_s \left| J_s \right|^2 dS \tag{1-140}$$

여기서 J_s 는 밀폐벽인 도체위의 표면전류밀도이다. 만일 밀폐벽이 완전히 닫혀있지 않으면, 전력의 일부 P_r 는 방사로 손실되어질 것이다. 결국, 나머지 전력 P_{ext} 는 외부의 마이크로파 회로와 결합되고 거기서 소멸되어질 것이다. 전체 소멸되어지는 전력은 아래와 같다.

$$P_{tot} = P_d + P_c + P_r + P_{ext} \tag{1-141}$$

공동 전력이 소멸되어지는방법에 따라 부분 Q 요소를 정의하는 것이 순서이다. 그러므로 유전체 Q 요소는

$$Q_d = \frac{2\omega W_e}{P_d} \tag{1-142}$$

도체 손실로 인한 Q 요소는

$$Q_c = \frac{2\omega W_e}{P_c} \tag{1-143}$$

유사하게 방사 Q 요소는

$$Q_r = \frac{2\omega W_e}{P_r} \tag{1-144}$$

외부 Q 요소는

$$Q_{ext} = \frac{2\omega W_e}{P_{ext}} \tag{1-145}$$

이다. 따라서 식(1-37)과 (1-141)로부터 전체 Q 요소는 아래와 같다.

$$\frac{1}{Q_L} = \frac{1}{Q_d} + \frac{1}{Q_c} + \frac{1}{Q_r} + \frac{1}{Q_{ext}} \tag{1-146}$$

식(1-146)의 오른쪽에서 처음 3개항들은 공진 공동의 무부하 Q 요소를 구성한다.

$$\frac{1}{Q_u} = \frac{1}{Q_d} + \frac{1}{Q_c} + \frac{1}{Q_r} \tag{1-147}$$

밀폐벽은 완전히 닫혀져 방사가 없다. 이런 경우, 식(1-147)의 3개 항들은 무시되어진다.

비균질로 채워진 공진 공동들을 다루는 유용한 양은 전기에너지 채움인자(filling factor) P_e 이다. 이것은 공동내 전체 저장된 전기에너지에 대한 주어진 영역내에서 저장된 전기에너지의 비로 정의된다. 그림 1-34의 공동에서, 3개의 채움인자는

$$P_{ei} = \frac{W_{ei}}{W_e}, \text{ 여기서 } i = 1,\ 2,\ 3. \tag{1-148}$$

식(1-138)과 (1-139)의 오른쪽편에 나타나는 적분은 각 영역 V_i 내에서 서로 동일하다. 그러므로 각 부피내에서 소멸되어지는 전력과 저장에너지는 아래와 같이 관련되어진다.

$$\frac{P_{di}}{2W_{ei}} = \omega\left[\frac{\varepsilon_i''}{\varepsilon_i'} + \frac{\sigma_i}{\omega\varepsilon_i'}\right] = \omega \tan\delta_i \tag{1-149}$$

식(1-148)로부터 채움인자를 사용하여, 우리는 다음을 얻는다.

$$P_{di} = 2W_{ei}\omega \tan\delta_i = P_{ei} 2\omega W_e \tan\delta_i \tag{1-150}$$

따라서 영역 i ($i=1,\ 2,\ 3$)내에서 유전체 손실로 인한 부분 Q 인자는 아래와 같이 채움인자와 손실탄젠트의 항으로 표현되어질 수 있다.

$$Q_{di} = \frac{2\omega W_e}{P_{di}} = \frac{1}{P_{ei}\tan\delta_i} \tag{1-151}$$

만일 그림 1-34의 3영역 모두가 손실있는 유전체로 채워진다면, 유전체 손실로 인한 전체 Q 인자는 아래와 같이 부분 유전체 Q 인자들로부터 계산되어질 수 있다.

$$\frac{1}{Q_d} = \sum_{i=1}^{3} \frac{1}{Q_{di}} \tag{1-152}$$

비균질 유전체로 채워진 공진 공동의 실례로서, 우리는 그림 1-35에 보여지는 Courtney 홀더를 분석할 것이다.

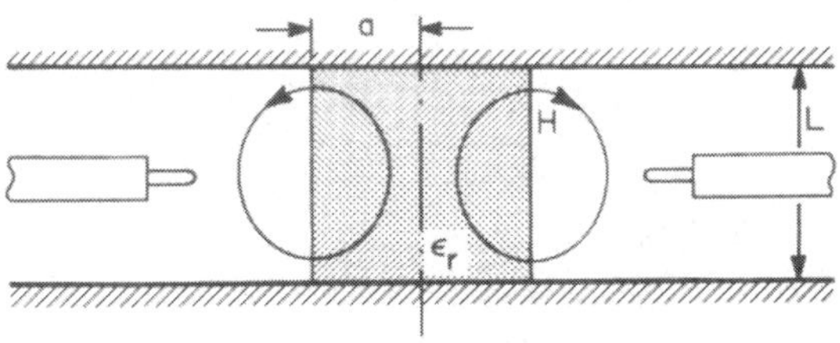

그림 1-35. courtney 홀더

공진 모드 TE_{01p} 에서, 길이 L 은 p 반파장과 같다.

$$\beta L = p\pi \quad \text{for } p = 1,\ 2,\ 3, \ldots \tag{1-153}$$

유전체내(영역1)에서 이 모드의 전기장은 아래와 같이 주어진다.

$$E_{\phi 1} = E_0 J_1(k_{\rho 1}\rho)\sin(p\pi \frac{z}{L}) \tag{1-154}$$

유전체밖(영역2)에서 전기장은

$$E_{\phi 1} = E_0 \frac{J_1(k_{\rho 1}a)}{K_1(k_{\rho 2}a)} K_1(k_{\rho 2}\rho)\sin(p\pi \frac{z}{L}) \tag{1-155}$$

여기서 $k_{\rho 1}$ 과 $k_{\rho 2}$ 는 영역1 과 2 의 방사하는 파수이다.

식(1-138)에 (1-154)를 대입하고 적분 식(1-67)을 사용하면, 유전체 rod내에 저장된 전기에너지를 알 수 있다.

$$W_{e1} = 2\pi \frac{\varepsilon_0 \varepsilon_r}{4} E_0^2 \frac{a^2 L}{4}\left[J_0^2(x) - \frac{2}{x} J_0(x) J_1(x) + J_1(x) \right] \tag{1-156}$$

영역2에 저장된 전기에너지는 식(1-155), (1-138), 그리고 (1-33)으로부터 얻어진다.

$$W_{e2} = 2\pi \frac{\varepsilon_0}{4} E_0^2 \frac{J_1^2(x)}{K_1^2(y)} \frac{a^2 L}{4}\left[K_0^2(y) + \frac{2}{y} K_0(y) K_1(y) - K_1^2(y) \right] \tag{1-157}$$

독립변수 x 와 y 는 아래와 같이 나타낸다.

$$x = k_{\rho 1} a \quad 과 \quad y = k_{\rho 2} a \tag{1-158}$$

두 에너지들의 비는 다음과 같다.

$$\frac{W_{e2}}{W_{e1}} = \frac{W}{\varepsilon_r} \tag{1-159}$$

여기서 인자 W 는 다음과 같이 정의되어진다.

$$W = \frac{\frac{K_0^2(y)}{K_1^2(y)} + \frac{2}{y}\frac{K_0(y)}{K_1(y)} - 1}{\frac{J_0^2(y)}{J_1^2(y)} - \frac{2}{x}\frac{J_0(x)}{J_1(x)} + 1} \tag{1-160}$$

높은 유전율을 가지는 유전체인 경우, 그림 1-36에 보여진 것처럼, W 는 전형적으로 "1" 보다 작은 수이다. 공진기가 $\varepsilon_r = 38$, $a = 4.25\ \text{mm}$, $L = 4.25\ \text{mm}$ 이고 $p = 1$ 에서 우리는 $k_0 a = 0.71$ 의 값을 알 수 있고 그림 1-36으로부터 $W = 0.14$ 임을 알았다.

그림 1-35내 공진기 영역1에서 채움인자는

$$P_{e1} = \frac{W_{e1}}{W_{e1} + W_{e2}} \tag{1-161}$$

식(1-159)을 사용하여, P_{e1} 은 다음과 같다.

$$P_{e1} = \frac{1}{1 + W/\varepsilon_R} \tag{1-162}$$

위의 예제로부터 이 값을 대체하면, 우리는 TE_{011} 모드의 영역1에서 채움인자가 $P_{e1} = 0.996$ 임을 계산한다. 다른 말로는 전체 저장된 전기에너지의 $99.6\ \%$ 가 유전체 rod 내에 포함되어진다. 이런 경우, 채움인자는 실제적으로 "1"과 같다.

영역2는 공기로 채워진다. 항시 공기의 손실은 무시되어질 수 있다. 그러므로 유전체 손실로 인한 TE_{01p} 모드의 Q 인자는 다음과 같다.

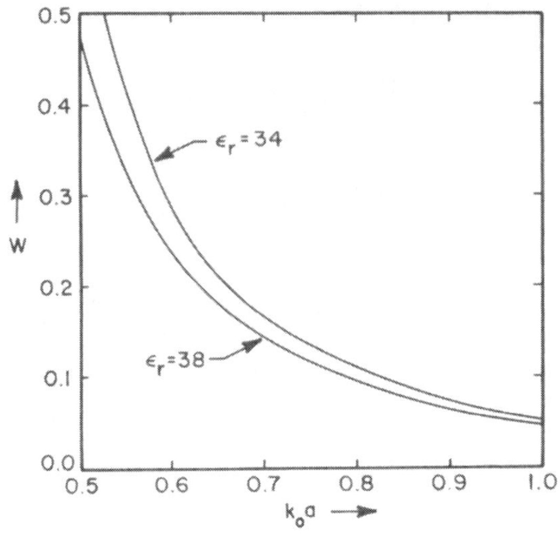

그림 1–36. TE_{01p} 공진모드에서 에너지의 비율을 계산하기 위하여 이용된 요소 W

$$Q_d = Q_{d1} = \frac{1+W/\varepsilon_r}{\tan\delta} \tag{1-163}$$

다음으로 도체손실로 인한 Q 인자를 계산할 것이다. 이는 두 개의 평행한 금속판을 흐르는 표면전류의 제곱을 적분함에 의하여 얻어질 수 있다. 그러나 우리는 다른 진행과정을 이용할 것이다. 소위 incremental frequency rule로 불리는

$$Q_c = \frac{f_0}{\Delta f_0(\delta)} \tag{1-164}$$

여기서 f_0는 공동의 공진주파수이고 Δf_0는 모든 금속벽들이 1 표피두께 δ에서 안쪽을 향하여 움직여진 경우에 계산되어진 공진주파수의 변화이다. 식(1-164)의 Δf_0을 계산하는데는 약간의 복잡함이 있는데 이는 Courtney 홀더가 명쾌하게 공진주파수 f_0을 표현하지 못하는데 있다. 공진주파수는 유전체 rod 도파관내 TE_{01} 모드의 고유값 방정식의 해에서 얻어진다. 식(1-109)으로부터 방정식은 아래와 같이 표현된다.

$$\frac{J_1(x)}{xJ_0(x)}+\frac{K_1(y)}{yK_0(y)}=0 \tag{1-165}$$

공진주파수는 식(1-165)와 공진조건 (1-153)으로부터 계산되어진다. 식(1-110)과 (1-111)에 (1-153)를 대체하면 다음을 알 수 있다.

$$x=\sqrt{(k_0a)^2\varepsilon_r-(p\pi a/L)^2} \tag{1-166}$$

$$y=\sqrt{(p\pi a/L)^2-(k_0a)^2} \tag{1-167}$$

만일 공진기의 길이 L 이 incremental frequency rule 이 요구하는 것처럼 2 표피두께로 짧아진다면, 공진주파수 f_0 는 변할 것이고 따라서 k_0a 도 변할 것이다. 식(1-166)과 (1-167)의 변수 x, y 는 L 과 k_0a 에 의존하는 함수로 고려되어질 수 있다.

$$x=x(L,\ k_0a) \tag{1-168}$$

$$y=y(L,\ k_0a) \tag{1-169}$$

게다가, 식(1-167)은 한 항이 오직 x 의 함수이고 다른 항은 오직 y 의 함수인 두 항의 합으로 쓰여질 수 있다.

$$F(x)+G(y)=0 \tag{1-170}$$

위 표현의 미분항은 아래와 같다.

$$\frac{\partial F}{\partial x}\Delta x+\frac{\partial G}{\partial y}\Delta y=0 \tag{1-171}$$

아래의 사실을 사용하고

$$\Delta L=-2\delta \tag{1-172}$$

$$\Delta k_0a=k_0a\frac{\Delta f_0}{f_0} \tag{1-173}$$

그것을 식(1-164)에 대입하면 아래를 얻는다.

$$Q_c = \frac{\varepsilon_r + W}{1+W} \bullet \left[\frac{k_0 L}{p\pi}\right]^2 \bullet \frac{L}{2\delta} \tag{1-174}$$

위식에서 인자 W는 유전체손실로 인한 Q인자를 찾기 위한 과정에서 일찍이 식(1-160)로부터 계산되어진 것과 같은 인자이다. Courtney 홀더에서 취할 수 있는 Q인자의 크기에 대한 아이디어를 얻기위하여 TE_{011} 공진기의 같은 예제에서 Q_c를 평가하도록 하자. 구리로 만들어진 양쪽 평행판을 가정하고, 낮은 주파수에서 도전성 $\sigma = 5.8 \times 10^7$ Siemens/meter을 가정하면 식(1-120)로부터 표피두께는 $\delta = 0.740\ \mu\text{m}$이다. 도체손실로 인한 Q인자는

$$Q_c = \frac{38+0.14}{1+0.14} \times \left[\frac{0.71}{\pi}\right]^2 \times \frac{4.25\times10^{-3}}{2\times0.740\times10^{-6}} = 4,909$$

같은 공진기에서 유전체 Q인자를 위한 제조사의 리스트 값이 $4\ \text{GHz}$에서 $10,000$이라고 가정하면, 식(1-122(a))와 (1-63)을 사용하여 우리는 다음을 알 수 있다.

$$Q_d = 10,000 \times \frac{4}{7.98} \times \frac{1}{0.996} = 5,033$$

그러므로 Courtney 홀더에 있어서 유전체손실은 대략적으로 도체손실과 같은 크기이다. 그리고 무부하 $Q_u = 1/(1/4,909 + 1/5,033) = 2,485$ 이다.

결과적으로 우리는 위 공진기에서 방사손실의 가능성을 확인할 수 있었다. 거리 L이 $\lambda_0/2$ 보다 클 때, 방사적으로 밖으로 나가는 파는 평행판들 사이를 진행한다. $L = 4.25\ \text{mm}$에서 이러한 진행하는 모드의 차단주파수는 $35.3\ \text{GHz}$이다. 그러므로 $7.98\ \text{GHz}$에서 발생하는 방사손실의 위험은 없다. 그러나 방사의 가능성은 항시 주의해야만 한다.

1-5c 선형계수

마이크로파 필터에서 유전체 공진기의 응용은 1960대 중반부터 시도되어왔다. 그러나 더

나은 온도 안정성을 가진 물질들이 발견되지않는 한 광범위한 사용은 비현실적이라는 것을 곧 알게 되었다. 그런 물질들은 약 10년 후 개발되어졌고, invar로 만들어진 마이크로파 공동 공진기만큼의 온도 안정성이 얻어져 이후 광범위한 사용이 뒤를 따랐다.

마이크로파 공진기에 관하여 말할 때 생각나는 온도의 영향은 첫째 물질의 팽창이다. 실험적인 사실로 대부분의 고체들은 온도가 증가하면서 선형적으로 팽창한다. rod의 길이 L 은 온도가 ΔT 만큼 증가할 때 ΔL 팽창할 것이다. 비례상수가 α 이면, 팽창의 선형계수는 아래와 같다.

$$\frac{\Delta L}{L} = \alpha \Delta T \tag{1-175}$$

표 1-4에 보여지는것과 같이 1 °C 당 상대적인 팽창은 10^{-6} 또는 10^{-5} 단수로 매우 작다. 간단히 말해서, 계수값들은 온도의 함수로 약간 변하고 표에 주어진 값들은 0 °C 와 100 °C 사이에서 관찰된 평균값이다. 종종 10^{-6} 을 축약하여 ppm 으로 표시한다.

표 1-4 선형 팽창계수

Material	α (per °C)	Material	α (per °C)
Aluminum	23×10^{-6}	Glass(ordinary)	9×10^{-6}
Brass	19×10^{-6}	Glass(pyrex)	3.2×10^{-6}
Copper	17×10^{-6}	Teflon	90×10^{-6}
Steel	11×10^{-6}	Polyethilene	190×10^{-6}
Invar	0.7×10^{-6}	Fused quartz	0.57×10^{-6}

그림 1-37에 보여진 마이크로파 동축 $\lambda/2$ TEM 공진기의 간단한 예를 고려하자. 전기장 밀도는 단락된 두 끝면 사이의 중간지점에서 최대이다. 공진은 길이 L 이 자유공간에서 파장이 λ_0 과 같은 TEM 파의 $\lambda/2$ 일 때 발생한다.

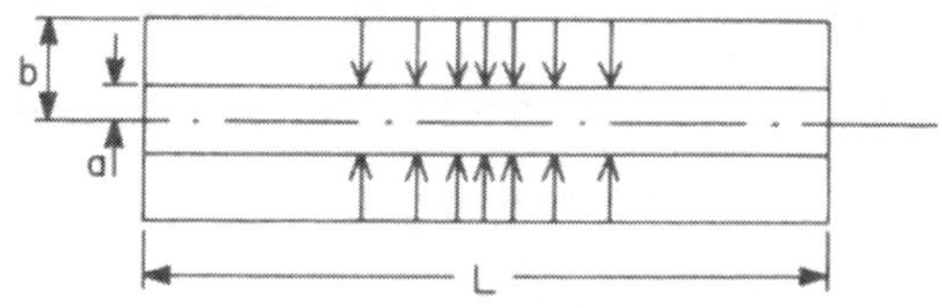

그림 1–37. 반파장 동축 공진기

여기서 공진기는 공기로 채워져 있음을 명확하게 가정한다. 그러므로 공진주파수는 아래의 조건으로 결정되어진다.

$$L = \frac{\lambda}{2} \tag{1-176}$$

$$\lambda = \lambda_0 = \frac{c}{f} \tag{1-177}$$

이므로, 공진주파수는

$$f = \frac{c}{2L} \tag{1-178}$$

여기서 $c = 3\times10^8$ m/s 이다.

온도 T 가 ΔT 만큼 변할 때, 주파수의 상대적인 변화는 식(1-178)의 미분을 사용하여 아래와 같이 계산되어질수 있다.

$$\frac{\Delta f}{f} = \frac{1}{f}\frac{df}{dL}\Delta L$$

식(1-178)의 미분을 사용하고 (1-175)를 사용하여 다음을 얻는다.

$$\frac{\Delta f}{f} = -\alpha\Delta T \tag{1-179}$$

식(1-179)의 사용예 처럼, brass 로 만든 공기로 채워진 동축형 공진기는 온도에 대해 −19 ppm/°C 의 상대적인 공진주파수의 변화를 나타내는 것을 알았다. 만일 같은 공진기가

invar로 만들어진다면, 온도 선택도는 -0.7 ppm/°C 로 줄어들 것이다. "-" 표시는 온도가 증가하면 공진기의 길이가 길어지고 결국 공진주파수가 감소함을 나타낸다. 고체물질들의 선형팽창은 물질이 비등방성 팽창특성을 가지지 않는 한 공간의 각 방향에서 같다. 그림 1-37의 동축 공진기에서, 반지름 a와 b는 온도가 증가함에 따라 길이 L이 증가하는 같은 팽창계수를 가지고 팽창한다. 그러나 TEM 공진기의 공진주파수는 a 또는 b에 의하여는 영향을 받지않는다.

마이크로파 공진기들의 공진주파수에 대한 온도의 두 번째 영향은 상대 유전상수 ε_R 가 온도의 함수로서 변한다는 사실이다. 첫 번째 근사로서, 변화는 온도에 선형적으로 비례한다. 비례상수는 유전상수의 온도계수로서 τ_ε 로 표시한다.

$$\frac{\Delta\varepsilon_r}{\varepsilon_r} = \tau_\varepsilon \Delta T \tag{1-180}$$

그림 1-37로부터 동축 공진기가 완전히 유전물질 ε_r 로 채워져 있다고 가정하자. 공진기내 TEM의 파장 λ는 아래와 같다.

$$\lambda = \frac{\lambda_0}{\sqrt{\varepsilon_r}} \tag{1-181}$$

그리고 $\lambda/2$ 공진기의 공진주파수는 아래와 같이 확정되어진다.

$$f = \frac{c}{2L\sqrt{\varepsilon_r}} \tag{1-182}$$

온도의 함수로서, 공진주파수는 2가지 이유로 변할 것이다. 하나는 선형팽창이고, 나머지는 유전상수의 변화이다. 이 상황은 아래와 같이 표현되어진다.

$$\frac{\Delta f}{f} = \frac{df}{fdL}\Delta L + \frac{df}{fd\varepsilon_r}\Delta\varepsilon_r \tag{1-183}$$

온도에 대한 공진주파수의 선택도는 공진주파수의 온도계수인 τ_f 로 표시된다.

$$\frac{\Delta f}{f} = \tau_f \Delta T \tag{1-184}$$

식(1-182)에 적절한 미분을 취하여,

$$\tau_f = -\alpha - \frac{1}{2}\tau_\varepsilon \tag{1-185}$$

위 식은 온도를 보상하는 공진기를 얻을 수 있는 명확한 방법을 제안한다. 즉, τ_ε 은 α 로부터 반대편 부호를 가져야한다. 모든 고체물질들은 온도가 증가하면서 팽창한다. 그러므로 유전체물질은 온도보상에 적합하기 위하여 "–" τ_ε 을 전시해야만 한다.

식(1-185)는 유전물질 ε_r 로 완전히 채워진 TEM 공진기들뿐만 아니라 다른 공진기에도 정당하다.

다른 예로서, 그림 1-38에 보여진 반지름 a 와 길이 L 의 원기둥 형태의 공동 공진기를 고려하자. 간단히 논의하고자, 공진기가 실버나 또는 구리같은 양호한 도체의 얇은 층으로 도금된 등방성 유전체 물질로 만들어졌다고 가정하자. 그러면 오직 유전체물질의 α 와 τ_ε 가 공진주파수에 영향을 미칠 것이다. 이는 얇은 금속층이 내부의 유전체와 같은 비율로 팽창되도록 힘을 받기 때문이다.

또한 공진주파수는 아래와 같이 나타낼 수 있다.

$$f^2 = \left[\frac{c}{2\pi}\right]^2 \frac{1}{\varepsilon_r}\left[\left[\frac{p\pi}{L}\right]^2 + \left[\frac{x}{a}\right]^2\right] \tag{1-186}$$

여기서 x 는 선택된 모드의 형태에 의존하는 Bessel 함수의 "0"이거나 그것의 미분이다. 예를들어, TE_{011} 모드에서 $x = 3.832$, $p = 1$, 등등 이다. 유전체 물질의 팽창특성이 등방성일 때, 다음을 얻는다.

$$\frac{\Delta L}{L} = \frac{\Delta a}{a} = \alpha \tag{1-187}$$

이 경우에, 식(1-186)의 미분은 TEM 경우와 같은 결과인 식(1-185)를 준다. 이는 식(1-185)가 그림 1-38의 실린더형태의 공진기 TE_{mnp} 또는 TM_{mnp} 공진모드에서 정당함을 의미한다.

여러 가지 유전체물질들로 채워진 몇 개의 영역들로 구성된 공진 시스템에서, 식(1-185)는 정확한 사실은 아니나 그럼에도 불구하고 꽤 양호한 접근성을 가진다. 비균일한 유전체로 채워진 그런 공진기의 중요한 예는 Courtney 측정에 사용된 평행판 유전체 공진기이다. 이 공진 공동의 공진주파수는 식(1-165), (1-166), 그리고 (1-167)의 식들에 의해 주어진다. 만일 온도 T 가 독립변수라면, 종속변수가 되는 량들이 존재한다. 즉, 공진주파수, 유전체 rod의 반지름과 길이, 그리고 유전상수 이다. 분석은 아래의 식을 사용하여 식(1-171)에서 시작한다.

$$\Delta x = \frac{\partial x}{\partial k_0 a}\frac{\partial k_0 a}{\partial T}\Delta T + \frac{\partial x}{\partial \varepsilon_r}\frac{\partial \varepsilon_r}{\partial T}\Delta T \tag{1-188}$$

와

$$\Delta y = \frac{\partial y}{\partial k_0 a}\frac{\partial k_0 a}{\partial T}\Delta T \tag{1-189}$$

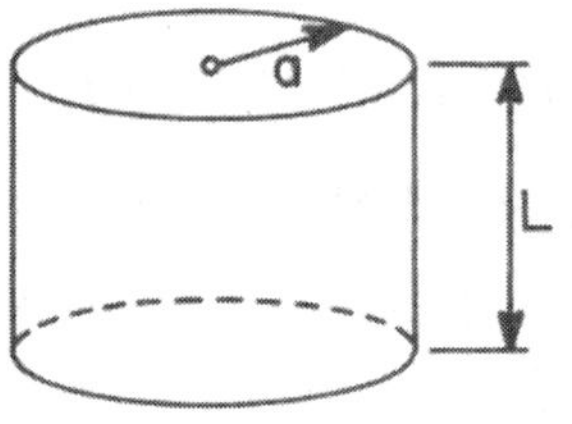

그림 1–38. 실린더 공동 공진기

모든 필요한 미분들과 식(1-175), (1-180), 그리고 (1-184)의 정의들을 이용하여, 우리는 아래의 흥미있는 관계식을 얻는다.

$$\tau_f = -\alpha - \frac{1}{2}\frac{\tau_s}{1 + W/\varepsilon_r} \tag{1-190a}$$

식(1-190(a))와 (1-185) 사이의 차이는 식(1-162)에 일찍이 정의되어진 채움인자 P_e 의 존재이다.

$$\tau_f = -\alpha - \frac{1}{2}\tau_\varepsilon P_e \quad (1\text{-}190b)$$

앞서 다룬 예로부터 P_e 는 “1”에 매우 가깝다는 것을 상기하도록 하자. 그러므로 적어도 Courtney 홀더에서, τ_f 와 τ_ε 사이의 정확한 관계는 균일하게 채워진 공동의 것과 거의 같다.

1-5d 온도계수의 측정

유전상수와 그것의 온도 의존성을 측정하기위한 가장 좋은 이해와 분석 방법중의 하나는 Courtney 방법이다. 이 측정에 이용되어진 평행판 공진기의 옆면은 그림 1-35에 보여진다. 측정되어지는 값인 상대 유전상수 ε_r 을 가진 원형실린더는 2개의 금속판 사이에 놓여진다. 주파수와 장의 여기(field excitation) 특성에 의존하는 많은 공진모드들은 앞 절에서 묘사되어진 것처럼 끝이 잘려진 유전체 rod 도파관내에서 가능하다. 가장 낮은 공진모드는 HEM_{111} 이고 다음으로 높은 모드인 TE_{011} 는 측정에 사용되어지는 것이다. TE_{011} 모드에 적합한 결합은 작고 수평적으로 놓여진 루프들로 종단된 동축케이블을 사용하여 얻어진다. 결합 메커니즘의 실제적인 선택은 그리 중요하지않다. Courtney는 작고 수평적으로 구부러진 모노폴(monopole) 동축케이블을 사용했으나, Hakki and Coleman은 더 낮은 금속판의 외부에 놓여진 직사각형 도파관내 아이리스를 이용했다. TE_{011} 모드의 공진주파수는 전송방법으로 측정된다. 왜냐하면 이런 형상의 공진주파수는 정확히 알려져있기 때문에, 측정된 주파수와 측정된 크기 a 와 L 관련한 ε_r 의 값을 계산하기가 가능하다.

Courtney는 여러 물질들의 ε_r 을 측정했고 매우 일관된 결과를 얻었다. 그의 예상은 $\pm 127\ \mu\text{m}$ 의 정확성을 가지고 크기들을 측정하고, ± 1 MHz 의 정확성으로 주파수를 측정하면 ε_r 의 에러는 0.3 % 보다 작다는 것이다. 또한 그는 공진기를 오븐속에 놓고 20 °C 와 120 °C 사이의 영역에서 온도의 함수로 ε_r 을 측정하였다. 측정된 결과는 그림 1-39에 보여진다. 온도에 대한 높은 선형성을 주목하라. 또한 공진기의 크기들은 온도가 증가함에 따라 팽창한다는 사실을 결과에 반영함으로서 Courtney는 온도계수 τ_ε 의 매우 정확한 값을 얻을 수 있었다.

그러나 불행하게도, 흔히 유전체공진기들로 사용되는 오늘날의 물질들은 Courtney 측정방법을 이용하지 않는다. 결과적으로, Courtney 논문속의 높은 신뢰성있는 데이터가 오늘날 상업적으로 이용하는 물질들에 포함되지 않는 것이다. 후에 연구자들은 다음에 뒤이어 설명되어질 유전상수의 온도변화를 측정할 간접적인 다른 방법을 선택했다. 이러한 이유 때문에, 오늘날 유전체 공진기에 사용되는 물질들의 ε_r 의 값은 크게 알려지지 않았다.

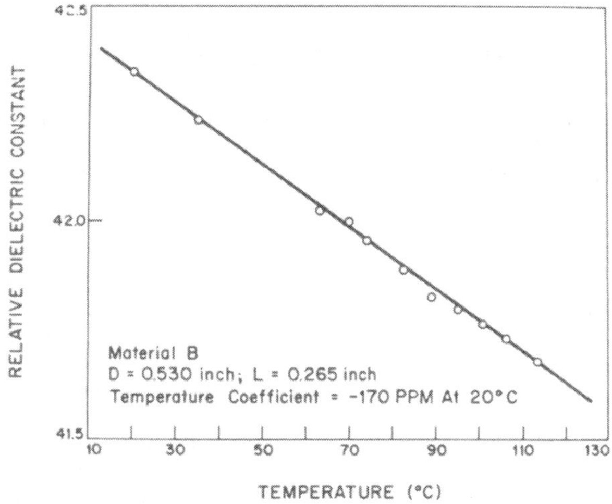

그림 1-39. 온도변화에 따른 ε_r 측정치 (참고문헌1-2)

다시 상기시켜보면, Courtney방법은 유전체물질의 손실탄젠트를 측정하기에 적합하지가 않다. 유전체 공진기로 사용이 가능한지의 관점에서 물질들을 연구했을 때 물질의 손실탄젠트는 매우 중요하고 면밀히 주시해야한다. 이러한 이유 때문에 금속벽의 바로 근처로부터 유전체 공진기를 제거하는 것이 더 편리하다. 즉, 벽들속의 표면전류를 줄이기 때문이다. 이 경우에 도체손실은 손실 메커니즘의 사소한 부분으로 되고, 측정된 무부하 Q 인자가 유전체 물질 그 자체의 품질을 가르키는 좋은 지렛대가 된다.

Plourde 등(참고문헌1-15)은 선택된 크기에서 기본모드인 TE_{10} 모드가 진행 영역속에 있도록 직사각형 도파관의 중앙에 공진기를 놓았다. 무부하 Q 인자의 측정은 반사방법에 의하여 형성되어진다. 이런 측정은 더 빠르고 공진기 그 자체의 손실탄젠트를 나타낸다. 무부하 Q 인자 이외에, 유전체 공진기의 온도 안정성도 매우 중요한 특성이다. Plourde 등 (참고문헌1-15)은 간단히 도파관에 공진기를 놓고 공진주파수를 모니터하고 온도의 함수로서 주파수의 변화를 관찰했다. 이 측정은 식(1-184)에 정의된 것과 같이 공진주파수의 온도계수 τ_f 를 제공했다. 팽창 온도계수 α 는 무관하게 측정되었다. 결국, 유전상수의 온도계수는 아래와 같이 식(1-185)로부터 계산되어졌다.

$$\tau_{\varepsilon} = -2(\tau_f + \alpha) \tag{1-191}$$

이전 절에서 위의 형태는 비균질 물질로 채워진 공진기에서는 정확하지 않음을 보았다. τ_{ε} 의 근접값을 결정하는 이런 형태의 사용은 Plourde 등에 의하여 수행된 것처럼 가장 좋은 물질을 선택하기위하여 많은 수의 샘플 테스트로 정의되어진다. 그들은 실험에서 2개의 기본적인 성분인 TiO_2 와 BaO 의 퍼센트가 변함에 의하여 즉, 81.8 mol % 의 TiO_2 가 뚜렷하게 최소의 τ_f 를 가지는 것을 관찰하는 것이 가능하였다. 결과적으로 $Ba_2Ti_9O_{20}$ 는 $\varepsilon_r = 39.8$, $Q = 8,000$, 그리고 $\tau_f = 2 \pm 1$ ppm/°C 이다. 이 물질의 열안정성은 앞서 사용하였던 $\tau_f = 400$ ppm/°C 를 가지는 rutile, TiO_2 보다 더 향상된 2자리수의 크기이다 (참고문헌 1-8). Plourde 등의 발견으로 이와 유사하거나 다른 세라믹 물질로 만든 온도안정성의 유전체 공진기가 상업적으로 널리 확산되기 시작하였다. 오늘날까지도 유전체 공진기 제조사들은 τ_{ε} 이 아닌 오직 τ_f 만을 측정함에 있어 Plourde 등과 같은 접근방법으로 물질의 온도특성을 결정한다. τ_f 는 그림1-40에서와 같이 비균일 공진시스템의 온도계수이다. 만일 사용자가 제조사의 테스트 공동과 같은 크기와 모양의 테스트 공동을 이용한다면, 제조사와 같은 τ_f 를 얻을 것이다. 그러나 일반적으로 사용자는 그들의 공진시스템이 소형화기를 원한다. 그림1-40의 밀폐벽의 크기가 변경되면, 결과적인 τ_f 는 제조사에 의하여 확정되어진 것과 매우 다르게 될 것이다.

불행하게도, 제조사들은 실제적으로 그들 물질의 τ_{ε} 을 측정하지 않기 때문에, 만일 그 값을 요구한다면 α 의 값을 제공하고 사용자가 식(1-191)로부터 τ_{ε} 을 계산하기를 제안할 것이다. 알고있는바와 같이 이 과정은 신뢰하기가 어렵다. 이 과정속에 포함된 에러의 크기를 설명하는 예를 보자 (참고문헌1-16). 제조사에 의하여 확정되어진 테스트 공동이 그림1-40에 보여진다. 공진기는 $\varepsilon_r = 38.6$, $a = 6.35$ mm, $L = 5.08$ mm 를 가진다. 밀폐된 공동은 반지름 $b = 19.05$ mm 과 높이 $h = 26.67$ mm 를 가진 금도금된 알루미늄으로 만들어졌다. 유전체 공진기를 위한 열팽창계수는 $\alpha_R = 9.4 \times 10^{-6}$ / °C 이고 알루미늄은 $\alpha_c = 23 \times 10^{-6}$ / °C 이다. 이 공동을 위한 공진주파수의 온도계수는 $\tau_f = 4\times10^{-6}$ / °C 로 측정되어진다. 우리는 유전상수 τ_ε 의 온도계수의 값을 알기를 원한다.

식(1-191)을 사용하여, 아래를 알 수 있다.

$$\tau_\varepsilon = -2(4\times10^{-6} + 9.4\times10^{-6}) = -26.8\times10^{-6} / °C$$

정확한 표현은 다른 물질들의 팽창계수들을 고려해야만 한다. 근본적으로, 공진주파수는 물리적인 크기와 상대 유전상수의 함수이다.

$$f = f(a,\ L,\ b,\ h,\ \varepsilon_r) \tag{1-192}$$

공진주파수의 온도계수는 다음과 같다.

$$\frac{1}{f}\frac{df}{dT} = \frac{1}{f}\left[\frac{df}{da}\frac{da}{dT} + \frac{df}{dL}\frac{dL}{dT} + \frac{df}{db}\frac{db}{dT} + \frac{df}{dh}\frac{dh}{dT} + \frac{df}{d\varepsilon_r}\frac{d\varepsilon_r}{dT}\right] \tag{1-193}$$

위의 식은 아래와 같이 다시 쓸 수 있다.

$$\tau_f = C_{\alpha r}\alpha_r + C_{\alpha c}\alpha_c + C_{\varepsilon r}\tau_\varepsilon \tag{1-194}$$

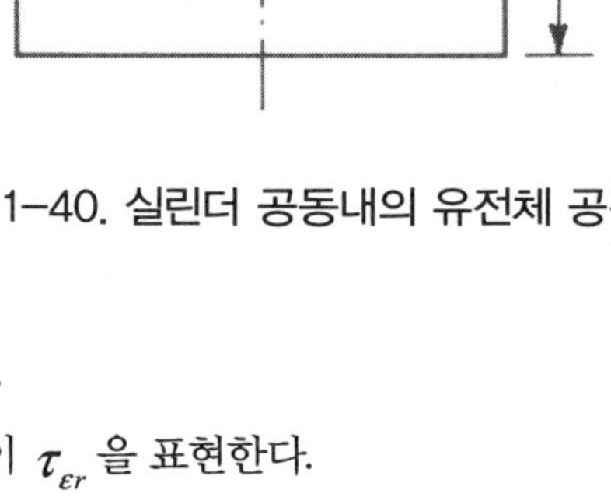

그림 1-40. 실린더 공동내의 유전체 공진기

C_α 는 선형계수로 정의된다.

식(1-194)로부터 아래와 같이 $\tau_{\varepsilon r}$ 을 표현한다.

$$\tau_{\varepsilon r} = \frac{1}{C_{\varepsilon r}}\left[\tau_f - C_{\alpha r}\alpha_r - C_{\alpha c}\alpha_c\right] \tag{1-195}$$

위 예에서 식(1-195)는 $\tau_\varepsilon = -27.6\times10^{-6}$ / °C 이다. 이 값과 컴퓨터로 근접한 값의 차이는 3.0 % 이다.

보여준 예속에서 제조사는 유전체 공진기보다 높이는 5배 이상, 폭은 3배 이상되는 테스트 공동을 사용하였다. 이 때문에 금속케비티의 열팽창은 공진주파수의 전체 온도계수에 큰 영향을 미치지 못한다. 그러나 좀 더 작은 공동에서는 그 영향이 더 뚜렷하다. 예를들어 만일 같은 공진기가 DR 그 자체의 높이보다 2배, 폭도 2배인 공동에 있다면 식(1-195)와 (1-191)의 차이는 26 % 증가할 것이다.

실제로 해야하는 것은 Courtney방법에 의하여 직접적으로 τ_ε 을 측정하는 것이다. 그리고 그림 1-39에 보여지는것처럼 직선의 기울기를 결정하는 것이다. 그러면 사용자는 물질자체를 확정하는 수치를 알 것이다. 그리고 이 수치는 공진기가 $TE_{01\delta}$, $HEM_{11\delta}$, $TM_{01\delta}$, 또는 어떤 다른 모드에서 사용되든 상관없고 공진기와 가장 인접한 금속벽사이 틈의 크기에 무관하게 정당할 것이다.

참고문헌

1-1. A. W. Snyder, "Asymptotic expressions for eigenfunctions ans eigenvalues of a dielectric or optical waveguide," IEEE Trans. Microwave Theory Tech. vol. MTT-17, pp. 1130-1138, Dec. 1969.

1-2. W.E. Courtney, "Analysis and evaluation of a method of measuring the complex permittivity and permeability of microwave insulators," IEEE Trans. Microwave Theory Tech., vol. MTT-18, pp.476-485, Aug. 1970

1-3. B.W. Hakki and P.D. Coleman, "A dielectric resonator method of measuring inductive capacities in the millimeter range," IEEE Trans. Microwave Theory Tech., vol. MTT-8, pp.402-410, July. 1960

1-4. P. Wheless and D. Kajfez, "The use of higher resonant modes in measuring the dielectric constant of dielectric resonators," IEEE MTT-S Symposium Dig., pp.473-476, St. Louis, June 1985

1-5. S.B. Cohn and K.C. Kelly, "Microwave measurement of high dielectric constant materias," IEEE Trans. Microwave Theory Tech., vol. MTT-14, pp.406-410, Sept. 1966

1-6. S. Ramo, J. R. Whinnery, and T. Van Duzer, Fields and Waves in Communication Electronics. New York: John Wiley & Sons, 1965

1-7. E. C. Jordan and K. G. Balmain, Electromagnetic Waves and Radiating Systems, Englewood Cliffs, NJ: Prentice-Hall, 1968

1-8. S.B. Cohn, "Microwave bandpass filters containing high-Q dielectric resonators," IEEE Trans. Microwave Theory Tech., vol. MTT-16, pp.218-227, April. 1968

1-9. A.W. Glisson, D. Kajfez, and J. James, "Evaluation of modes in dielectric resonators using a surface integral equation formulation," IEEE Trans. Microwave Theory Tech., vol. MTT-31, pp.1023-1029, Dec. 1983

1-10. D. Kajfez, "Basic principles give understanding of dielectric waveguides and resonators," Microwave Syst. News, vol. 13, pp.152-161, May 1983

1-11. M. Tsuji, H. Shigesawa, and K. Takiyama, "Analytical and experimental investigations on several resonant modes in open dielectric resonators," IEEE Trans. Microwave Theory Tech., pp.628-633, June. 1984

1-12. M. Jaworski and M.W. Pospieszalski, "An accurate solution of the cylindrical dielectric resonator problem," IEEE Trans. Microwave Theory Tech., vol. MTT-27, pp.639-643, July. 1979

1-13. S. Maj and J.W. Modelski, "Application of dielectric resonator on microstrip line for a measurement of complex permittivity," IEEE MTT-S Int. Microwave Symp. Dig., pp.525-527, San Francisco, May 30 – June 1. 1984

1-14. T. Itoh and R.S. Rudokas, "New method for computing the resonant frequencies of dielectric resonators," IEEE Trans. Microwave Theory Tech., vol. MTT-25, pp.529-54, Jan. 1977

1-15. J.K. Plourde, H.M. O'Bryan, Jr., D.F. Linn, and J. Thomson, Jr., "Ba2Ti9O20 as a microwave dielectric resonator," Jour. Amer. Ceramic Soc., vol. 58, pp. 418-420, Sept. – Oct. 1975.

1-16. *** , "Microwave Dielectric Technical Briefs," No. 831, Trans-Tech, Inc., Adamstown, MD, undated

1-17. D. Kajfez, P. Guillon., Dielectric Resonator, Artech house, Inc., 1986.

2. 마이크로파 유전체 세라믹 도파관

주어진 작동 주파수에서, 도파관은 동축선로보다 훨씬 큰 전력을 견딜 수 있다. 내부 중앙에 도체가 없기 때문에 도파관은 종종 동축형 제품보다 제조하는데 비용이 적게 든다. 아울러 높은 유전율을 가지는 물질을 사용하여 크기를 소형화함으로서 기존의 문제점을 보완할 수 있어 최근 주목을 받고 있다. 이 장에서는 마이크로파 시스템에 사용되는 다양한 도파관 공진기의 원리와 유전체 세라믹 도파관에 관하여 설명하고자 한다.

2-1 전송선로와 도파관의 차이

두 가지다 전자파 신호를 전송하고자 하는 목적으로 사용되는데 그 차이는 단순하다. 전송선로는 신호선과 접지의 두가지 금속 선로를 이용하여 밸런스한 교류신호를 전송하고, 도파관은 하나의 도체 혹은 매질을 사용하여 내부 전자파의 전반사를 이용한다. 말 그대로 전자파를 가두어 특정 목적지까지 진행도록 하는것이다. 단순하게 표면적으로 보면 전송을 위해 하나의 금속을 사용하느냐, 분리된 두 개의 금속을 사용하느냐의 차이로 볼 수도 있다.

2-1a 전송선로

전자기파를 두 개의 금속을 이용하여 +, -의 밸런스 신호로 전송하기 위한 것으로서, 구조 자체를 변경하거나 조합함으로써 각종 수동회로를 구현한다. 모드는 기본적으로 TEM를 사용하며, 마이크로스트립의 경우에는 quasi-TEM 모드를 사용한다. 대표적인 전송선로는 마이크로스트립, 스트립선로, 동축선로, Coplanar Waveguide 등이 있다(그림2-1).

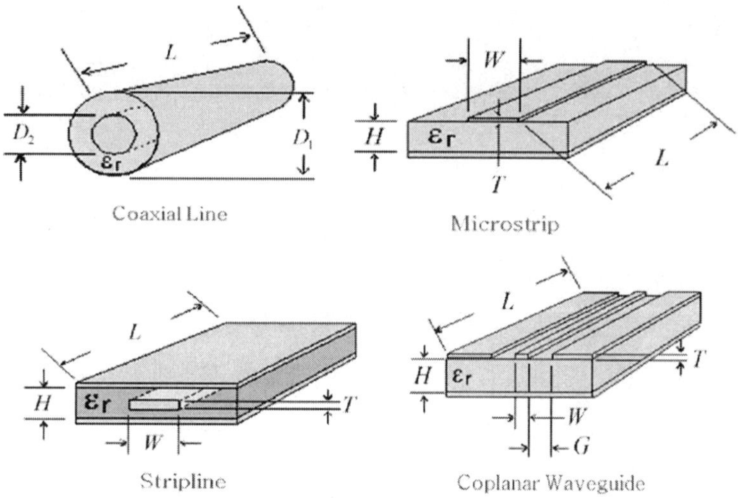

그림 2-1. 대표적인 전송선로

2-1b 도파관

도체 하나의 금속관 내에 전자기파를 여기시켜서 그 구조와 크기에 의해 결정되는 특정 모드에 에너지를 실어 원하는 곳까지 신호를 전송한다. 전송선로에 비해 높은 전력을 전송할 수 있다는 것이 장점이지만 가격이 비싸고 크기가 크다. 주로 고출력 기지국이나 위성용으로 많이 사용된다. 역시 구조를 변경해가면서 각종 수동회로를 구현할 수 있다(그림2-2).

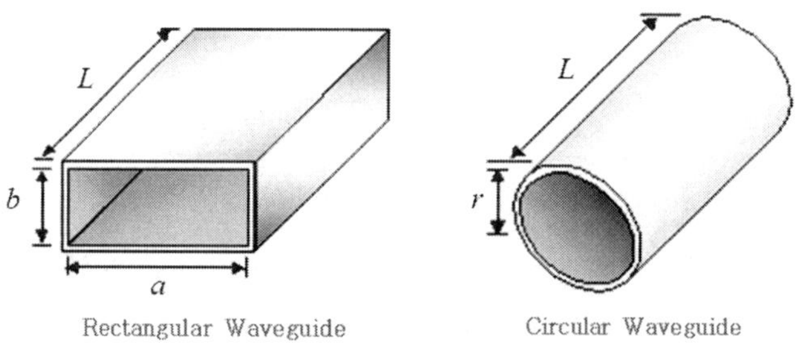

그림 2-2. 대표적인 도파관

2-2 유전체 세라믹 도파관 공진기

유전체 세라믹 도파관의 불연속면을 해석하기 위하여 앞으로 등가 네트웍에 의해 표현되는 몇가지 공진 성분들의 특성을 고려해 보도록 하자.

1) 유전체 세라믹 물질로 채워진 공동 도파관의 크기는 $1/\sqrt{\varepsilon_r}$ 에 비례하여 줄어든다. TEM 동축형 유전체 세라믹 공진기들과 그것을 응용한 필터들이 한가지 좋은 예이다.
2) 도파관 모드의 전기장과 평행한 성분이 대칭면에 대해 even 이면 자기벽으로 대체되어질 수 있다. 이 자기벽은 대략적으로 높은 유전물질로 채워진 도파관의 전기장에 평행하게 절단함으로서 간단히 얻어질 수 있다. 유전상수가 무한하다고 가정하면 자기벽은 완벽하다고 생각할 수 있다. 이를 그림 2-3에서 보여준다. 이 방법으로 TE_{10} 도파관 유전체 성분들은 그 크기를 절반으로 줄일 수 있다. 예를들어, 차단 도파관, $E-$plane 필터, 그리고 $E-$plane 하이브리드 링은 $E-$plane 도파관에 평행한 대칭면에서 그것들을 절단함으로 크기를 절반으로 줄일 수 있다.
3) TE (또는 H)모드 유전체 세라믹 도파관의 끝 표면은 대개 완벽한 자기벽이 된다. 이는 도파관의 끝부분에서 $\lambda/4$ 공진기 개방회로를 형성한다.
4) 그림2-4에 보여지는 것처럼 도파관 단면의 둘레를 따라 도전성물질(예 silver 페이스트)로 메탈라이징을 하면 TE_{10} 도파관은 절단면에 의해 두개의 영역으로 나뉘어진다. 두개의 도파관 사이에서 전자기결합은 그 간격의 길이에 의하여 조절될 수 있다. TE_{10} 도파관의 경우, 간격은 TE_{10} 도파관의 두 영역 사이에서 소멸되는 E_{01} 파의 생성으로 인해 직렬 정전용량 결합을 만든다. 만일 고정된 간격을 가지고 결합의 세기를 줄이기 원한다면, 그림 2-5에 보여지는 대칭구조를 유지하면서 단면을 따라 세라믹의 일부를 취하므로서 얻을 수 있다. 이러한 방법으로 $\lambda/4$ 도파관 공진기를 직렬 연결하여 다단의 필터를 만들 수 있다.
5) 위의 2)와 3)에서 설명한 자기벽은 적절한 메탈라이징 패턴들을 이용하여 마이크로스트립으로부터 도파관을 여기하는데 사용될 수 있다.

그림2-3. 자기벽의 설명

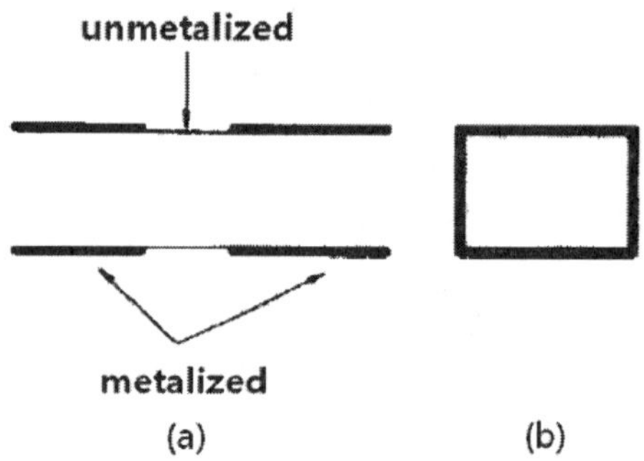

그림2-4. 금속 메탈라이징으로 인한 유전체 세라믹 도파관의 두 영역

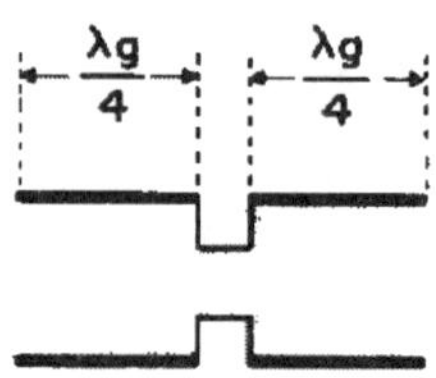

그림2-5. 간격을 통한 $\lambda/4$ 유전체 세라믹 도파관 공진기의 결합

2-3 모드 변환기

마이크로파 시스템에서 종종 모드, 방향, 또는 파 전송의분극을 바꿀 필요가 있다. 본 절에서는 이들 기능을 수행할 방법을 나타내고자한다.

2-3a 동축모드에서 도파관으로의 전이

TEM 동축모드와 TE_{10} 모드사이의 변환이 직사각형 도파관에서 자주 사용되어진다. 이러한 변환을 설계하기 위해서는 원하는 모드전환을 촉진하는 형태가 필요하다. 그러한 형상의 하나가 그림 2-6(a) 에 보여진다. 동축선로는 벽이 바깥 도체와 종단된 도파관의 넓은 벽과 연결된다. 중앙의 도체는 도파관내로 밀어넣어지고 반대편 벽과는 종단되었다. TEM 파가 도파관 영역으로 들어갔기 때문에 도체벽을 향하여 전기장이 생성된다. 또한 보이지는 않지만 수평면(horizontal plane)에서 TEM 자기(magnetic) 루프를 가지고, 그것들은 TE_{10} 모드의 자기 루프 패턴으로 전환하기 위하여 방향이 돌려진다. 옆면에서 관측해 볼 때 오른쪽으로 진행하는 TE_{10} 파의 일부는 단락($\Gamma = -1$)에 의해 완전히 반사되어진다. 설계된 주파수에서 $l_s = \lambda_g/4$ 를 가지면, 반사파는 동축과 도파관 포트사이에서 저손실 전송을 가지도록 왼쪽으로 일부가 움직인다. 등가회로가 그림2-6의 (b) 에 보여진다. 회로를 보는 관점에서, $\lambda/4$ 단락스터브의 기능은 Z_0 과 Z_{01} 선로를 가지는 접지된 병렬에서 개방회로를 제공하는 것이다. 이는 종단되지 않은 직사각형 도파관의 오른쪽 부분이 남아있고 $l_s = 0$ 으로 놓여져 개방회로를 가지도록 유혹받는다. 불행하게도, 끝이 개방된 도파관은 전기적으로 개방회로와 등가하지 않으므로 이렇게는 동작하지 않는다. 단지, 월등히 뛰어난 방사 안테나이다.

낮은 SWR 전환을 얻기위하여, 동축선로(Z_0)와 직사각형 도파관(Z_{01})의 임피던스 특성은 같아야만 한다. 대부분의 경우에, 동축선로의 임피던스는 50 ohms 인 반면 표준 직사각형 도파관은 몇배 더 크다. 도파관 임피던스는 그림에서 보여진것처럼 도파관의 높이를 줄이거나 ridge 도파관을 사용하여 낮출 수 있다. 명심해야할 것은 동축선로와 다르게 도파관의 임피던스 특성은 주파수의 함수이다. 그러므로 두 임피던스는 오직 설계 주파수에서 같게 만들어질 수 있다. 만일 표준높이 출력 도파관이 요구되어진다면, $\lambda/4$ 변환기는 도파관 영역으로 결합되어질 수 있다.

출력 도파관과 같지않게, 단락된 도파관 영역의 높이(b_s)는 줄어들지 않는다. 도파관의 임피던스는 높이에 비례하기 때문에 이는 $Z_{0s} > Z_{01}$ 를 의미하고 유용한 도파관 밴드에서 SWR를 더 낮추는 결과를 가지도록 한다.

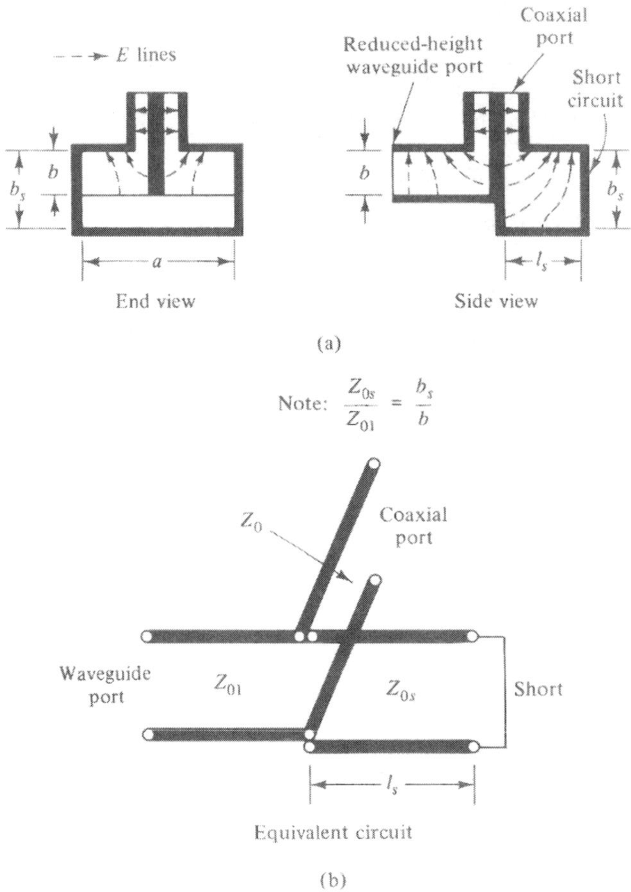

그림2-6. 동축에서 도파관으로의 전이와 등가회로

2-3b 동축모드에서 유전체 세라믹 도파관으로의 전이

1) 내부 프루브 형태

앞서 설명한 일반적인 원리인 도파관에서 동축모드로의 전이는 높은 유전율로 채워진 도파관에서도 적용이 가능하다. 금속으로 코팅된 원기둥 형태의 홀은 도파관을 여기하기 위한 프루브를 구성한다. 홀속에 코팅된 도전성은 그림2-7에 보여지는 것처럼 스트립선로와 연결되어진다. 단지 일반적인 전이와의 차이는 홀 주변의 상단 도파관 표면으로부터 금속 링이 도파관 표면과 프루브사이의 과도한 정전용량을 피하기 위하여 제거되어진 것이다. 유전체 세라믹과 일반적인 공동 도파관 전이의 단면도가 그림2-8에 비교하여 나타내었다.

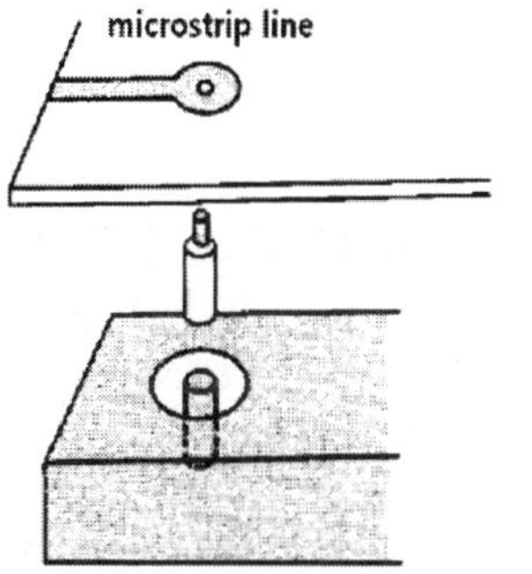

그림 2-7. 마이크로스트립 선로에서 내부에 프루브 형태를 가지는 유전체 세라믹 도파관으로의 전이

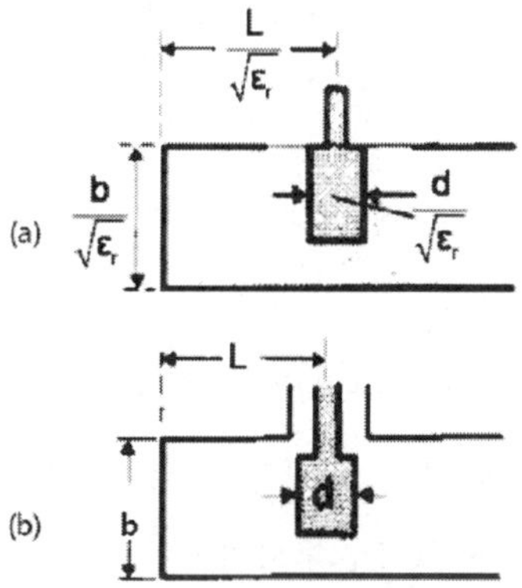

그림2-8. 마이크로스트립 또는 동축형 선로에서 유전체 세라믹 도파관과 금속 도파관으로의 전이를 비교해서 보여주는 단면도 (a) 유전체 세라믹 도파관 (b) 금속 공동 도파관

2) 동축선로 형태

만일 그림2-7의 메탈라이징된 여기 홀이 도파관의 바닥면까지 확장되고 완전히 윗 뚜껑면의 금속코팅을 제거한다면, $\lambda/4$ 동축공진기가 형성된다. 다른 도파관 또는 동축공진기는 처음에 연결되어질 수 있기 때문에, 대역통과필터는 다음장에 소개되어지는 것처럼 제작될 것이다. 또한 유사한 종단된 동축공진기가 전체 필터의 크기를 줄이기 위하여 마

이크로스트립선로까지 전이의 한 부분을 담당한다.

2-4 공진기

유전체 세라믹 도파관 공진기는 긴 도파관을 한면은 개방회로로 다른면은 $\lambda_g/4$ 지점 에서 절단하여 단락회로로 만들거나 양면이 모두 개방회로로 또는 $\lambda_g/2$ 지점에서 절단하여 단락회로로 만들수 있다. 그림 2-9은 TE_{10} 유전체 세라믹 도파관에서 만들어지는 공진기를 보인다.

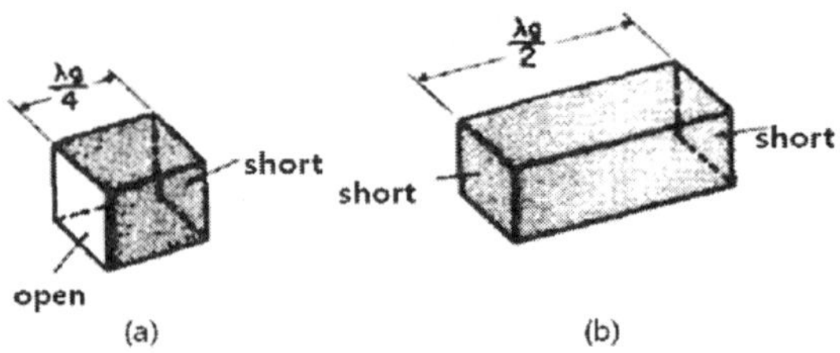

그림2-9. TE_{10} 유전체 세라믹 도파관 공진기 (a) $\lambda/4$ 공진기 (b) $\lambda/2$ 공진기

유전체 세라믹 도파관 공진기는 만일 진행하는 전송선로와 결합되어진다면 대역저지 필터의 함수일 것이다. 대역통과필터는 차단선로를 가지는 공진기와 결합하여 만들어질 수 있다. 좀 더 상세한 내용은 다음장에서 논의하도록하자.

2-5 도파관 불연속성

전송선로의 균일성을 중단하거나 방해하는 것을 불연속(discontinuity)으로 정의한다. 이번 절은 몇가지 도파관 형태의 불연속성을 소개하고 분석하고자 한다. 특히 진행하는 주 모드에서 그것들의 영향이 고려되어진다.

항시 불연속성에서 전자기 경계조건을 만족하기 위하여 고차(higher-order)모드의 존재를 요구한다. 도파관의 크기는 높은차수의 모드들이 차단주파수 이하가 될 때, 불연속성 근처의 영역으로 한정되어질 것이다. 이들 한정된 모드들은 저장된 전기와 자기에너지를 나타내기 때문에 그것들의 영향은 리액턴스를 가지는 네트웍으로 모델화될 수 있다. 일단 네트웍이 결정되면 전송선로와 AC 회로 방법들이 진행하고 있는 주 모드에서 불연속성의 영향을 계산하기 위하여 사용될 것이다.

2-5a 도파관 높이의 변화

직사각형 도파관의 b 크기의 갑작스런 변화를 그림 2-10(a) 에 보여준다. 두 도파관의 임피던스 특성은 Z_{01} 과 Z_{02} 로 표시한다. 도파관 높이의 변화는 스텝 불연속 근처에서 TE_{10} 전기장의 변형을 일으킨다. 이 상황은 동축선로의 지름의 변화에 의하여 TEM 모드의 변형이 발생하는것과 유사하다. 오직 주 TE_{10} 모드가 진행한다는 가정하에 변형된 장은 진행하지 않는 TM 모드들의 무한한 셋트에 의해 대표될 것이다. 그것들의 존재는 변형된 패턴이 도파관축과 평행한 전기장을 포함하기 때문에 요구되어진다. 그림속에서 보여진 대칭이라는 스텝 때문에 오직 짝수 정수값 n 을 가지는 TM_{1n} 모드들이 사용되어진다. 그것들의 진폭크기는 스텝 불연속성으로부터 거리의 함수로 감소한다. 대칭인 경우에 따른 값들은 그림 2-11(a) 에 언급된다. 진행하는 모드에서 불연속성의 영향을 결정하기위한 유용한 등가회로의 표현은 다음의 예제에 의해 나타내어진다.

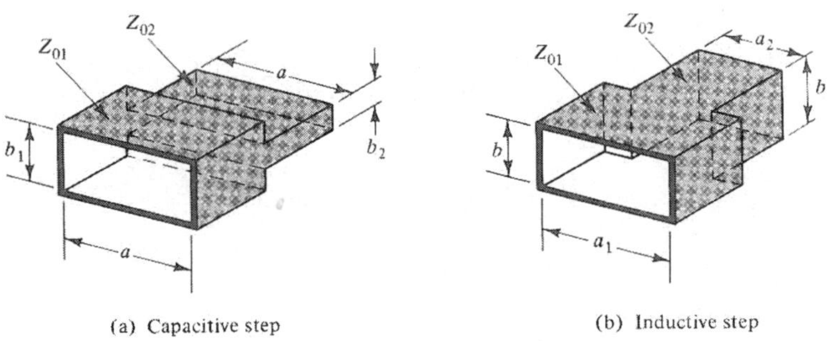

그림2-10. 직각 도파관에서 대칭계단 불연속성

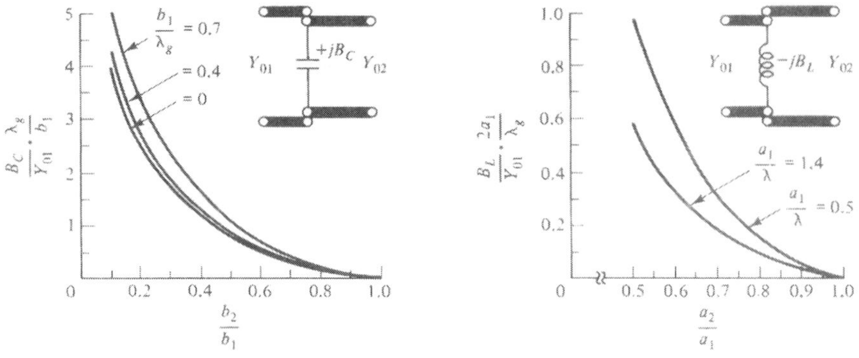

그림2–11. 그림 2–10의 계단 불연속성을 위한 정규화된 서셉턴스 데이터

예 2–1)

그림 2-10(a)에서 $b_1 = 2$ cm, $b_2 = 1$ cm, 그리고 $a = 4$ cm 이다.

(a) 만일 Z_{02} 선로가 정합된 부하에의해 종단된다면 6 GHz 에서 Z_{01} 선로를 따라 SWR을 계산하라. 무손실에 공기로 채워진 도파관이라 가정한다.

(b) 이용가능한 전력 $P_A = 1$ W 를 가지고 정합된 6 GHz 전원($Z_G = Z_{01}$)는 Z_{01} 선로와 연결된다. 얼마만큼의 전력이 Z_{02} 선로를 종단하는 정합된 부하에 전달되는가?

해 : 6 GHz 에서 $\lambda_0 = 5$ cm 이다. 이는 식 $\lambda_g = \lambda_0 \Big/ \sqrt{\mu_r \varepsilon_r - (\lambda_0/\lambda_c)^2}$, λ_c: 차단 파장으로 부터 $\lambda_g = 6.41$ cm, 여기 TE_{10} 모드에서 $\lambda_c = 2(4) = 8$ cm 이다. 그림2-11(a)로부터 $b_2/b_1 = 0.5$와 $b_1/\lambda_g = 0.31$ 에의해

$$\frac{B_c}{Y_{01}} \approx (0.8)(0.31) = 0.25$$

그러므로 Z_{01} 선로를 종단하는 정규화 어드미턴스는 아래와 같다.

$$\frac{Y_{02}}{Y_{01}} + j\frac{B_c}{Y_{01}} = 2 + j0.25$$

여기 고정된 너비 a 에서, 직사각형 도파관의 특성임피던스는 도파관의 높이에 직접적으로 비례한다.

(a) 식(Ⅰ-2-30)과 (Ⅰ-2-36)을 사용하여,

$|\Gamma| = 0.34$ 이고 SWR=2.04 이다.

(b) $Z_G = Z_{01}$ 를 가지고, $P^+ = P_A = 1\ \mathrm{W}$ 와 반사전력 $P^- = |\Gamma|^2 P^+ = 0.12\ \mathrm{W}$ 이다. 그러므로 Z_{02} 선로에 전달된 전력은 $1 - 0.12 = 0.88\ \mathrm{W}$ 이다.

2-5b 도파관 폭의 변화

직사각형 도파관(그림 2-10(b)) 의 크기 a 가 갑작스레 변화면 오직 고차 TE 모드들이 불연속성에 의하여 생성되어지기 때문에 접지된 병렬 유도용량에 의해 대표되어질 수 있다. 대칭 논의는 오직 홀수 정수 m 을 가지는 TE_{m0} 모드들이 그림속에서 보여진 대칭계단에 의하여 생성되므로 들뜬 TE_{10} 을 보여준다. 정규화된 서셉턴스 데이터는 그림 2-11(b) 에 주어진다.

2-5c 유도용량 개구면

그림 2-12에 3개의 대칭인 유도성 불연속면을 보인다. 매우 얇은 개구면($t < 0.1d$) 으로, 주 모드 전송을 위한 등가회로는 간단히 도파관에 유도용량이 단락된다. 정규화된 서셉턴스를 위한 근사적인 표현은 두 종류로 그림 아래에 주어진다. 주어진 제약조건에서, 이 공식들은 유용한 도파관 영역에 걸쳐 10 % 이내로 정확하다. 유한한 아이리스 두께를 고려한 교정값들이 존재한다. 만일 아이리스 두께가 주목할 만하다면, 직렬 리액턴스 성분들이 등가회로에 포함되어야 한다.

앞서 설명한바와 같이, 특별한 개구면들을 위한 등가회로는 그것에 의해 생성되어진 한정된 고차모드들로 부터 유도되어진다. 이는 등가회로 해석이 정말로 타당한지 보이기 위하여 전송선로 개념을 사용하는 관점에서 유익할 것이다. 예로서 그림 2-12의 (a)에 보여진 배열구성을 고려해보자. TE_{10} 모드속의 직사각형 도파관은 $\lambda/4$ 단락스터브들의 배열에 의해 접지된 병렬의 2-와이어 선로로 생각된다. 스터브의 어드미턴스가 “0” 이기 때문에, 에너지는 손실없이 도파관을 아래로 전파한다. 그림 2-12(a)의 배열구성은, 개구면을 제외하고, 단락된 스터브들이 $\lambda/4$ 길이보다 짧아 유도성으로 유사하게 보여질 것이다. 주 선로에서 접지된 병렬 스터브들을 가지고 그림속에 주어진 등가회로는 타당하다.

그림 2-12의 (b) 와 (c)에서 유도성 불연속면은 특히 정규화된 서셉턴스의 값이 큰 것을 원할

때 유용하다. (b)에 보여진 개구면은 두 종류의 TE와 TM 고차모드들을 생성한다. 원형 홀에서, TE 모드들은 유도성 회로를 결과적으로 만드는 주요인이다. 근사적인 표현인 B_L/Y_0 이 그림속에 주어진다. 또한 (c)에서 보여진 얇은 금속 개구면은 고차 TE 모드들을 생성하고 접지된 병렬 유도용량처럼 행동한다. 등가회로의 타당성은 회로를 보는 관점으로부터 논의될 수 있다. TE_{10} 전력전류의 일부는 금속 개구면을 통하여 단락되어질 것이다. Ampere법칙에 의하여, 도체전류가 흐르면 자속이 생성되고 유도성효과가 나타난다.

모든경우에, 유도성 개구면의 서셉턴스는 예측한 바와 같이 주파수가 증가함에 따라 감소한다. 그러나 주파수의 행동은 이상적인 인덕터와 정확하게 같지는 않다. 여기서는 B_L 이 $1/\omega$에 비례한다.

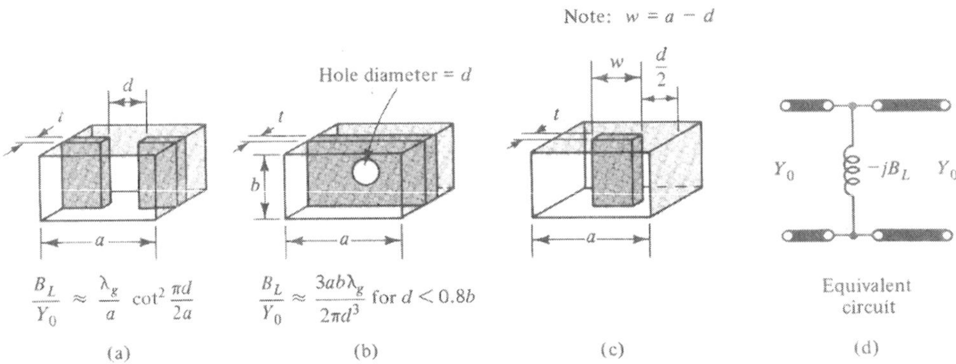

그림 2-12. 3가지 대칭적인 유도성 아이리스와 그들의 등가회로 ($t < 0.1d$)

2-5d 정전용량 개구면

용량성 불연속의 두가지 예를 그림 2-13에 보여준다. TE_{10} 전송에서, 등가회로는 간단히 도파관을 정전용량의 접지된 병렬로 나타낸다. 왜냐하면 오직 TM 모드들이 불연속성에 의하여 생성되기 때문이다. $t < 0.1b$ 에서 근사적인 공식은 그림 아래에 주어진다. 두 경우에서 B_c 는 주파수가 증가하면서 증가한다.

정전용량 개구면들은 좀처럼 높은 전력에는 사용되지 않는다. 왜냐하면 불연속면에서 줄어든 높이는 구조상에서 breakdown 전압을 크게 줄이기 때문이다. 그림 2-12(a)의 유도성 개구면이 이 경우에 주로 사용된다.

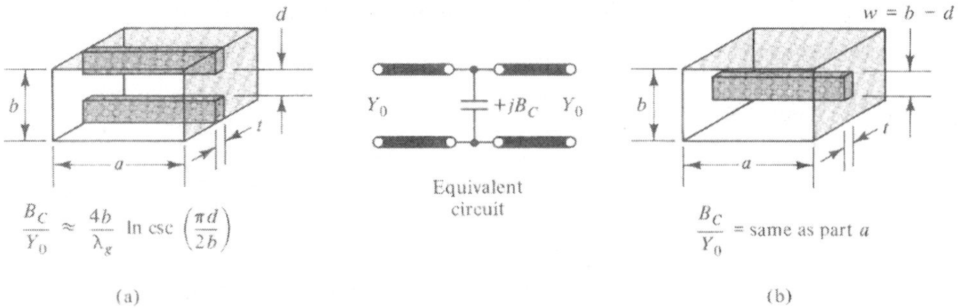

그림 2-13. 2가지 대칭적인 용량성 아이리스와 그들의 등가회로 ($t < 0.1b$)

2-5e 공진 아이리스

다른 유용한 도파관 불연속성이 그림 2-14에 보여진다. 본질적으로 그림 2-12(a) 와 2-13(a)에 묘사되어진 유도성과 용량성 아이리스의 결합이다. 그러므로 병렬 L-C 회로와 등가이다. 적절한 a과 b의 선택으로 도파관의 유용한 주파수영역내에서 공진을 하기 때문에 공진 아이리스로 알려져있다. 공진파장(λ_r)은 다음의 경험적인 관계로부터 얻어진다.

$$\frac{a'}{b'}\sqrt{1-\left(\frac{\lambda_r}{2a'}\right)^2} = \frac{a}{b}\sqrt{1-\left(\frac{\lambda_r}{2a}\right)^2} \tag{2-1}$$

이식의 타당성은 Slater (참고문헌 2-1)에 의하여 설명된다. 공기로 채워진 도파관의 경우에 공진주파수는 다음과 같다.

$$f_r = \frac{c}{\lambda_r} = \frac{c}{2a}\sqrt{\frac{1-(b'/b)^2}{(a'/a)^2-(b'/b)^2}} \tag{2-2}$$

이 식은 아이리스의 두께가 $0.1b$ 보다 얇을 때 5 % 이내에서 정확하다.

λ_r (또는 f_r)의 주어진 값에서, 위의 식을 만족하는 a과 b의 무한한 셋트가 있으므로 오직 $2a > \lambda_r$ 과 $a'/a > b'/b$ 의 조건이 있어야한다. Montgomery (참고문헌 2-2)는 식(2-1)을 변수로서 a'과 b'를 가지는 hyperbola 로 나타내었다. hyperbola 는 그림 2-14에 점선에 의하

여 표시된 것과 같이 직사각형 도파관의 코너를 통하여 진행한다. branch는 가장 가까운 지점에서 $\lambda_r/2$에 의해 나눠진다. 이는 a'이 공진파장의 절반보다 더 커야한다는 것을 의미한다. 개방된 크기는 회로의 주파수 선택도를 결정한다. a'에 대한 b'의 값이 더 작을수록 C/L의 비가 더 커지고 회로의 Q가 더 커진다. 이는 일반적인 회로이론에 있어 병렬공진으로부터 Q는 $\sqrt{C/L}$에 비례함을 따른다.

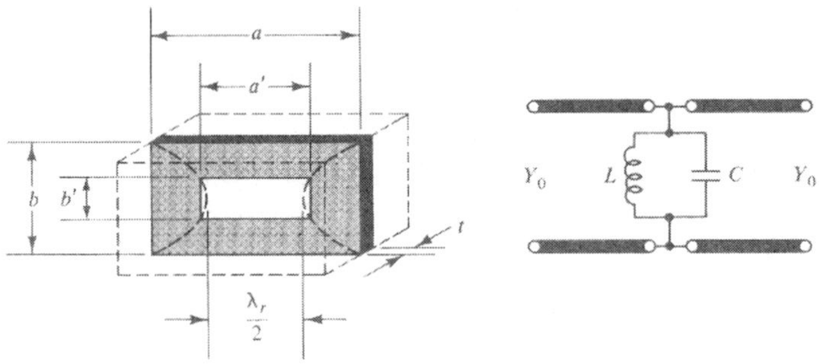

그림 2-14. 공진 아이리스와 등가회로 ($t < 0.1b$)

2-5f 금속 튜닝 나사

그림 2-15는 직사각형 도파관의 중앙에 원형의 금속 rod 가 위치한 것을 나타낸다. 침투한 양 h가 변하므로, 서셉턴스의 값이 넓은 범위에서 현실화될 수 있다. 한가지 형태는 도파관의 넓은 벽을 통하여 가느다랗게 연결된 금속 나사를 구성한다. 미세 조절용 나사로 알려진 상업적으로 이용하는 도구로서 진행하는 축을 따라 위치가 조절되어질 수 있는 조절가능한 깊이를 가지는 프루브이다. 이는 임피던스 정합 디바이스로 실험적인 작업에 매우 유용하다.

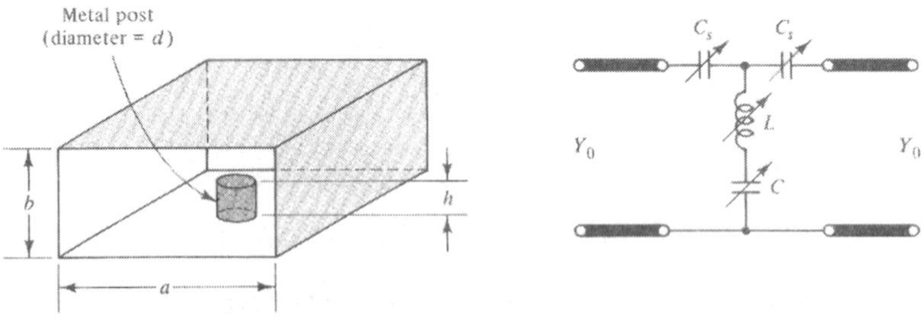

그림 2-15. 금속 튜닝 나사와 그것의 근사적인 등가회로

나사를 위한 등가회로는 그림속에 보여준다. 나사의 지름이 작을($d < 0.15a$) 때, 직렬 정전용량의 효과는 무시될 수 있다. 등가회로에서 접지된 병렬의 묶은 직렬 L-C회로를 구성한다. 유도용량은 금속rod내 전도전류와 결합하는 자속과 관련한다. 반면 정전용량은 남아있는 길이($b-h$)내에 변위전류와 관련한다. $h < 0.5b$ 의 경우, $X_C \gg X_L$ 이고 조절가능한 나사는 도파관을 접지된 병렬로하는 가변 정전용량처럼 행동한다. 침투한 h 가 계속적으로 증가하면, X_C 는 X_L 에 근접한다. 표준 도파관($a \approx 2b$)에서, 직렬공진은 h 가 대략적으로 $\lambda/4$ 의 길이일 때 발생한다. 계속적인 침투는 순수 서셉턴스가 유도성이 되는 원인을 일으킨다. $h=b$ 일 때, $X_C = 0$ 이되고 이들 구성은 도파관이 접지된 병렬역활을 하게 하도록 유도용량을 줄인다. $d < 0.15a$ 에서, 정규화된 유도성 서셉턴스는 아래에 의하여 근접되어질 것이다.

$$\frac{B_L}{Y_0} = \frac{2\lambda_g}{a\ln(\frac{0.22a}{d})} \tag{2-3}$$

여러가지 아이리스와 나사들을 위한 정규화된 서셉턴스 데이터는 실험적으로 쉽게 얻어진다. 부하가 출력과 정합연결을 가지고, 단지 입력 SWR을 측정한다. 부하와 서셉턴스는 병렬로 있기 때문에, $\overline{Y}_{in} = 1 + j\overline{B}$ 이고 반사계수의 크기는 다음과 같다.

$$|\Gamma_{in}| = \frac{|\overline{B}|}{\sqrt{\overline{B}^2 + 4}}$$

식(I-2-36)를 사용하여, $|\overline{B}|$ 를 위한 다음의 관계가 얻어진다.

$$|\overline{B}| = \frac{\mathrm{SWR} - 1}{\sqrt{\mathrm{SWR}}} \tag{2-4}$$

예를들어 유도성 아이리스, 정합된 부하결합의 측정된 입력 SWR이 5.0 이라고 가정하면, 위 식으로부터 유도성 아이리스의 정규화된 서셉턴스 는 1.79 이다.

여기서 주어진 모든 등가회로는 오직 도파관내에서 TE_{10} 모드가 기본모드로 진행하고 그러므로 고차모드들은 그곳들을 생성하게 하는 불연속성 근처에 자리잡는다. 만일 도파관이 1개 이상의 개구면을 포함한다면, 그것들의 등가회로는 하나의 불연속성이 다른 불연속성의 면에서 충분히 감쇄(> 20 dB) 되어지기 때문에 고차모드만큼 길게 정당하다.

참고문헌

2-1. Slater, J. C., Microwave Transmission, McGraw-Hill Book Co., New York, 1942.

2-2. Montgomery, C. G., R. H. Dicke, and E. M. Purcell, Principles of Microwave Circuits, Rad. Lab. Series, vol. 8, McGraw-Hill Book Co., New York, 1948.

2-3. Peter A. Rizzi., Microwave Engineering Passive Circuits, Prentice-Hall, Inc., Englewood Cliffs, NJ, 1988.

3. 마이크로파 필터

필터는 마이크로파 시스템 전반에 걸쳐 가장 많이 사용되는 회로 중 하나이며, 매우 다양한 종류와 형태로 되어있다

3-1 RF필터를 이해하기 위하여

필터는 입력된 여러 주파수 성분 중 원하는 주파수만 통과시키고 나머지는 감쇄시키는 역할을한다. 결국 필터는 주파수선택을 위해 꼭 필요한 개념이다. 수동회로는 물론 능동회로, 시스템에 걸쳐서 단품이건 부속품이건 정합회로로 존재하건 간에 필터개념이 필요하지 않는 곳은 없다. 일단 마이크로파를 사용하려면 자기가 쓰는 주파수는 정해져 있고, 주파수를 선택하려면 반드시 필터가 필요하다.

3-1a 필터의 S 파라미터

필터에 대해 여러 각도로 이해하기에 앞서, 소개했듯이 고주파 특성인 S 파라미터 그래프를 읽고 이해할 줄 알아야 한다.

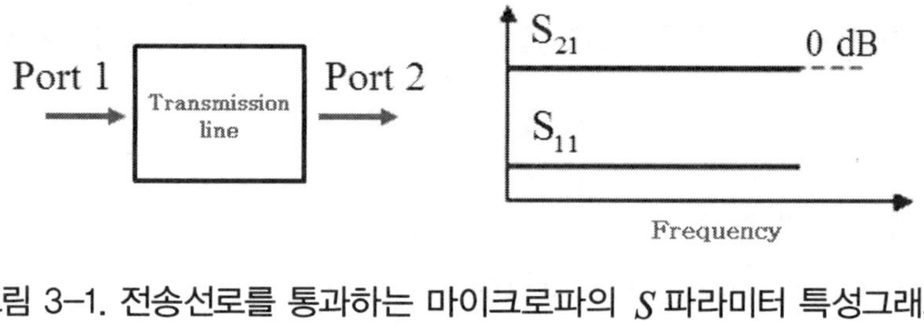

그림 3-1. 전송선로를 통과하는 마이크로파의 S 파라미터 특성그래프

일반적인 선로에 마이크로파 신호를 인가하면, 약간의 선로손실을 제외하고는 그림3-1처

럼 대부분이 입력한대로 나올 것이다. S 파라미터에서 S_{21}이 0 dB란 의미는, 출력대 입력의 비가 "1"이라는 의미이다. 잘 알다시피 $10\log 1 = 0$ 이므로, S_{21}이 0 dB란 말은 아무 손실없이 입력전력이 출력에 깨끗하게 나온다는 의미이다. 반면 S_{11}이 아래 바닥에 존재한다는 것은, 반사량이 아주 작다는 것이다. 이것은 어떠한 주파수선택의 개념없이 그냥 전송만 하는 선로일 뿐으로 당연히 그림3-1과 같아야한다. 만약 선로 대신에 필터가 놓이게 되면 그래프가 어떻게 변할까? (저역통과(lowpass)필터의 예(그림3-2))

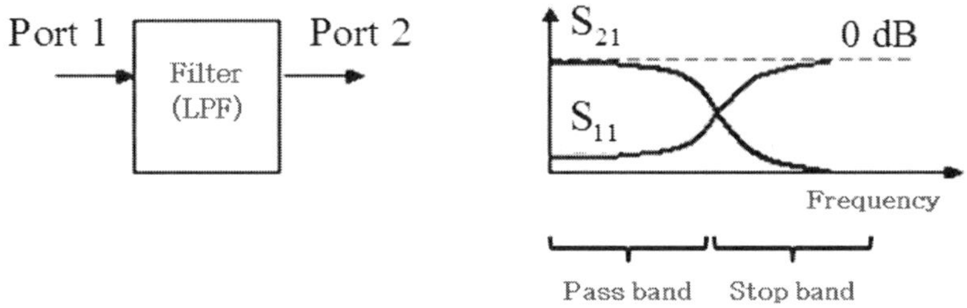

그림 3-2. 저역통과필터를 통과하는 마이크로파의 S 파라미터 특성그래프

S_{21}이 0 dB 근방을 유지하고, S_{11}이 낮은 값을 지칭하는 경우는 해당주파수의 입력 신호가 최소한 반사되며 최대한 출력으로 전달되고 있다는 의미이다. 즉 통과대역(pass band)에 해당한다. 반대로 S_{21}은 작고 S_{11}이 0 dB 가까이 커지는 경우는 해당주파수의 입력전력이 대부분 반사되어 전달되지 않는다는 의미가 되어 저지대역(stop band)이 되는 것이다. 이렇듯 특정 주파수는 깨끗하게 통과시켜 주고, 그 이외의 주파수들은 통과시키지 않는 것, 그것이 필터가 하는 역할이다. 결과적으로 통과대역은 S_{21}이 높고 S_{11}은 낮게, 저지대역은 정 반대로 나타나게 된다.

3-1b 대역특성에 따른 분류

필터는 정의하기에 따라서 여러가지 분류법에 의해 구분되는데, 우선 대역통과 특성에 따른 필터의 종류를 명확히 짚고 시작해야 할 필요가 있다. 어느 주파수대역을 통과키는지에 대한 특성에 따라 필터는 4가지의 종류로 구분할 수 있다.

저역통과 필터

모든 필터의 기본형이라 할 수 있는 것이 바로 이 저역통과필터(그림3-3)이다. 가장 간단한 형태로 구현되어, 이것을 기반으로 여러가지 형태로 변환하여 다른 종류의 필터를 만들 수 있다. 주로 고주파의 잡음신호를 걸러내어 저주파의 필요한 신호만을 골라낼 때 많이 사용되는 필터구조이다. 전원단에서 저주파 리플(ripple)을 제거하기 위한 용도 및 고주파 불요파 제거, 그리고 고조파 억제와 각종 검파등 전분야에 걸쳐 고루 사용되는 필터 형태이다.

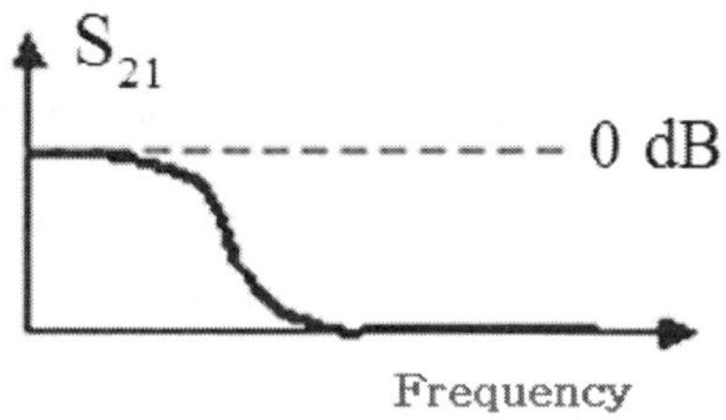

그림 3–3. 저역통과필터의 S 파라미터 특성그래프

대역통과 필터

마이크로파 시스템에서 가장 많이 사용되는 필터이다. 여러 주파수를 잘게 나누어 사용해야하는 마이크로파 시스템에서, 원하는 주파수대역만 정확하게 골라내야 하는 대역통과필터(그림3-4)의 역할은 너무나도 중요하다. 수신단에서는 수많은 잡음주파수 중에서 필요한 주파수만 정확히 골라내야 하고, 송신단에서는 불필요한 잡음주파수가 발신되지 않도록 송신주파수만 잘 걸러서 내보내야 한다. 이렇듯 시스템마다 사용해야 할 주파수가 정확히 정해져있고, 이것을 국한시켜주는 것이 결국 대역통과필터의 일이다. 그렇기 때문에 특성과 응용에 따라 매우 다양한 형태의 필터로 구현된다. 필터와 관련된 거의 모든 최신 기술의 90%는 이 대역통과필터에 몰려있다고 해도 과언이 아니다.

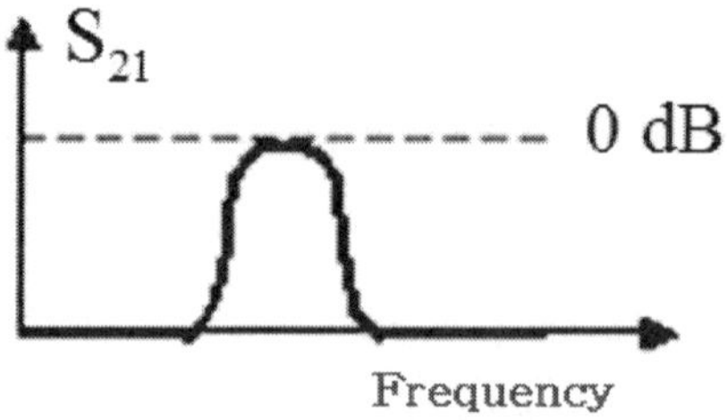

그림 3-4. 대역통과 필터의 S 파라미터 특성그래프

고역통과 필터

저역통과필터와 정반대라서 자주 쓰일 것 같지만, 실제로는 매우 제한된 용도로 사용되는 필터이다. 무엇보다 고역통과필터(그림3-5) 형태의 필터는 분산소자형태로 구현하기가 어렵다는게 가장 큰 문제이다. 낮은 주파수의 감쇄를 막아서 저역통과필터로 구현하는 것은 쉽지만, 높은 주파수의 감쇄를 막아서 고역통과필터로 구현하는 것은 어렵기 때문이다. 그럼에도 불구하고 정합구조등에서 저주파 발진을 최소화하기 위하여 고역통과필터 형태를 종종 사용하게 된다. 모든 정합단이 저역통과필터형태로 구성되면 고조파는 많이 억제되겠지만, 저주파에 불필요한 이득이 많아져서 발진이 나는 경우도 종종 발생하기 때문이다.

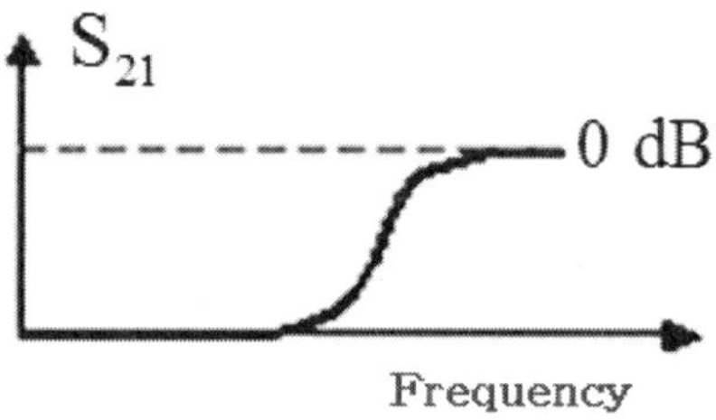

그림 3-5. 고역통과필터의 S 파라미터 특성그래프

대역저지 필터

말 그대로 대역통과필터와는 정반대로, 모든 주파수대역은 잘 통과시키면서 특정대역의 주파수만 통과시키지 않는 형태의 필터이다(그림3-6). 주로 특정주파수의 유입만 차단하기 위해 사용되며, 보기보다 마이크로파 시스템 여러군데에서 곳곳에 유용하게 사용되고 있다. 대역

통과필터와 공진형태를 정반대로 사용하는 형태로 쉽게 구성되며, 직렬공진과 병렬공진을 잘 배치하고 조합하여 구현한다.

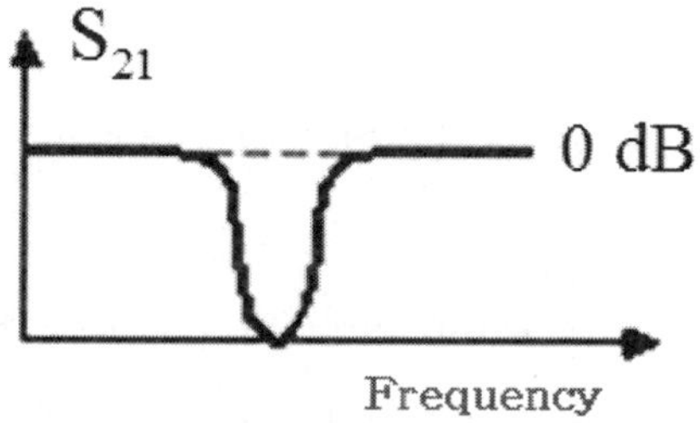

그림 3-6. 대역저지 필터의 S 파라미터 특성그래프

3-2 필터의 주요원리와 특성

지금까지 필터의 가장 중요한 구분법인 주파수통과 특성별 분류를 보았다. 여기서는 유도용량과 정전용량을 이용한 중요한 원리와 특성들을 먼저 살펴보도록 하자.

3-2a 주파수 필터의 원리 : L + C = 공진

필터를 만드는 결정적인 원리는 바로 L과 C의 조합에 의한 공진이다. L, C의 의미를 다시 한 번 정의하면,

L (inductance) : 주파수가 올라갈수록 통과가 잘 안되는 특성

C (Capacitance) : 주파수가 올라갈수록 통과가 잘되는 특성

이러한 L, C 의 근본적인 주파수특성만 봐도 알 수 있듯이, 이 두가지를 잘 조합하면 원하는 주파수는 잘 통과시키고, 원하지 않는 주파수는 차단해 버릴 수 있다. L과 C를 하나씩 이용하여 구현 가능한 최소한의 2차 필터 기본형을 그림3-7에 나타내었다.

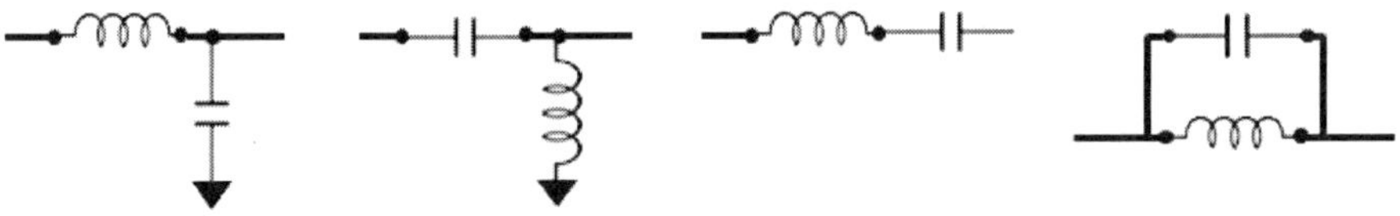

그림 3-7. L과 C를 이용하여 구현 가능한 필터의 기본형

필터는 집중정수소자의 L, C뿐만아니라, 공진필터와 같은 구조적인 형태의 필터도 같은 원리이다. 초심자의 경우에는 L, C 라고 하면 눈에 보이는 조그만 소자들만 머리속에 떠올리게 된다. 그것은 L, C 성분을 특별히 강조해서 만들어진 전용 소자일 뿐, 우리가 흔히 유도용량 또는 정전용량이라 부르는 개념은 어떤 소자를 지칭하는 게 아니라 위와 같은 주파수 통과와 감쇄특성을 가지는 임의의 구조나 현상 그 자체를 말하는 것이다. 구조적인 공진필터도 결국 L, C 등가회로로 구현이 가능하고, 단지 모양이 달라보일뿐 분석을 해보면 결국 등가의 유도용량 성분과 정전용량 성분을 추출해낼 수 있다. 결국 모든 필터의 근본 원리는 이러한 L, C 성분의 조합이라는 점을 명심하시기 바란다.

3-2b 단수

필터를 논하다 보면 단수 얘기를 빼놓기 힘들다. 필터를 몇단으로 구현하느냐는 특성에 지대한 영향을 미치는 문제이다. 그림3-8을 보도록하자. (저역통과필터의 사례)

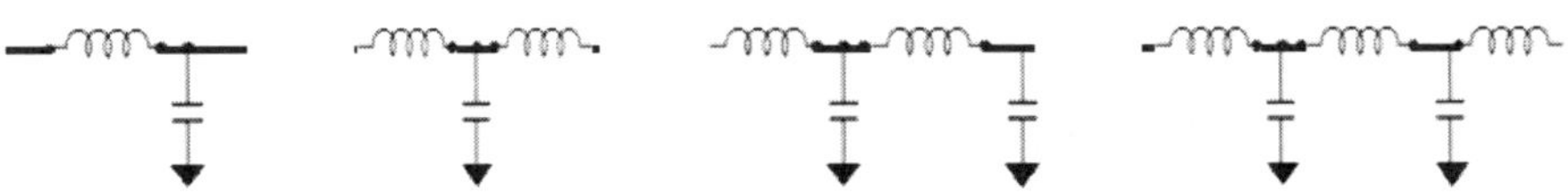

그림 3-8. 필터의 단수별 등가회로 모습 (저역통과필터의 사례)

유도용량과 정전용량의 조합으로 표현되는 필터는 단위 L, C 소자(실제 소자일 수도 있고 L, C가 복합된 물리적인 등가 공진구조일 수도 있다) 하나하나를 하나의 단수로 보는 것이다. 단

수가 높아지면 통과와 저지특성이 좋아지지만 삽입손실이나 군지연이 나빠지고 필터의 크기도 커지게 된다. 그렇기 때문에 단수를 결정하는 과정이 대단히 중요한 문제이다.

3-2c 삽입손실과 스커트

필터의 특성을 말하는 가장 중요한 두가지는 바로 삽입손실과 스커트(skirt)이다 (그림3-9). 삽입손실이란, 신호가 필터를 통과하면서 조금씩 손해를 보는 전력을 의미하며, 스커트 특성은 통과대역과 저지대역이 얼마나 구분이 잘되느냐를 말한다. 삽입손실은 당연히 적을수록 좋은거고, 스커트 특성은 스커트가 더 큰 각으로 바짝 서야지 좋아진다고 말할 수 있다.

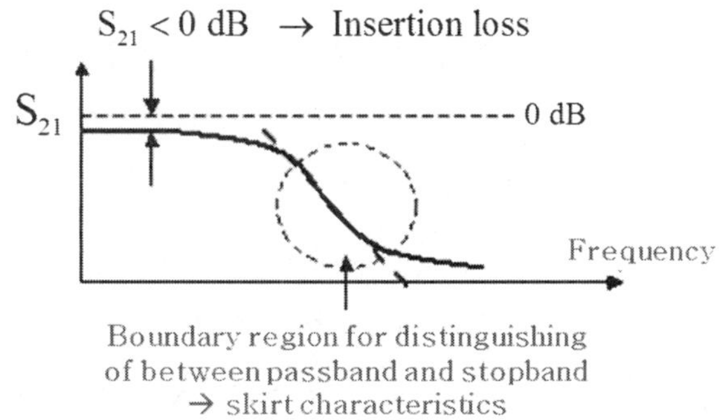

그림 3-9. 필터의 삽입손실과 스커트 주파수 특성

이 두가지는 단수에 의존한 관계를 갖고 있어서, 어느 한쪽이 좋아지면 나머지 특성은 반대로 나빠지게 된다.

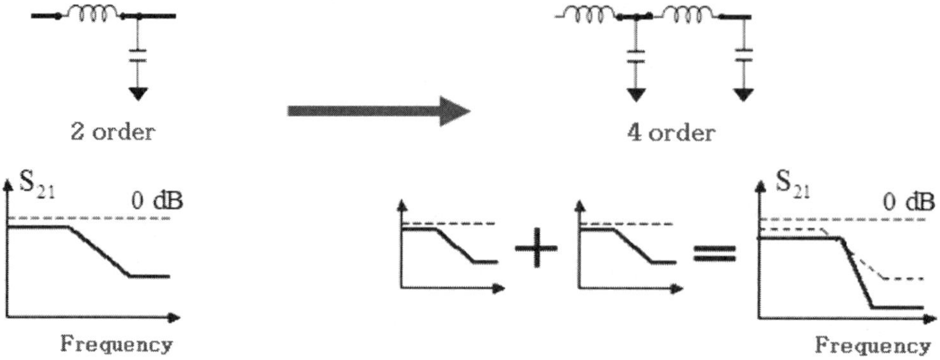

그림 3-10. 단수에 따른 스커트의 주파수 특성 변화

위의 그림3-10처럼 2단의 필터를 4단의 필터구조로 바꾸었다고 하자. 그럼 일단 스커트 특성은 위 그림처럼 더욱 개선될 것이다. 이는 하나의 필터특성이 연달아 중복되면서 저지대역을 더욱 억압하기 때문이다. 그러나 그림3-11과 같이 신호가 2단 필터를 한번 통과할 때, 통과대역은 -1dB의 손실이 있고, 저지대역에서는 -30dB로 신호가 억압된다고 하자. 이것이 만약 4단으로 확장된다면 똑같은 손실이 통과와 저지대역에 한번 더 작용 하므로 통과대역에서는 -1 * 2 = -2dB, 저지대역에서는 -30 * 2 = -60dB 가 될 것이다. 단수가 2단에서 4단으로 올라가면서 저지대역의 억압 정도가 -30dB에서 -60dB로 되어 통과대역과 저지대역의 차이는 더 커지므로, 대역을 구분하는 스커트 특성은 좋아진다. 그러나 통과대역에서는 신호가 통과하는 길이가 길어지면서 그만큼 loss도 -1dB에서 -2dB로 나빠지게 되는 것이다.

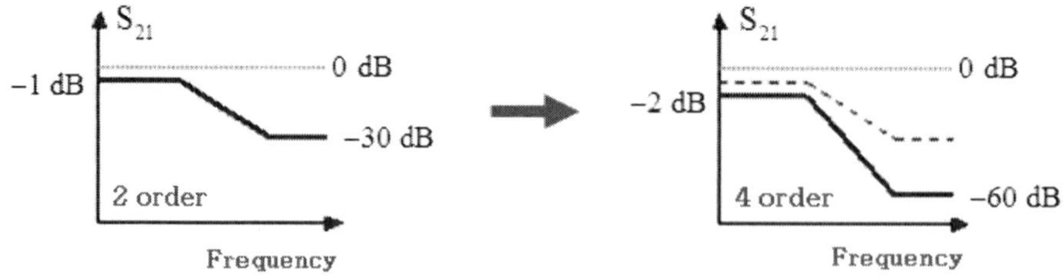

그림 3-11. 단수에 따른 삽입손실의 주파수 특성 변화

다만 실제로 단수가 늘어난다고 해서 단순 더하기 식으로 특성이 나타나는 것은 아니다. 중요한건 단수가 늘어난다는 의미는, 유사한 특성변화가 중복되어 위와 같은식으로 억압도가 커지지만 삽입손실도 함께 늘어난다는 점이다. 위의 예는 개념적인 이해를 위한 수식계산이다. 이렇게 필터의 길이가 길어지면 시간적인 지연도 길어지게 되어 군지연(Group delay) 특성도 나빠지게 된다. 결국 엔지니어는 원하는 사양을 만족하는 특성을 얻을 수 있는 최소한의 단수를 구현해야 한다.

3-2d 통과특성과 스커트특성에 따른 분류

위의 다양한 필터 특성을 이해하였다면, 이제 필터 통과특성 자체에 따른 필터 분류를 알아보도록 하자. 이것은 통과대역 형태와 스커트 특성에 따라 분류된다. 가장 대표적인 형태는 Butterworth와 Chebyshev 이다(그림3-12).

Butterworth 형태는 소위 maximal flat 이라 하여, 통과대역의 형태가 가장 평평하게 만들어지는 가장 단순한 형태의 필터이다. 하지만 통과대역이 평평하면 스커트 특성을 날카롭게 세우는데 뚜렷한 한계가 있다.

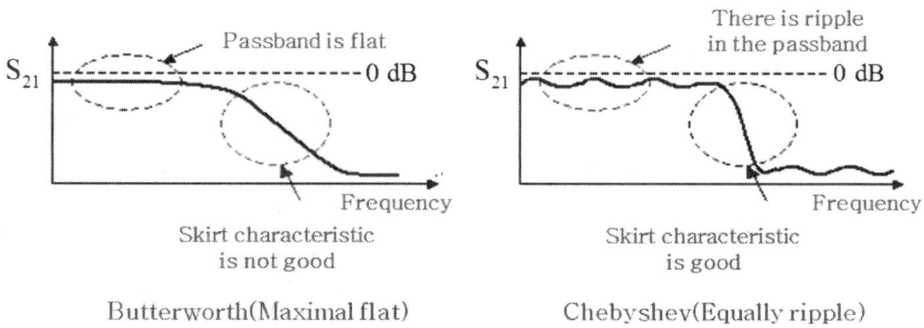

그림 3-12. Butterworth와 Chebyshev 의 주파수 특성 변화

Chebyshev 형태는 다른말로 등리플이라 하여, 통과대역에 똑같은 크기의 진폭을 갖는 작은 리플들이 존재한다. 당연히 이런 리플들이 있어서 좋을리가 없지만 작은 리플이 있는 대신에 스커트 특성이 좋아진다. 결국 스커트특성이 좋을수록 리플의 크기는 점점 더 커지는 관계가

성립한다. 실제로 많은 경우 상업용 필터들은 Chebyshev형태가 많이 사용되고있다. 이러한 통과 특성은, 저역통과필터, 대역통과필터, 그리고 고역통과필터 같은 통과되는 주파수 대역 자체와는 전혀 별개로, 통과대역의 형태와 스커트 특성을 규정하는 별도의 형태를 말하는 것이다. 즉 Butterworth 형태의 저역통과 필터일 수 도있고 Chebyshev 형태의 대역통과 필터일 수 도있다. 이러한 통과특성을 결정하는 것은 필터의 단수에 따른 계수를 어떤 식으로 사용하느냐에 달려 있다. 각종 필터책을 참조해보면 여러 종류의 통과특성에 따라 별도로 만들어진 단수별 계수표가 있는데, 여러 단수를 가지는 필터에서 각 단의 소자계수를 해당 특성에 맞게 선택하면된다. 위에 설명된 Butterworth 형태와 Chebyshev 형태가 가장 많이 사용되지만, 그 이외에도 군지연 특성이 우수한 Bessel/Gaussian 형태와 가장 스커트 특성이 우수한 elliptic 형태 등도 존재한다. 일단 필터의 통과주파수대역을 정했다면 상황에 따라서 가장 적절한 통과특성과 스커트형태를 가지는 종류를 선택하는 과정도 중요하다.

3-2e 군지연

필터의 주요특성 중에 군지연이 있다.

$$\text{Group delay (GD)} = \partial\theta/\partial\omega$$

각주파수 $\omega\ (=2\pi f)$에 따른 위상의 변화량($d\theta$)을 말하며, 주파수 별로 신호가 지연되는 상대적시간을 의미한다고 보면 된다. 어떤 필터든 간에 신호가 통과하는데 아주 작게라도 시간이 걸릴 것이다. 결국 그런 물리적인 크기가 전기적 파장에 영향을 주어 시간 축에서는 신호위상의 지연이 생기게된다(그림3-13).

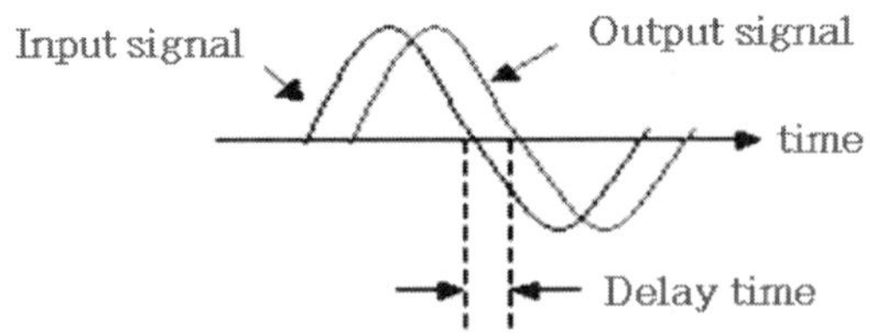

그림 3-13. 특정 주파수대역에서의 군지연 특성

필터는 한 주파수만 다루는게 아니라 특정 주파수대역 범위의 신호를 다루게 되므로 넓은 주파수대역의 신호 전체에 똑같이 시간지연이 생길것이다. 그렇게 발생한 동일한 시간지연에 의한 위상지연은 주파수마다 다를 수밖에 없다. 왜냐하면 주파수마다 파장이 다르기 때문에 신호가 지연된 시간은 같아도 그에 의한 위상차는 주파수마다 다르기 때문이다. 이렇게 되면 나중에 필터를 통과한 주파수대역 신호를 복조할 때, 에러가 발생할 가능성이 크다. 신호 주파수 대역내에서 서로 다른 주파수별로 각각의 파장에 따라 다르게 지연된 위상으로 인해 전체 신호에 왜곡(distortion)이 생기기 때문이다. 이러한 현상은 높은대역과 낮은대역으로 구별되는 진폭변조(AM) 신호의 경우 더 두드러지게 나타난다. 그래서 필터를 구현할 때 이러한 군지연이 아예 작아지거나, 넓은 주파수대역에서 일정해지도록 만들 필요가 있다. 앞서 설명한 필터통과특성에 따른 종류 중, time domain 신호특성을 고려한 종류가 바로 Bessel 또는 Gaussian 형태와 같은 것들이다(그림3-14). 그림3-14오른쪽의 군지연 그래프에서 보여지듯이, Bessel 형태의 필터 경우 통과대역에서 매우 균일한 군지연값을 가지며, 주파수 선택특성이 좋은 Chevyshev의 경우는 매우 나쁜 군지연값을 가짐을 볼 수 있다.

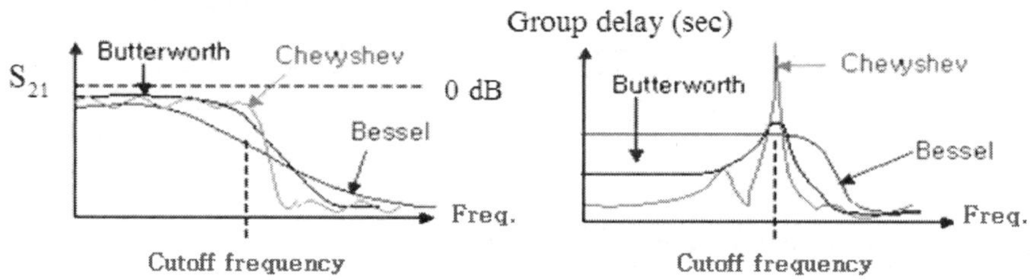

그림 3-14. Butterworth와 Chebyshev 의 군지연 특성

Bessel/Gaussian 과 같은 확률적 계수 조합에 의한 필터는, 언뜻 보기엔 Butterworth랑 비슷하거나 그보다 삽입손실과 스커트 특성이 더 나빠 보인다. 그러나 넓은 주파수 대역에서 동일한 군지연 성능을 가지게 되어 군지연 특성이 중요한 필터라면 이런 Bessle type 계수에 따른 단수와 소자임피던스 값을 계산하는 게 유리할 것이다. 군지연 특성은 변복조 방식의 특성에 따라서는 별로 중요하지 않은 특성지표일 수도 있으나, AM 광대역 변조 같은 경우라면 매우 중요한 지표가 될 수 있다.

3-3 구현 형태에 따른 분류

이번에는 실제로 이러한 L-C 조합에 의한 필터구조를 물리적으로 어떻게 구현하게 되는지에 대해 알아보도록 하자.

3-3a 집중정수 소자

그림3-15의 lead type 혹은 SMD type의 L, C 소자를 PCB에 땜질해서 만들 수 있는 원초적이고 기본적인 필터이다. 2~3GHz 이하의 주파수에서는 MMIC/마이크로파IC 또는 PCB상에서 쉽게 구현할 수 있지만 3~5GHz 이상으로 주파수가 높아지면 각 소자의 사용제한 주파수인 SFR에 걸려서 사용이 힘들어진다.

그림 3-15. L, C 집중정수소자의 등가회로 및 조립 모습

3-3b 전송선로

수GHz 이상의 경우 집중정수소자를 사용하기가 힘들고 정교한 통제가 어려울 때, 전송선로를 이용한 필터를 생각해 볼 수 있다. 그중 가장 대표적으로 사용되는 것이 마이크로스트립과 스트립선로인데, 어차피 두가지는 공식만 다를 뿐 구현하는 방법은 거의 같다. 마이크로스트립의 형태일 때는 크게 ① 선로간의 결합 ② 선로상의 공진 ③ 다중 임피던스 연결의 원리를 이용하여 필터를 구현하게 된다. 이러한 마이크로스트립 필터의 패턴은 그림3-16과 같이 그 종류가 무척이나 다양한데, 여러 아이디어를 조합하여 흥미로운 필터형태를 만들어낼 수 있다.

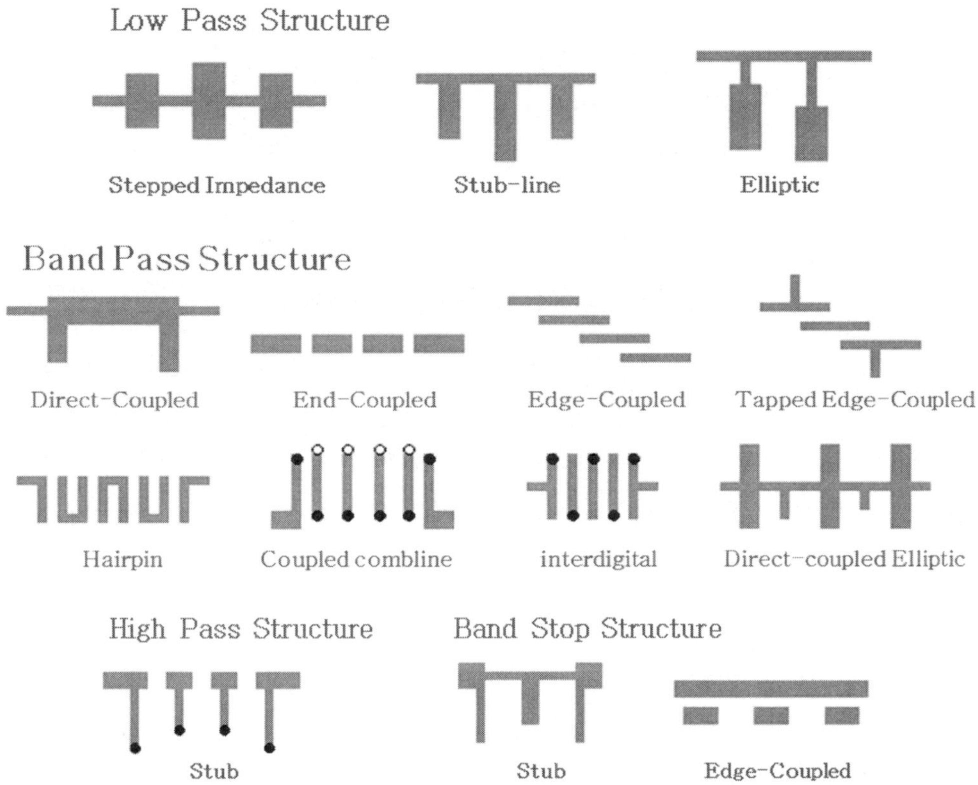

그림 3-16. 필터 구현을 위한 마이크로스트립과 스트립선로의 패턴 모습

3-3c 세라믹

파장에 따른 공진을 이용하는 구조적 필터로서, 고유전체의 유전체 세라믹을 이용하여 신호의 전기적 파장을 줄임으로써 좀 더 소형화한 필터를 구현해낼 수 있다. combline이라 불리우는 단위파장 공진기를 이용하는 경우가 많은데, 별개의 combline을 하나 하나 연결하는 방식과 하나의 유전체 블록으로 구현하는 모노블럭 방식이 있다(그림3-17). 그 외에 세라믹내에 다층 패턴을 이용하여 만드는 세라믹 칩 필터 등이 있다. 대역통과를 구현하는 일종의 고성능 공진기라고 보면 된다. 3D EM tool을 이용하여 설계되는 경우도 많지만, 입출력 포트 조건을 조심스럽게 잘 잡아야 한다는 번거로움이 있다.

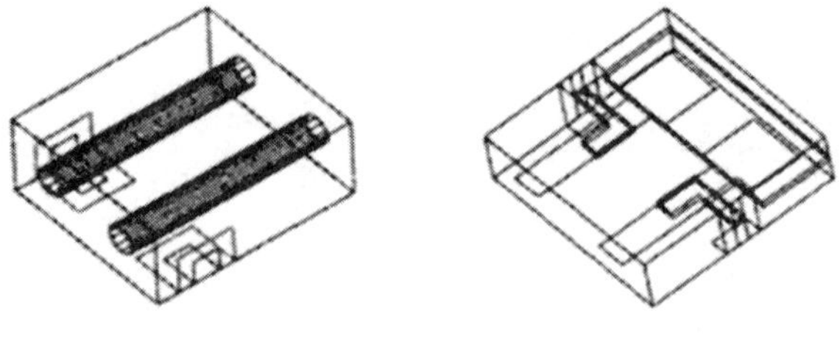

그림 3-17. 고유전체의 유전체 세라믹 모습

3-3d 도파관

공진현상을 직접적으로 이용하는 경우로서, 크게 금속블럭을 이용한 공동방식과 유전체를 삽입하는 세라믹방식이 있다(그림3-18). 도파관 필터는 위성이나 이동통신 기지국의 경우처럼 kW 단위의 대전력을 사용하는 경우에 널리 된다.

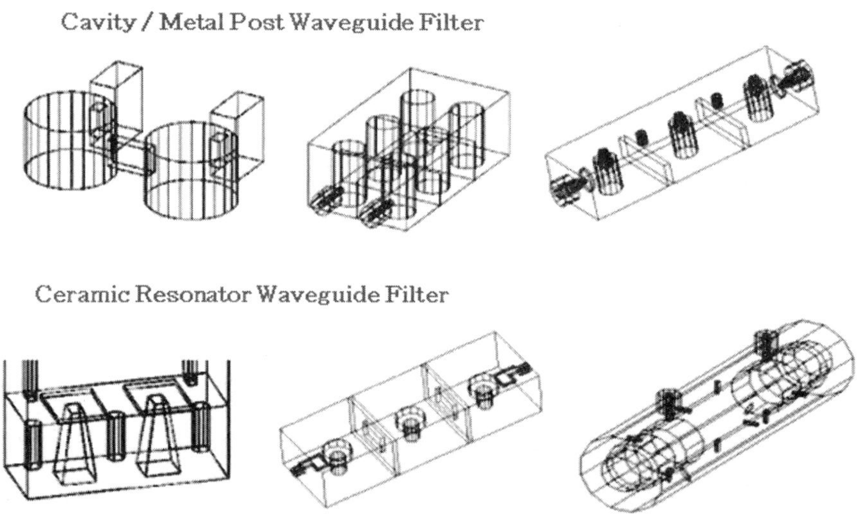

그림 3-18. 도파관필터의 모습

도파관에 구멍을 하나뚫고 나사만 박아도, 도파관의 진행모드 주파수별로 다른 영향을 줌으로써 필터처럼 주파수 선택성이 생긴다. 이러한 기본적인 도파관의 원리에 입각하여 매우 다양한 아이디어와 방법으로 필터구현이 가능하다. 상용화된 도파관 필터 자체에 대해선 책에 자세히 나온 경우는 드물고, IEEE의 논문들을 참조하는 것이 좋다. 이러한 도파관 필터를 설계할 때는 3D EM tool의 정확도가 비교적 높은 편이라 널리 이용되고 있다.

3-4 마이크로파 필터의 시작

3-4a 1단 대역통과 필터

대역통과필터는 직렬로 연결된 직렬공진회로나 병렬로 연결된 병렬공진회로를 사용하여 구성된다. 여기서는 그림3-19 에 보여지는 직렬 표현을 사용하여 분석하고자한다.

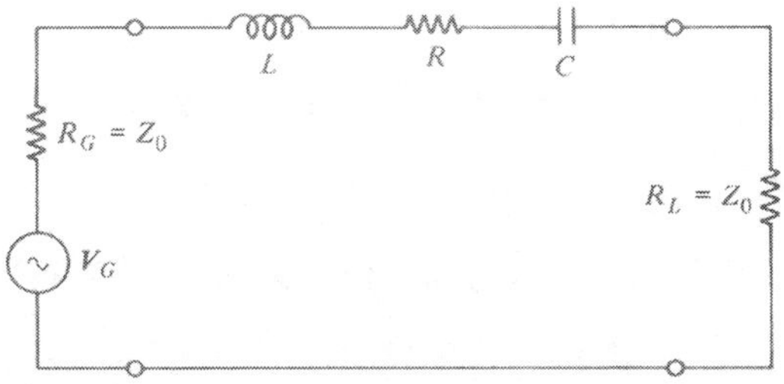

그림3-19. 1단 대역통과필터의 직렬표현

$R_G = R_L = Z_0$ 의 가정에서, 입력단과 출력단의 특성 임피던스와 선로가 연결한다. 결과적으로 삽입손실과 변환(transducer)손실은 같다. 왜냐하면 필터를 삽입하기전 부하까지 운반된 전력은 이용가능한 전원 전력 즉, $P_A = V_G^2/4Z_0$ 이기 때문이다. 보여진 것처럼 삽입된 필터를 가지고 부하 전력은 다음과 같다.

$$P_L = \left|\frac{V_G}{R + 2Z_0 + j(\omega L - 1/\omega C)}\right|^2 Z_0 = \frac{V_G^2/4Z_0}{(\frac{R+2Z_0}{2Z_0})^2\left[1 + (\frac{\omega_r L \varepsilon_f}{R+2Z_0})^2\right]} \qquad (3\text{-}1)$$

여기서 ω_r 과 ε_f 는 식(Ⅰ-4-7)과 (Ⅰ-4-18)에서 정의되어진다. 직렬 공진회로에서는 식

(Ⅰ-4-12)에서 가르키는 것 처럼 $Q_U = \omega_r L/R$ 이다. 그러나 Q_E 와 Q_L 을 위한 식들은 공진회로가 $R_G + R_L = 2Z_0$ 에 의해 부하된 사실을 설명하기 위하여 변형되어지고 결국 $Q_E = \omega_r L/2Z_0$ 이고 $Q_L = \omega_r L/(R+2Z_0)$ 이다. 이들 표현과 식(3-1)의 도움을 가지고 1단 대역통과 필터를 위한 삽입과 변환손실(dB)은 아래와 같다.

$$L_I = L_T = 10\log\left[\frac{1+(Q_L\varepsilon_f)^2}{(1-Q_L/Q_U)^2}\right]$$

또는

$$L_I = L_T = 10\log(1-\frac{Q_L}{Q_U})^{-2} + 10\log\left[1+(Q_L\varepsilon_f)^2\right] \tag{3-2}$$

여기서 식(Ⅰ-4-10)을 이용하였다.

첫 번째 항은 공진점에서 손실을 나타내고 $\varepsilon_f = 0$ 이기 때문에 식의 두 번째 항은 "0" 이다. Q_U 가 무한($R=0$)할 때, 공진점에서 손실은 없다. 손실표현의 두 번째 항은 대역통과필터의 특성을 생산하는 주파수 선택도(frequency sensitive portion)를 나타낸다. 품질이 좋은 공진기($Q_U \rangle\rangle Q_L$)를 위하여 두 번째 항은 부정합 손실를 나타낸다는 것이 중요하다. 즉, 필터특성은 분산보다 오히려 반사에 의해 생성되어진다. 그림3-20에 주파수에 대한 손실특성을 나타내었다. 편의를 위하여 f/f_r 와 ε_f 스케일이 포함되어진다. 이 경우에 f_1과 f_2 는 공진점에서의 손실보다 3 dB 더 큰 손실인 주파수들로 정의한다. 3㏈ 대역폭과 Q_L 은 식(Ⅰ-4-11)와 연관되어진다.

또한 그림3-20에는 필터의 주파수 특성대비 삽입위상을 보여준다. 1단 대역통과 필터에서는 다음과 같다.

$$\theta_I = \arctan(\frac{\omega L - 1/\omega C}{R+2Z_0}) = \arctan(Q_L\varepsilon_f) \tag{3-3}$$

여기서 θ_I 의 양의 값은 위상이 지연됨을 가르키고 반면에 음의값은 앞섬을 나타낸다. 손실과 위상방정식은 ABCD 행렬식을 사용하여 유도될 수 있다. 다음절은 이 방법을 사용하여 분석하고자 한다.

3-4b 1단 대역저지 필터 (The single-stage bandstop filter)

대역저지필터는 병렬로 연결된 직렬공진회로나 직렬로 연결된 병렬공진회로로 구성된다. 후자의 경우가 그림3-21에 보여진다. $R_G = R_L = Z_0$ 의 가정으로 정규화된 ABCD 행렬은 다음과 같이 된다.

$$\begin{bmatrix} \overline{A} & \overline{B} \\ \overline{C} & \overline{D} \end{bmatrix} = \begin{bmatrix} 1 & 1/\overline{Y} \\ 0 & 1 \end{bmatrix}$$

여기서 $\overline{Y} \equiv Y/Y_0$ 이고 $Y = G + j(\omega C - 1/\omega L) = G(1 + jQ_U \varepsilon_f)$ 이다.

삽입손실과 변환손실은 다음과 같이 주어진다.

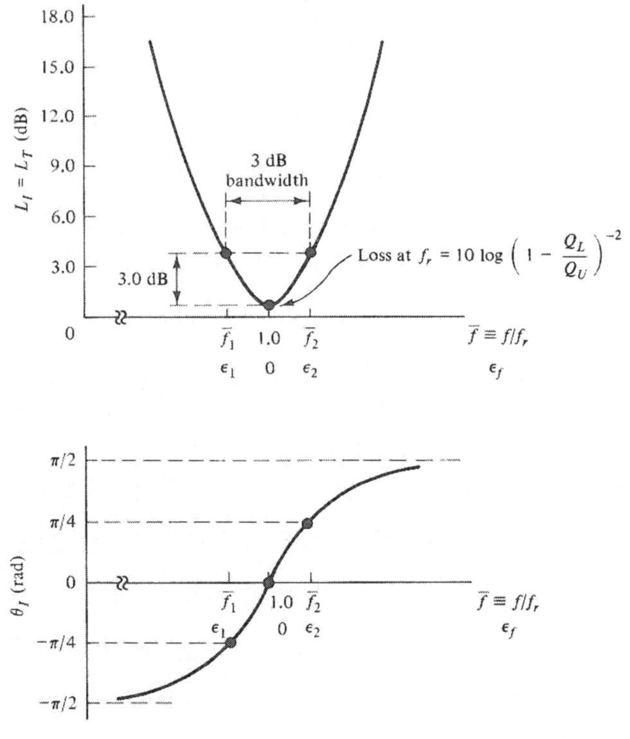

그림3-20. 1단 대역통과필터의 손실과 위상 특성

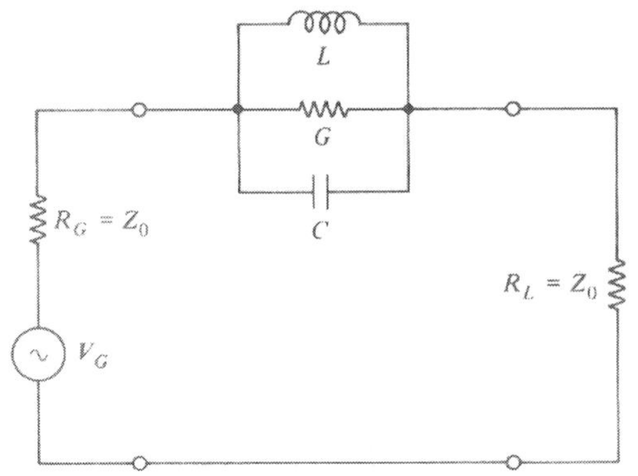

그림3-21. 1단 대역저지필터의 직렬 표현

$$L_I = L_T = 10\log\left|1+\frac{Y_0}{2Y}\right|^2 \tag{3-4}$$

그림속에 보여진 연결에서 공진회로는 외부의 어드미턴스 값 $(2Z_0)^{-1} = 0.5Y_0$ 에 의해 부하되어 $Q_E = \omega_r C/0.5Y_0$ 과 $Q_L = \omega_r C/(G+0.5Y_0)$ 가 된다.

이들 표현들을 사용하기위하여, 다음의 손실방정식이 1단 대역저지 필터에서 유도되어질 수 있다.

$$L_I = L_T = 10\log\left[\frac{1+(Q_L\varepsilon_f)^2}{(Q_L/Q_U)^2+(Q_L\varepsilon_f)^2}\right] = 10\log\left[(\frac{Q_U}{Q_L})^2\frac{1+(Q_L\varepsilon_f)^2}{1+(Q_U\varepsilon_f)^2}\right] \tag{3-5}$$

주파수특성에 대한 손실 그래프가 그림3-22에 보여진다. 공진점에서 손실은 $10\log(Q_U/Q_L)^2$ 이다. 무한한 무부하 Q 에서, 손실은 무한대가 된다. 이는 공진회로와 병렬인 분산이 없는 임피던스가 공진점에서 무한하기 때문이다. $Q_U \gg Q_L$ 인 경우, 식(I-4-11)은 3 dB 대역폭과 Q_L 사이의 관계를 주고 있다. 여기서 3 dB 대역폭은 그림3-22에서 정의되어진다. 1단 대역저지 필터의 삽입위상은 다음과 같이 주어진다.

$$\theta_I = \arctan Q_L\varepsilon_f - \arctan Q_U\varepsilon_f \tag{3-6}$$

본 절에서 유도되어진 표현들은 마이크로파 공진기를 이용하는 대역통과와 대역저지 필터의 손실과 위상 특성에 접근하는데 유용하다.

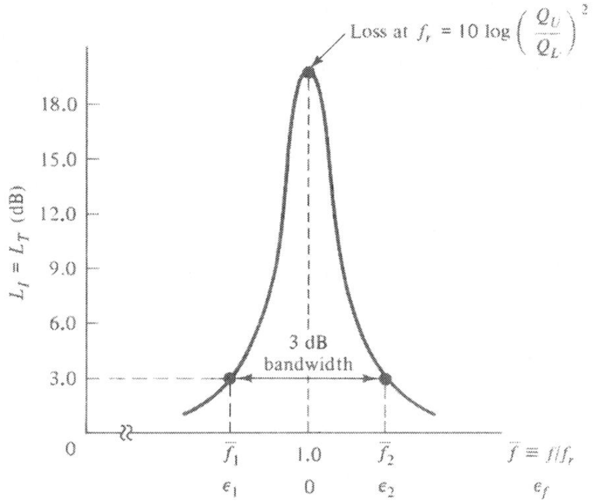

그림3-22. 1단 대역저지필터의 손실 특성

3-5 협대역 마이크로파 필터

종종 마이크로파 시스템은 원하지 않는 신호를 억제하거나 또는 다른 주파수를 가지는 신호와 분리하기를 원한다. 이들 기능들은 전기적인 필터들에 의하여 수행되어진다. 필터들은 항상 그들의 주파수특성에 의하여 분류되는데 이름하여 저역통과, 고역통과, 대역저지, 그리고 대역통과이다. 여기에서는 마이크로파에서 대역저지와 대역통과필터를 위한 기술들을 소개하도록 한다. 먼저 협대역에 관하여 진행하고 중간대역과 광대역에 관한 설계는 다음절에서 하도록하자. 일반적으로 협대역항은 대역폭이 10 % 이내를 가르킬 때 사용되고 광대역은 40 %를 넘을 때 나타낸다.

3-5a 대역저지 필터

1단 대역저지필터의 등가회로가 그림 3-21에 보여졌다. $R_G = R_L = Z_0$ 을 가지고, 삽입손실과 위상을 위한 표현이 각각 식(3-5)과 (3-6)에 주어졌고 손실특성은 그림 3-22에 보여준다. 대역저지 필터를 위한 또 다른 등가회로가 그림 3-23에 주어진다. 식(3-5)와 (3-6)은 또한 이 회로에서 정당하다. 여기서 $Q_U = \omega_r L/R$ 과 $Q_L = \omega_r L/(R+0.5Z_0)$ 이다.

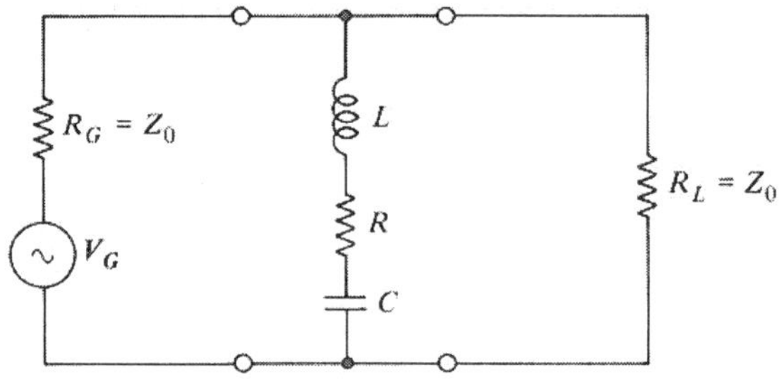

그림3-23. 1단 대역저지필터를 위한 또 다른 등가회로

이들 두 회로의 마이크로파 버전은 개방 또는 단락된 $\lambda/4$ 선로를 사용하여 만들어질 수 있다. 예로, f_r 에서 $\lambda/4$ 길이를 가지는 개방회로 선로는 그림 3-23의 직렬공진회로로 근사치되어 사용되어질 것이다. 그러나 이 기술은 두가지의 단점을 가진다. 첫째 $\lambda/4$ 선로는 많은 배수의 "0" 임피던스를 가지는 반면에 직렬 R-L-C 회로는 오직 한 개만을 가진다. 협대역 필터에서는 이것이 심각한 약점은 아니다. 둘째, Q_E 와 Q_L 의 실제적인 값은 $\lambda/4$ 선로가 전원과 부하에 직접 연결되었을 때 꽤 작다. (식(I-4-22)참조) 물론 이는 대역폭이 Q_L 에 반비례하므로 협대역 필터를 설계할 때 문제를 나타낸다. 결과적으로, 협대역의 설계는 단락선로 공진기의 인덕터 결합 (그림I-4-22)을 개방선로 공진기는 캐패시터 결합(그림I-4-24)을 일반적으로 사용한다.

이들 공진기를 사용하는 2종류의 대역저지필터를 지금 분석할 것이다. 하나는 TEM 버전이고 다른 하나는 직사각형 도파관이다.

TEM 모드 대역저지 필터

그림 3-24(a)는 캐패시터 결합을 하는 개방회로 공진기가 전송선로(Z_0)와 분리선로로 연결되어져 있음을 보여준다. 전원과 두개의 부하는 주 선로와 정합 되어진다. 그림의 (b)는 스트립 전송선로 버전으로 중앙의 도체 패턴을 보여준다. 다음의 분석은 TEM 선로를 가정한다. 공진기는 공진주파수(f_r)에서 임피던스 "0"를 가지기 때문에, 주 선로는 f_r 에서 효과적으로 짧아지고, 전력은 부하 R_L 까지 전달되지 않는다. 다른말로, 삽입(그리고 변환)손실은 무한하다. f_r 에 매우 가까운 주파수에서 공진기의 임피던스는 작고 그러므로 손실은 높게 유지된다. 회로는 손실이 f_r 로부터 벗어나는 주파수가 될 수 록 감소하기 때문에 대역저지 특성을 가진다. 주어진 3 dB 대역폭과 중심주파수에서 필터설계는 다음과 같은 방법으로 진행한다. Q_L 을 계산하기위하여 식(Ⅰ-4-11)을 사용한다. 높은 품질($Q_U \gg Q_L$)의 공진기를 위하여 $Q_E \approx Q_L$ 이다. 캐패시터 결합($X_{C_r} \equiv 1/\omega_r C$)의 값은 다음과 같은 식으로부터 얻어진다.

$$Q_E = \frac{Z_{01}}{Z_{01}}\left[\overline{X}_{C_r} + \phi_r(1+\overline{X}^2_{C_r})\right] \tag{3-7}$$

여기서 $\overline{X}_{C_r} \equiv X_{C_r}/Z_0$ 이고 협대역 필터에서 $\phi_r \approx \pi$ 로 가정한다. 비록 Z_{01} 의 값이 임의일지라도, 항상 $0.5Z_0$ 와 $2Z_0$ 사이에서 선택되어진다. 일단 $\overline{X}_{C_r}$ (여기서는 C)이 식(3-7)로부터 얻어지면, 공진기의 정확한 길이 l 은 식(Ⅰ-4-30)으로부터 결정된다. 여기서 $\lambda_r = v/f_r$ 이고 v 는 Z_{01} 선로의 파동속도(wave velocity)이다. 여기서 l 의 정확한 값을 결정하기위하여 $\phi_r \approx \pi$ 의 가정을 사용하지 않았음을 주목하라.

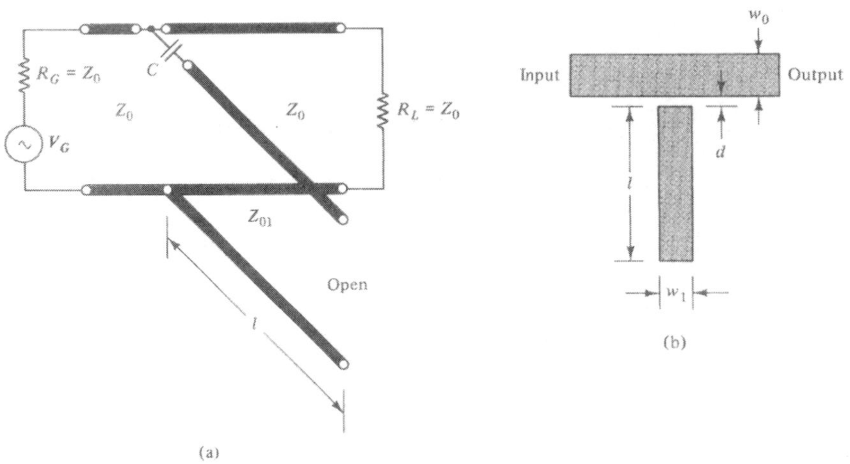

그림 3-24. 용량성 결합을 가진 개방선로 공진기를 이용한 대역저지필터
((b)는 스트립 전송선로 버전을 위한 center conductor 패턴을 보여준다.)

그림 3-24(b)에 보여진 스트립 전송선로 버전에서, 스트립 선폭 ω_0과 ω_1은 Z_0과 Z_{01}의 값으로부터 결정된다. 간극폭 d는 정전용량 C의 요구값을 맞추기위하여 선택되어진다.

그림3-25는 $f_r = 1.00$ GHz와 $Q_E = 20$을 가지는 대역저지 필터의 손실특성을 보여준다. 점선은 캐패시터 결합을 하는 공진기의 임피던스 동작이 그림3-23의 직렬 R-L-C 회로와 같다는 가정을 한 식(3-5)에 기초한다. 또한 무한한 무부하 Q(즉, $R = 0$)가 가정되어진다. 필터의 정확한 손실특성(실선)을 얻기위하여, 그림3-24(a) 의 2-포트 네트웍에서 L_I를 계산하여야 한다. 근사치의 결과는 오직 f_r 근방에서 정확하다. 왜냐하면 식(3-5)는 전송선로 공진기의 부가적인 임피던스 "0"를 설명하지 않기 때문이다. (두번째 "0"는 약 2.03 GHz 에서 발생한다)

결과적으로, 필터의 손실특성이 흡수(absorption)보다도 반사 때문이라는 것을 인식하는 것이 중요하다. 무한한 무부하 Q의 가정은 공진기 자체가 전력을 흡수하지 않는 것을 의미하고 그러므로 필터손실은 부정합에 의한 손실임을 나타낸다. 예를들어 3 dB 지점에서, $|\Gamma_{in}| = 0.707$ 이고 그러므로 입력 SWR는 5.83 이다. 별도로 명시하지 않는 한, 여기에서 묘사되는 필터는 반사형태이다.

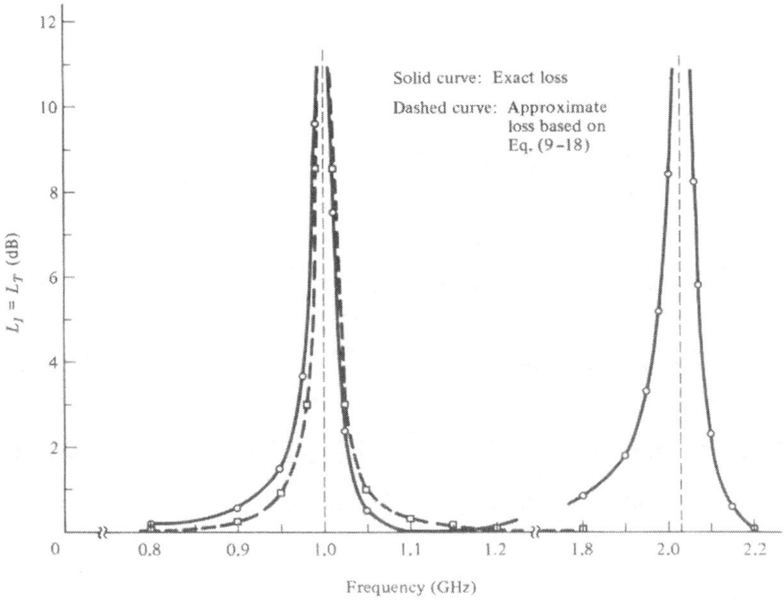

그림 3-25. 그림3-24에 보여진 대역저지필터의 전형적인 손실특성. 파라미터값은 $Z_0 = Z_{01} = 50\ \Omega$, $C = 1.36\text{pF}$, $f_r = 1.00\ \text{GHz}$, 그리고 $l = 0.436\ \lambda_r$

도파관 대역저지 필터 (Waveguide bandstop filter)

대역저지 필터는 또한 직렬로 연결된 병렬공진회로를 사용하여 현실화되어질 수 있다. 집중정수소자 버전은 그림 3-21에 보여준다. 삽입손실과 위상의 표현은 각각 식(3-5)와 (3-6)에 의해 주어진다. 전송선로 버전은 그림 3-26(a)에 보여진다. 공진기는 앞서 설명된 인덕터결합과 단락된 선로형태이다. 이 필터 배열은 종종 도파관 시스템으로 사용되어진다. 도파관 버젼은 그림의 (b) 부분에 보여진다. 여기서 TE_{10} 도파관 선로와 TE_{10p} 직사각형 공동 모드가 가정되어진다. 대부분의 실제 필터에서, $p=1$ 이다. 도파관 폭은 두 Z_0과 Z_{01} 선로와 같다. 임피던스 특성이 도파관의 높이와 직접적으로 비례하기 때문에, $Z_{01}/Z_0 = b_1/b$ 이다. 대칭의 유도성 아이리스가 그림에서 보여지고, 비록 그림2-12에서 어느 형태를 묘사할지라도 사용되어질 것이다.

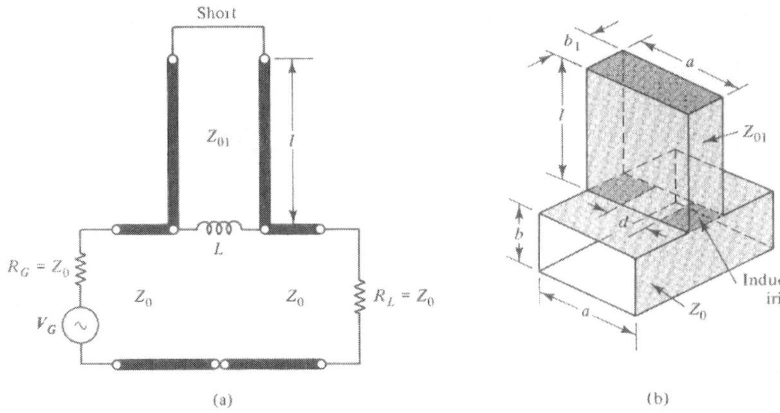

그림3-26. 유도성 결합을 가진 단락선로 공진기를 이용한 대역저지필터
((b)는 도파관 버젼을 보여준다.)

앞선 경우에서 처럼, 손실은 공진주파수 f_r 에서 매우 크고 주파수 f 가 f_r 로부터 멀어질수록 감소한다. 도파관 버전을 위한 손실의 표현은 ε_f 가 아래 정의된 바와 같이 ε_λ 로 바뀐 것을 제외하고 식(3-5)와 같다.

$$\varepsilon_\lambda \equiv 2(\frac{\lambda_{g_r}}{\lambda_g} - 1) \tag{3-8}$$

여기서 λ_g 는 도파관의 파장이고 λ_{g_r} 는 공진주파수 f_r 에서의 도파관의 파장이다. Q_L 과 3 dB 지점사이의 관계는 또한 도파관내의 차단주파수 효과를 설명하기위하여 변형되어져야만 한다. $Q_U \gg Q_L$을 가정하면, 3 dB 지점은 아래의 표현을 유도하는 $Q_L\varepsilon_\lambda = \pm 1$ 에 의해 정의되어진다.

$$Q_L = \frac{\lambda_{g_r}^{-1}}{\lambda_{g_2}^{-1} - \lambda_{g_1}^{-1}} \quad \text{여기서} \quad \lambda_{g_r} \equiv \frac{2\lambda_{g_1}\lambda_{g2}}{\lambda_{g_1} + \lambda_{g_2}} \tag{3-9}$$

λ_{g_1} 과 λ_{g_2} 는 3 dB 손실지점에서의 주파수인 f_1과 f_2 에서 도파관 파장을 나타낸다. 차단 효과가 없으면, $\lambda_g = \lambda = \upsilon/f$ 이고 Q_L 을 위한 위의 식은 식(I-4-11)로 간략화됨을 주목하라.

TE_{10p} 직사각형 공동모드를 위한 Q_U 의 값은 꽤 높고 식(Ⅰ-4-59)로부터 계산되어질 수 있다. 일반적으로 $Q_U \gg Q_L$ 일 경우 $Q_E \approx Q_L$ 이다. 요구되어진 Q_L 의 값을 생산하기에 필요한 유도성 결합($\overline{B}_{L_r}$)의 양은 다음과 같은 관계로부터 얻어진다.

$$Q_E = \frac{Z_0}{Z_{01}}\left[\overline{B}_{L_r} + \phi_r(1+\overline{B}_{L_r}^2)\right] \approx \frac{Z_0}{Z_{01}}(\overline{B}_{L_r} + p\pi\overline{B}_{L_r}^2) \tag{3-10}$$

여기서 근사한 표현은 협대역 필터(즉, $\overline{B}_{L_r} > 3$) 에서는 정당하다.

이 식은 식(Ⅰ-4-28)과는 다르다. 왜냐하면 이 경우 공진기에 의해 보여진 Thevenin 임피던스는 Z_0 보다는 오히려 $2Z_0$ 이기 때문이다. 게다가 도파관 버전에선는 $2\pi l/\lambda_r$ 보다는 오히려 $2\pi l/\lambda_{g_r}$ 이다.

공진조건은 식(Ⅰ-4-29)와 유사하다. 즉

$$\phi_r \equiv \frac{2\pi l}{\lambda_{g_r}} = \arctan\left(\frac{-1}{\overline{B}_{L_r}}\right) = p\pi - \arctan\left(\frac{1}{\overline{B}_{L_r}}\right) \tag{3-11}$$

많은 경우에, $p=1$은 원하는 공진이고 $p=2,\ 3,\ \ldots$은 고차 TE_{10p} 공동 모드와 연관한 불요파 반응을 나타낸다. 앞선 경우에서처럼 식(3-5)는 이들 불요파반응의 효과를 포함하지 않음을 주목하라.

3-5b 대역통과 필터

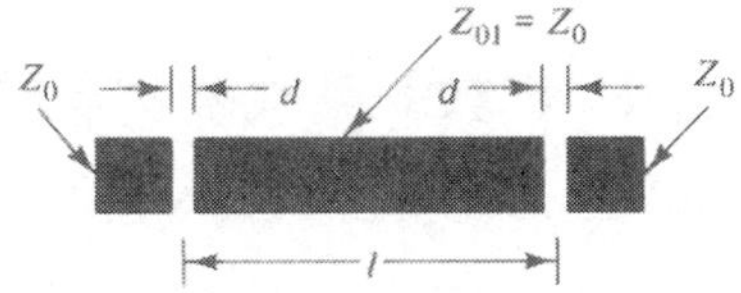

(a) Center conductor pattern

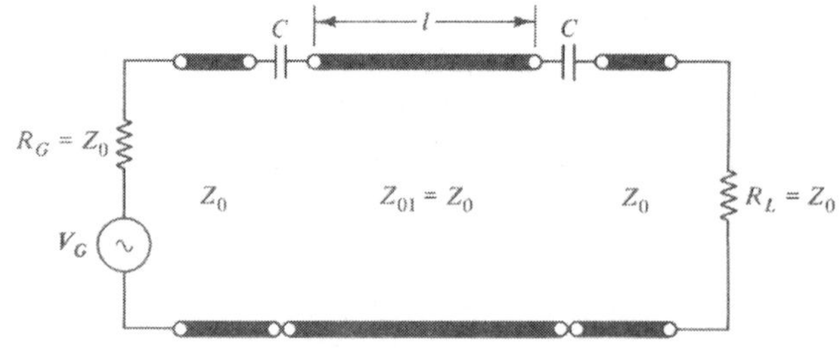

(b) Equivalent transmission-line circuit

그림3–27. 용량성으로 결합된 스트립선로 대역통과 필터

1단 대역통과 필터의 등가회로가 그림 3-19에 보여졌다. $R_G = R_L = Z_0$을 가지고, 삽입손실과 위상을 위한 표현이 각각 식(3-2)와 (3-3)에 주어진다. 이들 특성은 그림 3-20에 주파수의 함수로서 그래프로 꾸며졌다. 근본적으로 마이크로파 대역통과 필터는 앞의절에서 설명되어진 1-포트 공진기를 사용하여 구성될 수 있다. 예를들어, 스트립 전송선로 버전은 직렬연결과 용량성 결합하는 개방회로 공진기를 사용할 수 있다. 그러나 이러한 직렬 연결은 TEM 전송선로에선 현실화하기가 쉽지않다. 유사하게 도파관 시스템에서 병렬로 연결된 유도성 결합하는 단락된 공진기로 다루기 힘든 구조를 가져온다. 이들 현실적인 한계는 2-포트 공진기들을 사용하여 쉽게 극복되어진다. 스트립선로와 도파관 버전이 그림 3-27과 3-29에 묘사되어진다.

스트립선로 대역통과 여파기

2-포트 용량성 결합 스트립선로 공진기를 이용한 대역통과 필터가 그림 3-27에 보여진다. 간극 d는 직렬 정전용량의 요구값을 가지기 위하여 선택되어진다. 일반적인 관행이기 때문에, 공진기 섹션의 특성 임피던스(Z_{01})는 연결선로의 것과 같다. 회로 분석을 진행하기전에 파반사의 항으로 필터의 작동을 이해하는 것이 유용하다. 정전용량 값 C는 관심을 가지는 주파수 영역에서 리액턴스(X_C) 의 큰 값을 가지도록 선택되어진다. 보여질 것처럼, X_C의 값이 크면 클수록 필터의 대역폭은 더욱 좁아진다. 리액턴스가 직렬이기 때문에 X_C의 큰 값은 큰 파반사를 가져온다. 이러한 한쌍의 캐패시터로 인해 전체 반사는 그것들 사이의 간극에 의존한다. l의 적절한 선택으로, 개별적인 반사는 확정된 주파수(f_r)에서 서로 상쇄되어질 수 있다. 결과적으로 이를 통하여 대역통과필터를 얻을 수 있다. 이는 이미 $X_C \gg Z_0$인 경우 적절한

간극은 반파장보다 약간 작다는 것을 보여준 Smith 도표 분석에 의해 확인되어졌다. 동작 주파수가 f_r 로부터 벗어날 때, 전기적인 길이 βl 이 변하고 두 개의 큰 반사는 더 이상 상쇄되지 않는다. 그것 때문에 영향을 주거나 두드러질 정도로 중요한 전송손실이 생겨난다. 그러므로 대역통과 특성은 간단히 전송선로를 따른 한쌍의 직렬 리액턴스의 간극에 의해 생겨난다.

위 회로는 정규화된 ABCD 행렬 방법을 사용하여 분석되어질 수 있다. $R_G = R_L = Z_0$ 을 가지는 그림 3-27의 (b)를 참조로

$$\begin{bmatrix} \overline{A} & \overline{B} \\ \overline{C} & \overline{D} \end{bmatrix} = \begin{bmatrix} 1 & -j\overline{X}_C \\ 0 & 1 \end{bmatrix} \begin{bmatrix} \cos\phi & j\sin\phi \\ j\sin\phi & \cos\phi \end{bmatrix} \begin{bmatrix} 1 & -j\overline{X}_C \\ 0 & 1 \end{bmatrix}$$

$$= \begin{bmatrix} (\cos\phi + \overline{X}_C\sin\phi) & j\left\{(1-\overline{X}_C^2)\sin\phi - 2\overline{X}_C\cos\phi\right\} \\ j\sin\phi & (\cos\phi + \overline{X}_C\sin\phi) \end{bmatrix}$$

여기서 $\overline{X}_C \equiv X_C/Z_0$, $\phi = \beta l$ 그리고 $Z_{01} = Z_0$ 으로 가정되어졌다. 식(Ⅰ-3-20)을 이용하여, 다음과 같은 손실 방정식이 얻어진다.

$$L_I = L_T = 10\log\left[1 + \overline{X}_C^2(\cos\phi + \frac{\overline{X}_C}{2}\sin\phi)^2\right] \tag{3-12}$$

손실이 “0” 인 조건은

$$2\cos\phi_r = -\overline{X}_{C_r}\sin\phi_r \tag{3-13}$$

여기서 ϕ_r 은 $f = f_r$ 에서 Z_{01} 선로의 전기적인 길이이다. 그리고 $\overline{X}_{C_r}$ 은 f_r 에서 $\overline{X}_C$ 의 값이다. 공진조건은 아래와 같이 다시 쓰여질 수 있다.

$$\phi_r = \frac{2\pi l}{\lambda_r} = \pi - \arctan(\frac{2}{\overline{X}_{C_r}}) \tag{3-14}$$

여기서 $\lambda_r = v/f_r$ 는 f_r 에서 파장이다. $\overline{X}_{C_r} \rangle\rangle 1$ 의 경우 l 은 공진주파수에서 거의 반파장의 길이를 가짐을 주목하라. 불요파 대역통과 반응은 l 이 반파장의 크기를 가지는 주파수 근처에서 발생한다. 그러므로 첫 불요파 반응은 거의 f_r 의 2배 근방이다.

협대역 필터에서, $\overline{X}_C \approx \overline{X}_{C_r}$ 는 관심있는 주파수 영역을 걸친다. 이 근사치와 식(3-14)를 사용하여, 위의 손실방정식은 아래와 같이 다시 쓰여진다.

$$L_I = L_T = 10\log\left[1 + \overline{X}_{C_r}^2 \frac{\overline{X}_{C_r}^2 + 4}{4}\sin^2(\phi - \phi_r)\right]$$
$$L_I = L_T \approx 10\log\left[1 + \phi_r^2 \overline{X}_{C_r}^2 \frac{\overline{X}_{C_r}^2 + 4}{16}(2\frac{\phi - \phi_r}{\phi_r})^2\right] \tag{3-15}$$

여기서 근사치 형태는 $|\phi - \phi_r| < 0.5$ rad 일 때 유용하다. TEM 선로에서, 속도는 주파수에 무관하다. 그러므로

$$\phi/\phi_r = f/f_r \quad 과 \quad (\phi - \phi_r)/\phi_r = (f - f_r)/f_r$$

식(3-15)는 필터의 부정합손실을 나타낸다. 식(3-2)의 두 번째항과 근사치 형태를 비교해보면 2-포트 캐패시터 결합 공진기의 부하 Q를 위한 아래의 표현을 얻는다.

$$Q_L = \phi_r \frac{\overline{X}_{C_r}}{4}\sqrt{\overline{X}_{C_r}^2 + 4} = \frac{\overline{X}_{C_r}}{4}\sqrt{\overline{X}_{C_r}^2 + 4}(\pi - \arctan\frac{2}{\overline{X}_{C_r}}) \tag{3-16}$$

여기서 $\overline{X}_{C_r}$이 큰 값일 경우 $\phi_r \approx \pi$ 이다. 분산손실이 포함되어지면, 대역통과필터의 전체 손실은 식(3-2)와 같다. 즉,

$$L_I = L_T = 10\log(1 - \frac{Q_L}{Q_U})^{-2} + 10\log\left[1 + (Q_L \varepsilon_f)^2\right] \tag{3-17}$$

여기서 $\varepsilon_f = 2(f - f_r)/f_r$, Q_L 은 위에서 주어지고 Q_U 는 식(I-4-23)에 의해 근사치되어진다. 3 dB 대역폭의 분수는 $1/Q_L$ 이므로, 식(3-16)은 X_{C_r} 의 값이 크면 클수록 필터의 대역폭이 더욱 좁아진다는 앞서의 설명을 확인시켜준다. $\overline{X}_{C_r}$ 함수에 따른 Q_L 의 그래프가 그림 3-28에 주어진다.

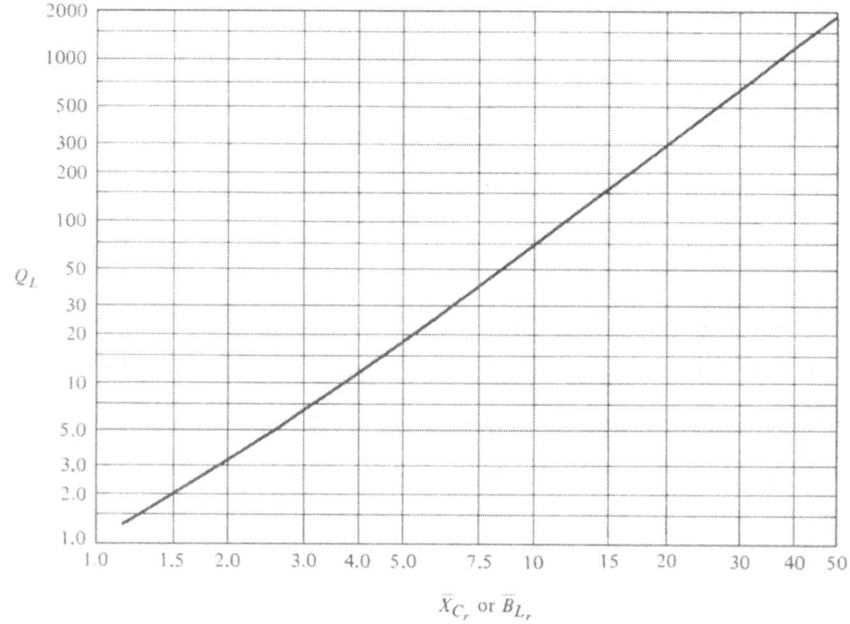

그림 3-28. 그림 3-27, 29에서 대역통과필터를 위한 $\overline{X}_{C_r}$, $\overline{B}_{L_r}$ 의 함수로서 부하 Q

그림 3-27에 보여준 대역통과 필터를 위한 설계과정이 다음의 방법으로 진행된다. 주어진 f_r과 3 dB 대역폭으로 Q_L 을 계산하고 그림 3-28를 사용하여 요구되어진 $\overline{X}_{C_r}$ 의 값을 얻는다. Z_0을 알고 있으므로, X_{C_r} 을 결정하고 그러므로 정전용량 C 값을 얻는다. 결국, 정확한 공진기 길이 l 을 얻기위하여 식(3-14)를 사용한다. 간극 d 는 요구되어진 정전용량 C 값을 가지기 위하여 선택되어진다. 이 경우에 간극의 값은 비현실적으로 작으며, 종종 overlay 캐패시터들이 사용되어진다. 좀 더 넓은 대역폭을 설계하기 위하여는 결합선로 개방회로 공진기 배열이 추천되어진다.

도파관 대역통과 필터

그림 3-29에 보여진 도파관 대역통과 필터는 2-포트 유도성 결합 공동 공진기를 이용한다. 앞서 경우와 같이 반사지점 사이의 간격은 그것들의 반사가 통과대역의 중앙인 f_r 에서 상쇄되도록 선택되어진다. 대부분의 설계에서, 공진기의 횡적인 크기(transverse dimension) a와 b

는 연결된 도파관들과 같으므로 $Z_{01} = Z_0$ 이다. ABCD 행렬분석은 직렬 캐패시터들이 접지된 병렬 인덕터들로 대체되어지고 λ가 λ_g로 대체되는 것을 제외하고 스트립선로 통과대역 필터와 유사하다. 이 경우에, 공진기조건은 다음으로 주어진다.

$$\phi_r = \frac{2\pi l}{\lambda_{g_r}} = \pi - \arctan(\frac{2}{\overline{B}_{L_r}}) \tag{3-18}$$

여기서 λ_{g_r}는 도파관의 파장이고 $\overline{B}_{L_r}$는 f_r에서 정규화된 유도성 서셉턴스 이다. $\overline{B}_L$과 아이리스 d 와의 관계표현은 그림2-12(a)에 주어진다. $\overline{B}_{L_r}$의 값이 크면($d \langle\langle a$), l은 근사적으로 도파관 파장의 절반이다. 첫 번째 불요파 반응은 $\phi_r \approx 2\pi$ rad 인 주파수 근처에서 발생한다. 도파관의 차단주파수 영향 때문에, 이 주파수는 대략 f_r의 1.5배 이다.

도파관 대역통과 필터를 위한 손실 방정식은 아래와 같다.

$$L_I = L_T = 10\log(1 - \frac{Q_L}{Q_U})^{-2} + 10\log\left[1 + (Q_L \varepsilon_\lambda)^2\right] \tag{3-19}$$

여기서 ε_λ는 식(3-8)에서 정의되어지고 Q_L과 3 dB 대역폭 와의 관계는 식(3-9)에 의해 주어진다. 2-포트 유도성 결합 공진기에서는

$$Q_L = \phi_r \frac{\overline{B}_{L_r}}{4}\sqrt{\overline{B}_{L_r}^2 + 4} = \frac{\overline{B}_{L_r}}{4}\sqrt{\overline{B}_{L_r}^2 + 4}(\pi - \arctan\frac{2}{\overline{B}_{L_r}}) \tag{3-20}$$

위식은 그림 3-28에 그래프되었다. TE_{101} 공동 모드에서 무부하 Q의 값은 식(Ⅰ-4-59)로부터 결정되어질 수 있다.

도파관 통과대역 필터를 위한 설계과정은 일찍이 묘사되어진 용량성 결합 스트립선로 버전과 평행하다.

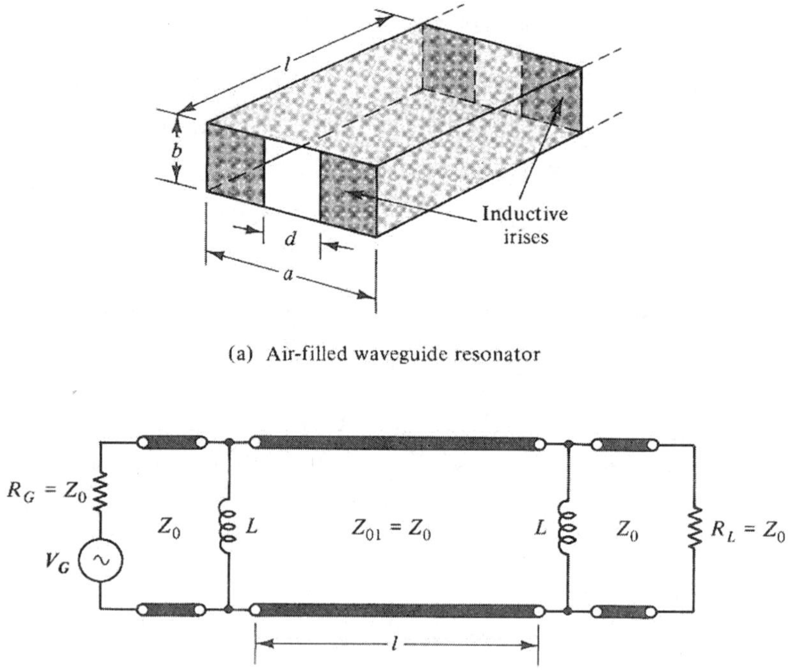

(a) Air-filled waveguide resonator

(b) Equivalent transmission-line circuit

그림 3-29. 유도용량으로 결합된 도파관 대역통과 필터

다단 대역통과 필터

대역통과 필터의 스커트 선택도는 대체로 다단 설계를 사용함으로 개선되어질 수 있다. 이 개선을 위한 이유는 대역저지 필터에서 논의되었던 것과 비슷하다. 본 장의 앞에서 설명한바 와같이 파반사의 관점에서, 다단 대역통과 필터의 동작은 대역통과 내에서는 각 개개의 공진기들은 상쇄되는 경향이 있고 반면에 대역통과 바깥에서는 그것들이 더해지는 경향처럼 된다. 그러므로 1단 설계와 비교하면, 다단 필터는 통과대역 내에서 더 낮은 반사손실을 가지고 통과대역 밖에서는 훨씬 큰 손실을 가진다.

일반적으로 다단 필터는 각각의 단에 같은 형태의 공진기를 사용한다. 결과적으로, 임피던스 인버터들이 주로 사다리형 네트워 설계를 시뮬레이션하기 위하여 필요하다. 그림 3-30은 어떻게 대역통과 사다리형 네트워(a)이 $\lambda/4$ 인버터에 의해 분리되어 종속형태의 접지된 병렬로 연결된 병렬 공진회로로 대체되어질 수 있는지를 보인다. 각 단은 그것의 요소값보다 오히려 그것의 공진주파수와 외부 Q에 의해 확정되어진다. 개별적인 단의 Q_E는 그 단이 Z_0 전원과 Z_0 부하에 직접 연결되어질 때의 외부 Q로 정의된다. 보여진 두 회로는 인버터 선로가 대략 흥미있는 모든 주파수(협대역 설계가 타당한)에서 근사적으로 $\lambda/4$ 라고 가정하에 등가이다.

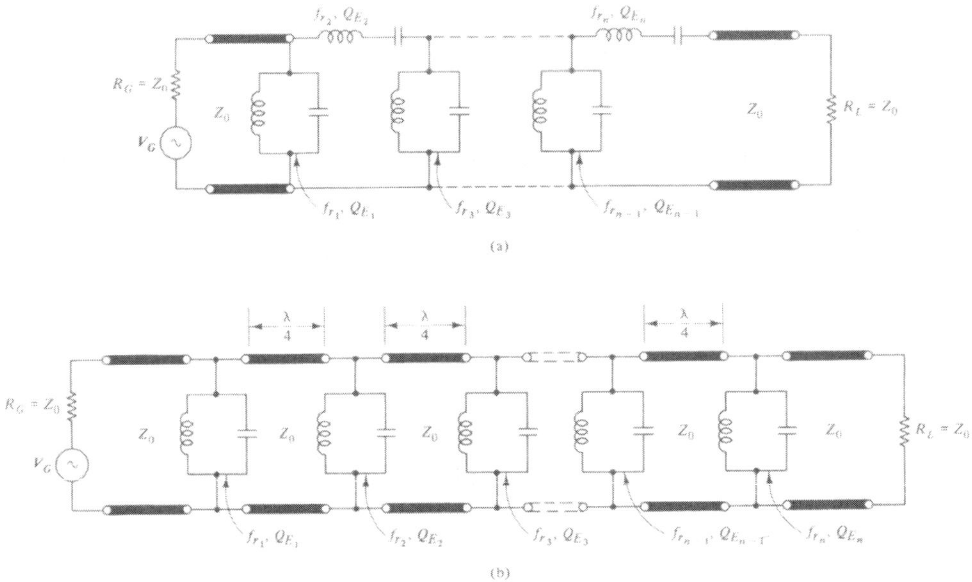

그림 3-30. 다단의 대역통과 필터를 위한 프로토타입(prototype) 네트워

대부분의 대역통과 필터는 maximally flat(Butterworth) 또는 등리플(Tchebyscheff)로 설계한다. 3-단 버전을 위한 손실 특성이 그림 3-31에 보여진다. 여기에 묘사되어진 것은 maximally flat의 $\lambda/4$ 커플 형태다. Tchebyscheff 설계 과정은 참고문헌 3-1과 3-2의 8.10 절을 참조하기 바란다.

$R_G = R_L = Z_0$을 가지고, n-단 maximally flat 대역통과 필터를 위한 손실함수는 다음과 같이 주어진다.

$$L_I = L_T = 10\log\left[1 + (Q_T \varepsilon_f)^{2n}\right] \tag{3-21}$$

여기서 $Q_T \equiv f_r/(3\text{ dB bandwidth})$ 그리고 ε_f 는 식(Ⅰ-4-18)에서 정의되어진다. 도파관 필터에서 Q_T 는 식(3-9)에서 정의되어지고 ε_f 는 식(3-8)에서 정의되어진 ε_λ 로 대체되어진다. 위 손실 방정식은 모든 공진기가 무한한 무부하 Q를 가진다고 가정한다. Q_U 의 유한한 값과 연관한 손실은 식(3-21)에 아래의 항을 추가함으로서 설명되어진다.

$$L_D = r\sum_{1}^{n} 10\log\left\{1-\frac{Q_{L_r}}{Q_{U_r}}\right\}^{-2} \tag{3-22}$$

여기서 Q_{U_r} 과 Q_{L_r} 은 각각 r 번째 단의 무부하와 부하 Q 이고 n 은 공진기의 전체 수이다. $Q_U \gg Q_L$ 이므로 실제적으로 모든 손실은 분산(dissipative)된다.

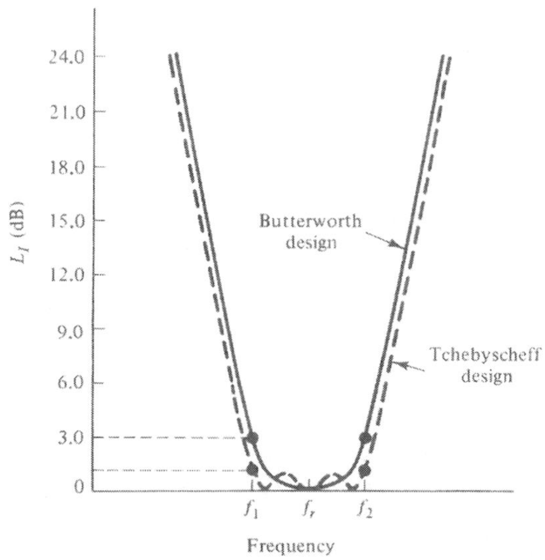

그림 3-31. 3단 Butterworth와 Tchebyscheff 대역통과 필터 설계를 위한 손실특성 비교

Mumford (참고문헌 3-3)는 maximally flat의 반응을 얻기위하여 각각의 공진기 외부부하 Q 는 정현파 분포를 가져야만 한다고 설명한다.

$$Q_{E_r} = Q_T \sin\left(\frac{2r-1}{2n}\right)\pi \quad \text{여기서 } r=1,\ 2,\ \ldots,\ \text{n} \tag{3-23}$$

대역통과 필터의 도파관 버전은 항상 그림 3-29에 보여지는것과 같이 2-포트 유도성 결합 공동 공진기를 사용한다. 이것과 접지된 병렬로 연결된 병렬 공진회로 사이의 등가는 그림 3-32에 보여준다. 여기서 $2l_e$ 는 공진기의 과잉위상길이(excess phase length)로 알려진다. 식(3-18)을 가지고 그림속의 표현을 비교하면 다음을 얻는다.

$$l_e = \frac{\lambda_{g_r}}{4\pi} \arctan(\frac{2}{\overline{B}_{L_r}}) \tag{3-24}$$

다단 필터의 설계에서, l_e 의 값들은 $\lambda/4$ 인버터 단들에 포함되어진다. 그러므로 그것은 $\lambda/4$ 의 길이보다 약간 작다.

다음의 예제가 설계 과정을 설명한다.

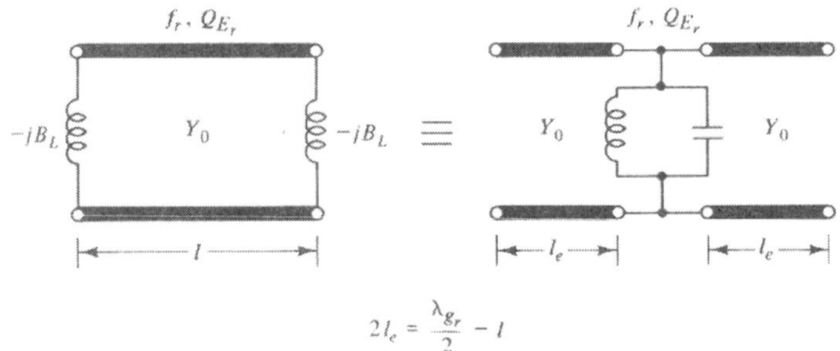

그림 3-32. 2 포트 유도성 결합 공동과 접지된 병렬로 연결된 병렬 공진회로 사이의 등가

예제 3-1:

3-단 설계, $\lambda/4$ 결합, 아래의 사양을 가지는 공기로 채워진 직사각형 도파관 maximally flat 대역통과 필터.

중심 주파수 = 8,000 MHz 그리고 3 dB 대역폭 = 100 MHz .

공동 공진기의 너비와 높이는 입력, 출력, 그리고 인버터 선로의 것과 같다. 즉, $a = 3.00$ cm , $b = 1.50$ cm .

해 : 7,950 과 8,050 MHz 에서, λ_g 는 각각 4.855 cm 와 4.756 cm 이다.

그러므로 식(3-9)로부터

$$\lambda_{g_r} = 4.805 \text{ cm} \text{ 와 } Q_T = 48.5$$

식(3-23)으로 부터

$$Q_{E_1} = 24.3,\ Q_{E_2} = 48.5 \text{ 그리고 } Q_{E_3} = 24.3$$

그러므로 그림3-28 로부터

$$\overline{B}_{L_1} = 5.7,\ \overline{B}_{L_2} = 8.0 \text{ 그리고 } \overline{B}_{L_3} = 5.7$$

식(3-18)로부터

$$l_1 = 2.145 \text{ cm},\ l_2 = 2.215 \text{ cm} \text{ 그리고 } l_3 = 2.145 \text{ cm}$$

식(3-24)로부터

$$l_{e1} = 0.129 \text{ cm},\ l_{e2} = 0.094 \text{ cm} \text{ 그리고 } l_{e3} = 0.129 \text{ cm}$$

$\lambda/4$ 인버터 선로들은 과잉 위상길이에 의해 줄어져야만 한다. 그러므로

$$l_{12} = \frac{\lambda_{g_r}}{4} - l_{e1} - l_{e2} = 0.978 \text{ cm}$$

와

$$l_{23} = \frac{\lambda_{g_r}}{4} - l_{e2} - l_{e3} = 0.978 \text{ cm}$$

3-단필터의 전송선로 회로는 그림 3-33에 보여진다. 여기서 Z_0 선로단은 직사각형 도파관을 나타낸다. 그림2-12에 보여준 유도성 아이리스 형태들이 $\overline{B}_L$ 의 요구되어진 값들을 실현하기 위해 사용되어진다.

이와같은 설계과정은 그림 3-27에 보여진 캐패시터 결합 스트립선로 공진기에도 적용되어 질 수 있다. 이 경우, 공진기는 양쪽에 선로길이 l_e 를 가지는 직렬 연결 직렬 공진회로로 나

타내어질 수 있다. 식(3-24)는 간단히 $\overline{X}_{C_r}$ 로 $\overline{B}_{L_r}$ 을 대체 함으로서 l_e 을 계산하는데 사용되어질 것이다. 또한 TEM 선로들이 포함되었기 때문에 λ_g 는 모든 적절한 식들에서 λ 로 대체되어진다. 공진기 길이 l 과 $\overline{X}_{C_r}$ 의 값은 식(3-14)와 그림 3-28 로부터 얻어진다.

direct-coupled 필터는 다단 대역통과 필터들을 위하여 다른 설계 접근을 해야한다. 이것들은 $\lambda/4$ 인버터를 사용하지 않기 때문에 관련한 $\lambda/4$ 결합 필터보다 길이가 더 짧다. 좀 더 상세한 설계 접근에 관하여는 Cohn (참고문헌 3-4)에 의해 묘사되어진다.

direct-coupled 공진기 필터를 위한 수식은 그림 3-34(a)에 보여진 저역통과 필터 프로토타입으로부터 유도되어진다. maximally flat (Butterworth) 와 등리플(Tchebyscheff) 설계를 위한 요소값들은 식(3-30)과 (3-31)에 의해 주어진다. 전원 임피던스가 "unity" 하기 때문에 모든 요소값들은 정규화된 임피던스와 어드미턴스로 표현된다. 또한 (a)은 Butterworth와 Tchebyscheff 두 반응의 손실특성을 나타낸다. 관련한 손실 방정식은 식(3-36)과 (3-37)에 의해 주어진다. 여기서 $\overline{\Omega}$ 는 프로토타입 필터의 정규화된 가변 주파수인 ω' 에 의해 대체되어진다. 주파수 ω' 은 통과대역의 가장자리가 $\omega' = 1$ (그림에서 보여진것처럼)로 정의되어지기 때문에 정규화되어진다.

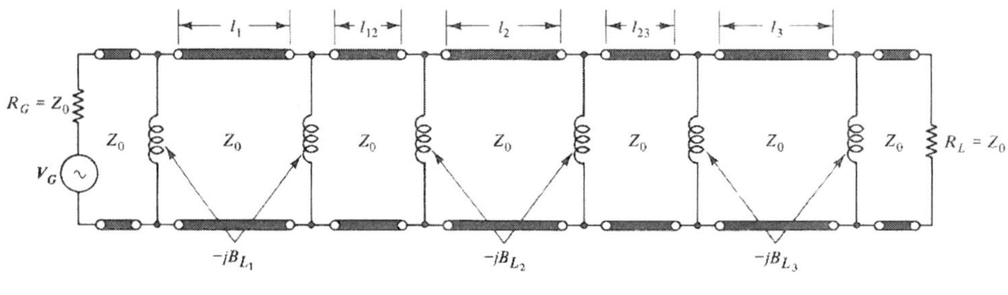

그림 3-33. 예제 3-1에 묘사된 3단 $\lambda/4$ 결합 필터의 전송선로 표현

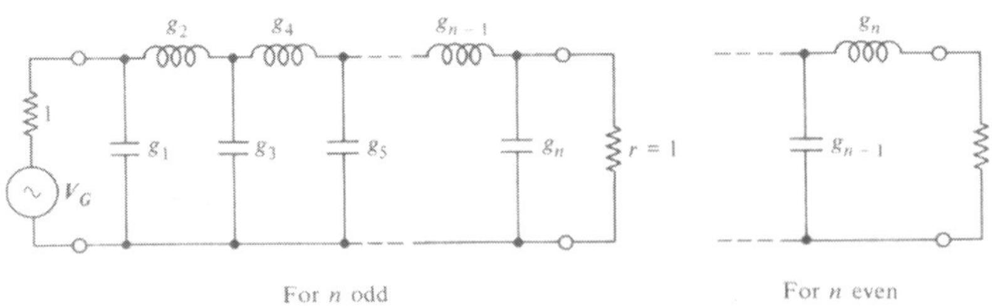

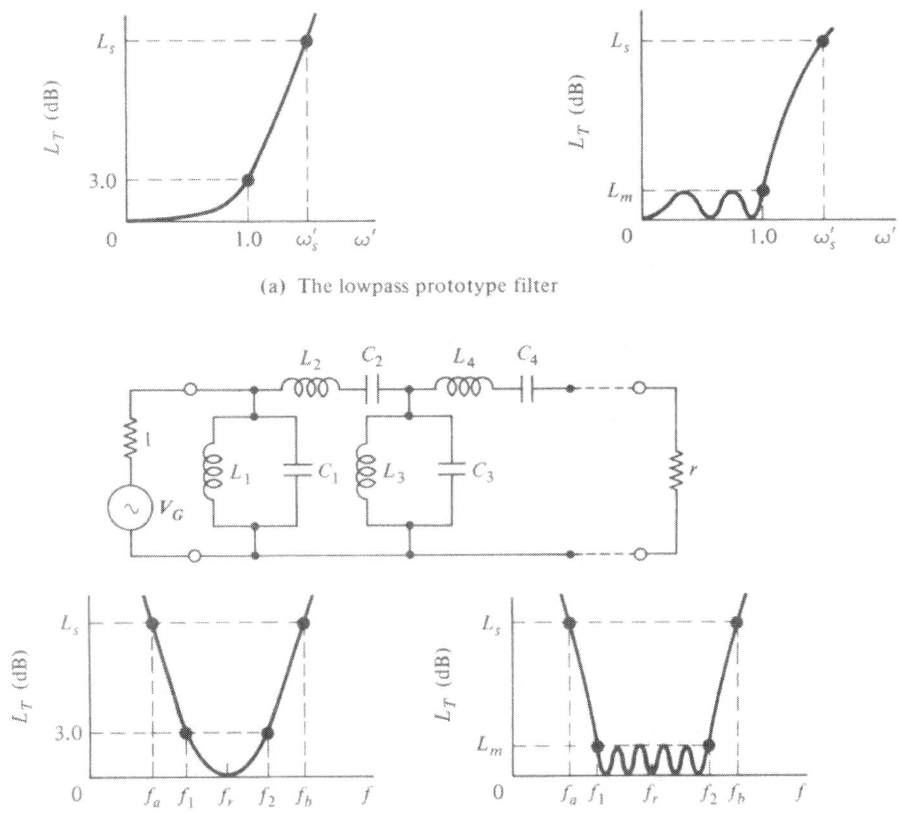

(b) The bandpass filter

그림 3-34. 저역통과 프로토타입 필터와 그와 관련한 통과대역 필터의 구성

또한 그림속에서 가르키는 것처럼 $\omega_s^{'}$ 는 사용가능한 저지대역의 가장자리이다. ($L_T = L_s$ 로 정의됨, 여기서 L_s 는 설계자에 의해 확정되어진다.)

저역통과반응(과 회로)은 다음의 주파수 변환식을 수단으로 대역통과 반응으로 바꿔질 수 있다.

$$\omega^{'} = \frac{f_r}{f_2 - f_1}\left(\frac{f}{f_r} - \frac{f_r}{f}\right) \tag{3-25}$$

여기서 $f_r = \sqrt{f_1 f_2}$ 과 통과대역 영역(f_1과 f_2)의 가장자리들은 그림 3-34의 (b)에 표시되

어진다. 주파수 f_2 과 f_1 는 저역통과 프로토타입속의 $\omega' = \pm 1$ 과 관련한다. 유사하게, f_b 과 f_a 는 $\omega' = \pm \omega_s'$ 과 관련한다. (b)속의 대역통과 회로를 위한 요소값들은 다음과 같이 주어진다.

$$L_k = \frac{w}{2\pi f_r g_k} \text{ 와 } C_k = \frac{g_k}{2\pi f_r w} \quad \text{for } k \text{ odd}$$

$$L_k = \frac{g_k}{2\pi f_r w} \text{ 와 } C_k = \frac{w}{2\pi f_r g_k} \quad \text{for } k \text{ even} \tag{3-26}$$

여기서 $w = (f_2 - f_1)/f_r$ 는 대역통과 필터의 fractional 대역폭이다.

앞서 설명한바와 같이, 마이크로파 주파수에서 필터 회로는 전부 직렬 공진기성분을 포함하거나 또는 병렬 공진기성분을 포함하는 것으로 변환하기를 원한다. 이는 그림 3-35에 나타낸 것처럼 임피던스와 어드미턴스 인버터를 이용하여 가능하다. 이들 인버터들은 직렬연결, 직렬 공진회로를 접지된 병렬연결, 병렬 공진회로로 변환하는데 유용하고 그 역도 가능하다. 이상적인 J 와 K 인버터의 특성들이 그림 3-36의 (a)에 주어진다. J 인버터는 간단히 K 인버터의 쌍대적표현(dual representation)임을 주목하라. $\lambda/4$ 선로는 인버터 회로의 한가지 형태를 나타낸다. 많은 다른 형태들은 참고문헌 3-2에서 묘사되어진다. 그림 3-36의 (b)는 전송선로 공진기들을 가진 특별히 유용한 2개를 보인다. 이 두 경우에서 리액턴스값들은 현실적이나 선로의 길이들은 음의 값임을 주목하라. 그러나 이것은 음의 선로길이가 공진기 구조 자체에 통합되기 때문에 별 문제가 되지 않는다.

Cohn에 의해 제시된 것처럼, 설계과정은 이들 인버터들의 사용과 그림 3-37에 나타낸 전송선로의 등가를 사용하는 것이다. 이 등가는 쉽게 2-네트워의 ABCD 행렬식에 의해 입증되어진다. $l \approx \lambda/2$ ($\beta l \approx 180°$)근방에서, 직렬성분은 직렬 공진회로처럼 행동하고, 접지된 병렬성분들은 병렬 공진회로처럼 행동한다. 이상적인 1 과 -1 변환은 필터의 손실 특성에 영향을 미치지 않기 때문에 무시되어질 것이다.

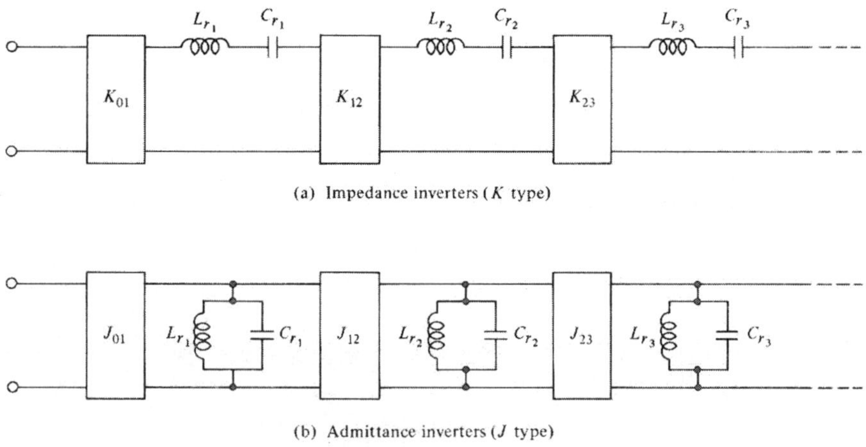

그림 3-35. 대역통과 필터 설계에서 임피던스와 어드미턴스 인버터의 사용

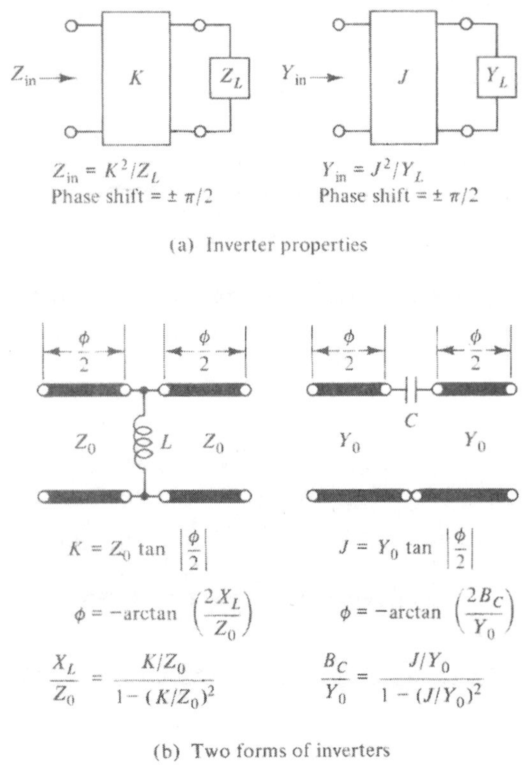

그림 3-36. K와 J 인버터의 특성.

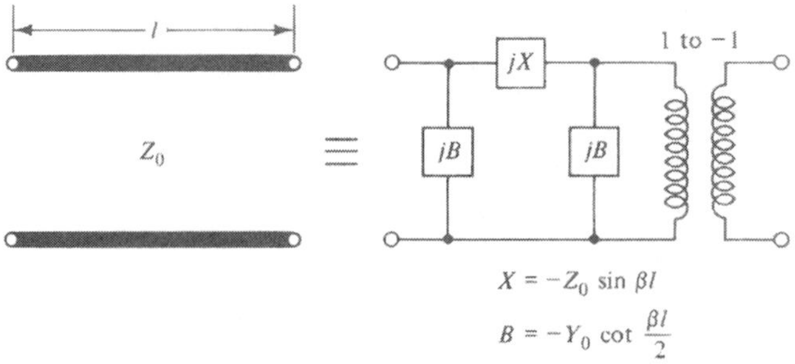

그림 3-37. 무손실 전송선로의 집중정수소자 등가

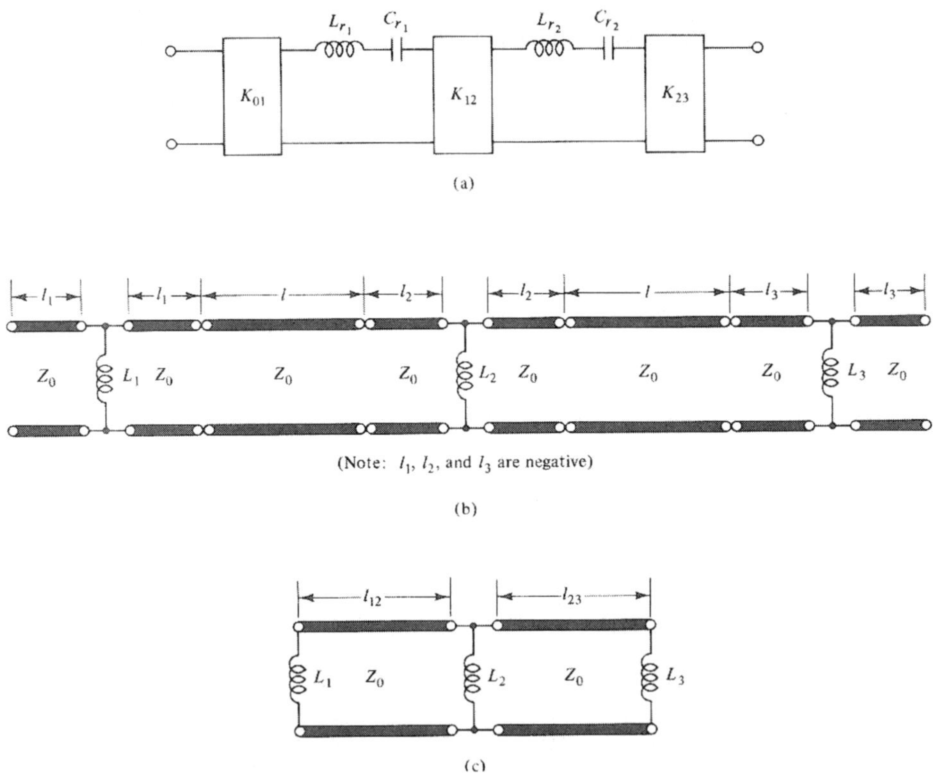

그림 3-38. 유도성 결합 공진기를 이용한 2단 direct-coupled 필터의 진행

설계과정을 이해하기 위하여, 유도성으로 결합된 2-단의 대역통과 필터를 고려해보자. 이 필터를 위하여, 그림 3-38(a)에 보여진 회로가 출발점으로 사용되어진다. K 인버터는 그림 3-36

에 보여진 형태중에 하나이다. 직렬 공진회로는 근사적으로 반파장 선로로 되어질 수 있다. 왜냐하면 그림3-37 접지된 병렬성분이 K 인버터의 큰 접지된 병렬 서셉턴스에 비하여 무시되기 때문이다. 그림 3-38은 최종 필터 형태의 진행과정을 나타낸다. 두 개의 직렬 공진회로와 K 인버터가 (a)에 보여진다. (b)는 그림 3-36(b)와 3-37의 전송선로 회로를 사용한 근사적인 형태를 가르킨다. 여기서 l 은 통과대역의 중심주파수에서 반파장과 같다. 필터의 최종형태는 (c)에 나타난다. 여기서 인버터들의 음의 선로길이는 반파장 선로들과 결합되어진다. 그러므로 $l_{12} = l + l_1 + l_2$ 과 $l_{23} = l + l_2 + l_3$ 여기서 l_1, l_2 그리고 l_3 는 음의 값이다. 필터의 입력과 출력단에서 음의 선로길이는 입력과 출력에 연결된 선로와 통합되기 때문에 무시되어질 수 있다. 이 필터의 도파관 버전은 항상 유도성 결합 공동 공진기들로 구성되어진다. J 인버터와 용량성 결합 스트립선로 공진기들을 이용한 유사한 과정이 TEM 구조의 direct-coupled 대역통과 필터들에 사용되어진다.

여기서 주어진 설명은 단지 전송선로 기술이 어떻게 마이크로파 주파수에서 direct-coupled 필터들을 실현시키는데 사용되어 지는지를 보여주는 정도이다.

3-6 광대역 마이크로파 필터

본 절에서는 중간대역과 넓은 대역폭을 가지는 필터들의 몇가지 설계 원리를 소개한다. 이들 필터들의 많은 경우는 개방과 단락된 $\lambda/4$ 선로들의 주파수 선택특성을 이용한다. 앞서 설명한바와 같이 direct-coupled, $\lambda/4$ 선로들의 부하 Q 는 꽤 낮다(식(Ⅰ-4-25) 참조). 결과적으로, 그것들은 광대역(wideband) 필터 설계에 사용하기에 이상적으로 적합하다. 다단 버전을 가지고, 넓은 대역폭과 우수한 스커트 선택성의 두가지가 실현되어질 수 있다. 이 절에서 묘사되어지는 모든 필터들은 같은 크기의 선로를 가지는 TEM 형태다. 이것은 주어진 설계를 위하여, 모든 전송선로 단의 전기적인 길이(βl)가 같고, 직접적으로 주파수에 비례한다는 것을 의미한다. 적합한 변형을 주어, 몇몇의 설계 기술은 도파관 형상에 적용되어질 수 있다.

3-6a $\lambda/4$ 스터브를 가진 광대역 필터

협대역 마이크로파 필터들의 설계는 항상 집중정수소자 L-C 네트웍처럼 전송선로 공진기들의 모델을 포함한다. 이전 절에서 설명한바와 같이 이 근접한 모델은 약 10% 이상의 대역폭에서는 정확하지가 않다. 좀 더 넓은 대역폭에서는, 개선된 모델링과 더 정확한 합성과정이 요구되어진다. 대부분의 경우, 이 과정은 Richard's 변환과 Kuroda's 정의에 기반한다.

Richard' s 변환

집중정수소자 필터들의 정확한 설계는 삽입손실 기반위에서 잘 성립된다. commensurate 선로길이를 가진 TEM 전송선로 필터들에 Richard's (참고문헌 3-5)에 의해 개발된 주파수 변환을 사용하여 잘 적용할 수 있다. 아래의 관계는 Richard's 주파수 변환을 정의한다.

$$S = j\Omega = j\tan(\frac{\pi}{2}\frac{f}{f_r}) \tag{3-27}$$

여기서 f_r은 모든 전송선로들이 $\lambda/4$ 의 길이(즉, $\beta l = \pi/2$)일 때의 주파수를 나타낸다. 새로운 가변 값 Ω는 주파수가 "0"에서 f_r까지 변할 때 "0"에서 무한대까지의 영역이다. 그러므로 항상 주파수 가변 ω는 Ω에 의해 대체되어지고, 집중정수소자 프로토타입의 전체 주파수 반응은 주파수영역의 한정된 몫에 걸쳐 재 생성된다. 이는 그림 3-39에 나타내다. (a)는 전형적인 집중정수소자 L-C 필터의 손실특성을 보여준다. 저역통과 반응은 주파수가 무한대가 되므로 손실이 무한대가 됨을 보여준다. 그림의 (b)는 전송선로 필터와 연관한 반응을 보인다. 전송선로 버전은 간단히 집중정수소자 필터내의 모든 인덕터들이 단락선로, 개방회로 선로들에 의한 모든 캐패시터, 그리고 모든 선로길이가 f_r에서 $\lambda/4$와 같은 셋팅에 의해 대체함으로 실현되어진다. 집중정수소자 프로토타입 필터의 전체 주파수 반응은 전송선로필터를 위한 "0"와 f_r 사이에서 재생성됨을 주목하라. 또한 반응은 주기적으로 전송선로단의 전기적인 길이에서 반파장의 증가를 반복하는 것과 관련한 $2f_r$의 주파수 증가를 반복한다. 집중정수소자와 $\lambda/4$ 선로사이의 관계는 그림 3-40에 주어진다. 그것들은 직접적으로 Richard's 변환과 개방과 단락선로(I-2-6절)의 임피던스 특성으로부터 유도되어진다. 특성 임피던스 Z_{0s}을 가지는 단락선로의 입력 임피던스는

$$Z_{in} = jZ_{0s}\tan\beta l = jZ_{0s}\tan(\frac{\pi}{2}\frac{f}{f_r}) = j\Omega Z_{0s} \quad (3\text{-}28)$$

여기서 $l=\lambda/4$ at f_r. 유사하게 특성 어드미턴스 Y_{0s} 을 가지는 개방회로 선로의 입력 어드미턴스 Y_{0s} 는 아래와 같다.

$$Y_{in} = jY_{0s}\tan\beta l = jY_{0s}\tan(\frac{\pi}{2}\frac{f}{f_r}) = j\Omega Y_{0s} \quad (3\text{-}29)$$

인덕터의 임피던스가 $j\omega L$ 이고 캐패시터의 어드미턴스가 $j\omega C$ 이기 때문에 아래의 등가식이 성립되어질 수 있다.

1. Ω 도메인내에서, 특성 임피던스 Z_{0s} 의 단락선로와 f_r 에서 $l=\lambda/4$ 길이는 Z_{0s} henries를 가지는 인덕터처럼 행동한다.
2. Ω 도메인내에서, 특성 어드미턴스 Y_{0s} 의 개방회로 선로와 f_r 에서 $l=\lambda/4$ 길이는 Y_{0s} farads를 가지는 캐패시터처럼 행동한다.

저항들은 그것들의 임피던스 R 이 주파수에 무관하기 때문에 Richard's 변환에 영향을 받지않는다.

위 등가는 commensurate 선로단을 이용한 전송선로필터를 실현하는 기술로 제안한다. 등가가 정확하기 때문에, 결과적으로 필터 설계 또한 정확하다.

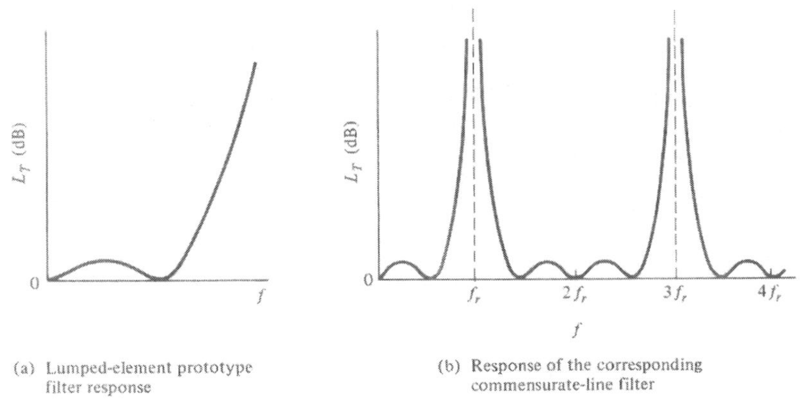

그림 3-39. 필터 네트워크의 주파수 반응에 관한 Richard's 변환의 효과

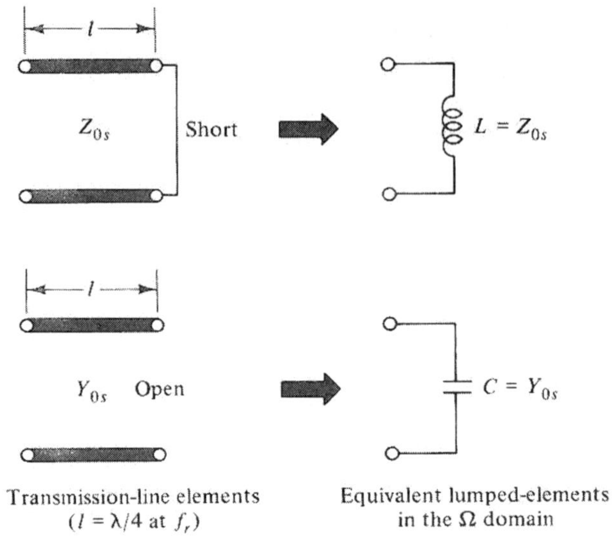

그림 3-40. 단락회로와 개방회로 전송선로단 사이의 연관성과
Ω 도메인내의 리액턴스 요소들

Commensurate 선로 대역저지 필터 설계

Butterworth 와 Tchebyscheff 대역저지 필터를 위한 주파수에 대한 변환손실 반응은 그림3-41 에 보여진다. 여기서 f_r 은 저지대역의 중심을 나타낸다. Butterworth 설계에서, f_c 와 $2f_r - f_c$ 는 3 dB 손실 지점들을 나타내고, 반면에 Tchebyscheff 설계의 경우에는 그림속에서 가르키는것처럼 최대 통과대역 손실 지점들(L_m)을 나타낸다. 두 경우 모두 f_s 와 $2f_r - f_s$ 사이의 주파수 영역은 사용가능한 저지대역($L_T \geq L_s$ 으로 정의, 여기서 L_s 는 설계자에 의해 확정되어진다)을 나타낸다. 또한 정규화된 주파수 스케일($\overline{f}$)들이 포함되어진다. 여기서 $\overline{f} \equiv f/f_c$ 이고 $\overline{f}_c = 1.00$ 이다.

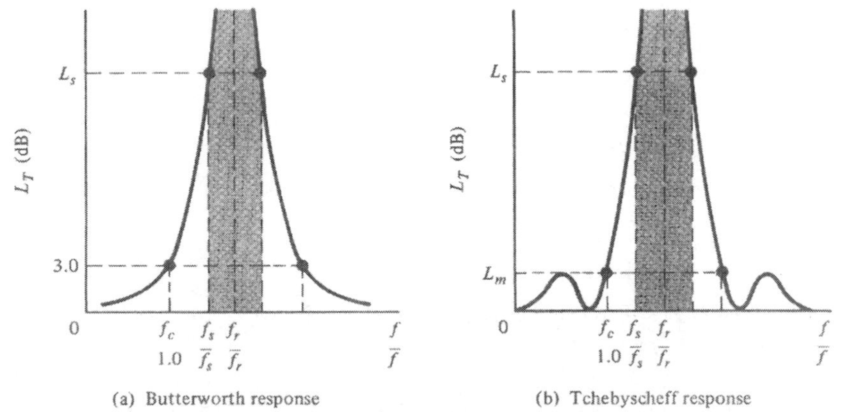

그림 3-41. Butterworth와 Tchebyscheff 설계를 위한 대역저지 필터의 특성

마이크로파 주파수에서, 원하는 대역저지 특성은 비교 가능한 저역통과 프로토타입 필터를 설계하고 그것을 대역저지 필터로 변환하기위한 Richard's transformation을 적용하여 얻어질 수 있다. 앞서 얘기한바와 같이 결과적인 commensurate 선로 필터의 대역저지 반응은 $2f_r$의 증가속에서 자체적으로 반복한다. 집중정수소자 저역통과 필터와 Butterworth 와 Tchebyscheff 설계를 위한 반응은 그림 3-42에 보여진다. 두 설계를 위한 가까운 형태의 표현은 아래 주어진다.

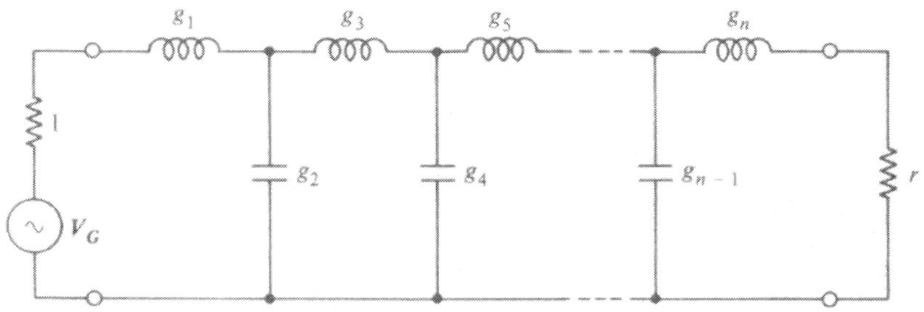

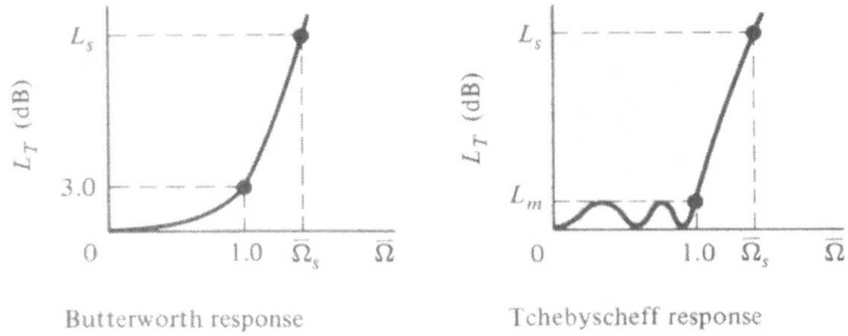

Note: $r=1$ 은 n even 을 가지는 Tchebyscheff 설계에서 제외, 이 경우 $r=\coth^2(\beta/4)$. β 는 식(3-31)에서 정의되어졌다.

그림 3-42. 집중정수소자의 프로토타입 저역통과 네트워

Butterworth (maximally flat) 반응 (Butterworth (maximally flat) response) :

$$g_k = 2\sin\left[\frac{(2k-1)\pi}{2n}\right], \text{ 여기서 } k=1,\ 2, \ldots, \text{n} \quad (3\text{-}30)$$

예를들어, 만일 $n=3$ 이면 $g_1 = g_3 = 1.00$, 그리고 $g_2 = 2.00$

Tchebyscheff(equal-ripple) 반응 (Tchebyscheff(equal-ripple) response) :

$$g_1 = 2a_1/\gamma$$

$$g_k = \frac{4a_{k-1}a_k}{b_{k-1}g_{k-1}}, \quad k=2,\ 3, \ldots, \text{n}$$

여기서 $a_k = \sin\left[\frac{(2k-1)\pi}{2n}\right]$, $k=1,\ 2, \ldots, \text{n}$

$$b_k = \gamma^2 + \sin^2(k\pi/n), \quad k=1,\ 2, \ldots, \text{n}$$

$$\gamma = \sinh(\beta/2n)$$

그리고 $\beta = \ln\coth(\frac{L_m}{17.37})$ with L_m in dB (3-31)

(주 : 위의 식에서 β는 위상상수가 아니고, γ는 전파상수가 아니다. 이것들은 간단히 지적된 양을 나타낸다.) 예를들어 만일 $n=3$이고 $L_m=1.0$ dB이면, $\beta=2.855$, $\gamma=0.494$, 그리고 $g_1=g_3=2.024$, 그리고 $g_2=0.994$이다. 표 3-1는 0.20 dB 손실 리플을 가지는 Butterworth 설계와 Tchebyscheff 설계를 위한 성분 값을 $n=5$까지 나탄내다. 이들값들은 전원 임피던스(그리고 어드미턴스)가 "unity" 하기 때문에 정규화된 임피던스와 어드미턴스로 표현된다. 유도성 성분을 위한 g 값은 정규화된 임피던스이고 용량성 성분을 위한 g 값은 정규화된 어드미턴스이기 때문에 비정규화된 값은 아래와 같이 된다.

$$G_k = g_k Z_0 \quad \text{ohms} \quad \text{for inductances}$$

과

$$G_k = g_k / Z_0 \quad \text{mhos} \quad \text{for capacitances} \tag{3-32}$$

여기서 전원은 정합($R_G=Z_0$)되었다고 가정한다. Z_0은 입력선로의 특성 임피던스를 나타낸다. 그림 3-42에서 주파수 스케일이 $f=f_c$에서 Ω 값인 Ω_c로 정규화된 됨을 주목하라. 즉,

$$\overline{\Omega} \equiv \frac{\Omega}{\Omega_c} \tag{3-33}$$

그러므로 저역통과 필터를 위한 유도용량과 정전용량의 값은 다음과 같다.

$$L_k = G_k/\Omega_c \quad \text{그리고} \quad C_k = G_k/\Omega_c \tag{3-34}$$

만일 집중정수소자 필터를 설계 한다면, Ω는 간단히 항상 가변하는 주파수 ω에의해 대체되어지고, $\omega_c=2\pi f_c$는 Ω_c를 대체할 것이다. 그러나 등가의 commensurate 선로 필터(즉, 인덕터는 단락회로선로에의해 대체되어지고 캐패시터는 개방회로 선로 단에 의해 대체되어지는)에서는, Ω는 Richard's transformation에 의한 주파수와 연관되어진다. 이름하여,

$$\Omega = \tan\left(\frac{\pi}{2}\frac{f}{f_r}\right) \quad \text{과} \quad \Omega_c = \tan\left(\frac{\pi}{2}\frac{f_c}{f_r}\right) \tag{3-35}$$

아래의 예는 저역통과 프로토타입, Richard's transformation, 그리고 이들과 관련한 등가(그림3-40) 들이 어떻게 대역저지 전송선로 필터를 설계하는데 사용되어지는지를 설명한다.

예제 3-2 :

3단 설계, 중심 주파수 2,000 MHz 에서 3 dB 대역폭이 800 MHz 인 T 형태 대역저지 필터. commensurate 길이는 개방과 단락된-선로단을 가지고 Butterworth 설계를 사용한다. $R_G = R_L = Z_0 = 50$ ohms 로 가정한다.

표 3-1. 그림 3-34(a)와 3-42의 프로토타입 저역통과필터를 위한 정규화된 요소값

ELEMENT VALUES FOR BUTTERWORTH DESIGN

n	g_1	g_2	g_3	g_4	g_5
1	2.000				
2	1.414	1.414			
3	1.000	2.000	1.000		
4	0.765	1.848	1.848	0.765	
5	0.618	1.618	2.000	1.618	0.618

ELEMENT VALUES FOR TCHEBYSCHEFF DESIGN
with L_m = 0.20 dB

n	g_1	g_2	g_3	g_4	g_5
1	0.434				
2	1.038	0.675			
3	1.228	1.153	1.228		
4	1.303	1.284	1.976	0.847	
5	1.339	1.337	2.166	1.337	1.339

해: 대역폭이 800 MHz, $f_r = 2,000$ MHz 이므로 $f_c = 2,000 - 0.5(800) =$ 1,600 MHz 이고 $\Omega_c = \tan 72° = 3.078$. 3단 Butterworth 프로토타입을 위한 g 값은 표 3-1에 주어진다. 즉, $g_1 = g_3 = 1.00$ 이고 $g_2 = 2.00$ 이다. T-형태 저역통과 필터를 위하여, g_1과 g_3는 직렬 인덕터들로 나타내고, 반면에 g_2는 병렬 캐패시터로 나타난다. 그러므로 50 ohm 시스템에서는 비정규화된 값이 아래와 같다.

$$G_1 = G_3 = 50 \text{ ohms} \quad 와 \quad G_2 = 0.04 \text{ mhos}$$

식(3-34)에 대입하면 다음과 같다.

$$L_1 = L_3 = 16.24 \text{ H} \quad \text{이고} \quad C_2 = 0.013 \text{ F}$$

이들 값들은 저역통과 프로토타입 네트웍의 성분들을 나타낸다. 등가 commensurate 선로 필터가 그림 3-43의 (a)에 보여진다. 여기서 $2,000$ MHz 에서 $l = \lambda/4$ 이다.
그림 3-40의 등가로부터

$$Z_{01} = Z_{03} = 16.24 \text{ ohms} \quad \text{이고} \quad Y_{02} = 1/Z_{02} = 0.013 \text{ mhos}$$

이로서 대역저지 전송선로 필터의 설계를 완성한다. 동축형 버전은 그림 3-43의 (b)에서 보여진다. 여기서 유전체물질로 채워진 동축단들은 직렬연결 단락선로들이다.

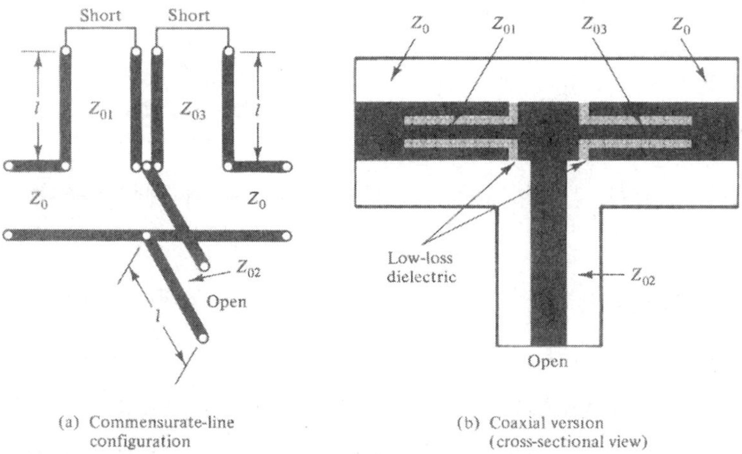

그림 3-43. 3단 commensurate 선로 대역저지 필터. 설계과정은 예제 3-2에 설명되었다.

대역저지 필터의 손실특성은 그림 3-41의 (a)에 보여진다. 이와같은 필터는 $1,600$ MHz 의 차단주파수와 $2,000$ MHz 지점에서 무한한 손실을 가지는 저역통과 필터로 보여지거나 사용되어질 수 있다. 그러나 진짜 저역통과 필터와 같지않게 commensurate 선로 버전은 $2f_r$, $4f_r$, 등 의 불요파 반응을 가진다.

Butterworth 와 Tchebyscheff 저역통과 필터들을 위한 손실표현은 여러 문헌에서 주어진다.

$\overline{\Omega}$를 가지고 정규화된 주파수 변수를 대체하여, 같은 표현들이 commensurate 선로 필터들을 위해 사용되어질 것이다.

Butterworth 설계의 경우,

$$L_T = 10\log(1+\overline{\Omega}^{2n}) \tag{3-36}$$

여기서 $\overline{\Omega}$는 식(3-33)과 (3-35)에 의해 정의되어지고 n은 필터의 단수이다.

Tchebyscheff 설계를 위하여,

$$L_T = 10\log\left[1+(\kappa-1)T_n^2(\overline{\Omega})\right] \tag{3-37}$$

여기서

$$T_n(\overline{\Omega}) = \cos(n\cos^{-1}\overline{\Omega}) \quad \text{for} \quad \left|\overline{\Omega}\right| \le 1$$

$$T_n(\overline{\Omega}) = \cosh(n\cosh^{-1}\overline{\Omega}) \quad \text{for} \quad \left|\overline{\Omega}\right| \ge 1$$

그리고 $\kappa \equiv \text{anti}\log(L_m/10)$. L_m은 그림3-41(b)와 3-42에 지적한 최대 통과대역 손실이다.

특별히 필터 설계에 필요한 단수(n)는 요구되어지는 스커트 선택도에 의해 결정되어진다. 확정되어진 f_c, f_s, f_r 그리고 L_s를 가지고 식(3-36)이 Butterworth 설계에서 n을 결정하기 위하여 사용되어진다. Tchebyscheff 설계에서는 요구되어지는 n의 값이 식(3-37)로부터 얻어진다. 여기서 f_c, f_s, f_r, L_s 그리고 L_m이 확정되어진다. 이 둘의 경우에, 얻어진 값은 n이 양의 정수이어야 하므로 다음의 더 높은 정수값까지 증가되어져야만 한다.

만일 예제 3-2와 그림 3-43에 묘사되어진 대역저지 필터가 만들어진다면, 측정된 손실 반응이 거의 식(3-36)에 의해 예측되어진 것을 따를 것이다. 그러므로 전기적인 관점으로부터, 이것은 훌륭한 설계다. 그러나 실제 제작하는 관점에서는 그렇지가 않다. 앞서 설명한바 와같이 TEM 구조에서 직렬연결 스터브들의 수단은 다루기가 힘들고 비싼 경향을 가진다. 그러므로 필터특성 사양의 손상없이 이것을 제거하는 과정이 매우 요구되어진다. Kuroda의 정의로 알려진 확실한 네트웍 등가의 존재는 이러한 과정을 가능하게 한다.

Kuroda' s 정의

그림 3-44은 Kuroda 정의의 first kind와 second kind 로 알려진 4개의 네트웍 등가들을 보여준다. 등가들은 오직 S-plane에서 정당하다. 여기서 S 는 식(3-27)에 의해 정의되어진다. 그러므로 인덕터의 임피던스는 $j\Omega L$ 이고 반면에 캐패시터의 어드미턴스는 $j\Omega C$ 이다. Kuroda 방법은 2-포트 네트웍과 단위 성분을 포함하는 Levy (참고문헌 3-6)에 의해 일반화되었다. 단위 성분(그림3-44에 U.E. 로 표시됨)은 아래와 같이 ABCD 행렬에 의해 정의되어진다.

$$\begin{bmatrix} A & B \\ C & D \end{bmatrix} = \frac{1}{\sqrt{1-S^2}} \begin{bmatrix} 1 & SZ_{0k} \\ S/Z_{0k} & 1 \end{bmatrix} = \frac{1}{\sqrt{1+\Omega^2}} \begin{bmatrix} 1 & j\Omega Z_{0k} \\ j\Omega/Z_{0k} & 1 \end{bmatrix} \tag{3-38}$$

여기서 $S = j\Omega$ 이고 Richard's transformation 으로부터 $\Omega = \tan(\pi f/2f_r)$ 이다. 전송선로의 ABCD 행렬를 가진 이 표현의 비교는 단위성분(U.E.)이 간단히 f_r 에서 $\lambda/4$ 길이를 가진 무손실 전송선로의 특성 임피던스 Z_{0k} 임이 드러난다. 식(3-38)를 이용하여, 그림 3-44의 정의식들은 등가 네트웍들의 ABCD 행렬를 비교함에 의해 입증되어질 수 있다.

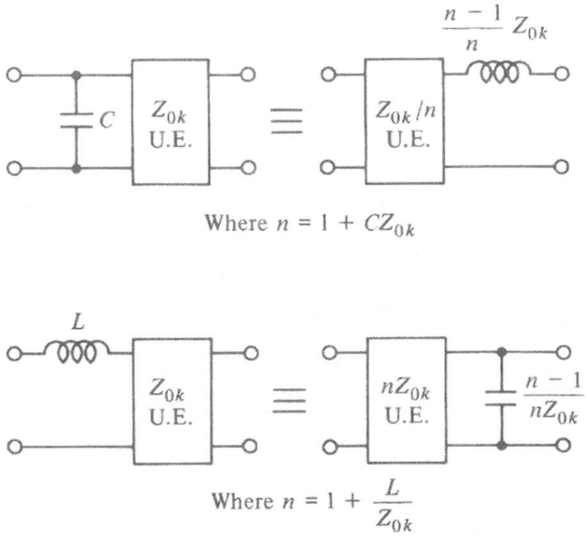

(a) First kind

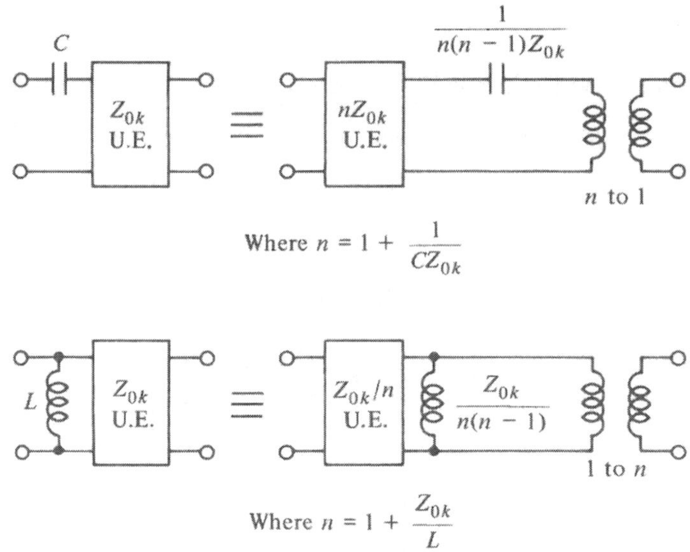

(b) Second kind

그림 3-44. 1차와 2차 Kuroda's 정의식. 이들 정의식들은 오직 Ω 도메인내에서 정당하다. 그러므로 인덕터는 단락선로단으로 표현되고 캐패시터는 개방회로 선로단으로 표현된다. 모든 선로는 주파수 f_r 에서 $\lambda/4$ 길이를 가진다.

Kuroda 정의식들이 어떻게 간단히 전송선로 필터들의 설계에 사용될 수 있는지를 보기전에, 몇 개의 일반적인 설명이 요구된다. 무엇보다 먼저, Ω 도메인내에서 인덕터 L 은 단락선로단을 나타내고, 반면에 캐패시터 C 는 개방회로 선로단을 나타냄을 기억해야만 한다. 그러므로 first kind의 Kuroda 정의식들은 접지된 병렬 연결된 개방회로 선로에 의해 직렬 연결된 단락선로를 대체하는데 사용되어질 수 있다. 또한 그 역도 성립한다. 한편 second kind의 Kuroda 정의식들은 오직 회로내에서 성분요소의 위치를 변화하는데 사용되어질 수 있다. 결과적으로, 만일 $R_L = Z_0$ 이라면, $Z_{0k} = Z_0$ 을 가지는 단위성분의 수는 입력 반사계수와 필터의 진폭크기 반응에 흔들림없이 필터와 부하사이에 삽입되어질 수 있다. 그러나 위상 반응은 흔들린다. 많은 필터 응용에 있어, 이러한 위상 변화는 중요하지 않다. 유사하게, 만일 $R_G = Z_0$ 이면, 필터와 전원 사이에 $Z_{0k} = Z_0$ 를 가진 단위성분의 삽입은 진폭크기 반응과 입력 반사계수의 크기를 변하게하지 않는다.

아래의 예는 commensurate 선로 대역저지 필터들을 설계하기위하여 Kuroda 정의식들의 사용을 소개한다. 이 예에서, 모든 직렬로 연결된 단락 스터브들은 접지된 병렬로 연결된 개방회로 스터브들로 대체되어질 것이다.

예제 3-3 :

Tchebyscheff 반응(그림3-41(b))을 가지고 중심주파수 $3,000$ MHz 의 commensurate 선로 대역저지 필터를 설계한다. 필터 사양은 $2,750$ 과 $3,250$ MHz 사이에서 $L_T \geq 20$ dB 이고, $f \leq 2,500$ MHz, $f \geq 3,500$ MHz 에서는 $L_T \leq 1.0$ dB 이다. 오직 접지된 병렬로 연결된 개방회로 스터브들을 사용한다. 공기로 채워진 TEM 선로와 50 ohm 정합 시스템을 가정한다. (즉, $R_G = R_L = Z_0 = 50$ ohms)

해 : 그림 3-41b을 참고로, $f_r = 3,000$ MHz, $f_c = 2,500$ MHz, $f_s = 2,750$ MHz, $L_m \leq 1.0$ dB 그리고 $L_s \geq 20$ dB 이다. 식(3-35)로부터 $\Omega_c = 3.73$, $\Omega_s = 7.60$ 그러므로 $\overline{\Omega}_s = 2.04$ 이다.

필터사양을 만족하기 위하여 요구되어지는 최소수량의 성분(단수)를 결정하기 위하여 식(3-37)은 $\overline{\Omega} = \overline{\Omega}_s$ 에서 계산되어진다. 즉,

$$20\ \text{dB} = 10\log\left[1 + 0.26\cosh^2(1.34n)\right]$$

그러므로 $n = (\cosh^{-1} 19.5)/1.34 = 2.73$ 이다. 이는 3단 필터가 사양을 만족하기위하여 필요함을 나타낸다. 1.0 dB 리플을 가진 3단 Tchebyscheff 필터를 위한 정규화된 성분값들은 식(3-31)에 의해 다음과 같이 주어진다. 즉, $g_1 = g_3 = 2.024$ 이고 $g_2 = 0.994$ 이다.

우리는 모두 접지된 병렬로 연결된 개방회로 스터브들을 사용하기를 원하기 때문에, 프로토타입 필터의 중심성분은 접지된 병렬 캐패시터 이야만한다. 3단 필터에서 이는 T 형상을 요구한다. Kuroda 정의식들은 2개의 직렬 인덕터를 접지된 병렬 캐패시터로 변환하기위해 사용되어진다. $Z_0 = 50$ ohms 을 가지고 식(3-32)로부터

$$G_1 = G_3 = 101.2\ \text{ohms} \quad \text{와} \quad G_2 = 0.0199\ \text{ohms}$$

$\Omega_c = 3.73$ 이기 때문에, 식(3-34)는 다음을 생성한다.

$$L_1 = L_3 = 27.13 \text{ H} \text{ 이고 } C_2 = 5.33\times10^{-3} \text{ F}$$

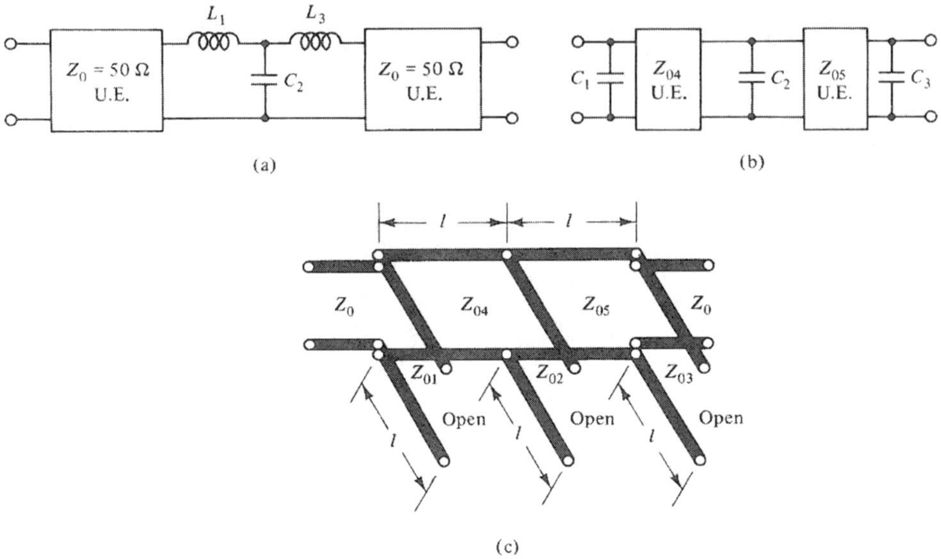

그림 3-45. 예제 3-3 프로토타입 필터의 접지된 병렬로 연결된 개방회로 선로단의 배열로 변환

만일 사양들이 직렬연결 단락선로들의 사용을 허락한다면, 필터의 commensurate 선로 버전은 그림3-43에 보여진 것처럼 될 것이다. 이 경우에, $Z_{01} = Z_{03} = 27.13$ ohms, $Z_{02} = 1000/5.33 = 187.6$ ohms 이고, 3,000 MHz 에서 스터브 선로들은 $\lambda/4$ 길이이다. 그러나 모든 접지된 병렬로 연결된 선로들이 확정되어졌기 때문에 Kuroda 정의식들이 직렬 인덕터들을 제거하기위하여 사용되어져야만 한다. 그림 3-45는 프로토타입 필터로부터 3개의 개방회로 스터브들과 2개의 단위성분으로 구성된 commensurate 선로 필터까지 진행되는 것을 보인다. (a)는 입력과 출력단에 추가로 50 ohm 단위성분을 가지는 프로토타입 필터를 보인다. $R_G = R_L = 50$ ohms 을 가지고, 필터의 손실반응이 그것들의 존재에 영향받지 않는다. first kind의 Kuroda 정의식의 응용은 (b)에 보여지는 네트웍을 생성한다. 여기서 $C_1 = C_3 = 7.03\times10^{-3}$ F 이고 $Z_{04} = Z_{05} = 77.1$ ohms 이다. Richard's transformation 덕분으로 필터의 commensurate 선로 버전은 (c)처럼 보이게된다. 여기서

$$Z_{01} = Z_{03} = 1000/7.03 = 142.2 \text{ ohms} \quad \text{과} \quad Z_{02} = 187.6 \text{ ohms}$$

3,000 MHz 에서 $\lambda_0 = 10$ cm 이고 선로가 공기로 채워졌기 때문에, $l = 10/4 = 2.50$ cm 이다. 이로서 대역저지 필터 설계를 완성한다.

위 예제의 필터 설계는 주어진 손실 사양을 만족할 것이다. 사실, $n = 3$ (2.73 으로부터 반올림) 때문에, 2,750 MHz 와 3,250 MHz 에서 실제손실은 20 dB 보다 약간 클 것이다. 또한 앞서 설명한 바와같이 commensurate 선로 필터는 중심주파수 3,000 MHz 의 홀수배들에서 불요파를 가질 것이다. 전송선로 네트워의 설계에서 실제적인 고려사항은 선로 임피던스의 실현할 수 있는 범위이다. 동축선로의 경우, 특성 임피던스의 사용가능한 범위는 약 5 에서 200 ohms 이다. 스트립형 전송선로의 경우, 범위는 심지어 더 작다. 전형적으로 10 에서 100 ohms 이다. 그러므로 위의 예에서 묘사되어진 필터는 동축선로는 실현가능하나, 스트립 성분은 어렵다. 몇몇의 경우 현실성의 문제는 다른 설계 기술을 사용하여 극복할 수 있다. 그런 기술중의 하나가 3-6b절에 소개할 결합선로 필터이다.

Commensurate 선로 대역통과 필터 설계

Commensurate 선로 대역통과 필터의 설계과정은 대역저지 필터에 사용했던 것과 유사하다. 대역통과 설계를 위하여, 프로토타입 네트워이 집중정수소자 고역통과 필터이다. 그림 3-46의 (a)는 프로토타입을 위하여 한가지 가능한 형태를 보인다. 저역통과 대응처럼, 변형된 형태는 첫 성분(단)으로 접지된 병렬로 연결된 리액턴스를 가질 것이다. 그림의 (b)는 Tchebyscheff 설계를 위한 고역통과 반응을 보이고 결과적으로 Richard's transformation 로 인해 대역통과 반응을 보인다. 대역통과 특성은 개방회로 선로단에 의해 캐패시터를 대체하고 단락회로 선로단에 의해 인덕터를 대체함으로 얻어진다. 앞의 경우처럼, 모든 선로 단은 f_r 에서 $\lambda/4$ 길이이다.

그림 3-46a 에 보여진 고역통과 프로토타입은 저역통과로부터 고역통과까지 주파수 변환 결과이므로 주파수 변수 $\overline{\Omega}$ 는 $-1/\overline{\Omega}$ 로 대체되어진다. 이는 저역통과로부터 고역통과 필터까지 네트워을 변환한다. 왜냐하면 인덕터들이 캐패시터로 대체되어지고 캐패시터들이 인덕터들로 대체되어지기 때문이다. 그림내에서 주목되어지는 것처럼 고역통과 필터를 위한 정규화된 성분값(g_k')들은 간단히 저역통과 프로토타입의 성분값과 연관하여 그 역수이다. 정규

화되지 않은 성분값들과 Richard's 변환을 적용하여 f_r 이 중심주파수인 대역통과 반응이 얻어진다. 그림 3-47(a)는 이러한 설계 과정에 기반한 3단 대역통과 필터를 보여준다. 동축형버전은 그림의 (b)에 보여준다.

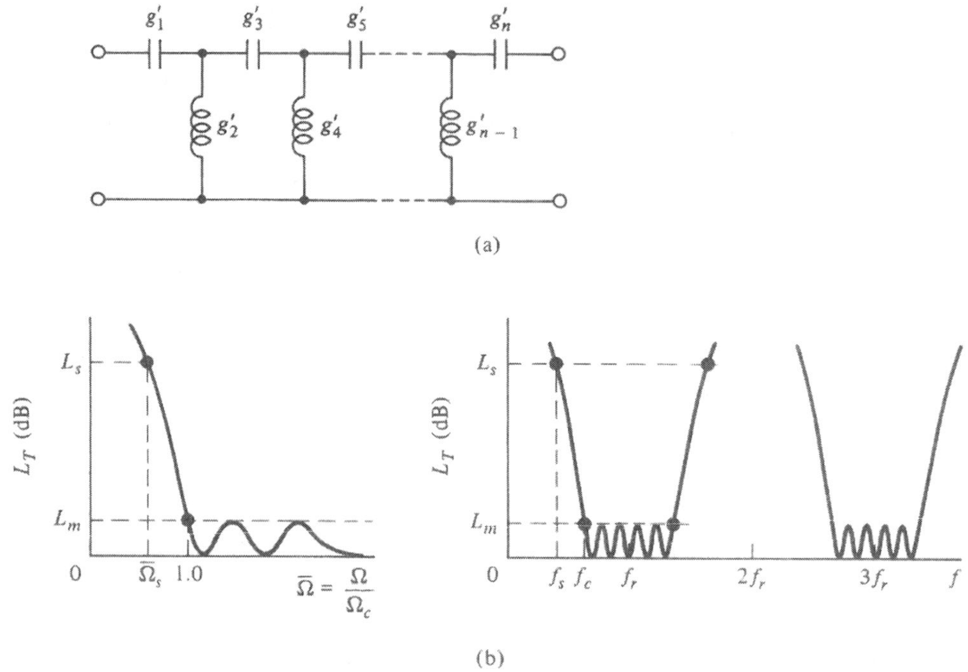

Note: $g_k' = 1/g_k$ 여기서 g_k 는 식(3-30)과 (3-31)에 의해 주어진 요소값들 임.

그림3-46. Commensurate 선로 대역통과필터의 설계에 사용된 고역통과 프로토타입 네트웍. 전형 적인 고역통과 필터의 반응과 그와 관련한 대역통과 필터의 반응은 (b)에 보여준다.

과정을 설명하기 위하여, 예제3-3에 설명한 대역저지 필터의 f_c, f_r, 그리고 L_m 와 같은 값을 가지는 3단 대역통과 필터의 설계를 고려하자. 저역통과 프로토타입은 2개의 직렬 인덕터와 1개의 접지된 병렬 캐패시터를 포함하기 때문에, 고역통과 프로토타입은 정규화된 성분값 $g_1' = g_3' = (2.024)^{-1} = 0.494$ 을 가진 2개의 직렬 캐패시터와 $g_2' = (0.994)^{-1} = 1.006$ 를 가진 1개의 접지된 병렬 인덕터를 구성할 것이다. 50 ohm 시스템이므로, 식(3-32)로부터 $G_1' = G_3' = 0.0099$ mhos 와 $G_2' = 50.3$ ohms

이다. 식(3-34)로부터 $C_1 = C_3 = 2.65\times10^{-3}$ F 이고 $L_2 = 13.5$ H 여기서 $\Omega_c = 3.73$ 이다. Commensurate 선로 대역통과 필터의 결과는 그림 3-47(a)에 보여준다. 여기서 $Z_{01} = Z_{03} = 1000/2.65 = 377$ ohms 과 $Z_{02} = 13.5$ ohms 이다.

Butterworth 와 Tchebyscheff 반응의 손실표현은 식(3-36)과 (3-37)에서 $\overline{\Omega}$를 $-1/\overline{\Omega}$로 대체함으로서 얻어진다.

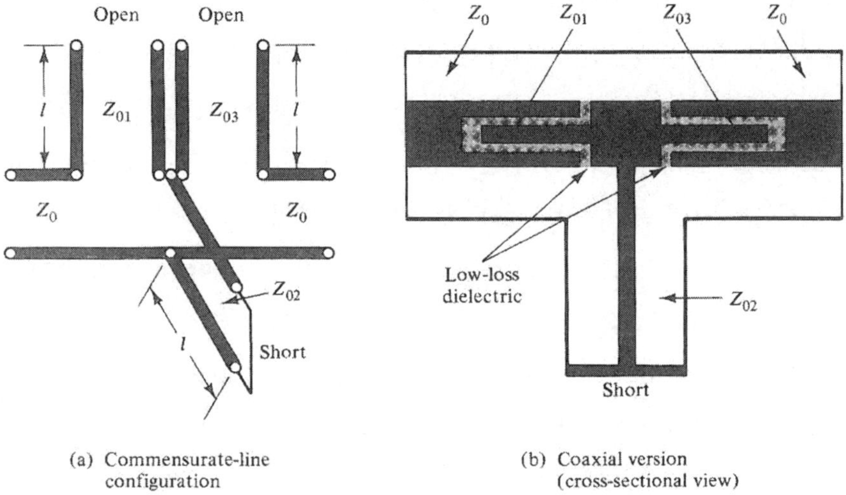

그림 3-47. 3단 commensurate 선로 대역통과 필터와 동축선로단을 가진 그것의 필터 모습

Butterworth 설계의 경우,

$$L_T = 10\log\left[1+\overline{\Omega}^{-2n}\right] \tag{3-39}$$

Tchebyscheff 설계의 경우,

$$L_T = 10\log\left[1+(\kappa-1)T_n^2(1/\overline{\Omega})\right] \tag{3-40}$$

여기서

$$T_n(1/\overline{\Omega}) = \cos\left[n\cos^{-1}(1/\overline{\Omega})\right] \qquad \text{for } \left|1/\overline{\Omega}\right| \le 1$$

$$T_n(1/\overline{\Omega}) = \cosh\left[n\cosh^{-1}(1/\overline{\Omega})\right] \qquad \text{for } \left|1/\overline{\Omega}\right| \ge 1$$

그리고 $\kappa \equiv \text{antilog}(L_m/10)$

음(-)의 표시는 $\overline{\Omega}$ 가 $-1/\overline{\Omega}$ 로 대체되어질 때 사라진다. 이는 손실방정식이 $\overline{\Omega}$ 의 짝수배 함수이기 때문이다.

단지 여기에서 설명하는 확정된 대역통과 설계는 실제적이지 않다. 왜냐하면 377 ohm 선로는 TEM 시스템에서는 실현될 수 없기 때문이다. 또한 이전에 설명하였던, 직렬 연결 TEM 선로단은 실제 제작하기가 어렵고 비싸다. 그러므로 접지된 병렬로 연결된 스터브와 단위성분들의 종속형태로 대역통과 필터를 구현하기 원한다. 대역저지의 경우에, 이것은 first kind의 Kuroda 정의식들의 사려 분별이있는 응용에 의해 성취되어진다. 그러나 이 기술은 대역통과의 경우 직렬 캐패시터와 접지된 병렬 인덕터를 서로 맞바꾸는 Kuroda 정의식들이 없기 때문에 작업이 어렵다. 그러므로 접지된 병렬로 연결된 단락스터브들 (또는 직렬로 연결된 개방스터브들)의 배열로 구성한 대역통과 필터의 합성은 직접 그림 3-48의 프로토타입 네트웍을 따라야만 한다. (a)에서, 인덕터들은 특성 임피던스 $Z_{0k} = L_k$ 의 단락선로단들을 나타낸다. 이들 단위성분과 단락선로단은 대역통과의 중심주파수인 f_r 에서 $\lambda/4$ 길이를 가진다. (b)의 네트웍형태는 설계가 직렬로 연결된 개방회로 선로($Z_{0k} = 1/C_k$ 인 경우)들을 부를 때 사용되어진다. 이들 필터의 형상은 여러 엔지니어들 (참고문헌 3-7, 3-8, 그리고 3-9)에 의해 분석되어졌다. Matthaei (참고문헌 3-7)에 의해 발전되어진 과정이 일반적으로 협대역과 광대역필터들을 설계하는데 사용되어진다. 그림 3-48의 필터 네트웍은 결합선로 필터들과 등가이므로 설계과정은 3-6b절에서 소개되어질 것이다.

결합선로 필터들을 논의하기전에 몇 개의 코멘트가 그림 3-48의 필터 구성을 위하여 주어진다. 무엇보다 먼저, 그것들은 redundant 필터이다. 즉, 그것들은 요구되어진 주파수 반응을 구현하기위하여 필요한 것보다 더 많은 자유도(degrees of freedom)를 포함한다(참고문헌 3-8의 Ⅴ절 참조). 이러한 이유 때문에, 일반적으로 단위성분들의 특성 임피던스가 입력과 출력선로의 임피던스 Z_0 과 등가인 버전을 사용한다. 이 버전을 위한 합성과정은 참고문헌 3-8의 Appendix 에 묘사되어졌다. maximally flat 반응을 위한 정규화된 어드미턴스 값들의 표는

Mumford (참고문헌 3-10)에 의해 주어진다.

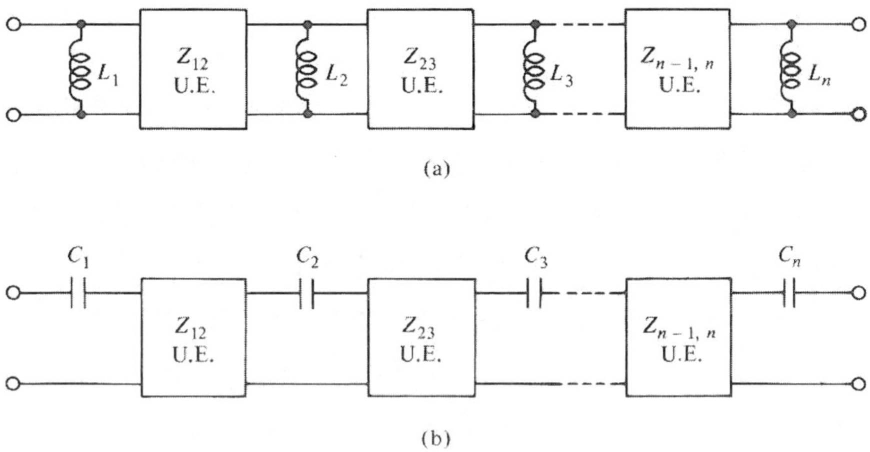

그림 3-48. Commensurate 선로 대역통과필터를 제작하는데 사용된 고역통과 프로토타입 네트워. 네트워은 Richard's 변환의 사용으로 대역통과 필터로 변환되었다.

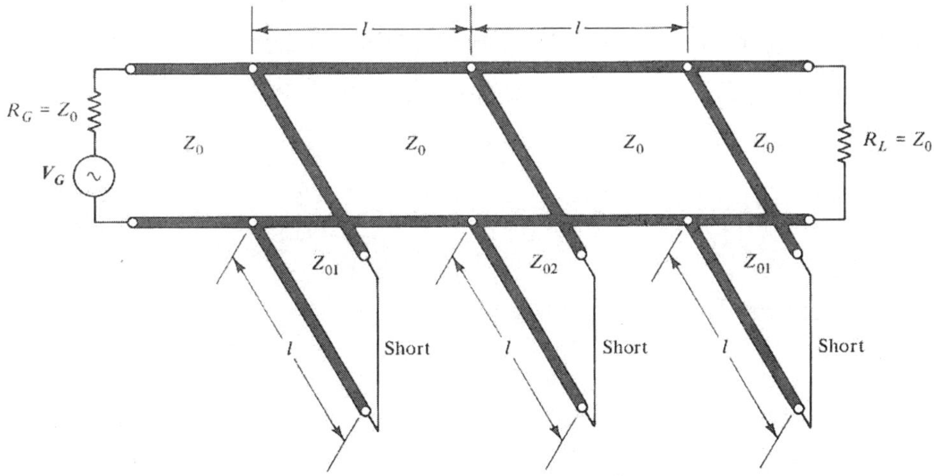

그림 3-49. 3개의 스텁과 2개의 Z_0 요소로 구성된 commensurate 선로 대역통과 필터 ($l = \lambda/4$ at f_r)

그림 3-49는 두 단위성분들의 임피던스가 Z_0 인 3개의 스터브버전을 보여준다. 평소와 같이, 모든 선로단들은 f_r 에서 $\lambda/4$ 길이를 가진다.

그림 3-48의 필터 네트웍에서 인식되어야할 다른 중요한 점은 n-스터브 설계는 1부터 $n-1$ 스터브들까지 어느곳을 포함하든 한곳으로 변환되어질 수 있다. 이는 second kind의 Kuroda 정의식들의 사려분별이있는 사용에 의해 성취되어진다. 정의식들은 정확하기 때문에, 변환 버전들의 특성은 변환전 필터들의 것과 동일할 것이다. 이것은 설계자에게 원하는 손실특성을 가지는 물리적으로 실현 가능한 구조를 선택하는데 추가적인 유연성을 준다. 변환과정을 설명하기위하여, 그림 3-49에서 3-스터브 필터는 1개의 단락된 스터브 와 2개의 단위성분으로 축소될 것이다. 나머지 2개의 스터브 구성을 위한 변환은 독자의 몫으로 남긴다.

그림 3-50의 (a)는 그림 3-49의 3 스터브 필터를 보인다. 여기서 S-plane 인덕터는 단락된 스터브들을 나타낸다. Kuroda 정의식(그림3-44(b))의 응용은 (b)에 보여진 회로의 결과를 가진다. L_2 인덕터(n^2 에 의해 나누어짐) 는 두 번째 변환기의 오른쪽으로 움직여짐을 주목하라. back-to-back 변환기가 서로를 상쇄하는 효과를 가지기 때문에, 회로는 (c)에 보여진 것처럼 줄어든다. 여기서 L 은 (b)의 3개 인덕터의 병렬결합을 나타낸다. Commensurate 선로 필터의 결과는 (d)에 보여진다. 이들 필터특성들은 그림3-49에 보여진 3-스터브 버전과 동일하다.

1-스터브 버전은 Kuroda 정의식들을 사용함으로서, 광대역 직류 리턴들이 그림 3-48(a) 의 Commensurate 선로 대역통과 프로토타입으로부터 설계되어질 수 있다. 유사하게, 직류 블럭들은 그림 3-48(b)의 프로토타입 네트웍으로 부터 설계되어질 수 있다.

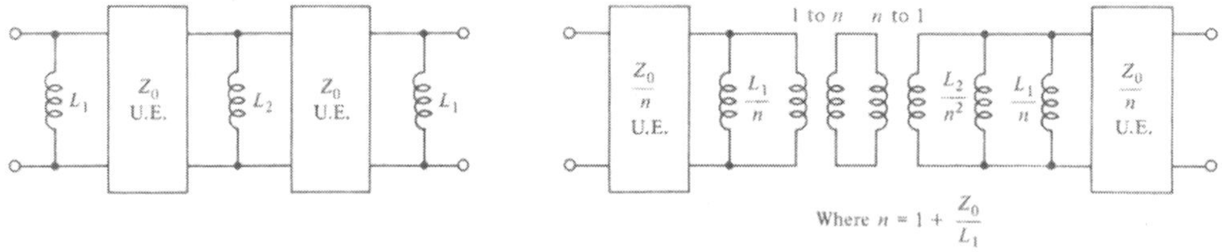

(a) (b)

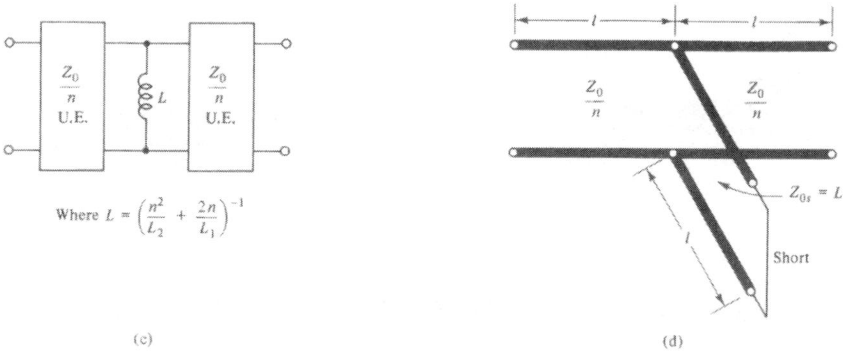

그림 3-50. 3개의 스텁 대역통과필터를 1개의 스텁으로 변환한 Kuroda's 정의식의 사용

3-6b 결합선로 필터

용량성으로 결합하는 스트립선로 공진기들은 3-5b절과 그림 3-27에 소개되어졌다. 용량성 결합의 다른 방법은 그림3-51의 (a)에 나타내었다. 여기서 $x = \lambda$ 이다. 광대역을 얻기 위하여, 큰 정전용량값들이 요구되어진다. 이는 도체들 사이의 간극이 극단적으로 작아야함을 의미한다. 교대로, 또한 결합은 x 가 길어짐에 의해 대역폭이 더 넓어지게 되고 임계간극이 덜 예민하도록 증가되어질 수 있다. (b)는 결합길이가 $\lambda/4$ 까지 증가되는 경우를 설명한다. 지금 길이는 주목할만한 부분의 파장이기 때문에, 결합은 간단하게 용량성이 아니다. 결론적으로, 구성은 결합선로 이론의 항으로 분석되어져야만 한다. 이 구성은 결합선로 필터들로 알려진 큰 분류의 필터들의 한 예이다. 그것들 설계에 사용되어진 과정들은 Jones 과 Bolljahn (참고문헌 3-11)과 Ozaki 와 Ishii (참고문헌 3-12)에 의해 발전된 개념을 기반으로 한다. 대역통과와 대역저지 필터들은 이들 개념을 사용하여 실현되어질 수 있다. 단지 대역통과 필터의 경우가 여기서 논의되어질 것이다.

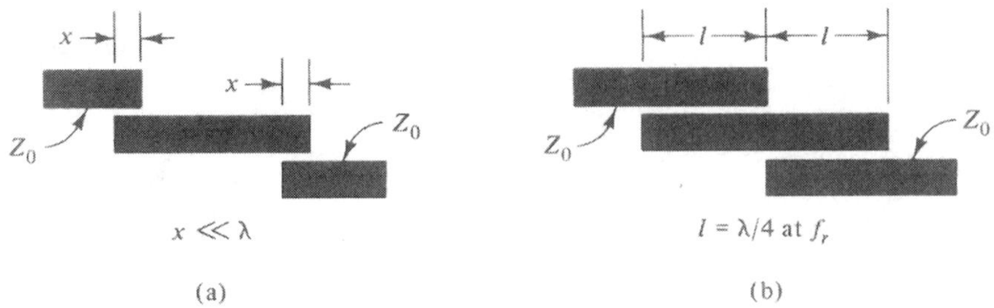

그림 3-51. 용량성 결합 대역통과 필터의 하나인 결합선로 필터

그림3-52는 공진기의 단들이 양쪽 끝에서 개방회로된 다단의 결합선로 대역통과 필터의 한 가지 형태를 보인다. 이 필터와 그것의 쌍대적은 Cohn (참고문헌 3-13)과 Matthaei (참고문헌 3-7)에 의해 분석되어진다. Matthaei에 의해 발전된 설계 과정은 협대역과 광대역버전 모두에서 정확하다. 여기서는 개방회로 공진기들의 과정이 소개되어진다.

그림 3-52의 결합선로 필터를 위한 설계 식을 유도하기위한 첫 번째 단계는 저역통과 프로토타입(그림 3-42)을 임피던스 인버터와 직렬연결 인덕터들을 포함한 형태로 변환하는 것이다. 이것이 그림 3-53에 나타내어진다.

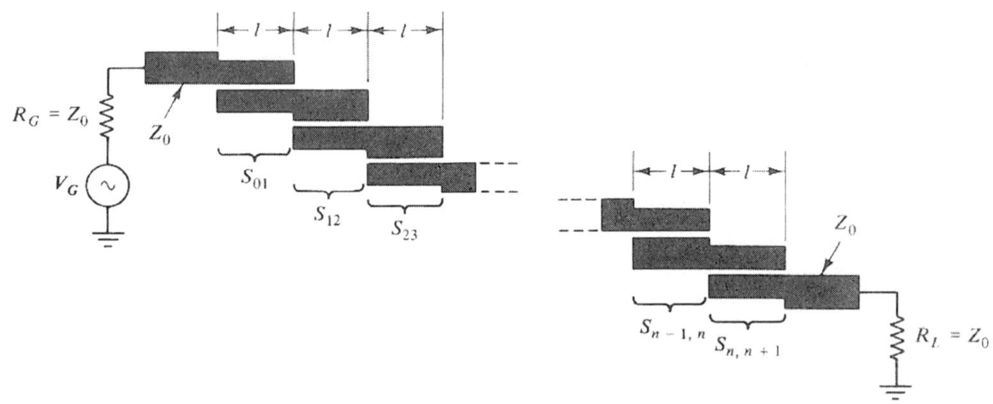

그림 3-52. 평행한 결합선로 스트립라인 필터의 center conductor 패턴 ($l = \lambda/4$ at f_r)

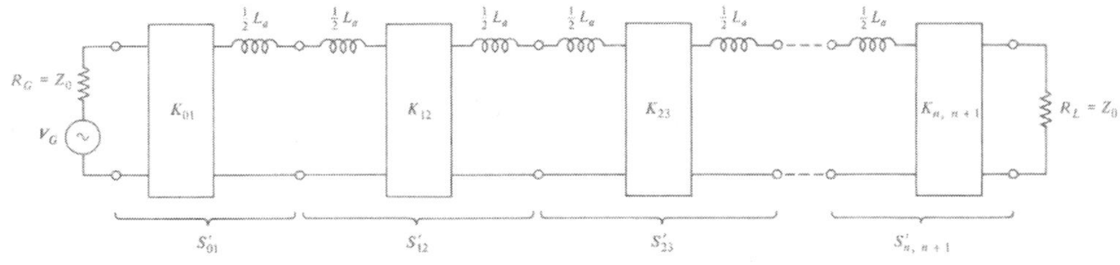

Note: $R_G = R_L = Z_0$ 일 때 $L_a = Z_0$

그림 3–53. 그림 3–52에서 결합선로 필터의 네트웍 모습

이상적인 K 인버터의 특성은 그림 3-36(a)에 정리되어졌다. 저역통과 프로토타입과 그림 3-53의 네트웍 사이의 연관성은 그것들의 임피던스 특성을 비교함에 의하여 얻어진다 (참고문헌 3-4). 이는 정규화된 소자값들과 K 인버터 사이에서 다음의 관계를 이끌어낸다.

K 인버터 값(마지막 단들)

$$\frac{K_{01}}{Z_0} = \frac{K_{n,n+1}}{Z_0} = \frac{1}{\sqrt{g_1}} \tag{3-41}$$

K 인버터 값(중간 단들)

$$\frac{K_{k,k+1}}{Z_0} = \frac{1}{\sqrt{g_k g_{k+1}}}, \quad k = 1,\ 2, \ldots, \text{n-1} \tag{3-42}$$

정규화된 소자값들은 식(3-30)과 (3-31)에 의해 주어진다. 몇몇 값들은 표 3-1에 나타내었다.

유도과정에서 다음 단계는 그림3-52의 결합선로 필터와 그림3-5의 프로토타입 네트웍 사이의 등가를 세우는 것이다. 이는 이미징 임피던스와 각 단의 위상을 비교함에 의하여 얻어진다. 병렬결합단의 이미징 임피던스는 참고문헌 3-11에서 유도되어지고 아래와 같이 주어진다.

$$Z_I = \frac{\sqrt{(Z_{0e} - Z_{0o})^2 + (Z_{0e} + Z_{0o})^2 \cos^2\phi}}{2\sin\phi} \tag{3-43}$$

여기서 $\phi = \pi f / 2 f_r$ 이고 f_r은 결합선로 단들이 $\lambda/4$ 길이인 주파수이다. Z_{0e}와 Z_{0o}는 각각 even 모드와 odd 모드 선로 임피던스 이다. 그림 3-53의 프로토타입의 내부 단들을 위한 이미지 임피던스는 아래와 같이 주어진다.

$$Z_{k,k+1} = \sqrt{K_{k,k+1}^2 - (\frac{\omega' L_a}{2})^2} \tag{3-44}$$

여기서 $\omega' = 2\pi f'$ 프로토타입 네트웍을 위한 정규화된 주파수 변수이다.

프로토타입의 저역통과 반응과 결합선로 필터의 대역통과 반응은 그림3-34에 보여진다. 두 주파수(즉, 프로토타입의 $\omega' = 0$과 연관한 $f = f_r$과 $\omega' = 1$과 연관한 $f = f_2$)에서의 이미지 임피던스와 한 주파수(즉, $\omega' = 0$과 연관한 $f = f_r$)에서 이미지 위상들을 수식화함에 의하여, 다음의 설계 방정식들을 얻을 수 있다.

Even-and odd-mode impedances (end section)

$$\begin{aligned}(Z_{0e})_{01} = (Z_{0e})_{n,n+1} = Z_0\left[1 + (1 + \frac{g_1}{2}\tan\phi_1)^{-1/2}\right] \\ (Z_{0o})_{01} = (Z_{0o})_{n,n+1} = Z_0\left[1 - (1 + \frac{g_1}{2}\tan\phi_1)^{-1/2}\right]\end{aligned} \tag{3-45}$$

여기서 $\phi_1 = \pi f_1 / 2 f_r$ 그리고 f_1은 그림 3-34b에서 정의된 통과대역의 낮은 끝 주파수이다.

Even-and odd-mode impedances (interior section)

($k = 1,\ 2, . . . ,$ n-1)

$$\begin{aligned}(Z_{0e})_{k,k+1} = s\left[N_{k,k+1} + \frac{K_{k,k+1}}{Z_0}\right] \\ (Z_{0o})_{k,k+1} = s\left[N_{k,k+1} - \frac{K_{k,k+1}}{Z_0}\right]\end{aligned} \tag{3-46}$$

여기서

$$s = \frac{2g_1 Z_0}{2 + g_1 \tan\phi_1} \quad \text{과} \quad N_{k,k+1} = \sqrt{(\frac{K_{k,k+1}}{Z_0})^2 + (\frac{\tan\phi_1}{Z_0})^2}$$

식 (3-36), (3-46), (3-41), 그리고 (3-42)들은 그림3-52의 결합선로 필터를 위한 설계 식들이다.

Butterworth 와 Tchebyscheff 반응을 위한 프로토타입 손실 방정식들은 식(3-36)과 (3-37)에의해 주어진다. 여기서 $\overline{\Omega}$ 는 ω' 으로 대체된다. 대역통과 필터와 관련한 반응은 적절한 주파수 변환의 수단으로 얻어진다. 한 옥타브까지 대역폭을 최대로 하기 위하여, 아래의 변환은 정확한 결과를 가진다.

$$\omega' = \frac{2(f - f_r)}{f_2 - f_1} \tag{3-47}$$

여기서 $f_r = (f_1 + f_2)/2$ 이고 f_1과 f_2는 그림 3-34의 (b)에서 정의되어진다.

넓은 대역폭을 향상되고 정확하게 설계하기 위하여 더 복잡한 변환을 사용할 수 있다.

결합선로 대역통과 필터를 위한 설계과정은 아래와 같이 정리되어진다.

1. 주어진 f_1, f_2, f_b (또는 f_a), 그리고 L_m 에서, 요구된 사양을 만족하기 위한 필요한 프로토타입 소자들(n)의 숫자는 식(3-47)과 적절한 손실방정식[식(3-36) 또는 (3-37)]을 사용 결정한다.
2. 식(3-30), (3-31) 또는 표 3-1로부터 소자값들(g_k)를 결정한다.
3. K 인버터 값을 얻기위하여 식(3-41)과 (3-42)를 사용한다.
4. 결합선로 단의 even- 과 odd-모드 임피던스를 결정하기 위하여 식(3-45)와 (3-46)을 사용한다. 결과적으로 필터는 n개의 공진기들과 $n+1$개의 결합선로단을 포함하고 있음을 주목하라.
5. 결합선로단들의 크기를 결정한다. 모든 단들의 길이는 f_r에서 $\lambda/4$ 이다. 횡측크기는 Z_{0e}와 Z_{0o}의 값들과 연관한다. 아래 예제가 결합선로 필터를 위한 설계 과정을 간단히 설명한다. (그림 3-53)

예제 3-4:

아래의 사양을 만족하는 Butterworth 반응, 결합선로, 그리고 대역통과 필터를 설계한다. 5,500 MHz 에서 $L_T = 30$ dB 그리고 4,000 MHz 와 5,000 MHz 에서 3 dB , $R_G = R_L = 50$ ohms 을 가정한다.

해 : 식(3-37)로부터

$$\omega_s' = \frac{2(5500-4500)}{5000-4000} = 2.0$$

$f_r = (4000+5000)/2 = 4500$ MHz 이기 때문에, 식(3-36)에 대입하면 다음의 값을 얻는다.

$$30 = 10\log\left[1+(2)^{2n}\right] \text{ 또는 } n = 4.98$$

따라서 $n = 5$ 를 가지고 표3-1로부터

$$g_1 = g_5 = 0.618 \text{ , } g_2 = g_4 = 1.618 \text{ 그리고 } g_3 = 2.000$$

식(3-41)과 (3-42)로부터

$$\frac{K_{01}}{Z_0} = \frac{K_{56}}{Z_0} = 1.272 \text{ , } \frac{K_{12}}{Z_0} = \frac{K_{45}}{Z_0} = 1.000 \text{ 그리고 } \frac{K_{23}}{Z_0} = \frac{K_{34}}{Z_0} = 0.556$$

$\phi_1 = 4\pi/9$ rad 와 $Z_0 = 50$ ohms 을 가지고 식(3-45)와 (3-46)으로부터,

$$(Z_{0e})_{01} = (Z_{0e})_{56} = 80.14 \text{ ohms , } (Z_{0o})_{01} = (Z_{0o})_{56} = 19.86 \text{ ohms}$$

$$(Z_{0e})_{12} = (Z_{0e})_{45} = 44.97 \text{ ohms , } (Z_{0o})_{12} = (Z_{0o})_{45} = 22.53 \text{ ohms}$$

$$(Z_{0e})_{23} = (Z_{0e})_{34} = 38.68 \text{ ohms , } (Z_{0o})_{23} = (Z_{0o})_{34} = 26.19 \text{ ohms}$$

평행 결합선로 필터의 물리적인 실현은 50%를 넘는 대역폭에서는 어렵다. 이는 결합선로 사이의 간극이 작고 임계값을 가지기 때문이다. 넓은 대역폭의 설계를 위하여, 그림 3-48의 스터

브-선로 필터 형태가 더 쉽게 실현가능한 구조를 보인다. 평행 결합선로 필터는 그림 3-54의 등가를 사용하여 스터브-선로 구성으로 변환되어질 수 있다. 그러므로 개방회로 공진기들을 가진 다단의 결합선로 필터는 개방회로 스터브를 가진 직렬연결의 배열로 변환되어질 수 있다. 반면에 단락회로 공진기들을 가진 다단의 결합선로 필터는 단락회로 스터브를 가진 접지된 병렬연결의 배열로 변환되어질 수 있다. Matthaei (참고문헌 3-7의 표Ⅱ)는 결합선로 필터의 양끝 단들을 제거하므로서 스터브-선로 버전에서 단의 수를 2개 줄이는 과정을 설명한다. 3-6절의 (a)에서 설명했듯이, 스터브들의 수는 Kuroda 정의식들을 적절히 사용함으로서 줄일 수 있다.

결합선로 필터의 다른 형태는 Bolljahn과 Matthaei (참고문헌 3-14)에 의해 개발되어진 interdigital 필터이다. 개념적으로, 이것은 자체적으로 다시 접혀진 평행 결합선로 필터로 보여질 수 있다. 2개의 공진기 구성이 그림 3-55에 보여진다. (a)는 평행결합 버전을 보인다. 여기서 점선들은 전압 node점들을 나타낸다. interdigital 필터에서(그림의 (b)), 이들 점들은 접지와 단락되어진다. 공진기들이 짝수일 경우, 입출력단은 서로 반대면에 있는 구조이다. 보여진 네트웍의 쌍대적은 단락회로과 개방회로를 서로 바꾸므로서 얻어진다. 두 네트웍은 여러 작업자들에 의해 분석되어졌다.

interdigital 필터에서 결합선로단은 모두 원하는 주파수에서 $\lambda/4$ 의 길이이다. 개방회로 끝에 정전용량으로 부하됨으로서 단의 길이들은 줄어들 수 있다. 이는 첫 번째 불요파 반응이 원하는 통과대역으로부터 더 멀리 움직여지는 잇점을 가진다. comeline 필터로 알려진 다른 버전은 공진기들이 같은면 위에서 모두 캐패시터들을 가진다. 반대편면들은 모두 접지된다. 이들 구성들을 위한 상세한 설계는 참고문헌 3-15, 3-16, 그리고 3-17에서 발견되어질 것이다.

본 절에서 논의된 모든 필터들은 Butterworth 와 Tchebyscheff 설계다. 마이크로파에서 광범위하게 사용되어지는 다른 형태는 elliptic-function 필터이고 손실특성은 그림3-56에서 보여준다. 이 설계는 저지대역(L_s)에서는 최소손실과 통과대역(L_m)에서는 최대손실을 가지도록 최적화한 것으로 가파른 스커트 선택도를 제공한다.

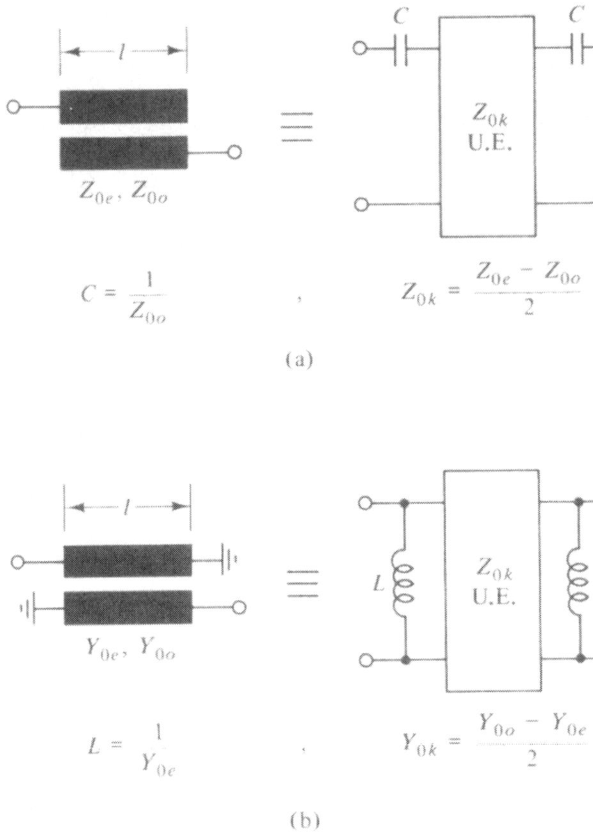

그림3-54. 결합선로단과 그것의 Ω 도메인 등가

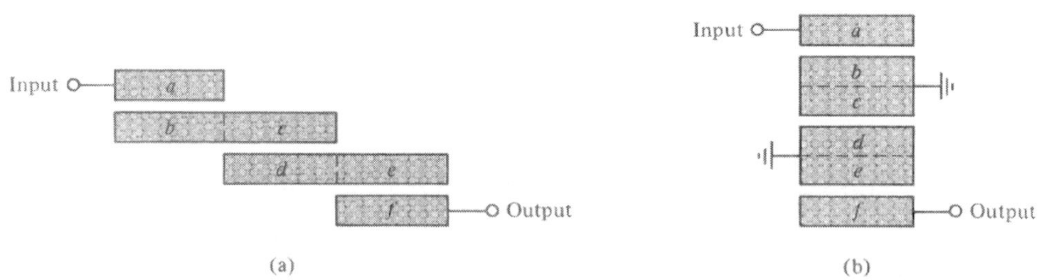

그림 3-55. 평행한 결합선로 필터로부터 interdigital 필터의 진행

이 장에서는 항상 통과대역내에서는 낮은 손실을 요구하고 대역의 가장자리에서는 예리한

차단을 요구하는 필터의 손실특성에 초점을 맞추어 논의하였다. 그러나 몇몇 응용에서는, 위상특성이 또한 매우 중요하다. 예를들어, 마이크로파 통신시스템에 사용하는 필터들은 최소의 왜곡을 가지고 원하는 신호가 통과하는 것을 요구한다. 이 왜곡을 피하기위하여, 필터의 삽입손실과 군지연이 통과대역을 가로질러 일정해야만 한다. 이 이상적인 것은 완벽히 얻어질 수 없다. 그러나 상징적으로 현대 필터설계에서는 잘 접근되어진다. 만일 전송위상이 주파수에 선형적으로 변화한다면 군지연은 일정하게된다. 이러한 이유 때문에, 이러한 형태의 필터는 종종 linear-phsae 필터로 불러진다.

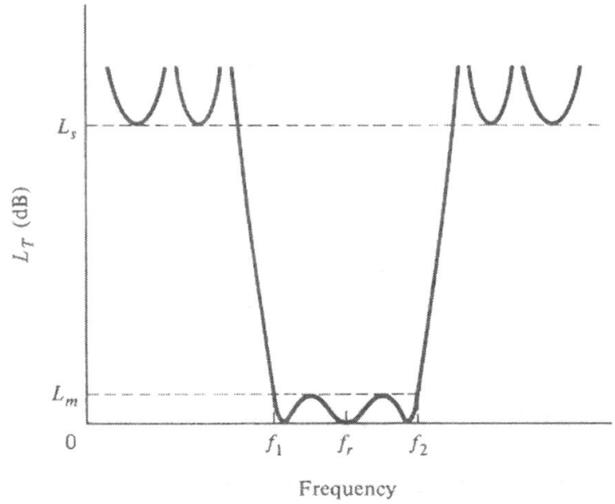

그림 3-56. elliptic function 대역통과필터의 전형적인 주파수 응답

참고문헌

3-1. Collin, R. E., Foundations for Microwave Engineering, McGraw-Hill Book Co., New York, 1966.

3-2. Matthaei, G. L., L. Young, and E. M. T. Jones, Microwave Filters, Impedance-Matching Networks and Coupling Structures, McGraw-Hill Book Co., New York, 1964.

3-3. Mumford, W. W., Maximally-Flat Filters in Waveguide. Bell System Tech. J., 27, October 1948, pp. 684-713.

3-4. Cohn, S. B., Direct-Coupled-Resonator Filters. Proc. IRE, 45, February 1957, pp. 187-196.

3-5. Richards, P. I., Resistor-Transmission-Line Circuits. Proc. IRE, 36, February 1948, pp. 217-220.

3-6. Levy, R., A General Equivalent Circuit Transformation for Distributed Networks. IEEE Trans. Circuit Theory, CT-12, September 1965, pp. 457-458.

3-7. Matthaei, G. L., Design of Wide-Band (and Narrow Band) Band-Pass Microwave Filters on the Insertion Loss Basis. Proc. IRE Trans. Microwave Theory and Techniques, MTT-8, November 1960, pp. 580-593.

3-8. Wenzel, R. J., Exact Design of TEM Microwave Networks Using Quarter-Wave Lines. IEEE Trans. Microwave Theory and Techniques, MTT-12, January 1964, pp. 94-111.

3-9. Mumford, W. W., An Exact Design Technique for a Type of Maximally-Flat Quarter-Wave-Coupled Band Pass Filters. PTGMTT Symposium Digest, 1963, pp. 57-61.

3-10. Mumford, W. W., Tables of Stub Admittances for Maximally Flat Filters Using Shorted Quarter-Wave Stubs. IEEE Trans. Microwave Theory and Techniques, MTT-13, September 1965, pp. 695-696.

3-11. Jones, E.M.T. and J. T. Bolljahn, Coupled–Strip Transmission Line Filters and Directional Couplers. IRE Trans. Microwave Theory and Techniques, MTT-4, April 1956, pp. 78-81.

3-12. Ozaki, N. and J. Ishii, Synthesis of a Class of Strip-Line Filters. IRE Trans. Circuit Theory, CT-5, June 1958, pp. 104-109.

3-13. Cohn, S. B., Parallel-Coupled Transmission-Line-Resonator Filters. IRE Trans. Microwave Theory and Techniques, MTT-6, April 1958, pp. 223-231.

3-14. Matthaei, G. L., Interdigital Band-Pass Filters. IRE Trans. Microwave Theory and Techniques, MTT-10, November 1962, pp. 479-491.

3-15. Robinson, L. A., Wideband Interdigital Filters with Capacitively Loaded Resonators. P-MTT

Symposium Digest, 1965, pp. 33-37.

3-16. Matthaei, G. L., Comb-Line Band-Pass Filters of Narrow or Moderate Bandwidths. Microwave Journal, 6, August 1963, pp. 82-91.

3-17. Wenzel, R. J., Synthesis of Combline and Capacitively Loaded Interdigital Bandpass Filters of Arbitrary Bandwidth. IEEE Trans. Microwave Theory and Techniques, MTT-19, August 1971, pp. 678-686.

3-18. Peter A. Rizzi., Microwave Engineering Passive Circuits, Prentice-Hall, Inc., Englewood Cliffs, NJ, 1988.

3-19. RF Design House www.rf.com

4. 유전체 세라믹 마이크로파 도파관 필터

지금까지 일반적인 마이크로파 공진기 및 필터의 기본개념과 함께 유전체 세라믹 공진기와 도파관 형태에 관해서 설명하였다. 이번장에서는 유전체 세라믹 도파관 공진기와 이를 이용한 도파관 필터에 관하여 다루고자 한다. 최근에는 마이크로파대역에서 크기를 소형화하면서 주파수 특성이 우수하고 높은 전력에도 견딜 수 있는 필터 연구가 활발해지고 있다. 특히 고전력과 주파수특성에 있어 잇점이 매우 많지만 크기가 커져 사용이 어려운 금속 공동 도파관 필터가 유전체 세라믹을 사용하여 이들의 단점을 극복할 수 있어 주목 받고있다. 여기에서는 높은 유전율을 사용하여 크기를 줄일 수 있는 유전체 세라믹 도파관필터의 기본이론과 설계과정, 그리고 그 응용예를 보도록하자.

4-1 분산 스텝 임피던스 필터

유전체 세라믹 도파관필터를 위한 설계는 직접결합 금속 공동필터의 설계를 위하여 Lavy에 의하여 설명된 내용을 변형한 분산 스텝 임피던스 필터에 기반한다. 주어진 필터의 사양을 만족하기 위하여, 불연속면에서 반사계수 접합은 명확한 수식에의하여 계산되어진다. 즉, 요구되어진 반사계수를 제공할 수 있는 적합한 물리적인 접합이 선택되어지고 필터를 형성하기 위하여 적절한 위치에 놓여진다. E-plane필터의 경우, 불연속면은 유도용량 스트립이다. 필터의 제작과정을 단순화하기 위하여 우리는 주파수와 스트립폭의 함수인 스트립의 반사계수를 모드정합 방법을 가지고 계산하도록 한다. 적당한 설계영역은 예상되는 필터특성과 정확하게 계산되어진 시뮬레이션에 의한 특성을 비교하여 얻어진다. 그것은 높은 주파수영역에서 매우 좁은 대역폭을 제외한 중간정도의 대역폭까지는 일치하는 양호한 결과를 알 수 있다. 그러나 전반적으로 시뮬레이션 결과는 중심주파수가 좀 더 낮고 대역폭이 좁으며 대역내 리플이 작은 경향을 보인다. 이러한 경향은 설계과정에서 집중정수소자 리액턴스에 의한 스트립의 근사치와 스트립사이의 높은 차수모드 결합을 무시하기 때문이다. 이들 문제점은 스트립의 두께를 올리거나 도파관 측면을 스텝화 함으로서 간단히 줄일 수 있다.

본 장의 설계에 사용된 필터는 그림4-1(a)에 보여지는 $\lambda/2$ 스텝 임피던스 필터이다. 그것은 일반적인 필터설계에서 공진기와 관련한 각각의 소자들인 n 개 선로소자의 종속으로 구성된 분산소자 필터이다. 특성임피던스 Z_r ($r=1,\ 2,\ \bullet\ \bullet\ \bullet, n$)을 가지는 소자들이 $l=\lambda_{g0}/2$ 의 같은 길이를 가진다고 가정하자. 여기서 λ_{g0} 는 중심주파수에서 선로의 도파관 파장이다. 이들 전송선로 구조의 전기적반응은 각 소자의 임피던스와 관련한다. 선로를 따라 전자기파의 원활한 진행을 위하여, 각 소자들사이의 임피던스차는 적절한 배열이 이루어진 후 원하는 주파수에서 서로를 상쇄하는 반사파를 생성한다. 그러나 만일 균일한 도파관이 회로를 구성하게 된다면 단위소자들은 모두 같은 임피던스를 가진다. 따라서 단위소자들 사이에 적절한 종류의 불연속면을 삽입하여 필요한 반사파가 생성되도록해야 한다. 그림4-1의 (b)와 (c)는 임피던스 인버터와 산란매트릭스(S)가 불연속면으로 삽입된 그런 두가지 예를 보여준다. 단위소자들은 단위 임피던스를 가진다고 가정한다. 3가지 회로 모두 아래 방정식과 같은 동일한 전송특성을 가질 것이다.

$$K_{r-1,r}=\sqrt{Z_r/Z_{r-1}} \tag{4-1}$$

$$(S_{11})_{r-1,r}=\frac{K_{r-1,r}^2-1}{K_{r-1,r}^2+1} \tag{4-2}$$

여기서 K 는 인버터의 임피던스값이고 S_{11} 는 산란 매트릭스내 반사성분이다.

프로토타입 필터에 있어서, 최적의 등가리플을 가지는 대역통과 반응은 아래의 식을 가지는 전달전력이 first kind의 n th-degree Chebyshev 다항식과 같을 때 $\theta=\pi$ 주변에서 일어난다.

$$\left|\bar{S}_{12}\right|^2=\frac{1}{1+h^2T_n^2(\dfrac{\sin\theta}{\alpha})} \tag{4-3}$$

여기서

$$\theta=\pi\,\lambda_{g0}/\lambda_g \tag{4-4}$$

$$T_n(x) = \cosh(n \cosh^{-1} x) \tag{4-5}$$

α 는 통과대역폭을 h 는 통과대역 리플을 정의한다.

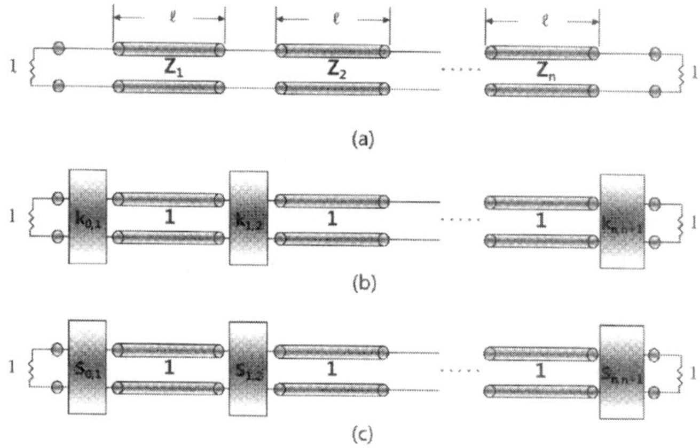

그림 4-1. 프로토타입 필터 (a) $\lambda/2$ 스텝임피던스필터 (b)임피던스 인버터 네트웍 (c)산란 매트릭스 (S) 네트웍

변환특성을 주는 식(4-3)의 네트웍은 정확한 합성에 의해 얻어질 수 있다. 그러나 높은 Q를 가지는 협대역필터를 위해서는, 합성과정의 다항함수를 줄이는 과정에서 수학적인 어려움을 겪게된다. 즉, 정확한 결과를 얻기 위하여 종종 복잡한 변환이 요구되어진다. 이러한 문제점을 피하기 위하여, 우리는 각 소자값들에 Rhodes에 의하여 유도된 명백한 식들을 적용하고자 한다.

$$K_{r,r-1} = \sqrt{1+\left(\sin\left[\frac{r\pi}{n}\right]\Big/y\right)^2}\Big/\sqrt{Z_r^{'}Z_{r+1}^{'}} \quad \text{for} \quad r = 0, 1, \bullet\bullet\bullet, n \tag{4-6}$$

$$y = \sinh\left[\frac{1}{n}\sinh^{-1}\frac{1}{h}\right] \tag{4-7}$$

$$Z_r' \begin{cases} =1, & \text{for } r=0 \text{ and } n+1 \\ = \dfrac{2\sin\left[\dfrac{(2r-1)\pi}{2n}\right]}{y\alpha} - \dfrac{\alpha}{4y}\left[\dfrac{y^2+\sin^2\left[\dfrac{r\pi}{n}\right]}{\sin\left[\dfrac{(2r+1)\pi}{2n}\right]} + \dfrac{y^2+\sin^2\left[\dfrac{(r-1)\pi}{2n}\right]}{\sin\left[\dfrac{(2r-3)\pi}{2n}\right]}\right] \\ & \text{for } r=1,\ 2,\ \bullet\bullet\bullet,\ n \end{cases} \tag{4-8}$$

단, 식(4-6)과 (4-8)은 α 내 높은 차수의 전력항들을 생략했다. 그러므로 오직 중간 대역폭까지만이 정당하다. 앞서 논의에 있어, 불연속면은 주파수에 무관하다고 가정했다. 그러나 이러한 가정은 실제적으로 도파관 응용에 있어서는 거의 맞지않는 사실이다. 도파관의 불연속면은 항상 집중정수 리액턴스 소자로 표현되어질 수 있다. 예를들어 유도용량 아이리스가 집중소자 인덕터로 표현된다. 지금의 경우는 유도용량 스트립이 적절한 기준면을 가지고 집중소자 인덕터로 나타내어진다. 집중정수소자는 불연속면의 특성이 주파수에 의존하고 대략적으로 선형을 가지고 있음을 암시한다. 불연속면의 주파수 의존 행위는 명확하게 필터의 주파수 특성에 크게 영향을 미친다. 일찍히 Levy는 상세하게 리액턴스 결합 필터를 연구하였고 불연속면의 주파수의존을 설명하기위하여 식(4-3)을 아래와 같이 일부 수정해야 한다고했다.

$$\left|\bar{S}_{12}\right|^2 = \frac{1}{1+h^2T_n^2\left(\dfrac{\pi\sin\theta}{\theta\alpha}\right)} \tag{4-9}$$

식(4-9)는 정확히 중간대역폭까지 리액턴스 결합 필터의 주파수반응을 예측한다.

이제 필터를 설계하기 위하여 일반적으로 주어지는 대역폭내 리플, 저지대역 감쇄, 그리고 통과대역폭을 가지고 아래와 같이 설계과정을 순서대로 진행해보자.

1) 관련한 도파관 파장 λ_{g1}과 λ_{g2}는 주어진 대역폭의 가장 낮은 주파수와 높은 주파수에서 계산되어진다. λ_{g1}과 λ_{g2}로부터, 변수 α 와 λ_{g0}(중심주파수 f_0)은 다음의 방정식에 의해 결정된다.

$$\frac{\lambda_{g1}}{\lambda_{g0}}\sin\frac{\pi\lambda_{g0}}{\lambda_{g1}} = -\frac{\lambda_{g2}}{\lambda_{g0}}\sin\frac{\pi\lambda_{g0}}{\lambda_{g2}} = \alpha \tag{4-10}$$

2) 만일 대역폭내 리플이 최대삽입손실 x dB 로 주어진다면, 변수 h 는

$$h=\sqrt{10^{(0.1x)}-1} \tag{4-11}$$

만일 최대 VSWR로 주어진다면,

$$h=\frac{\text{VSWR}-1}{2\sqrt{\text{VSWR}}} \tag{4-12}$$

이다.

3) 식(4-9)의 도움으로, 필터의 단위소자 수인 n 의 값은 저지대역 감쇄특성에 의해 결정되어질 것이다.

4) 변수 α, h, 그리고 n을 가지고, 식(4-2)와 식(4-6)~(4-8)을 적용하여 각 불연속면을 위한 접합 반사계수 S 를 얻을 수 있다.

이제 전기적인 매개변수들을 E-plane구조의 물리적인 크기로 변환하는 과정을 보도록하자. 이를 진행하기 위하여, 그림4-2의 E-plane구조의 산란 매트릭스 네트웍의 표현을 고려한다. 무손실 접합을 위하여, $\overline{S}$ 매트릭스는 일원(unitary)하고 가역적이다. 그러므로 $\overline{S}$ 매트릭스는 각 소자들의 알려진 크기와 위상에 의하여 유일하게 결정된다(즉, 반사계수 $\overline{S}_{11}$). 다음절에서는 반사계수를 얻기위하여 주어진 스트립과 필터의 물리적인 크기를 분석할 것이다. 또한 그 역으로 주어진 반사계수를 위하여 스트립의 크기를 결정할 수 있다. 수식적인 계산으로 우리는 스트립의 가장자리가 기준면이 되도록 정의할 수 있다. 이와 같은 특별한 기준면의 선택을 가지고 유도용량 스트립의 반사계수는 $\pi/2$ 와 π 사이의 위상각 ϕ 를 가진다. 그러나 프로토타입의 경우, 접합 반사계수는 실수를 기대하므로 위상각은 0 또는 π(여기서는 π)가 될 것이다. 이와 같은 위상차를 보완하기위하여 기준면을 스트립 방향으로 아래의 전기적길이만큼 움직여야한다.

$$\psi=(\pi-\phi)/2 \tag{4-13}$$

그러므로 설계과정은 다음의 두가지 과정을 추가함으로 좀 더 정확해질 수 있다.

5) 위 4)과정에서 요구된 반사수준을 위하여, 각 접합의 스트립폭은 중심주파수 f_0 에서 수학적인 해석에 의해 제공된 데이터로부터 결정된다.

6) 스트립들과 관련한 위상각은 그림4-2에서 보여지는 것처럼 아래식으로부터 결정되는 공진기길이(스트립들사이의 분리된 길이)에서 얻어진다.

$$2\pi l_r / \lambda_{g0} = \theta_r' = (\phi_{r-1,r} + \phi_{r,r+1})/2 \tag{4-14}$$

여기서 l_r 은 물리적길이, θ_r' 은 r 번째 공진기의 전기적길이이다.

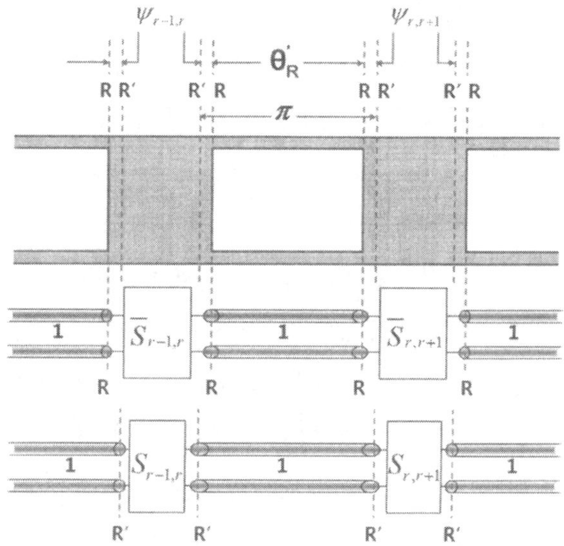

그림 4-2. 프로토타입 필터 (a) $\lambda/2$ 스텝임피던스필터 (b)임피던스 인버터 네트웍 (c)산란 매트릭스(S) 네트웍

4-2 불연속면에서 도파관의 크기 및 아이리스

4-2a E-plane구조에서의 불연속면

여기서는 직사각형 도파관의 유도용량 스트립에 관한 문제를 분석하고자 한다. 이 스트립

은 even-order 모드들의 여기를 줄이기위하여 도파관의 중심에 위치하고 무손실 구조이다. 유도용량 스트립의 반사계수는 앞서 설명한 설계과정으로부터 계산되어진다. 기본적으로 분석은 크게 두 부분으로 구성된다. 먼저 일정한 두께의 개구면에 의해 두개로 나누어진 도파관의 산란문제를 다룬다(그림4-3(a)). 모드정합 방법이 고립된 접합에서 산란 매트릭스를 얻기위하여 사용된다. 다음으로 두 접합이 그림4-4(a)에서 보여지는 것처럼 유한한 스트립폭을 형성하기위하여 등을 맞대고 연결된다. 복합구조의 모든 산란 매트릭스는 일반적인 산란 매트릭스 항으로 네트웍 결합을 적용하여 얻어진다.

두갈래로 나뉘어진 도파관 접합

그림4-3(a)의 두갈래로 나뉘어진 도파관을 고려하자. 여기서 개구면은 E-plane을 따라 중심에 놓여진다. 대칭 때문에, z 축을 따라 중앙에 자기벽을 놓을 수 있고 그림4-3(b)에서 처럼 구조의 오직 한쪽 반만을 고려한다. 문제는 직사각형 도파관의 다른 폭 a 와 c 사이의 횡축 스텝 접합이다. TE_{n0} 전자기장들이 도파관의 양쪽으로 입사되고, 각 영역에서의 전체 전자기장은 입사장과 접합으로 인한 산란장들로 구성된다. 경계면에서의 해는 먼저 TE 법선모드의 항으로 전체 전자기장을 확장하고 접합에서 전자기장의 접선성분을 매칭함으로 얻어진다. 법선모드의 크기는 그림4-3(b)에서 보여주는 것처럼 일반적으로 행벡터의 성분들로 표현된다. 여기서 $(\underline{a}^+, \underline{a}^-)$과 $(\underline{b}^+, \underline{b}^-)$는 각각 영역Ⅰ과 Ⅱ에서 입사와 산란장들의 벡터크기이다. 전자기장의 접선성분에서 연속조건은 개구면(z=0)을 가로질러 적용된다. 산란장의 방정식은 그림4-3(c)에 보여지는 형태이다. 결과적인 해는 아래 4가지 요소를 포함하는 산란 매트릭스 S 이다.

$$S_{22} = \left[Y_2 + H^T Y_1 H\right]^{-1} \left[Y_2 - H^T Y_1 H\right] \tag{4-15a}$$

$$S_{21} = 2\left[Y_2 + H^T Y_1 H\right]^{-1} H^T Y_1 = \left[I - S_{22}\right] H^T \tag{4-15b}$$

$$S_{12} = 2\left[H Y_2^{-1} H^T Y_1 + I\right]^{-1} H = H\left[I + S_{22}\right] \tag{4-15c}$$

$$S_{11} = \left[H Y_2^{-1} H^T Y_1 + I\right]^{-1} \left[H Y_2^{-1} H^T Y_1 - I\right] = -H S_{22} H^T \tag{4-15d}$$

여기서 I 는 단위 매트릭스이고 Y_1 과 Y_2 는 대각선 매트릭스이다. 대각선 소자들은 법선 모드와 관련한 어드미턴스로 다음과 같이 정의된다.

$$Y_1(n,\ n)=\frac{\gamma_{1n}}{j\omega\mu_0}$$
$$Y_2(n,\ n)=\frac{\gamma_{2n}}{j\omega\mu_0}\ ,\qquad n=1,\ 2,\ \cdots \tag{4-16}$$

$$\gamma_{1n}=\sqrt{k_n^2-\omega^2\mu_0\varepsilon_0}\ ,\qquad k_n=\frac{(2n-1)\pi}{2a}$$
$$\gamma_{2n}=\sqrt{\left(\frac{n\pi}{2c}\right)^2-\omega^2\mu_0\varepsilon_0} \tag{4-17}$$

여기서 $\omega=2\pi f$ 는 각주파수이고 μ_0 와 ε_0 는 자유공간에서 투자율과 유전율이다. 매트릭스 H 와 그것의 이항(transpose) H^T 는 아래와 같이 정의된 요소를 가지는 변환 매트릭스이다.

$$H(m,n)=H^T(n,m)=(-1)^n\frac{2}{\sqrt{ac}}\frac{k_m\cos k_m d}{\gamma_{1m}^2-\gamma_{2m}^2}\qquad m=1,\ 2,\ \cdots,\qquad n=1,\ 2,\ \cdots, \tag{4-18}$$

산란 매개변수들인 S_{11}, S_{12}, S_{21}, 그리고 S_{22} 는 높은 차수의 소멸모드 뿐만 아니라 기본 모드의 산란특성을 포함하는 매트릭스이다. 식(4-15)의 매트릭스는 무한한 크기를 가지고 그 표현은 수학적으로 정확하다. 그러나 실제 계산에서는 매트릭스의 크기가 제한적이고 따라서 각 영역에서 단지 유한한 수의 법선모드만이 고려되어질 수 있다. 영역Ⅰ과 Ⅱ에서 제한된 수의 법선모드를 각각 P 와 Q 라고하자. 그러면 매트릭스 Y_1, Y_2, H, H^T, S_{11}, S_{12}, S_{21}, 그리고 S_{22} 의 크기는 각각 $(P\times P)$, $(Q\times Q)$, $(Q\times P)$, $(P\times P)$, $(P\times Q)$, $(Q\times P)$ 그리고 $(Q\times Q)$ 이다. P 와 Q 사이의 비율은 상대적인 수렴 문제를 피하기 위하여 가능한 아래 식에 근접하도록 유지된다.

$$\frac{P}{Q}=\frac{a}{c} \tag{4-19}$$

P 는 만족한 결과가 얻어질때까지 증가된다. 일반적으로 $P=30$ 정도에서 0.1% 이내의 좋은 결과를 얻을 수 있다.

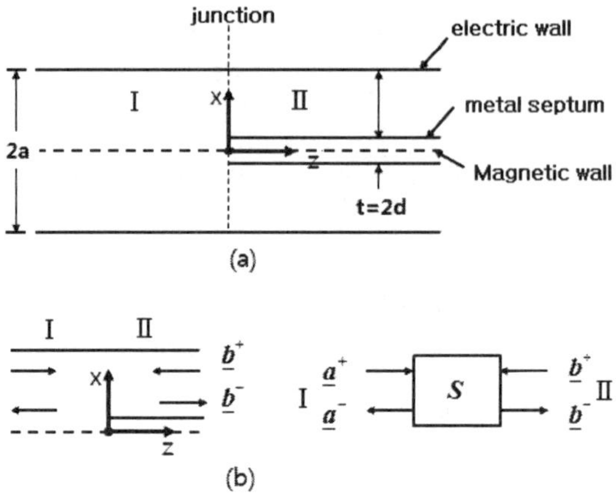

$$\begin{bmatrix} \underline{a}^- \\ \underline{b}^- \end{bmatrix} = [S] \begin{bmatrix} \underline{a}^+ \\ \underline{b}^+ \end{bmatrix} = \begin{bmatrix} S_{11} & S_{12} \\ S_{21} & S_{22} \end{bmatrix} \begin{bmatrix} \underline{a}^+ \\ \underline{b}^+ \end{bmatrix}$$

(c)

그림 4-3. (a)두갈래 도파관의 접합 (b)입사와 산란된 전자기장을 위한 진폭 벡터 표현 (c) 일반적인 산란 매개변수

유한한 스트립 폭

1단 접합에서 알고있는 산란 매개변수를 가지고 그림4-4에서 보여지는 것처럼 전체 복합적인 산란 매트릭스가 일반 산란 매트릭스항의 네트웍 결합에 의해 얻어질 수 있다. S_a 와 S_b 가 각각 고립된 접합 A 와 B 를 위한 산란 매트릭스라고 표현하자. 식(4-15)로 부터 우리는 두 매트릭스의 소자값들을 얻을 수 있다. 이들 두 접합의 특성은 근본적으로 서로 반대방향인 것을 제외하고 같다.

$$\begin{aligned} S_{a11} &= S_{b22} = S_{11} \\ S_{a12} &= S_{b21} = S_{12} \\ S_{a21} &= S_{b12} = S_{21} \\ S_{a22} &= S_{b11} = S_{22} \end{aligned} \tag{4-20}$$

여기서 주목해야 할 점은, 2 포트 네트웍에서 포트1은 왼쪽편에 놓여있는 포트로 정의하고 포트2는 오른쪽편에 놓여있는 포트로 정의한다. T 매트릭스는 다음과 같이 정의된다.

$$T = \begin{bmatrix} I & 0 \\ 0 & T_2 \end{bmatrix} \tag{4-21a}$$

여기서 I 와 0 는 각각 단위 매트릭스와 제로(zero) 매트릭스이고 T_2 는 도파관 영역Ⅱ에서 폭 D 의 거리를 위한 파의 진행(진행모드를 위한) 또는 감쇄(소멸모드를 위한)를 나타낸다. T_2 는 다음의 대각선 소자들을 가지는 대각선 매트릭스이다.

$$T_2(n,n) = e^{-\gamma_{2n}D}, \qquad n = 1,\ 2,\ \bullet\bullet\bullet\,. \tag{4-21b}$$

매트릭스 S_a, T, 그리고 S_b 의 결합은 $z=0$ 과 $z=D$ 에 위치한 기준면을 가지는 폭 D 의 스트립을 위한 복합적인 산란 매트릭스 $\overline{S}$ 의 해를 준다. 결과적으로, 반사계수를 위한 표현은

$$\overline{S}_{11} = S_{11} + S_{12}T_2S_{22}\left[I - T_2S_{22}T_2S_{22}\right]^{-1}T_2S_{21} \tag{4-22}$$

물론 $\overline{S}_{11}$ 은 여전히 매트릭스이다. 우리는 오직 기본적인 입사 전자기장으로 인해 기본적인 반사계수인 첫번째 $\overline{S}_{11}(1,1)$ 에만 관심이 있다.

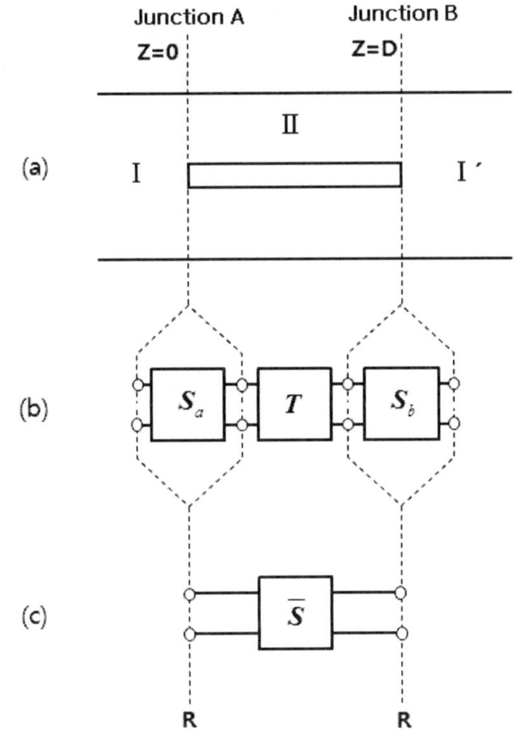

그림 4-4. (a)개구면의 폭 (b)산란 네트웍의 표현 (c)네트웍 결합 후 복합 산란 매트릭스

반사계수

앞서의 내용에 기반하여, 임의의 주어진 크기에서 스트립의 반사계수를 계산할 수 있다. 그러나 설계에있어, 주어진 반사계수로 유도용량 스트립의 크기를 결정할 필요가 있다. 이를 위하여 반사계수와 스트립의 크기와 관련한 많은 데이터들이 표로 나타내어져 있다. 근래에는 시뮬레이션 도구(HFSS)들을 활용하여 정확하고 빠르게 결과를 얻고있다. 이들 표를 보면 반사계수의 크기와 위상은 주파수 간격에 따라 스트립의 폭 D 의 함수로서 표현된다.

4-2b H-plane 구조에서의 불연속면

모드정합 기술을 적용할 때 가장 중요한 것은 전자기장들 성분들이 어떻게 포함되어 있는지를 아는 것이다. 그것들은 기본적인 도파관 모드에서 들뜬모드의 전자기장들과 모든 불연속면에서 들뜬모드의 전자기장들이 더하여 결정된다. 항시 불연속면에 접선인 모든 성분들은 정합될 필요가 있기 때문에 전자기장 성분들의 수는 직접적으로 매트릭스의 크기에 영향을 미친다. 그림4-5에 보여지는 H-plane 불연속면에서, 기본모드(TE_{10}) 상태는 입사파 (E_y, H_x, H_z) 이외의 다른 성분으로는 설명하기가 어렵다. 그러므로 이 불연속면은 오직 TE_{m0} 모드에 의하여 특성화되어질 수 있다. 영역Ⅰ에서, 불연속면에 접선인 전자기장성분들은 아래와 같다.

$$E_y^{\mathrm{I}} = \sum_{m=1}^{M} G_m^{\mathrm{I}} \sin\left(\frac{m\pi}{a}x\right)(F_m^{\mathrm{I}} e^{-jk_{zm}^{\mathrm{I}}z} + B_m^{\mathrm{I}} e^{+jk_{zm}^{\mathrm{I}}z}) \tag{4-23}$$

$$H_x^{\mathrm{I}} = -\sum_{m=1}^{M} G_m^{\mathrm{I}} Y_m^{\mathrm{I}} \sin\left(\frac{m\pi}{a}x\right)(F_m^{\mathrm{I}} e^{-jk_{zm}^{\mathrm{I}}z} - B_m^{\mathrm{I}} e^{+jk_{zm}^{\mathrm{I}}z}) \tag{4-24}$$

여기서 전파상수 k_{zm}^{I} 과 파동 어드미턴스 Y_m^{I} 는 아래와 같이 주어진다.

$$k_{zm}^{\mathrm{I}} = \begin{Bmatrix} +\sqrt{\omega^2\mu_0\varepsilon_0 - \left(\frac{m\pi}{a}\right)^2}, & \text{propagating mode} \\ -j\sqrt{\left(\frac{m\pi}{a}\right)^2 - \omega^2\mu_0\varepsilon_0}, & \text{evanescent mode} \end{Bmatrix} \tag{4-25}$$

$$Y_m^{\mathrm{I}} = \frac{k_{zm}^{\mathrm{I}}}{\omega\mu_0} \tag{4-26}$$

F_m^{I} 과 B_m^{I} 는 양(순방향)의 z방향과 음(역방향)의 z방향으로 진행하는 파의 진폭이다. G_m^{I} 는 이번절의 뒤에서 논의 될 정규화된 항이다. 식(4-24)의 "-"표시는 식(4-23)과 (4-24)의 순방향파를 가지고 양의 z방향으로 전력이 흐른다는 것을 명백하게 나타낸다 (그림4-5의 오른쪽). 여기서 주목해야할 점은 전송선로의 전압과 전류를 따라서 전자기 장 성분들은 각각 순방향 진행파와 역방향 진행파의 합과 차로 주어진다. 영역Ⅱ에서, 전자기장들은 아래와같이 주어진다.

$$E_y^{\mathrm{II}} = \sum_{n=1}^{N} G_n^{\mathrm{II}} \sin\left[\frac{n\pi}{a-a_1}(x-a_1)\right](F_n^{\mathrm{II}} e^{-jk_{zn}^{\mathrm{II}}z} + B_n^{\mathrm{II}} e^{+jk_{zn}^{\mathrm{II}}z}) \tag{4-27}$$

$$H_x^{\mathrm{II}} = -\sum_{n=1}^{N} G_n^{\mathrm{II}} Y_n^{\mathrm{II}} \sin\left[\frac{n\pi}{a-a_1}(x-a_1)\right](F_n^{\mathrm{II}} e^{-jk_{zn}^{\mathrm{II}} z} - B_n^{\mathrm{II}} e^{+jk_{zn}^{\mathrm{II}} z}) \tag{4-28}$$

$$(k_{zn}^{\mathrm{II}})^2 = \omega^2 \mu_0 \varepsilon_0 - \left(\frac{n\pi}{a-a_1}\right)^2 \tag{4-29}$$

$$Y_m^{\mathrm{I}} = \frac{k_{zn}^{\mathrm{II}}}{\omega\mu_0} \tag{4-30}$$

불연속면(z=0)에서 전자기장 성분들의 정합을 위한 두가지 필요조건은

$$\begin{Bmatrix} E_y^{\mathrm{I}} = 0, & 0 \le x \le a_1 \\ E_y^{\mathrm{I}} = E_y^{\mathrm{II}}, & a_1 \le x \le a \end{Bmatrix} \tag{4-31a}$$

$$H_x^{\mathrm{I}} = H_x^{\mathrm{II}}, \quad a_1 \le x \le a \tag{4-31b}$$

식(4-23), (4-24)과 식(4-27),(4-28)로부터 다음을 알 수 있다.

$$E_y : \sum_{m=1}^{M} G_m^{\mathrm{I}} \sin\left(\frac{m\pi}{a}x\right)(F_m^{\mathrm{I}} + B_m^{\mathrm{I}}) = \sum_{n=1}^{N} G_n^{\mathrm{II}} \sin\left[\frac{n\pi}{a-a_1}(x-a_1)\right](F_n^{\mathrm{II}} + B_n^{\mathrm{II}}) \tag{4-32a}$$

$$H_x : \sum_{m=1}^{M} G_m^{\mathrm{I}} Y_m^{\mathrm{I}} \sin\left(\frac{m\pi}{a}x\right)(F_m^{\mathrm{I}} - B_m^{\mathrm{I}}) = \sum_{n=1}^{N} G_n^{\mathrm{II}} Y_n^{\mathrm{II}} \sin\left[\frac{n\pi}{a-a_1}(x-a_1)\right](F_n^{\mathrm{II}} - B_n^{\mathrm{II}}) \tag{4-32b}$$

전기장의 접선은 식(4-31a)에 따라서 금속 스텝의 표면에서 사라져야만 한다. 반대로 자기장의 접선은 식(4-32a)에 $\sin(m'\pi x/a)$ 을 곱하고 큰 간격 $[0,\ a]$ 전체를 적분하고 식(4-32b)에 $\sin\left[n'\pi(x-a_1)/(a-a_1)\right]$을 곱하고 작은 간격 $[a_1,\ a]$ 전체를 적분한다. 직교관계를 사용하고 $m',\ n'$ 를 다시 $m,\ n$ 으로 대체하면 아래의 방정식이 얻어진다.

$$E_y : \frac{a}{2} G_m^{\mathrm{I}} (F_m^{\mathrm{I}} + B_m^{\mathrm{I}}) = \sum_{n=1}^{N} G_n^{\mathrm{II}} \left\{ \int_0^{a_1} 0\,dx + \int_{a_1}^{a} \sin\left(\frac{m\pi}{a}x\right) \sin\left[\frac{n\pi}{a-a_1}(x-a_1)\right] dx \right\} (F_n^{\mathrm{II}} + B_n^{\mathrm{II}}) \tag{4-33a}$$

$$H_x : \sum_{m=1}^{M} G_m^{\mathrm{I}} Y_m^{\mathrm{I}} \int_{a_1}^{a} \sin\left[\frac{n\pi}{a-a_1}(x-a_1)\right] \sin\left(\frac{m\pi}{a}x\right) dx (F_m^{\mathrm{I}} - B_m^{\mathrm{I}}) = \frac{a-a_1}{2} G_n^{\mathrm{II}} Y_n^{\mathrm{II}} (F_n^{\mathrm{II}} - B_n^{\mathrm{II}})$$

(4-33b)

그림4-5의 불연속면에서 파동 진폭들 사이의 관계가 유도되어질 수 있을지라도, 크기 "0"와 "1" 사이의 산란이나 전송 매개변수를 얻기위하여 정규화가 요구된다. 이는 두 영역내 각 모드의 전송축 전력을 한정함으로서 가능하다.

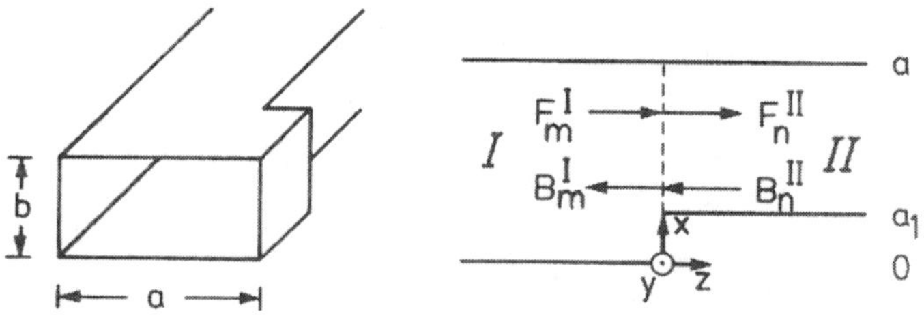

그림 4-5. 직사각형 도파관에서 H-plane의 불연속면(왼쪽)과 좌표계 및 파의 진폭(오른쪽)

정규화

계산과정을 간단히 하기위하여, 각 모드가 수행할 수 있는 평균전력은 최대 1W의 크기로 제한한다. 그러므로 $F_m^{'} = 1\sqrt{W}$ 과 $B_m^{'} = 0$ 의 주어진 최대파의 진폭에서, 평균전력은 아래와 같이 정규화된다.

$$P_m^{'} = \frac{1}{2}\mathrm{Re}\left\{\int_{A'}\left(\vec{E}_m^{\mathrm{I}} \times \vec{H}_m^{\mathrm{I}^*}\right) d\vec{A}\right\} = \frac{1}{2}\mathrm{Re}\left\{\int_{y_{\mathrm{I}}}^{y_{\mathrm{II}}} \int_{x_{\mathrm{I}}}^{x_{\mathrm{II}}} \left(E_{xm}^{\mathrm{I}} H_{ym}^{\mathrm{I}^*} - E_{ym}^{\mathrm{I}} H_{xm}^{\mathrm{I}^*}\right) dxdy\right\}$$
$$= \begin{Bmatrix} 1W & \text{propagating mode} \\ jW & \text{evanescent TE mode} \\ -jW & \text{evanescent TM mode} \end{Bmatrix} \quad (4\text{-}34)$$

같은 정규화가 영역Ⅱ에 $B_m^{'} = 1\sqrt{W}$ 와 $F_m^{'} = 0$ 을 가지고 역방향 진행파에 적용할 수 있음을 주목하라. 여기서는 한 예로 $E_x = H_y = 0$ 을 가지는 TE 모드가 오직 포함되기 때문에, 정규화항 G 는 다음과같이 됨을 알 수 있다.

$$G_m^{\mathrm{I}} = 2\sqrt{\frac{\omega\mu_0}{abk_{zm}^{\mathrm{I}}}} \tag{4-35a}$$

$$G_n^{\mathrm{II}} = 2\sqrt{\frac{\omega\mu_0}{(a-a_1)bk_{zn}^{\mathrm{II}}}} \tag{4-35b}$$

식(4-26), (4-30) 그리고 (4-35)를 식(4-33)에서 통합한 후, 최종적인 정합조건은

$$E_y : F_m^{\mathrm{I}} + B_m^{\mathrm{I}} = \sum_{n=1}^{N} (L_E)_{mn}(F_n^{\mathrm{II}} + B_n^{\mathrm{II}}) \tag{4-36a}$$

$$H_x : \sum_{m=1}^{M} (L_H)_{mn}(F_m^{\mathrm{I}} - B_m^{\mathrm{I}}) = (F_n^{\mathrm{II}} - B_n^{\mathrm{II}}) \tag{4-36b}$$

$$(L_E)_{mn} = 2\sqrt{\frac{k_{zm}^{\mathrm{I}}}{a(a-a_1)k_{zn}^{\mathrm{II}}}} \int_{a_1}^{a} \sin\left(\frac{m\pi}{a}x\right) \sin\left[\frac{n\pi}{a-a_1}(x-a_1)\right] dx = (L_H)_{nm} \tag{4-37}$$

또는 벡터와 매트릭스의 표현으로

$$E_y : \boldsymbol{F}^{\mathrm{I}} + \boldsymbol{B}^{\mathrm{I}} = \boldsymbol{L}_E(\boldsymbol{F}^{\mathrm{II}} + \boldsymbol{B}^{\mathrm{II}}) \tag{4-38a}$$

$$H_x : \boldsymbol{L}_H(\boldsymbol{F}^{\mathrm{I}} - \boldsymbol{B}^{\mathrm{I}}) = \boldsymbol{F}^{\mathrm{II}} - \boldsymbol{B}^{\mathrm{II}} \tag{4-38b}$$

산란 매트릭스

일반적으로 산란 매트릭스는 입사파의 함수로서 산란된 파동을 표현한다. 그러므로 그림 4-5의 H-plane 불연속면은 다음으로 특징되어질 수 있다.

$$\begin{bmatrix} \boldsymbol{B}^{\mathrm{I}} \\ \boldsymbol{F}^{\mathrm{II}} \end{bmatrix} = \begin{bmatrix} \boldsymbol{S}_{11} & \boldsymbol{S}_{12} \\ \boldsymbol{S}_{21} & \boldsymbol{S}_{22} \end{bmatrix} \begin{bmatrix} \boldsymbol{F}^{\mathrm{I}} \\ \boldsymbol{B}^{\mathrm{II}} \end{bmatrix} \tag{4.39}$$

여기서 산란 매개변수는 식(4-39)의 형태를 가지기 위하여 식(4-38)를 재정렬하여 계산한 서브매트릭스(submatrices) 요소이다.

$$\boldsymbol{S}_{11} = \left[\boldsymbol{L}_E \boldsymbol{L}_H + \boldsymbol{I}\right]^{-1} \left[\boldsymbol{L}_E \boldsymbol{L}_H - \boldsymbol{I}\right] \tag{4-40a}$$

$$\boldsymbol{S}_{12} = 2\left[\boldsymbol{L}_E \boldsymbol{L}_H + \boldsymbol{I}\right]^{-1} \boldsymbol{L}_E \tag{4-40b}$$

$$\boldsymbol{S}_{21} = \boldsymbol{L}_H \left\{\boldsymbol{I} - \left[\boldsymbol{L}_E \boldsymbol{L}_H + \boldsymbol{I}\right]^{-1} \left[\boldsymbol{L}_E \boldsymbol{L}_H - \boldsymbol{I}\right]\right\} = \boldsymbol{L}_H \left\{\boldsymbol{I} - \boldsymbol{S}_{11}\right\} \tag{4-40c}$$

$$\boldsymbol{S}_{22} = \boldsymbol{I} - 2\boldsymbol{L}_H \left[\boldsymbol{L}_E \boldsymbol{L}_H + \boldsymbol{I}\right]^{-1} \boldsymbol{L}_E = \boldsymbol{I} - \boldsymbol{L}_H \boldsymbol{S}_{12} \tag{4-40d}$$

단순화하기위하여, 그림4-5의 불연속면의 양쪽에 오직 2가지 모드만을 고려하자. 매트릭스 S 는 다음의 요소들을 포함한다.

$$\boldsymbol{s} = \begin{bmatrix} \boldsymbol{S}_{11}(1,1) & \boldsymbol{S}_{11}(1,2) & \boldsymbol{S}_{12}(1,1) & \boldsymbol{S}_{12}(1,2) \\ \boldsymbol{S}_{11}(2,1) & \boldsymbol{S}_{11}(2,2) & \boldsymbol{S}_{12}(2,1) & \boldsymbol{S}_{12}(2,2) \\ \boldsymbol{S}_{21}(1,1) & \boldsymbol{S}_{21}(1,2) & \boldsymbol{S}_{22}(1,1) & \boldsymbol{S}_{22}(1,2) \\ \boldsymbol{S}_{21}(2,1) & \boldsymbol{S}_{21}(2,2) & \boldsymbol{S}_{22}(2,1) & \boldsymbol{S}_{22}(2,2) \end{bmatrix} \tag{4-41}$$

그러므로 높은 차수 모드와 관련한 반사와 전송계수를 포함한다. 예를들어, 매트릭스 요소 $S_{21}(2,1)$ 는 첫번째 모드 TE_{10} 이 포트(port)1 으로 입사된다면 영역Ⅱ속의 두번째 모드 TE_{20} 의 전송계수를 나타낸다. 많은 응용에서 기본적으로 모드 연산은 불연속면의 양쪽을 나타내는 것이다. 일반적인 무손실 가역성의 다중포트 산란 매트릭스는 대칭적이고 직교성을 가진다.

$$\boldsymbol{S} = \boldsymbol{S}^T = \boldsymbol{S}^{-1} \tag{4-42}$$

이 조건은 컴퓨터 알고리즘을 진행하기 위하여 매우 유용하다.

상대수렴

상대수렴 현상은 전자기장의 확장을 제어하기 위하여 소개된다. 이는 실제적으로 컴퓨터 등에서 불연속면의 문제를 풀기위하여 필요하다. 각 영역에서 고려되어진 모드들의 숫자 비율에 기반하여 산란 매개변수들의 해는 서서히 다른값들로 수렴한다. 이는 금속 가장자리에서 전자기 분포가 부정확하기 때문이다. 산란 매트릭스의 다른 공식들과 관련한 수

치적인 예가 문헌[6]에서 보여준다. 그것은 모드 비율이 연결되어진 다른 영역에 따라서 선택되어지는 것을 일반적으로 보여준다. 예를들어, 그림4-5에서 H-plane 스텝 불연속면을 위한 $N/M = \text{integer}\left[(a-a_1)/a\right]$이다. 그러나 쉽게 구성 알고리즘을 보기 위하여, 두 영역(I과 II)내 동일한 수의 모드를 선택하는 것이 종종 더 편리하다. 그림4-6은 이들 두 경우를 위하여 $|S_{11}(1,1)|$ 과 $|S_{21}(1,1)|$의 수렴 행위를 나타낸다. 12GHz의 동작주파수가 입사반사계수가 11.8GHz이하의 "1" 부터 15GHz의 0.32까지 가파르게 하강하는 연결된 도파관(11.8GHz)의 차단주파수에 가깝게 선택되어진다. 두 곡선은 천천히 다른 값에 수렴한다. 이들 두 곡선은 표준 측정장비의 정확도(± 0.01)내에 존재한다.

조사되어진 거의 모든 경우에 측정값과 양호한 일치를 얻기위해서는 15에서 35개의 모드 수가 요구된다. 앞으로 모드 수를 줄이기위하여 대칭구조의 단면이 요구된다. 예로 그림4-5의 두 도파관의 중심에서 연결은 불연속면의 양쪽에서 고려되는 odd 수의 모드만이 요구된다. 이는 4개의 요소들에의한 식(4-40)의 서브매트릭스내 요소들의 수를 줄일 것이다.

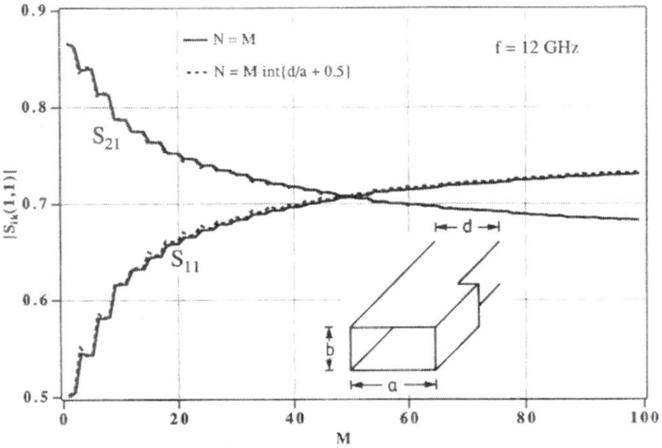

그림 4-6. 직사각형 도파관($a = 2b = 19.5\text{mm},\ \ d = 12.7\text{mm}$)에서 H-plane의 불연속면을 위한 수렴 분석

유한한 길이의 불연속면

그림4-7은 유한한 길이 L 의 H-plane 불연속면과 관련한 S 매트릭스의 식을 보여준다. 일

반적인 산란매트릭스 식(4-40)은 z 좌표축과는 무관하기 때문에, $z = L$ 에서 매트릭스는 직접적으로 그림4-7에서 보여주는 것처럼 $z = 0$ 에서부터 유도되어질 수 있다. 길이 L 의 줄어든 폭을 가지는 도파관의 S 매트릭스(2개의 불연속면은 제외)는 아래와 같이 주어진다.

$$\boldsymbol{S} = \begin{bmatrix} \mathbf{0} & \boldsymbol{D} \\ \boldsymbol{D} & \mathbf{0} \end{bmatrix} \tag{4-43}$$

여기서는 D 는 $z = 0$ 과 $z = L$ 사이에서 각각 진행모드와 소멸모드와 관련한 위상과 감쇄를 포함하는 대각선 매트릭스이다.

$$\boldsymbol{D} = \mathrm{Diag}\left\{ e^{-jk_{zn}^{\mathrm{II}} L} \right\} \tag{4-44}$$

여기서는 일반적인 산란매트릭스를 사용하여, 오직 허수 또는 음의 실수를 가지는 지수항이 보인다. 이는 분석에있어 수치적인 안정성을 제공한다.

영역Ⅱ에서 파의 진폭은 아래와 같이 관련한다.

$$F^{\mathrm{III}L} = DF^{\mathrm{II}} \tag{4-45a}$$

$$B^{\mathrm{II}} = DB^{\mathrm{III}L} \tag{4-45b}$$

식(4-43), (4-45)의 결합과 그림4-7에서 보여주는 2개의 불연속면에 대한 식(4-40)의 매트릭스는 유한한 길이를 가지는 불연속면의 전체 산란 매트릭스 $\boldsymbol{S}_0$ 를 얻는다.

$$\boldsymbol{S}_{011} = \boldsymbol{S}_{022} = \boldsymbol{S}_{11} + \boldsymbol{S}_{12}\boldsymbol{D}\left[\boldsymbol{I} - \boldsymbol{S}_{22}\boldsymbol{D}\boldsymbol{S}_{22}\boldsymbol{D}\right]^{-1}\boldsymbol{S}_{22}\boldsymbol{D}\boldsymbol{S}_{21} \tag{4-46a}$$

$$\boldsymbol{S}_{021} = \boldsymbol{S}_{012} = \boldsymbol{S}_{12}\boldsymbol{D}\left[\boldsymbol{I} - \boldsymbol{S}_{22}\boldsymbol{D}\boldsymbol{S}_{22}\boldsymbol{D}\right]^{-1}\boldsymbol{S}_{21} \tag{4-46b}$$

차단주파수 아래에서 무한히 긴 길이일 경우, 예상한바대로 $\boldsymbol{D} = 0$ 이고 따라서 $\boldsymbol{S}_{011} = \boldsymbol{S}_{11}$ 이고 $\boldsymbol{S}_{021} = 0$ 이다.

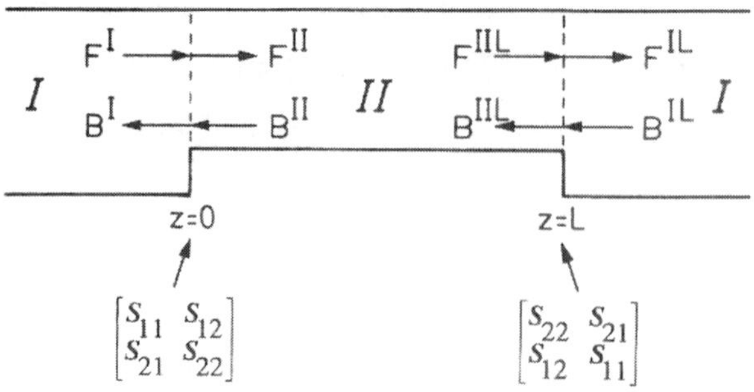

그림 4-7. 길이 L을 가지는 H-plane의 불연속면과 일반적인 산란 서브매트릭스 사이의 관계식

종속 산란 매트릭스

종속되는 불연속면은 일반적인 전송 매트릭스에 의해 표현되는 하위그룹의 곱들로 모델화 될 수 있을지라도, 그 과정은 잠재적으로 불안정하다. 이는 식(4-43), (4-44)를 가지는 식(4-47)과 비교되는 길이 L 의 균일한 도파관의 전송 매트릭스에서 나타나는 양의 실수를 가지는 지수항들 때문이다.

$$\boldsymbol{T} = \begin{bmatrix} \text{Diag}\left\{e^{-jk_{zn}^{\text{II}}L}\right\} & 0 \\ 0 & \text{Diag}\left\{e^{+jk_{zn}^{\text{II}}L}\right\} \end{bmatrix} \tag{4-47}$$

그러므로 S 매트릭스의 표현이 사용되어진다. 만일 산란 매트릭스 $\boldsymbol{S}_L$과 $\boldsymbol{S}_R$를 가지는 2개의 불연속면이 그림4-8과 같이 종속되어진다면, 결과적으로 매트릭스 $\boldsymbol{S}_T$ 의 서브매트릭스는 아래와 같다.

$$\boldsymbol{S}_{T11} = \boldsymbol{S}_{L11} + \boldsymbol{S}_{L12}\boldsymbol{S}_{R11}\boldsymbol{W}\boldsymbol{S}_{L12} \tag{4-48a}$$

$$\boldsymbol{S}_{T12} = \boldsymbol{S}_{L12}(\boldsymbol{I} + \boldsymbol{S}_{R11}\boldsymbol{W}\boldsymbol{S}_{L22})\boldsymbol{S}_{R12} \tag{4-48b}$$

$$\boldsymbol{S}_{T21} = \boldsymbol{S}_{R21}\boldsymbol{W}\boldsymbol{S}_{L21} \tag{4-48c}$$

$$\boldsymbol{S}_{T22} = \boldsymbol{S}_{R22} + \boldsymbol{S}_{R21}\boldsymbol{W}\boldsymbol{S}_{L22}\boldsymbol{S}_{R12} \tag{4-48d}$$

여기서

$$W = \left[I - S_{L22} S_{R11} \right]^{-1} \tag{4-49}$$

표준 참고문헌에서 표현되는것과 반대로 오직 하나의 반전이 필요함을 주목하라.

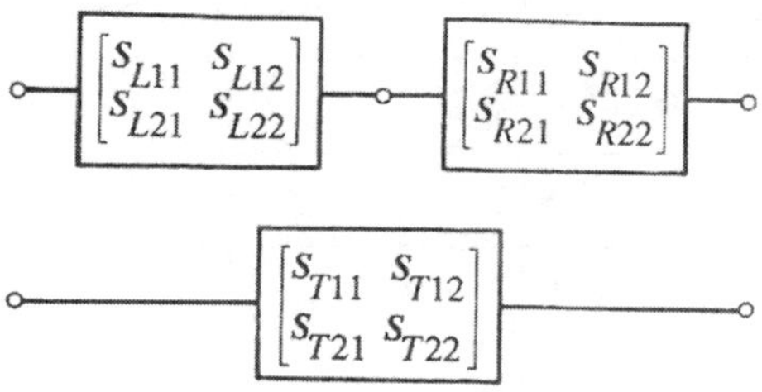
그림 4-8. 종속적인 일반 산란 매트릭스

4-3 유전체 세라믹 도파관 필터의 설계

지금까지 E-plane과 H-plane의 불연속면에서 모드정합 기술을 이용하여 직사각형 도파관의 개구면과 아이리스에 관련한 S 매트릭스의 방정식들을 알아보았다. 본 절에서는 높은 유전율을 사용하는 도파관을 설계하기 위하여 S 매트릭스를 구하고 이를 가지고 유한한 길이의 도파관 크기를 찾도록 하자. 주어진 대역폭의 가장 낮고 높은 주파수와 관련한 도파관 파장 λ_{g1}과 λ_{g2}는 유전율로 채워진 직사각형 도파관의 크기를 아래의 식을 사용하여 선택한다.

$$\lambda_{g1} = \frac{v}{\sqrt{f_1 \times f_1 - f_c \times f_c}} \tag{4-50}$$

$$\lambda_{g0} = \frac{v}{\sqrt{f_0 \times f_0 - f_c \times f_c}} \tag{4-51}$$

$$\lambda_{g2} = \frac{v}{\sqrt{f_2 \times f_2 - f_c \times f_c}} \tag{4-52}$$

여기서 차단주파수 $f_c = \frac{v}{2a}$, a는 유전체 세라믹 직사각형 도파관 폭의 길이이다.

여기서는 실제적으로 중심주파수 $f_0 = 3.5\text{GHz}\,(\lambda_{g0})$와 유전율 $\varepsilon_r = 21$을 가지고 저지대역 감쇄특성에 의해 단위소자 수 $n = 5$인 필터를 앞서 설명한 바와 같이 불연속면에서 모드정합 기술을 이용하여 반사계수 S [dB]를 찾고자한다(표4-1).

표4-1. 유전율 21에 중심주파수 3.5GHz인 5단 도파관필터의 불연속면에서의 반사계수

N	반사계수	dB
1	S21	-3.917
2	S21	-13.278
3	S21	-15.867
4	S21	-15.867
5	S21	-13.278
6	S21	-3.917

5단 유전체 세라믹 도파관필터의 반사계수 S [dB]는 가운데인 3번째 공진기를 대칭으로 양쪽으로 3개식의 불연속면을 형성한다. 표4-1에 나타낸 것과 같이 반사계수 S는 [dB]로 변환하고 각 불연속면과의 구분을 쉽게하기 위하여 아래의 식을 이용하여 S_{21} 으로 표시하였다.

$$(S_{21})_{r-1,r} = \sqrt{1-(S_{11})^2_{r-1,r}} \tag{4-53}$$

H-plane의 불연속면을 가지는 유전체 세라믹 직사각형 도파관의 폭은 중심주파수와 유전율에 따른 차단주파수를 고려하여 $a = 18$ mm로 하였고 높이는 기본 모드 이외의 높은 모드들에 의한 퇴화를 막고 품질계수 Q를 향상시키기 위하여 a 의 절반으로 하였다. 각 단 공진기의 불연속면 스텝의 폭 d 는 유한한 길이 L을 가지고 수렴분석을 통하여 표4-2와 같이 얻었다.

표4-2. 각 단의 불연속면에서 유한한 길이($L = 2\ \text{mm}$)를 가지는 스텝의 폭(d)

N	S_{21}[dB]	d[mm]
1	-3.917	9.054
2	-13.278	7.419
3	-15.867	7.064
4	-15.867	7.064
5	-13.278	7.419
6	-3.917	9.054

우리는 또한 3차원 고주파해석 시뮬레이션(HFSS) 도구를 이용하여 실제적인 유전체 세라믹 도파관필터를 구성하는 각 단 공진기의 종속되는 불연속면에서 개구면 길이 및 전체 크기를 확인할 수 있다. 그림4-9는 Ansoft사의 HFSS를 사용하여 필터를 직접 제작하기 전 주파수 특성을 설계값과 비교하기 위하여 시뮬레이션 도구를 사용한 결과를 보여준다.

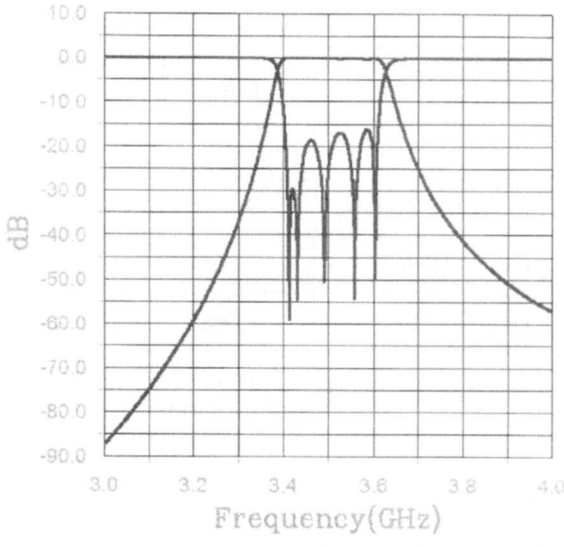

그림 4-9. 3차원 고주파해석 툴(HFSS)를 사용한 시뮬레이션 결과

4-4 유전체 세라믹 도파관 필터의 제작 및 측정

H-plane의 불연속면을 이용한 금속 공동 도파관필터는 높은 전력에 강하고 삽입손실이 적어 오래전부터 20~30GHz대역의 높은 주파수에서 상업적으로 많이 사용되고 있다. 그러나 뛰어난 주파수특성에도 불구하고 2~3GHz의 낮은 주파수에서는 크기가 너무 커져 사용이 제한되고 있는 상황이다. 근래에는 높은 유전율의 세라믹 재질을 이용하여 낮은 주파수에서도 크기를 소형화한 도파관필터의 개발이 활발이 진행되고 있다. 본 절에서는 지금까지 논의해 온 내용을 가지고 실제적으로 유전체 세라믹 도파관 필터를 제작하고 주파수특성을 측정하도록하자. 앞 절에서 H-plane의 불연속면을 반사계수 S 로 나타내고 이를 실제적인 3차원의 물리적인 크기로 변환하여 3D EM 해석이 가능한 시뮬레이션으로 결과를 예측하였다. 이제 각 단 공진기의 z축 길이를 반사계수 S 의 위상값으로부터 식(9)를 사용하여 얻도록 한다. 최종적으로 정리된 H-plane의 불연속면에서 반사계수 S 와 그 위상 값 그리고 유한한 길이 $L = 2$ mm 에 대한 스텝 폭 d 를 정리하고 z축 길이를 3차원의 물리적인 값으로 변환한 내용을 표4-3에 보인다.

표4-3. 유전율 21에 중심주파수 3.5GHz인 5단 세라믹 직사각형 도파관필터의 매개변수값

N	반사계수	dB	d[mm]	위상값	z축 길이[mm]
1	S_{21}	-3.917	9.054	127.1	8.715
2	S_{21}	-13.278	7.419	159.7	9.837
3	S_{21}	-15.867	7.064	164.0	9.968
4	S_{21}	-15.867	7.064	164.0	9.968
5	S_{21}	-13.278	7.419	159.7	9.837
6	S_{21}	-3.917	9.054	127.1	8.715

그림4-10은 실제로 유전율 21의 세라믹 재료를 가지고 직사각형 도파관 필터를 제작하기 위하여 설계된 3차원 물리적인 치수의 도면을 나타낸다. 양쪽 입출력단은 높은 전력을 견딜 수

있도록 금속재질의 SMA 컨넥터를 사용하였다.

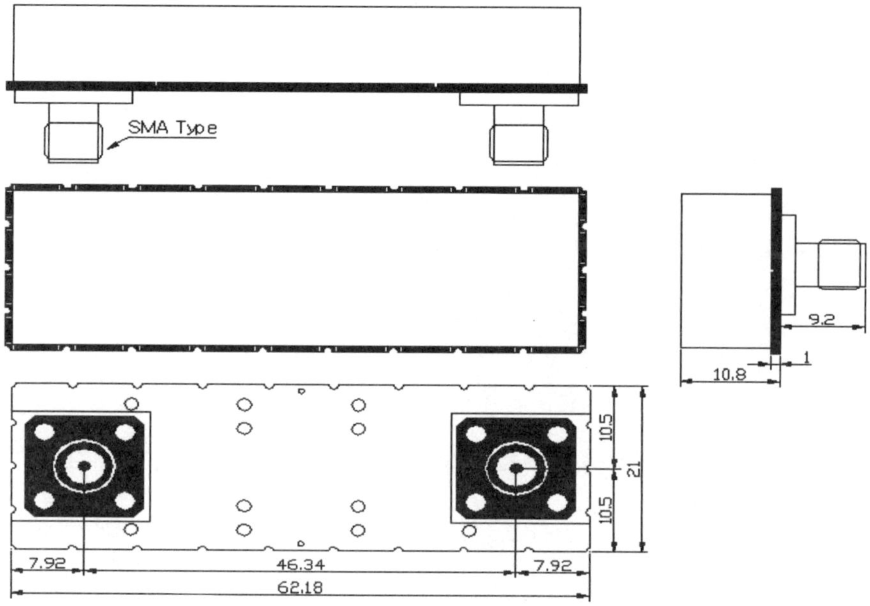

그림 4-10. 유전체 세라믹 직사각형 도파관 필터의 외곽 도면 치수

그림4-11과 4-12는 앞서 설계값을 사용하여 상업용인 와이파이 또는 무선랜에 실제적으로 사용이 가능한 유전체 세라믹 도파관 필터의 제품 모습과 주파수특성을 보여준다.

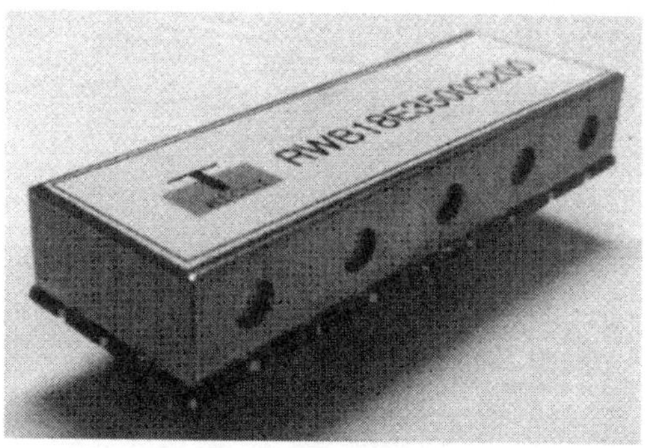

그림 4-11. 실제 제작된 유전체 세라믹 도파관 필터의 외관 사진 모습

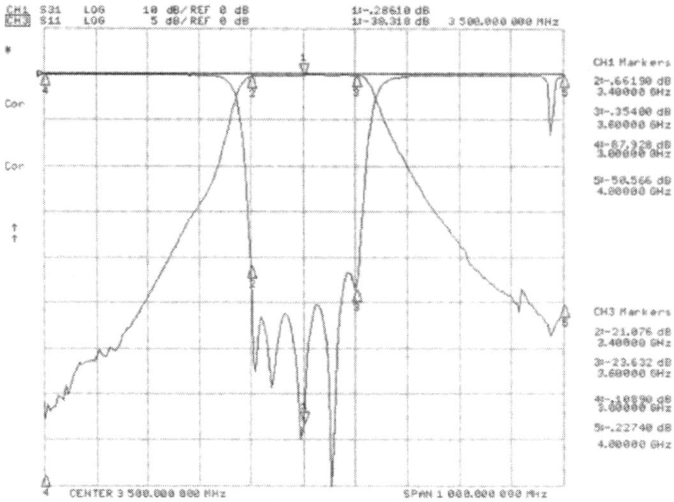

그림 4-12. 제작된 프로토타입 제품의 주파수특성 측정 그래프

참고문헌

4-1. R. Levy, "Theory of direct-coupled-cavity filters." IEEE Trans. Microwave Theory Tech., vol. MTT-15, June 1967, pp. 340-348.

4-2. J. D. Rhodes, "Design formulas for stepped impedance distributed and digital wave maximally flat and Chebyshev low-pass prototype filters." IEEE Trans. Microwave Theory Tech., vol. MTT-15, June 1967, pp. 340-348.

4-3. Y. C. Shih and K. G. Gray, "Convergence of numerical solutions of step-type waveguide discontinuity problems by modal analysis." In 1983 IEEE/MTT-S Intl. Microwave Symp. Dig., May 1983, pp. 233-235.

4-4. H. D. Knetsch, Contribution to the Theory of Abrupt Cross-sectional Changes in Waveguides (in German), Arch. Elektr. Ubertr., vol. 22, Dec. 1968, pp. 591-600.

4-5. Y. C. Shin, The Mode-Matching Method, in T. Itoh (Ed.), Numerical Techniques for Microwave and Millimeter-Wave Passive Structures, New York: John Wiley & Sons, 1989, Ch. 9.

4-6. R. R. Mansour and R. H. MacPhie, An Improved Transmission Matrix Formulation of Cascaded Discontinuities and its Application to E-plane Circuits, IEEE Trans. on Microwave Theory and Techniques, vol. MTT-34, Dec. 1986, pp. 1490-1498.

4-7. J. Uher, J. Bornemann, Uwe Rosenberg., Waveguide Components for Antenna Feed Systems : Theory and CAD, Artech house, Inc., 1993.